高等学校土木建筑专业应用型本科系列规划教材

建筑材料

主　审　施惠生

主　编　余丽武

副主编　陈　春

参　编　（以拼音为序）

喻　骁　张　伟　郑　颖

周淑春

东南大学出版社

·南京·

内 容 提 要

　　本书是高等学校土木建筑专业应用型本科系列规划教材,是以高等学校土木工程专业委员会针对土建类相关专业学生的基本要求而制定的教学大纲为依据进行编写的。全书内容包括绪论、建筑材料的基本性质、石材、气硬性无机胶凝材料、水泥、混凝土、建筑砂浆、墙体材料及屋面材料、金属材料、木材、沥青及沥青基防水材料、合成高分子材料、功能材料及绿色建筑材料,以及常用建筑材料试验。每章均附本章提要、小结和思考题,以便于学习使用。

　　本书的主要适用对象为高等院校土建类相关专业,如建筑学、给排水等的本科生,也可作为高职高专或工程技术人员的参考用书。

图书在版编目(CIP)数据

　　建筑材料 / 余丽武主编. —南京:东南大学出版社,2013.1(2018.1 重印)
　　高等学校土木建筑专业应用型本科系列规划教材
　　ISBN 978-7-5641-4064-9

　　Ⅰ.①建… Ⅱ.①余… Ⅲ.①建筑材料—高等学校—教材　Ⅳ.①TU5

　　中国版本图书馆 CIP 数据核字(2012)第 318791 号

建筑材料

出版发行:东南大学出版社
社　　址:南京市四牌楼 2 号　邮编:210096
出 版 人:江建中
责任编辑:史建农　戴坚敏
网　　址:http://www.seupress.com
电子邮箱:press@seupress.com
经　　销:全国各地新华书店
印　　刷:南京玉河印刷厂
开　　本:787mm×1092mm　1/16
印　　张:18.75
字　　数:480 千字
版　　次:2013 年 1 月第 1 版
印　　次:2018 年 1 月第 3 次印刷
书　　号:ISBN 978-7-5641-4064-9
印　　数:6001~8000 册
定　　价:46.00 元

本社图书若有印装质量问题,请直接与营销部联系。电话:025 - 83791830

高等学校土木建筑专业应用型本科系列
规划教材编审委员会

总前言

国家颁布的《国家中长期教育改革和发展规划纲要(2010—2020 年)》指出，要"适应国家和区域经济社会发展需要，不断优化高等教育结构，重点扩大应用型、复合型、技能型人才培养规模"；"学生适应社会和就业创业能力不强，创新型、实用型、复合型人才紧缺"。为了更好地适应我国高等教育的改革和发展，满足高等学校对应用型人才的培养模式、培养目标、教学内容和课程体系等的要求，东南大学出版社携手国内部分高等院校组建土木建筑专业应用型本科系列规划教材编审委员会。大家认为，目前适用于应用型人才培养的优秀教材还较少，大部分国家级教材对于培养应用型人才的院校来说起点偏高，难度偏大，内容偏多，且结合工程实践的内容往往偏少。因此，组织一批学术水平较高、实践能力较强、培养应用型人才的教学经验丰富的教师，编写出一套适用于应用型人才培养的教材是十分必要的，这将有力地促进应用型本科教学质量的提高。

经编审委员会商讨，对教材的编写达成如下共识：

一、**体例要新颖活泼**。学习和借鉴优秀教材特别是国外精品教材的写作思路、写作方法以及章节安排，摒弃传统工科教材知识点设置按部就班、理论讲解枯燥无味的弊端，以清新活泼的风格抓住学生的兴趣点，让教材为学生所用，使学生对教材不会产生畏难情绪。

二、**人文知识与科技知识渗透**。在教材编写中参考一些人文历史和科技知识，进行一些浅显易懂的类比，使教材更具可读性，改变工科教材艰深古板的面貌。

三、**以学生为本**。在教材编写过程中，"注重学思结合，注重知行统一，注重因材施教"，充分考虑大学生人才就业市场的发展变化，努力站在学生的角度思考问题，考虑学生对教材的感受，考虑学生的学习动力，力求做到教材贴合学生实际，受教师和学生欢迎。同时，考虑到学生考取相关资格证书的需要，教材中还结合各类职业资格考试编写了相关习题。

四、理论讲解要简明扼要，文例突出应用。在编写过程中，紧扣"应用"两字创特色，紧紧围绕着应用型人才培养的主题，避免一些高深的理论及公式的推导，大力提倡白话文教材，文字表述清晰明了、一目了然，便于学生理解、接受，能激起学生的学习兴趣，提高学习效率。

五、突出先进性、现实性、实用性、操作性。对于知识更新较快的学科，力求将最新最前沿的知识写进教材，并且对未来发展趋势用阅读材料的方式介绍给学生。同时，努力将教学改革最新成果体现在教材中，以学生就业所需的专业知识和操作技能为着眼点，在适度的基础知识与理论体系覆盖下，着重讲解应用型人才培养所需的知识点和关键点，突出实用性和可操作性。

六、强化案例式教学。在编写过程中，有机融入最新的实例资料以及操作性较强的案例素材，并对这些素材资料进行有效的案例分析，提高教材的可读性和实用性，为教师案例教学提供便利。

七、重视实践环节。编写中力求优化知识结构，丰富社会实践，强化能力培养，着力提高学生的学习能力、实践能力、创新能力，注重实践操作的训练，通过实际训练加深对理论知识的理解。在实用性和技巧性强的章节中，设计相关的实践操作案例和练习题。

在教材编写过程中，由于编写者的水平和知识局限，难免存在缺陷与不足，恳请各位读者给予批评斧正，以便教材编审委员会重新审定，再版时进一步提升教材的质量。本套教材以"应用型"定位为出发点，适用于高等院校土木建筑、工程管理等相关专业，高校独立学院、民办院校以及成人教育和网络教育均可使用，也可作为相关专业人士的参考资料。

高等学校土木建筑专业应用型
本科系列规划教材编审委员会
2010 年 8 月

前　言

本书为高等学校应用型本科土建类系列教材,主要对象为土建类相关专业的本科生,是以高等学校土木工程专业委员会针对土建类相关专业学生的基本要求而制定的教学大纲为依据,并参考国家最新的标准、规范和规程进行编写的。

本书以石灰、水泥、混凝土和砂浆、钢材、木材等主要建筑材料为重点,分别介绍了这些材料的性能和应用,同时还介绍了沥青及防水材料、合成高分子材料、墙体及屋面材料以及功能材料等,书中还提供了常用建筑材料的质量检验方法以及现今一些新型建筑材料的基本知识介绍。

本书编写的思路遵循"新颖"、"实用"、"简明"的原则,在内容上尽可能地反映本学科国内外的新成就和我国相关的新标准、新规范、新技术、新方法以及新材料;紧密结合应用型人才培养模式的需求特点,突出实用性,力求达到内容系统性、完整性、先进性和实用性的统一。

为加强学生对各章内容的了解和掌握,每章均有"本章提要"和"小结",并附思考题,供学生学习时使用。

与本教材相应的课程学时分配(参考)如下:

章　次	内　容	学　时
0	绪　论	0.5
1	建筑材料的基本性质	2.5
2	石　材	2
3	气硬性无机胶凝材料	2
4	水　泥	8
5	混凝土	14
6	建筑砂浆	2
7	墙体材料及屋面材料	2
8	金属材料	5

章 次	内 容	学 时
9	木 材	2
10	沥青及沥青基防水材料	3
11	合成高分子材料	2
12	功能材料及绿色建筑材料	3
	常用建筑材料试验	8
	合 计	56

本书各章内容的学时分配仅供教师参考,对于不同专业方向或不同层次的教学可以各有侧重地选用不同内容。

本书由南京工程学院余丽武教授主编,由同济大学施惠生教授主审。各章编写人员分工如下:南京工程学院余丽武编写第1章、第4章和第5章;中国矿业大学周淑春编写绪论、第6章、第11章和试验部分;南京工程学院喻骁编写第3章、第8章和第9章;金陵科技学院郑颖编写第2章和第7章;南京工程学院张伟编写第12章;东南大学陈春编写第10章。

由于建筑材料的发展迅猛,新材料、新品种不断涌现,且各行业的技术标准尚不统一,加之水平有限,编写过程中难免存在缺点、疏漏甚至错误之处,诚请广大师生及读者将问题反馈给我们,以便及时予以纠正。

编 者

2012 年 12 月

目　录

0 绪 论

本章提要

"建筑材料"主要是研究建筑工程中常用材料性能的一门科学,本课程主要内容包括材料基本性质、石灰、石膏、水泥等胶凝材料、砂石材料、普通水泥混凝土、沥青材料及沥青混合料、其他建筑材料。学生通过对本课程的学习,掌握主要建筑材料的性质、用途、制备和使用方法以及检测和质量控制方法,了解材料性质与材料组成和结构的关系,以及性能改善的途径,为以后的学习和工作奠定相关基础。

本章主要介绍建筑材料的发展、分类及其与建筑工程之间的关系,本课程的目的、内容及学习方法,同时介绍了与建筑材料相关的标准规范。

0.1 建筑材料的发展

在建筑物中使用的材料统称为建筑材料。建筑材料是人们生活、生产必不可少的物质基础。自有人类以来,建筑材料就和人们的生活息息相关。无论是最原始的土、苇草、石材,还是近代社会出现的钢铁、水泥、混凝土,以及现代社会的塑料、铝合金、不锈钢等新型材料,从最开始给人类创造遮风挡雨、躲避猛兽的场所,到现在不断改善人类居住条件,使建筑物具有美观性、健康性和舒适性,建筑材料都发挥着极其重要的作用。

建筑材料既是人类文明、文化进步的产物,又是社会生产力水平的标志。现代人的日常生活、工作、出行、娱乐及各项社会活动都离不开建筑物或构筑物。建筑材料是随着人类社会生产力和科学技术水平的提高、人们生活的需要而逐步发展起来的,在人类历史的发展中往往伴随着建筑材料的进步。

约9 000年前,人类开始使用火以后,就制造出陶;约5 000年前,人类以陶器为容器,制造出了青铜;3 000年前,人类开始大量使用铁。100多年前,炼钢技术的发展,使钢铁成为20世纪占主导地位的结构材料;硅酸盐水泥的发明,使水泥混凝土取代天然石材,成为最主要的建筑结构材料,并成为用量最大的人造材料。20世纪初,合成有机高分子材料相继问世,并以惊人的速度迅速发展;20世纪中叶,新型陶瓷、复合材料、电子材料、激光材料等不断创新;目前,纳米材料、超导材料、光电子材料等方面的研究正不断取得突破。可以看出,材料开发及应用的发展速度越来越快,水平越来越高。

一种新材料的出现对生产力水平的提高和产业形态的改变,会产生划时代的影响和冲击,历史上许多时期或时代就是用材料来命名的,如石器时代、铁器时代等。建筑物作为人类的文明、文化进步的标志,其结构形式、设计和施工水平在很大程度上受当时建筑材料的种类和性能的限制。因此,建筑材料既决定建筑的水平,也是促进时代发展的重要因素。建筑材料经历了从无到有,从天然材料的利用到工业化生产,从品种简单到多样化,性能不断改善,质量不断提高,使人类的生活空间、生存环境变得越来越美好。

建筑材料是构成建筑物的基础,其性能直接影响建筑物的各种性能。为使建筑物获得安全、适用、美观、经济的综合性能,必须合理选择和使用建筑材料。目前,一些传统建筑材料仍在继续使用,这些材料虽然有着自身的优点,但也都存在着各自的缺点。例如木材、石材和普通混凝土等,这些材料的长期使用势必导致缺陷的逐渐暴露,比如混凝土的抗裂性能、木材的各向异性等。如何改善这些缺陷,发展新型材料势在必行。

长期以来,人类一直在从事着建筑材料的各类研究工作,并不断地开发新材料。但这些研究开发工作,多数是为了满足建筑物的承载安全、尺寸规模、功能和使用寿命等方面的要求,以及人们生存环境的安全性、舒适性、适用性和美观性等更高的追求,而较少考虑到建材的生产和使用会给生态环境、能耗方面造成的影响。21世纪,人类居住环境的可持续发展成为世界关注的焦点。由此也将建筑材料的发展推向与环境相结合的复合化、利用工业废料、多功能化、轻质高强化、工业化生产的绿色建材。

0.2 建筑材料的分类

建筑材料的种类繁多,发挥着不同的作用,通常根据材料的组成、功能和用途分别加以分类。

0.2.1 按建筑材料的化学组成分类

根据建筑材料的化学组成,通常可分为无机材料、有机材料和复合材料三大类。无机材料又可分为金属材料(黑色金属、有色金属)、无机非金属材料(天然石材、烧土制品、胶凝材料、混凝土及硅酸盐制品等);有机材料又包括植物材料(木材、竹材等)、沥青材料(煤沥青、石油沥青、沥青制品)、合成高分子材料(塑料、涂料等);复合材料为有机与无机材料的组合,包括有机与无机非金属材料复合(聚合物混凝土、玻璃纤维增强塑料等)、金属与无机非金属材料复合(水泥刨花板、钢筋混凝土、纤维混凝土)、金属与有机材料复合(有机涂层铝合金板等)。

0.2.2 按建筑材料的功能分类

建筑材料通常分为结构材料和功能材料两大类。结构材料主要指梁、板、柱、基础、墙体和其他受力构件所用的材料。最常用的有钢材、混凝土、沥青混合料、砖、砌块、墙板、楼板、屋面板、石材和部分合成高分子材料等。功能材料主要有防水材料、防火材料、装饰材料、保温隔热材料、吸声(隔声)材料、采光材料、防腐材料、部分合成高分子材料等。

0.2.3 按建筑材料的使用部位分类

按建筑材料的使用部位通常分为结构材料、墙体材料、屋面材料、楼地面材料、路面材料、路基材料、饰面材料和基础材料等。

0.3 建筑材料在建设工程中的地位

建筑材料在建设工程中有着举足轻重的地位。

（1）建筑材料是建设工程的物质基础。新建建筑工程中,建筑材料的费用占土建工程总投资的 40%～70%,因此,建筑材料的价格直接影响到建设投资,在经济上左右建筑物的型式和相关使用性能等。

（2）建筑材料与建筑结构和建筑施工之间存在着相互促进、相互依存的密切关系。一种新型建筑材料的出现,必将促进建筑型式的改革与创新,同时结构设计和施工技术也将相应改进和提高。同样,新的建筑型式和新型结构的出现,也会促进建筑材料的发展。例如,为保护土地、节约资源采用煤矸石制造矸石多孔砖替代实心黏土砖墙体材料,就要求相应的结构构造设计和施工工艺、施工设备的改进;各种高强性能混凝土的推广应用,要求钢筋混凝土结构设计和相关施工技术标准及规程的不断改进;同样,超高层建筑、超大跨度结构的大量应用,要求提供相应的轻质高强材料,以减小构件截面尺寸,减轻建筑物自重。又如,随着人们物质水平的提高,对建筑功能的要求也随之提高,需要提供同时具有满足力学及使用等性能的多功能建筑材料等。

（3）建筑物的功能和使用寿命在很大程度上取决于建筑材料的性能。建筑材料的组成、结构决定其性能,材料的性能在很大程度上决定了建筑物的功能和使用寿命。例如,地下室及卫生间防水材料的防水效果如果不好,就会出现渗漏情况,将影响建筑物的正常使用;建筑物使用的钢材如果锈蚀严重、混凝土的劣化严重,将造成建筑物过早破坏,降低其使用寿命。

（4）建筑工程的质量在很大程度上取决于材料的质量控制。例如钢筋混凝土结构的质量主要取决于混凝土强度、密实性和是否会产生裂缝。在材料的选择、生产、储运、使用和检验评定过程中,任何环节的失误都可能导致工程事故的发生。事实上,建筑物出现的质量事故,绝大部分与建筑材料的质量缺损相关。

0.4 本课程的内容和学习要点

本课程涉及各种常用的建筑材料,如石灰、石膏、各种水泥、混凝土、建筑砂浆、钢材、沥青、塑料、绝热材料、吸声材料及装饰材料等。本课程主要讨论这些材料的原料与生产工艺,组成、结构与性质,应用与技术要求,检验与验收,运输与储存等方面的内容。

本课程作为建筑学、工程管理等专业的基础课,在学习中应结合现行的技术标准,以建筑材料的性能及合理使用为中心,掌握材料的本质及内在联系。对于同一类型不同品种的材料,不但要学习它们的共性,更重要的是要了解它们各自的特性和具备这些特性的原因。例如学习各种水泥时,不但要知道它们组成材料相近之处及都能在水中硬化等共性,更要注意它们各自的质的区别及因此反映在性能上的差异。一切材料的性能都不是固定不变的,在使用过程中,甚至在运输和储存过程中,它们的性能都会在一定程度上产生或多或少的变化。为了保证工程的耐久性和控制材料性能的劣化问题,我们必须研究引起变化的外界条件和材料本身的内在原因,从而掌握变化的规律,做到理论联系实际,切实解决工程应用中的问题,这对于延长建筑物和构筑物的使用年限、保护环境、节约资源和能源具有十分重要的意义。

实验课是本课程的重要教学环节,其任务是验证基本理论,学习试验方法,培养科学研究能力和严谨缜密的科学态度,同时锻炼动手能力及培养创造能力。做实验时要严肃认真、一丝不苟,严格按相关操作规程进行。要了解实验条件对实验结果的严重影响,并对实验结果作出正确的分析和判断,要学会分析实验中出现的各种异象及误差,培养发现问题、解决问题的思维方式。

0.5 标准简介

在开始进行建筑物建造时,选用材料主要凭经验,就近取材,能用即可。随着技术及经济的发展,建筑业迅速发展,在现代社会中形成了行业分工协作的格局。为确保工程质量,建材及相关行业需要建立完善的质量保证体系。各种建筑材料,在原材料、生产工艺、结构及构造、性能及应用、检验及验收、运输及储存等方面既有共性,也有各自的特点,全面掌握建筑材料的知识,需要学习和研究的内容范围很广。作为有关生产、设计应用、管理和研究等部门应共同遵循的依据,对于绝大多数常用的建筑材料,均由专门的机构制定并颁布了相应的"技术标准"或"规程",对其质量、规格和验收方法等作了详尽而明确的规定。技术标准是从事产品生产、工程建设、科学研究以及商品流通领域中所需共同遵循的技术依据;是针对原材料、产品以及工程质量、规格、等级、性质、检验方法、评定方法、应用技术等所作出的技术规定。

技术标准包括的内容很多。如原料、材料、产品的质量、规格、等级、性质要求以及检验方法;材料及产品的应用技术标准或规程;材料生产及设计的技术规定;产品质量的评定标准。

根据发布单位与适用范围,技术标准分为国家标准、行业标准、地方标准与企业标准。

(1) 国家标准(GB):指对全国范围的经济、技术及生产发展有重大意义的标准。它是由国家标准主管部门委托有关部门起草,或有关部委提出批报,经国家技术监督局会同各有关部委审批,并由国家技术监督局发布。例如,国家标准《通用硅酸盐水泥》(GB 175—2007)。

(2) 行业标准:全国性的某行业范围的技术标准。由国家中央部委标准机构指定有关研究院所、大专院校、工厂等单位提出或联合提出,报中央部委主管部门审批后发布,并报国家技术监督局备案。如建材标准代号为 JC,建工标准代号为 JG,与建材相关的行业标准还有交通标准(JT)、石油标准(SY)、化工标准(HG)、水电标准(SD)、冶金标准(YJ)等。

(3) 地方标准与企业标准:地方标准(DB)是地方主管部门发布的地方性指导技术文件。企业标准则仅适用于本企业,其代号为 QB。凡没有制定国家标准、行业标准的产品,均应制定相应的企业标准。

随着我国对外开放,常常还涉及一些与建筑材料关系密切的国际或外国标准,其中主要有国际标准(ISO)、英国标准(BS)、美国材料试验协会标准(ASTM)、日本工业标准(JIS)、德国工业标准(DIN)、法国标准(NF)等。熟悉有关的技术标准,并了解制定标准的科学依据,为更好地掌握建筑材料知识及合理、正确地使用材料确保建筑工程质量是非常必要的。

0.6 小结

(1) 建筑材料是人们生活、生产必不可少的物质基础。自有人类以来,建筑材料就和人们的生活息息相关,建筑材料在人民的生活中具有重要的作用。

(2) 建筑材料的种类繁多,发挥着不同的作用,可以根据材料的组成、功能和用途分别加以分类。

(3) 建筑材料在建设工程中有着举足轻重的地位,建筑材料大发展带来建筑工程的改进,建筑工程技术的发展同时促进建筑材料的发展。

(4) 技术标准是从事产品生产、工程建设、科学研究以及商品流通领域中所需共同遵循的技术依据;是针对原材料、产品以及工程质量、规格、等级、性质、检验方法、评定方法、应用技术等所作出的技术规定。建筑材料常用标准分为国家标准、行业标准、地方标准与企业标准。

思考题

1. 建筑材料是如何分类的?
2. 建筑材料使用过程中常用的标准有哪些?
3. 如何学好"建筑材料"课程?
4. 建筑材料在建筑工程中的地位和作用是怎样的?
5. 谈谈未来建筑材料的发展趋势。
6. 试从专业角度分析建筑材料如何决定建筑物的功能。

1 建筑材料的基本性质

本章提要

本章主要介绍建筑材料的各种基本性质及材料组成、结构、构造对材料性质的影响。通过学习应了解材料的组成、结构、构造的基本知识及有关规范的常识;掌握建筑材料各种性质的基本概念,各种性质的表示方法,影响因素及其实用意义。

建筑材料是处在建筑物的不同部位上承受不同的作用(如荷载、风霜雨雪、冰冻、水的侵蚀、声和热等)的材料,因此要求用于不同建筑部位的建筑材料应具有相应的抵御各种作用的性质,这些性质归纳起来可分为物理性质、力学性质、热工性质、声学性质、光学性质、装饰性质和耐久性质等。掌握材料的基本性质是掌握建筑材料知识、正确选择与合理运用建筑材料的基础。

建筑材料所具有的各种性质主要取决于材料的组成、结构及构造状态,同时还受环境条件的影响。因此,首先应了解建筑材料的组成、结构、构造及其与性质的关系。

1.1 材料的组成、结构与构造

1.1.1 材料的组成

材料的组成是就材料的化学成分或矿物成分而言,它不仅影响着材料的化学性质,而且也是决定材料物理力学性质的重要因素。材料的组成分为化学组成和矿物组成,前者是通过化学分析获得的,后者是通过测试手段获得的。

1) 化学组成

化学组成是指材料中各物相所含元素或单质与化合物的种类和总含量。当材料与环境或其他物质接触时,它们之间必然按化学规律发生作用或反应。如水泥混凝土类材料受到的酸、盐类物质的侵蚀,金属材料的锈蚀,木材遇到火焰时的燃烧等均属于化学作用。

材料在各种化学作用下表现出的性质都是由其化学组成所决定的。化学成分能够以单质或化合物的形式表示,例如钢材的主要化学成分是 Fe,生石灰的化学成分是 CaO,熟石灰的组成是 $Ca(OH)_2$ 等。材料的化学成分决定着材料的化学稳定性、大气稳定性、耐火性等性质。

2) 矿物组成

自然界中以单一的化合物或单质存在的建筑材料并不多,大多数材料是以复杂的矿物成分存在。矿物是指具有一定化学组成和结构特征的天然化合物或单质,也指具有特定晶体结构、特定物理力学性能,类似于天然矿物的物相或化合物。矿物组成是指构成材料的矿物种类和数量,如大理石是由方解石或白云石所组成,硅酸盐水泥是由 CaO、SiO_2、Al_2O_3 和 Fe_2O_3 等氧化物形成的硅酸盐矿物组成,这些矿物成分决定了水泥的强度、水化速度、水化产物及其性质、耐久性等诸多性质,对于这类材料应从矿物组成方面分析其特性。

3）相组成

材料中结构相近、性质相同的均匀部分称为相。自然界中的物质可分为气相、液相、固相 3 种形态。同种化学物质由于加工工艺以及温度、压力等环境条件的不同,可形成不同的相。例如,在铁碳合金中就有铁素体、渗碳体和珠光体。同种物质在不同的温度、压力等环境条件下也常常会转变其存在状态,例如由气相转变为液相或固相。建筑材料大多是多相固体材料,这种由两相或两相以上物质组成的材料称为复合材料。例如,普通混凝土可认为是骨料颗粒(骨料相)分散在水泥浆体(基相)中所组成的两相复合材料。

多相材料中相与相之间的分界面称为界面,复合材料的性质与其构成材料的相组成和界面特性有密切关系。在实际材料中,界面是一个较薄的区域,它的成分和结构与相内的部分是不一样的。因此,对于建筑材料可通过改变和控制其相组成和界面特性来改善和提高材料的技术性能。

1.1.2　结构与构造

材料的结构和构造是决定材料性质的重要因素。材料的结构大体上可以划分为宏观结构、亚微观结构和微观结构等不同层次。

1）材料的结构

（1）宏观结构

所谓宏观结构是指用肉眼或放大镜(放大倍数几倍至几十倍)能够分辨的结构层次,其尺寸为毫米级大小,以及更大尺寸的构造情况。按其孔隙尺寸可分为:

① 致密结构。基本上是无孔隙存在的材料,例如钢材、致密天然石材、玻璃、塑料等。这类材料强度和硬度高、吸水性小、抗冻性和抗渗性好。

② 多孔材料。是指材料内部具有粗大孔隙的结构。例如加气混凝土、泡沫塑料、烧土制品、石膏制品等。这类材料质量轻、保温隔热、吸声隔声性能好。

③ 纤维结构。是指木材纤维、玻璃纤维及矿物棉等材料所具有的结构,其特点是材料内部质点排列具有方向性,其平行纤维方向、垂直纤维方向的强度和导热性等性质具有明显的方向差异,即各向异性,一般平行纤维方向的强度较高,导热性较好。如木材、竹、石棉、玻璃纤维等。

④ 层状结构。天然形成或人工黏结等方法将材料叠合而成层状的材料结构,如胶合板、纸面石膏板、蜂窝夹心板、各种节能复合墙板等。其每一层的材料性质不同,但叠合成层状结构的材料后可获得平面各向异性,更重要的是可以显著提高材料的轻度、硬度、绝热或装饰等性质,扩大其使用范围。

⑤ 散粒材料。散粒材料是指呈松散颗粒状的材料,如混凝土骨料、膨胀珍珠岩等。这类材料的颗粒间存在大量的空隙,它们的颗粒形状、大小以及不同尺寸颗粒的搭配比例对其堆积的疏密程度有很大影响。

（2）亚微观结构

亚微观结构是指用光学显微镜和一般扫描电镜所能观察到的结构层次，是介于宏观和微观之间的结构，尺度范围在 $10^{-3} \sim 10^{-9}$ m，分为显微结构和纳米结构。仪器的放大倍数可达 1 000 倍左右，能有几千分之一毫米的分辨能力，可仔细分析天然岩石的矿物组织，分析金属材料晶粒的粗细及其金相组织，可观察木材的木纤维、导管、髓线、树脂道等纤维组织。亚微观结构影响材料的吸水性、收缩性、受力时的变形性能等。

材料内部各种组织的性质各不相同，这些组织的特性、数量、分布及界面之间的结合情况等都对材料性质有重要的影响。

（3）微观结构

微观结构是指材料内部质点（原子、离子、分子）在空间中的分布状态，常用电子显微镜或 X 射线衍射仪等手段来研究，其分辨程度可达 Å 级（$1Å = 10^{-10}$ m）。材料的许多物理性质，如强度、硬度、熔点、导热、导电性等都是由材料内部的微观结构所决定的。

材料的微观结构可分为晶体、玻璃体、胶体。

① 晶体

晶体是质点（离子、原子、分子）在空间上按特定的规则呈周期性排列时所形成的。晶体具有特定的几何外形，显示各向异性、固定的熔点和化学稳定性好等特点。根据组成晶体的质点及化学键的不同，可分为原子晶体、离子晶体、分子晶体、金属晶体。

晶体材料在外力作用下具有弹性变形的特点，但因质点的密集程度不同而具有许多滑移面，当外力达到一定限度时，则易沿着滑移面产生塑性变形。

晶体内质点的相对密集程度、质点间的结合力和晶粒的大小对晶体材料的性质有着重要的影响。以碳素钢为例，因为晶体内的质点相对密集程度高，质点间又以金属键联结，其结合力强，所以钢材具有较高的强度和较大的塑性变形能力。若再经热处理使晶粒更细小、均匀，则钢材的强度还可以提高。又因为其晶格间隙中存在自由运动的电子，所以使钢材具有良好的导电性和导热性。

② 玻璃体

具有一定化学成分的熔融物质进行迅速冷却，使其内部的质点来不及作有规则的排列便凝固成固体，即为玻璃体，又称无定形体或非晶体。

玻璃体无一定的几何外形，加热时无固定的熔点而只有软化现象，具有各向同性，破坏时也无清楚的解理面，化学性质不稳定等，如水淬粒化高炉矿渣、火山灰、粉煤灰等均属玻璃体。在一定的条件下，具有较大的化学潜能，因此，常被大量用作硅酸盐水泥的掺合料，以改善水泥性能。

③ 胶体

以极微小的粒子（粒径为 0.1～100 μm）分散在介质中所形成的分散体系称为胶体。胶体的总表面积很大，因而表面能很大，有很强的吸附力，所以具有较强的黏结力。胶体具有高度分散性和多相性，具有凝结不稳定性、热力学不稳定性和流变性。常见的胶体由液固两相组成，固体微粒分散在连续的液相之中。由于脱水作用或质点的凝聚而形成凝胶，凝胶具有固体的性质，在长期应力下，又具有黏性液体流动的性质，如水泥水化物中的凝胶体。

2）材料的构造

材料的构造是指特定性质的材料结构单元间的相互组合搭配情况。"构造"这一概念与结构相比,更强调了相同材料或不同材料的搭配组合关系。比如材料的孔隙、岩石的层理、木材的纹理、疵病等,这些结构的特征、大小、尺寸及形态,决定了材料特有的一些性质。例如,节能墙板就是具有不同性质的材料经特定组合搭配而成的一种复合材料,使其具有良好的保温隔热、吸声隔声、防火抗震等性能。

随着材料科学理论的日益发展,不断深入探索材料的组成、结构、构造与材料之间的关系和规律,就能设计和研制出更多更好的新型建筑材料。

1.2 材料的基本物理性质

1.2.1 材料的孔隙特征与密度

材料内部大多含有气相,气相以各种尺寸和形态的孔隙存在于材料中,因此这些孔隙具有一定的结构,称之为孔结构。根据孔径尺寸的大小,可将孔隙分为大孔(毫米级)、细孔(微米级)和微孔(纳米级)。根据孔隙的特征,可将孔隙分为联通孔和封闭孔。与外界相通的孔称为联通孔;与外界不连通且外界介质进不去的孔称为封闭孔。不同孔隙对材料性能有不同的影响,由于孔隙的尺寸和构造不同,使得不同材料表现出不同的性能特点。材料内部的孔隙构造如图 1-1 所示。

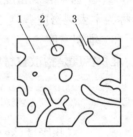

图 1-1 材料内部的孔隙构造
1—材料本身;2—闭口孔隙;
3—开口孔隙

1) 材料的密度、表观密度、体积密度与堆积密度

(1) 密度

密度是指材料在绝对密实状态下,单位体积的质量。按下式计算:

$$\rho = \frac{m}{V} \tag{1-1}$$

式中:ρ——材料的密度(g/cm^3);

m——材料的质量(干燥至恒重)(g);

V——材料在绝对密实状态下的体积(cm^3)。

绝对密实状态下的体积,是指不包括材料内部孔隙在内的固体物质的实体体积(V),如图 1-2 所示。因此,对近于绝对密实的材料,如果是有规则几何外形的,可量测并计算其几何体积;如果是无规则的外形,可采用排液法测得其体积,再代入公式中进行密度计算。而对于内部有空隙的材料(如水泥等),测定其密度时,可将材料磨成细粉,烘干后用李氏瓶测定其体积,然后代入公式中进行计算。

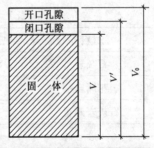

图 1-2 材料体积示意图

土木工程中,砂、石等材料内部虽然含有与外部不联通的孔隙,在密度测定时,通常也采用排液法获得其体积(V'),近似看作其绝对密实状态的体积,此时计算所得的密度称为视

密度。

（2）表观密度

表观密度是指材料在自然状态下，单位体积的质量。按下式计算：

$$\rho_0 = \frac{m}{V_0} \tag{1-2}$$

式中：ρ_0——材料的表观密度（kg/m³ 或 g/cm³）；

m——材料的质量（kg 或 g）；

V_0——材料在自然状态下的体积，也称为表观体积（m³ 或 cm³）。

材料的表观体积是指包含内部闭口孔隙和开口孔隙在内的所有体积（V_0），如图 1-2 所示。对于具有规则形状材料的体积，可用量具测量并计算其体积；对于不规则形状的材料，应将材料表面先用蜡密封好，再采用排液法测定体积，然后代入公式中计算。

当材料内部空隙含水时，其质量和体积均将发生变化，故测定材料表观密度时，应注明其含水率。通常表观密度是指气干状态下的表观密度；而烘干至恒定状态下测得的表观密度，称为干表观密度。

（3）堆积密度

堆积密度是指散粒材料在堆积状态下，单位体积的质量。按下式计算：

$$\rho_0' = \frac{m}{V_0'} \tag{1-3}$$

式中：ρ_0'——堆积密度（kg/m³）；

m——材料的质量（kg）；

V_0'——材料的堆积体积（m³）。

测定散粒材料的堆积密度时，材料的堆积体积是指填充在一定容器内的材料所占容器的体积，因此材料的堆积体积包括材料的绝对密实体积、内部所有孔隙的体积以及颗粒之间空隙的体积。

在土木工程中，计算材料的用量、构件的自重、配料计算以及材料的堆放空间时，经常需用到材料的密度、表观密度和堆积密度等数据。常用土木工程材料的密度、表观密度和堆积密度见表 1-1。

表 1-1　常用土木工程材料的密度、表观密度和堆积密度

材料	密度 ρ（g/cm³）	表观密度 ρ_0（kg/m³）	堆积密度 ρ_0'（kg/m³）
石灰岩	2.60	1 800～2 600	—
花岗岩	2.80	2 500～2 700	—
石灰岩碎石	2.60	—	1 400～1 600
砂	2.60	—	1 450～1 650
普通黏土砖	2.50	1 600～1 800	—
黏土空心砖	2.50	1 000～1 400	—
水泥	3.10	—	1 100～1 300

续表 1-1

材料	密度 ρ(g/cm³)	表观密度 ρ_0(kg/m³)	堆积密度 ρ_0'(kg/m³)
普通混凝土	—	2 100～2 600	—
轻集料混凝土	—	800～1 900	—
木材	1.55	400～800	—
钢材	7.85	7 850	—
泡沫塑料	—	20～50	—
玻璃	2.55	—	—

2) 材料的密实度与孔隙率

(1) 密实度

密实度是指材料的体积内被固体物质充实的程度。按下式计算：

$$D = \frac{V}{V_0} \times 100\% = \frac{\rho_0}{\rho} \times 100\% \qquad (1-4)$$

(2) 孔隙率

孔隙率是指材料中孔隙体积所占自然状态下总体积的比例。按下式计算：

$$P = \frac{V_0 - V}{V_0} \times 100\% = \left(1 - \frac{V}{V_0}\right) \times 100\%$$
$$= \left(1 - \frac{e_0}{e}\right) \times 100\% \qquad (1-5)$$

孔隙率的大小直接反映了材料的致密程度，它对材料的物理、力学性质均有影响。这些性质不仅与材料的孔隙率有关，而且与材料的孔隙特征有关。孔隙特征是指孔的种类(开口孔和闭口孔)、孔径的大小及孔的分布是否均匀等。

3) 材料的填充率与空隙率

(1) 填充率

填充率是指散粒材料在自然堆积状态下，颗粒体积占自然堆积体积的百分率。按下式计算：

$$D' = \frac{V_0}{V_0'} \times 100\% = \frac{\rho_0'}{\rho_0} \times 100\% \qquad (1-6)$$

(2) 空隙率

空隙率是散粒材料的堆积体积中，颗粒之间的空隙体积所占的比例。按下式计算：

$$P' = \frac{V_0' - V_0}{V_0'} \times 100\% = \left(1 - \frac{V_0}{V_0'}\right) \times 100\% = \left(1 - \frac{\rho_0'}{\rho_0}\right) \times 100\% \qquad (1-7)$$

空隙率是用来评定散粒材料在堆积体积内疏密程度的参数，可作为控制混凝土骨料级配与计算含砂率的依据。

1.2.2 材料与水有关的性质

1）材料的亲水性与憎水性

当水与材料表面接触时,将表现出两种不同的现象,如图1-3所示。

（a）亲水性材料   （b）憎水性材料

图1-3　材料润湿示意图

材料与水接触时能被水润湿的性质称为亲水性。材料被水润湿的情况,可用润湿边角 θ 表示。当材料与水接触时,在材料、水、空气三相的交点处,沿水滴表面的切线与材料和水接触面的夹角 θ,称为"润湿边角"。θ 愈小,表明材料愈易被水润湿。一般认为,当 $\theta \leqslant 90°$ 时,材料与水之间的吸引力大于分子间的内聚力,材料表面对水有较强的吸附能力,因而表现出亲水性(如图1-3(a)所示),具备这种性质的材料称为亲水性材料,如混凝土、砖、瓦、陶瓷、玻璃等;当 $\theta > 90°$ 时,水分子的内聚力大于材料与水之间的吸引力,材料不易被水润湿,表现出憎水性(如图1-3(b)所示),具备这种性质的材料称为憎水性材料,如沥青等;当 $\theta = 0°$ 时,表明材料完全被水润湿。

2）材料的吸水性与吸湿性

（1）吸水性

材料在水中吸收并保持水分的性质称为吸水性。材料的吸水性用吸水率表示,材料吸水饱和时的含水率称为吸水率,有质量吸水率和体积吸水率两种表示方法。

质量吸水率是指材料吸水饱和时,所吸收水分的质量占干燥材料质量的百分率。按下式计算:

$$W_m = \frac{(m_1 - m)}{m} \times 100\% \tag{1-8}$$

式中:W_m——材料质量吸水率(%);

m_1——饱水状态下材料质量(g);

m——干燥状态下材料质量(g)。

体积吸水率是指材料吸水饱和时,所吸入水的体积占干燥材料自然状态体积的百分率:

$$W_V = \frac{V_{水}}{V_0} \times 100\% = \frac{(m_1 - m)/\rho_{水}}{m/\rho_0} \times 100\%$$

$$= \frac{(m_1 - m)}{m} \times 100\% \times \frac{\rho_0}{\rho_{水}} = W_m \times \rho_0 \tag{1-9}$$

式中:W_V——材料质量吸水率(%);

m_1——饱水状态下材料质量(g);

m——干燥状态下材料质量(g);

$V_{水}$——材料吸收的水的体积(cm³);

V_0——材料干燥状态下的体积(cm^3);

ρ_0——材料表观密度(g/cm^3);

$\rho_水$——水的密度(g/cm^3)。

材料的吸水性与材料的孔隙率和孔隙特征有关。对于细微连通孔隙,孔隙率愈大,则吸水率愈大。闭口孔隙水分不能进去,而开口大孔虽然水分易进入,但不能存留,只能润湿孔壁,所以吸水率仍然较小。

材料吸水后,不但可使材料的质量增加,而且会使强度降低、保温性能下降、抗冻性能变差,有时还会发生明显的体积膨胀。可见,材料中含水对材料的性能往往是不利的。

(2)吸湿性

材料在潮湿空气中吸收水分的性质,称为吸湿性。材料的吸湿性用含水率表示,含水率是指材料中所含水的质量与干燥状态下材料的质量之比。按下式计算:

$$W_含 = \frac{(m_含 - m)}{m} \times 100\%$$ (1-10)

式中:$W_含$——材料含水率(%);

$m_含$——含水状态下材料质量(g);

m——干燥状态下材料质量(g)。

吸湿性主要取决于材料的组成与结构状态。某些具有微小开口孔隙的材料吸湿性特别强,其含水率的变化将引起材料性能的显著变化。材料的含水率还受到环境条件的影响,它随环境温度和温度的变换而改变。材料的吸湿作用一般是可逆的,材料的含水率(吸湿性)随着空气温度、湿度的变化而变化。即材料既能从空气中吸收水分,也能向空气中释放水分。在一定温湿度环境条件下,材料吸收和释放的水分达到相等即平衡时,材料的含水率称为平衡含水率。此时的状态称为气干状态。

3)材料的耐水性

材料长期在水环境中抵抗水破坏作用的性质称为耐水性。水对材料的破坏是多方面的,对材料的力学性质、光学性质、装饰性等都会产生破坏作用。材料的耐水性用软化系数表示,即

$$K_p = \frac{f_b}{f_g}$$ (1-11)

式中:K_p——材料的软化系数;

f_b——材料在吸水饱和状态下的抗压强度(MPa);

f_g——材料在干燥状态下的抗压强度(MPa)。

材料的软化系数范围介于0~1之间。用于水中、潮湿环境中的重要结构材料,必须选用软化系数不低于0.85的材料;用于受潮湿较轻或次要结构的材料,则不宜小于0.70~0.85。通常软化系数≥0.85的材料称为耐水材料。处于干燥环境中的材料可以不考虑软化系数。

4)材料的抗冻性与抗渗性

(1)抗渗性

材料抵抗压力水渗透的性质称为抗渗性,常用渗透系数表示。材料在水压力 H 的作用下,在一定时间 t 内,透过材料试件的水量 Q,与试件的渗水面积 A 及水头差成正比,与渗透距离(试件的厚度)d 成反比,即

$$K = \frac{Qd}{AtH} \qquad (1-12)$$

式中：K——材料的渗透系数(cm/h)；

　　Q——渗透水量(cm^3)；

　　d——材料的厚度(cm)；

　　A——渗水面积(cm^2)；

　　t——渗水时间(h)；

　　H——静水压力水头(cm)。

渗透系数 K 值愈大，抗渗性愈差。

建筑工程中，砂浆、混凝土等材料常用抗渗等级来评价其抗渗性。抗渗等级是指材料在标准试验方法下进行透水试验，以规定的试件在透水前所能承受的最大水压力来确定。以符号"P"和材料透水前的最大水压力表示。用公式表示：

$$P = 10H - 1 \qquad (1-13)$$

式中：P——抗渗等级；

　　H——试件开始渗水时的压力(MPa)。

材料的抗渗性与其孔隙率和孔隙特征有关。闭口孔和极微小的孔隙实际上是不透水的，具有较大的孔隙率，且孔径较大、孔连通的材料抗渗性较差。抗渗性是决定材料耐久性的主要指标。

(2) 抗冻性

材料在使用环境中，经受多次冻融循环作用而不破坏，强度也无显著降低的性质，称为抗冻性。

材料受冻融破坏主要原因是其孔隙中的水结冰所致。水在材料毛细孔内结冰，体积增大约9%，对孔壁产生内应力，冰融化时压力又骤然消失，造成孔壁将产生局部开裂。随着冻融次数的增多，这种破坏作用加剧，致使材料表面出现裂纹、剥落，造成质量损失、强度降低，这种破坏称为冻融循环。

材料的抗冻性用抗冻等级来表示。材料吸水饱和后在一定条件下，经过规定的冻融循环次数，其试件的质量损失或相对动弹性模量下降符合规定值即为抗冻性合格，此时所能承受的冻融循环次数即为抗冻等级，用符号"F"和冻融循环次数的数值来表示。

材料的抗冻性取决于其孔隙率、孔隙特征及充水程度。抗冻性良好的材料，对于抵抗大气温度变化、干湿交替等风化作用的能力较强，所以抗冻性常作为考察材料耐久性的一项指标。在设计寒冷地区及寒冷环境的建筑物时，必须考虑材料的抗冻性。

1.2.3 材料与热有关的性质

1) 导热性

当材料两侧出现了温度差时，热量就会自动的由高温一侧向低温一侧传导。材料传导热量的能力，称为导热性。用导热系数表示：

$$\lambda = \frac{Qd}{(T_1 - T_2)At} \tag{1-14}$$

式中:λ——导热系数[W/(m·K)];

Q——传导的热量(J);

d——材料的厚度(m);

A——材料的传热面积(m^2);

t——热传导的时间(s);

$T_1 - T_2$——材料两侧的温度差(K)。

导热系数是评定材料保温隔热性能的重要指标。导热系数愈小,材料的保温隔热性能愈好。

首先取决于材料的组成及结构状态。一般来说,金属材料导热系数最大,无机非金属材料次之,有机材料最小。材料的组成相同时,晶态比非晶态导热系数大些;孔隙率较大的材料,导热系数小些;在孔隙率相同时,具有较大孔径或连通孔的材料,其导热系数偏大。此外,导热系数还受温度和含水状态的影响,大多数材料在高温下的导热系数比常温下大些;材料含水后,其导热系数会明显增大。

2) 比热与热容量

材料受热时吸收热量、冷却时放出热量的性质称为热容量。材料吸收或放出的热量用下式计算:

$$Q = Cm(T_2 - T_1) \tag{1-15}$$

式中:Q——材料吸收(或放出)的热量(kJ);

C——材料的比热(亦称热容量系数)[kJ/(kg·K)];

m——材料的质量(kg);

$T_2 - T_1$——材料受热(或冷却)前后的温度差(K)。

材料热容量的大小,按其比热来评定。比热 C 表示单位质量的材料,温度上升(或下降)1 K 时所需的热量。比热与材料质量之积为材料的热容量值,采用热容量值较大的材料作为墙体、屋面等围护结构对室内有良好的保温作用。

几种典型建筑材料的导热系数和比热值见表 1-2。

表 1-2 常用建筑材料的热性质指标

材料名称	导热系数[W/(m·K)]	比热[kJ/(kg·K)]
钢材	58	0.48
花岗岩	3.49	0.92
普通混凝土	1.51	0.84
黏土砖	0.80	0.88
松木	0.17~0.35	2.5
泡沫塑料	0.035	1.30

3）耐燃性

材料抵抗火焰和高温的能力称为耐燃性，也称防火性，是影响建筑物防火、建筑结构耐火等级的一项因素。材料的耐燃性按耐火要求规定分为 3 类：

（1）非燃烧材料

在空气中受高温作用不起火、不微燃、不碳化的材料称为非燃烧材料。无机材料均为非燃烧材料，如砖瓦、玻璃、陶瓷、混凝土钢材等。但是玻璃、普通混凝土、钢材等受火焰作用会发生明显的变形而失去使用功能，所以虽然是非燃烧材料，但不是耐火材料。

（2）难燃材料

在空气中受高温作用时难起火、难微燃、难碳化，火源移走后燃烧会立即停止的材料称为难燃材料。难燃材料多为以可燃性材料为基材的复合材料，如沥青混凝土、刨花板、木丝板等。

（3）可燃材料

在空气中受高温作用时立即起火或微燃，且当火源移走后仍能继续燃烧或微燃的材料称为可燃材料，如木材及大部分有机材料。

1.3 材料的基本力学性质

1.3.1 材料的强度和比强度

1）材料的强度

材料受到外力、荷载、变形限制、温度等作用时，都可使其内部产生应力。材料在外力（荷载）作用下抵抗破坏的能力，称为材料的强度。外力增加，应力相应增大，直至材料内部质点间结合力不足以抵抗所作用的外力时，材料即发生破坏。此时的极限应力值，就是材料的强度，也称为极限强度。

根据受力方式的不同，材料的强度可分为抗压强度、抗拉强度、抗弯强度（或抗折强度）及抗剪强度，见图 1-4。

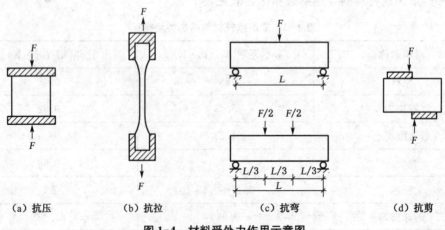

| (a) 抗压 | (b) 抗拉 | (c) 抗弯 | (d) 抗剪 |

图 1-4 材料受外力作用示意图

材料的抗压、抗拉、抗剪强度可直接按下式计算：

$$f = \frac{F}{A} \tag{1-16}$$

式中：f——材料的抗压、抗拉或抗剪强度（MPa）；

    F——材料破坏时的最大允许荷载（N）；

    A——受力截面面积（mm^2）。

材料的抗弯强度计算与加载方式有关。将抗弯试件放在两支点上，当外力为作用在试件中心的集中荷载，且试件截面为矩形时，抗弯强度（也称抗折强度）可用下式计算：

$$f = \frac{3FL}{2bh^2} \tag{1-17}$$

当外力为作用在跨距的三分点上加两个相等的集中荷载，抗弯强度按下式计算：

$$f = \frac{FL}{bh^2} \tag{1-18}$$

式中：f——抗弯强度（MPa）；

    F——弯曲破坏时的最大荷载（N）；

    L——两支点间的距离（mm）；

    b、h——试件横截面的宽和高（mm）。

材料的强度与其组成及结构有关，即使材料的组成相同，其构造不同，强度也不一样。对于同一品种的材料，其强度随孔隙率及其孔隙特征的不同有很大差异。一般来说，材料的孔隙率越大，强度越低。此外，还与试验条件等多种因素有关，如试件的形状、尺寸、表面状态、试验温度、材料含水程度及加荷速度等对材料强度值的测试结果都产生较大的影响。

大部分建筑材料通常按其强度的大小划分为若干等级，即材料的强度等级。将建筑材料划分为若干强度等级，对掌握材料性质、合理选用材料、正确进行设计和控制工程质量都是非常重要的。

2）比强度

比强度是指材料的强度与其表观密度的比值，它反映了材料轻质高强的性能。其数值越大，表明材料轻质高强的性能越显著。这对于建筑物保证强度、减小自重、向空间发展及节约材料具有重要的实际意义。表 1-3 列出了各种材料的比强度值。

表 1-3　材料的比强度

材料名称	表观密度（kg/m^3）	强度值（MPa）	比强度
低碳钢	7 800	235	0.030 1
松木	500	34	0.068 0
普通混凝土	2 400	30	0.012 5
红砖	1 700	10	0.005 9

1.3.2 弹性与塑性

材料在外力作用下产生变形,当外力去除后,能完全恢复到原始形状的性质,称为弹性,这种可恢复的变形称弹性变形。

材料在外力作用下产生变形,当外力去除后,有一部分变形不能恢复,这种性质称为材料的塑性,这种不可恢复的变形称为塑性变形。

弹性变形为可逆变形,其数值大小与外力成正比,其比例系数称为弹性模量,用 E 表示。材料在弹性变形范围内,弹性模量为常数,按下式计算:

$$E = \frac{\sigma}{\varepsilon} \tag{1-19}$$

式中:E——材料的弹性模量(MPa);

σ——材料所受的应力(MPa);

ε——材料在应力作用下产生的应变,无量纲。

弹性模量是衡量材料抵抗变形能力的一个指标,是结构设计的重要参数。弹性模量愈大,材料愈不易变形,说明材料的刚度也越大。塑性变形为不可逆变形。

实际上,单纯的弹性材料是没有的,大多数材料在受力不大的情况下表现为弹性,受力超过一定限度后则表现为塑性,所以可称之为弹塑性材料。

1.3.3 脆性与韧性

材料受外力作用达一定值时,不发生明显的塑性变形而突然破坏的性质称为脆性。混凝土、玻璃、砖、石及陶瓷等均属于脆性材料,它们抵抗冲击作用的能力差,但是抗压强度较高。

材料在冲击或振动荷载作用下能吸收较大的能量,同时产生较大的变形而不破坏的性质称为韧性。木材、钢材中的低碳钢、低合金钢均属于韧性材料,可用于受震动、冲击荷载作用的厂房、铁路、桥梁等。

1.4 材料的耐久性

材料在长期使用过程中,经受环境中各种因素的作用下,能保持原有性能不变并不被破坏的性质,统称为耐久性。

材料在使用环境中,除受到荷载作用外,还会受到周围环境和各种自然因素的破坏作用。这些作用一般可归纳为物理作用、化学作用、机械作用和生物作用。实际上,影响材料耐久性的原因是多方面因素作用的结果,即耐久性是一种复杂的、综合的性质,包括抗冻性、抗渗性、抗风化性、耐化学腐蚀性、耐老化性、耐热性、耐光性、耐磨性等诸方面的内容。各种材料由于它们所在的建筑部位不同及工程所处环境不同，其耐久性也具有不同的内容。如用于寒冷地区室外工程的材料应考虑其抗冻性；处于有压力水作用下的水工工程所用材料应有抗渗性要求；地面材料应具有良好的耐磨性等。可见，提高材料的耐久性应根据材料的种类以及所处的环境条件具体情况进行分析，才能得出正确的结论并采取妥善的处理方法。

耐久性是土木工程材料一项重要的技术性质。实际工程中，由于种种原因，土木工程结构常常会因耐久性不足而过早破坏。因此，只有深入了解并掌握土木工程材料耐久性的本质，从材料、设计、施工、使用各个方面共同努力，才能保证工程材料和结构的耐久性，延长工程结构的使用寿命。

1.5　小结

（1）材料的组成、结构与构造是影响材料性质的内在因素。晶态具有稳定、固定的熔点和良好的化学稳定性，玻璃体是一种化学性质不稳定的结构，具有化学活性。材料的宏观构造对很多性质影响极大。

（2）根据材料所处的状态不同，可将密度分为密度、表观密度、堆积密度，结合孔隙率和孔隙特征、空隙率等指标，可描绘材料在不同状态下的疏密程度。

（3）物理性质包括水与热两方面有关的性质。与水有关的性质包括亲水性与憎水性、吸湿性与吸水性、耐水性、抗渗性和抗冻性；与热有关的性质包括导热性、热容量、耐热性与耐燃性。这些性质主要取决于材料的组成、结构和构造状态，环境条件对它们也有一定的影响。

（4）材料力学性质主要包括材料在外力作用下产生变形和抵抗破坏的能力。材料受力变形可分为弹性变形与塑性变形，二者之间的差别在于外力取消后能否自行恢复。材料以其工作限度内的最大应力值（屈服点或极限应力）作为强度，并且不同材料以不同的强度值划分强度等级。按材料破坏前的变形情况将其分为脆性材料和韧性材料。脆性材料有较大的抗压强度，不能承受冲击或震动作用，故常用于受静压力作用的建筑部位。材料受冲击或震动作用时应考虑其冲击韧性。

（5）耐久性是一项综合性能，应包括许多方面的内容，但不同种类或处于不同建筑部位的材料也各有其相应的耐久性内容，提高材料的耐久性应根据材料的种类以及所处的环境条件对具体情况进行分析，并妥善处理。

思考题

1. 材料的组成和结构与材料的性能关系如何？

2. 什么是材料的密度、表观密度和堆积密度？如何测定？它们与材料内部的孔隙或空隙有何关系？

3. 亲水性材料和憎水性材料如何区分？在使用上有何不同？

4. 材料的孔隙率变化对于材料的密度、表观密度、强度、吸水率、抗渗性、抗冻性及导热性等分别有何影响？

5. 材料的吸水性、吸湿性、耐水性、抗渗性、抗冻性的含义是什么？各用什么指标表示？

6. 脆性材料与韧性材料各有何特点？它们在应用中有何区别？

7. 什么是强度？包括哪几种形式？什么是强度等级？

8. 什么是比强度？比强度有何意义？

9. 何谓材料的耐久性？如何确定材料的耐久性内容？

10. 一块普通烧结砖的外形尺寸为 240 mm × 115 mm × 53 mm，吸水饱和质量为 2 640 g，烘干后质量为 2 420 g。将该砖磨细并烘干后取 50 g，用李氏瓶测得其体积为 19.2 cm³。试计算该砖的密度、表观密度、孔隙率、质量吸水率、开口孔隙率及闭口孔隙率。

2 石　材

本章提要

通过本章学习,掌握常见岩石的特点和性质及其应用,以及人造石材的分类、特点与用途。重点掌握天然花岗石和天然大理石的组成、品种、技术要求、性能与特点,从而在建筑工程中合理选择和使用建筑石材。

石材分天然石材和人造石材。

天然石材是建筑工程中应用历史最悠久、应用最为广泛的建筑材料之一。古今中外许多著名的建筑如埃及的金字塔、印度的泰姬陵、古希腊雅典卫城的神庙、意大利的比萨斜塔、欧洲的许多教堂、我国的石窟、石桥、宫廷建筑的基座、皇陵建筑等,都充分印证了天然石材在建筑工程中的应用。由于天然石材具有优良的耐久性,这些建筑物得以长久保存下来,成为人类世界宝贵的历史遗产。

工程中常用的天然石材是指从天然岩石中采得的毛石,经过加工制成的石块、石板及其他制品。天然石材经加工后具有良好的装饰性,是各种建筑工程中采用的主要装饰材料之一。

天然石材在地球表面蕴含丰富,分布广泛,便于就地取材。在性能上,天然石材具有抗压强度高、耐久、耐磨等特点。在建筑立面上使用天然石材,具有坚实、稳重的质感,可以取得凝重、庄严、雄伟的艺术效果。但是,天然石材开采、加工、运输困难,表观密度大。

2.1　岩石的形成与分类

2.1.1　岩石的形成

矿物是具有一定化学成分和一定结构特征的天然化合物和单质的总称。

岩石是由各种地质作用所形成的天然矿物构成的集合体,组成岩石的矿物称为造岩矿物。

有些岩石由一种矿物组成(单矿岩),如白色大理石,是由方解石或白云石所组成。而大部分岩石由多种矿物组成(多矿岩),如花岗岩由长石、石英、云母及某些暗色矿物组成。岩石并无确定的化学成分及物理性质,不同岩石具有不同的矿物成分、结构和构造。因此,不同岩石具有不同的特征与性能。同种岩石,产地不同,其矿物组成、结构均有差异,因而其颜色、强度、硬度、抗冻性等物理力学性能都不相同。

2.1.2 岩石的分类及性质

1）按岩石的地质形成条件分

按岩石的地质形成条件,可将岩石分为岩浆岩、沉积岩、变质岩三大类,它们具有显著不同的结构、构造和性质。

（1）岩浆岩

岩浆岩是因地壳变动,熔融的岩浆由地壳内部上升后冷却而成,又称火成岩,是组成地壳的主要岩石。根据岩浆冷却条件的不同,岩浆岩又分为深成岩、浅成岩、喷出岩和火山岩。其特性是:抗压强度高,吸水率小,表观密度及导热性大;由于孔隙率小,因此可以磨光,但坚硬难以加工。建筑上常用的深成岩有花岗岩、正长岩和橄榄岩等。

花岗岩,是岩浆岩中分布最广泛的岩石,其主要的矿物组成为长石、石英和少量的云母,它耐磨性、抗风化性、耐久性、耐酸性好。商业上所说的花岗石是以花岗岩为代表的一类装饰石材,包括各种岩浆岩和花岗岩的变质岩,如辉长岩、闪长岩、辉绿岩、玄武岩、安山岩、正长岩等,一般质地较硬。

（2）沉积岩

沉积岩是地表的各种岩石在外力作用下经风化后搬运、沉积和再造岩作用（胶结、重结晶、压固等）,在地表或地表不太深处而形成的岩石,又称水成岩。

与岩浆岩相比,其特性是:结构致密性较差,密度较小,孔隙率及吸水率均较大,强度较低,耐久性也较差。石灰岩属于沉积岩,主要由方解石组成。

根据生成条件,可分为机械沉积岩、化学沉积岩及生物沉积岩3类。

机械沉积岩是风化后的岩石碎屑在流水、风、冰川等作用下,经搬迁、沉积、固结（多为自然胶结物固结）而成。如常用的砂岩、砾岩、火山凝灰岩、黏土岩等。

化学沉积岩是由岩石风化后溶于水而形成的溶液、胶体经搬迁沉淀而成。如常用的石膏、菱镁矿、石灰岩等。

生物沉积岩是由海水或淡水中的生物残骸沉积而成。常用的有石灰岩、白垩、硅藻土等。

（3）变质岩

变质岩是原生的岩浆岩或沉积岩经过地壳内部高温、高压等变化作用后而形成的岩石。沉积岩变质后性能变好,结构变得致密,坚实耐久;而岩浆岩变质后性质反而变差。大理岩属于变质岩,由石灰岩或白云岩变质而成,主要矿物组成为方解石和白云石。

2）按岩石强度分

根据日本JIS标准（即日本工业标准,是日本国家标准中最重要、最权威的标准）,岩石按抗压强度分为硬石、次硬石、软石。

3）按岩石形状分

按岩石形状,可将岩石分为砌筑和装饰两类。砌筑用石材分为毛石和料石;装饰用石材主要为板材。

2.2 岩石的结构特点与物理力学性质

2.2.1 岩石的结构特点

岩石的结构是指岩石的原子、分子、离子层次的微观构成形式。

根据微观粒子在空间分布状态的不同,可分为结晶质结构和玻璃质结构。

用放大镜或肉眼宏观可分辨的岩石构成形式,根据岩石的孔隙特征和构成形态分为致密状、多孔状、片状、斑状、砾状等。

建筑工程中常用岩石的主要造岩矿物的组成与特征见表 2-1。

表 2-1　主要造岩矿物的组成与特征

矿物	组 成	密度 (g/cm³)	莫氏硬度	颜 色	其他特性
石英	结晶 SiO_2	2.65	7	无色透明至乳白等色	坚硬、耐久,具有贝状断口,玻璃光泽
长石	铝硅酸盐	2.5~2.7	6	白、灰、红、青等色	耐久性不如石英,在大气中长期风化后成为高岭土,解理完全,性脆
云母	含水的钾镁铁铝硅酸盐	2.7~3.1	2~3	无色透明至黑色	解理极完全,易分裂成薄片,影响岩石的耐久性和磨光性,黑云母风化后形成蛭石
方解石	结晶 $CaCO_3$	2.7	3	通常呈白色	硬度不大,强度高,遇酸分解,晶形呈菱面体,解理完全
白云石	$CaCO_3$、$MgCO_3$	2.9	4	通常呈白色至灰色	与方解石相似,遇热酸分解
角闪石辉石橄榄石	铁镁硅酸盐	3~4	5~7	色暗,统称暗色矿物	坚硬,强度高,韧性大,耐久

2.2.2 岩石的物理力学性质

1) 岩石的物理性质

(1) 表观密度

各类岩石的密度极相近似,大多在 2.50~2.70 g/cm³,但岩石的表观密度却相去甚远。岩石形成时压力大、凝聚紧密者,孔隙率小,表观密度接近其密度。这类岩石因孔隙率小,吸水率低,硬度、强度高,耐久性好,但加工困难。反之,表观密度小者,孔隙率和吸水率大,硬度、强度低,耐久性差,但加工较容易。

天然石材按其表观密度大小分为重石和轻石两类。

表观密度大于 1 800 kg/m³ 的为重石,主要用于建筑的基础、贴面、地面、路面、房屋外墙、挡土墙、桥梁以及水工构筑物等;表观密度小于 1 800 kg/m³ 的为轻石,主要用作墙体材料,如采暖房屋外墙等。

（2）吸水性

天然石材的吸水性大小用吸水率表示,其大小主要与石材的化学成分、孔隙率大小、孔隙特征等因素有关。孔隙率大、孔隙多为毛细管,则吸水性大;反之,孔隙率小,则吸水性较低。石材吸水后,降低了矿物的黏结力,破坏了岩石的结构,从而降低石材的强度和耐水性,对其抗冻性、导热性也有较大的影响。

（3）硬度

根据岩石的软硬程度不同,我们把岩石的硬度分成很硬、较硬、较软3级。

（4）抗冻性

天然石材的抗冻性是指石材在潮湿状态下能抵抗冻融而不发生显著破坏。石材吸水达饱和,遇冷冻膨胀产生裂缝,经过反复冻融后石材逐渐破坏。致密石材的吸水率小,抗冻性好。吸水率小于0.5%的石材,可以认为是抗冻的,可不进行抗冻试验。

（5）耐火性

天然石材的抗火性与所含矿物成分及结构、构造关系较大,含石膏矿的岩石在107℃以上分解破坏;花岗岩(含石英)在600℃晶体发生转化,体积膨胀而破坏;石灰岩、大理石(含碳酸镁、碳酸钙)在750℃分解破坏;层片状岩石遇高温也易剥落。

2）岩石的力学性质

天然石材以抗压强度为最高,抗拉强度则最低,只有抗压强度的1/20~1/50。因此,天然石材主要用于承受压力,所以这也是限制石材作为结构材料的主要原因,是岩石区别于钢材和木材的主要特征之一。

由于岩石生成的原因不同,属非均质的材料,大部分岩石呈现各向异性。所以岩石在受压时,加压方向垂直节理面或裂纹时,其抗压强度大于加压方向平行于节理面或裂纹时的抗压强度。

岩石受力后的变形:应力-应变曲线为非直线,属于非弹性变形。岩石的硬度、耐磨性均随抗压强度的增强而提高。

2.3 建筑石材及其应用

建筑石材是指主要用于建筑工程中砌筑或装饰的天然石材。

砌筑用石材有毛石和料石,装饰用石材主要是指各类和各种形状的天然石质板材。

2.3.1 毛石

毛石是采石场爆破后直接得到的形状不规则的石块。依毛石平整程度分为乱毛石和平毛石两类。毛石常用作基础、勒脚、墙体、挡土墙等。

2.3.2 料石

人工或机械开采出较规则的六面体石块,经人工略加凿琢而成的称为料石。依料石表面加工的平整程度分为毛料石、粗料石、半细料石和细料石4种。料石一般由致密、均匀的砂岩、石灰岩、花岗岩开凿而成,用于建筑物基础、勒脚、墙体等部位。

2.3.3 石材饰面板

用致密岩石凿平或锯解而成的厚度不大的石材称为板材。主要有天然花岗石板材、天然大理石板材、青石装饰板材。饰面用的板材一般采用花岗石和大理石制成。主要用作建筑物的内外墙面、地面、柱面、台面等。

1988年普利兹克建筑奖获得者美国建筑师戈登·邦夏所设计的耶鲁大学善本书图书馆,外墙全部用产自佛蒙特州的能透进光线的薄大理石板拼接而成,很好地阻挡了紫外线对书籍的照射,保护了馆内古籍书,又有一定的透光性。

2.4 常用装饰石材及质量要求

装饰石材是指用于建筑物表面装饰的石材。装饰石材分为天然饰面石材和人造饰面石材。

天然饰面石材主要有花岗石、大理石、青石、岩板等。

人造石材是人造大理石和人造花岗岩的总称,属水泥混凝土或聚酯混凝土的范畴,它的花纹图案可人为控制,胜过天然石材,具有质量轻、强度高、耐腐蚀、耐污染、施工方便、装饰性好、价格适中等优点,是现代建筑的理想装饰材料。

2.4.1 天然花岗石板材

花岗石是花岗岩的俗称,有时也称麻石,是岩浆岩中分布最广的岩石,其主要矿物组成为长石、石英和少量云母及暗色矿物,随着矿物成分的不同变化,可以形成不同色彩和结晶颗粒的装饰材料。按结晶颗粒的大小,通常分为粗粒、中粒、细粒和斑状等多种构造,以细粒构造性质为好。通常有纯黑、灰、白、黄、粉红、红等多种颜色,具有较好的装饰性。

花岗岩的体积密度为2 500～2 800 kg/m³,抗压强度为120～300 MPa,莫氏硬度为6～7,耐磨性好,抗风化性及耐久性高,耐酸性好。使用年限为数十年至数百年,高质量的可达千年以上。

花岗石的化学成分随产地不同而有所区别,各种花岗岩 SiO_2 含量均很高,一般为67％～75％,属酸性岩石。花岗石主要化学成分见表2-2。

表 2-2 天然花岗石化学成分

化学成分	SiO$_2$	Al$_2$O$_3$	CuO	MgO	Fe$_2$O$_3$
含量(%)	67~75	12~17	1~2	1~2	0.5~1.5

天然花岗石板材是由天然花岗石荒料经锯切、研磨、抛光及切割而成的。按形状可分为普型板(N)和异型板(S)。饰面板材要求耐久、耐磨、色彩花纹美观,表面应无裂缝、翘曲、凹陷、色斑、污点等。

天然花岗石普型板材产品规格见表 2-3,异型板材产品规格由设计或施工部门与生产厂家商定。

表 2-3 天然花岗石普型板材产品规格

长(mm)	宽(mm)	厚(mm)	长(mm)	宽(mm)	厚(mm)
300	300	20	305	305	20
400	400	20	610	305	20
600	300	20	610	610	20
600	600	20	915	610	20
900	900	20	1 067	762	20
1 070	759	20			

天然花岗石板材按表面加工程度不同又分为以下几种:

(1) 粗面板材(代号 RU),表面质感粗糙、粗犷,具有较规则加工条纹的板材。主要用于室外墙基础和墙面装饰,有一种古朴、回归自然的亲切感。

(2) 细面板材(代号 RB),经粗磨、细磨加工而成的,表面平整、光滑的板材。

(3) 镜面板材(代号 RL),是经粗磨、细磨、抛光而成,表面平整、具有镜面光泽的板材。表面晶粒鲜明,色泽明亮,豪华气派。

镜面花岗石板材和细面花岗石板材表面光洁光滑,质感细腻,多用于室内外墙面、柱面和地面。

天然花岗石板材按板材的规格尺寸、平面度、角度允许偏差和外观质量将花岗石板材质量分为优等品(A)、一等品(B)、合格品(C)3 个等级。

国内外部分花岗石品种、特征、产地见表 2-4 和表 2-5。

表 2-4 我国部分花岗石品种、特征、产地

生产厂家	品种	装饰性能
北京市大理石厂	济南青	黑色,有小白点
	白虎洞	肉粉色带黑斑
	将军红	黑灰棕红浅灰间小斑块
福建泉州风山	蓝宝石	淡蓝灰色
山东掖县大理石矿 (莱州牌)	莱州白	白底黑点
	莱州青	黑底青白点
	莱州黑	黑底灰白点
	莱州红	粉红底深灰点
	莱州棕黑	黑底棕点

续表 2-4

生产厂家	品 种	装饰性能
湖北黄石市大理石厂	济南青 芝麻青 红色花岗石	黑色 白底黑点 红底起黑点花
济南市花岗石厂	济南青 红色花岗石板 白色花岗石板	纯黑 紫红色 白色

表 2-5 国外部分花岗岩品种、特征、产地

产出国家	品 种	装饰性能
挪威	银珍珠	暗紫色,间有银白色闪光的拉长石
	黑珍珠	黑色,间有很少量银白色长石晶体
印度	蒙地卡罗蓝	中细粒浅红,有似流动状相间
	将军红	杏红黄色,呈片麻状
	吉利红	紫红色,较纯中粒
	印度红	深红色,粗粒,质均匀
加拿大	加拿大白	灰白色,中细粒结构
墨西哥	摩卡绿	棕色,中粗粒结构
巴西	圣罗蓝	灰蓝色,中细粒间嵌布着粉黄色粗粒长石晶体
	蒙娜丽莎	草绿色

天然花岗石板材命名顺序:荒料产地地名、花纹色调特征名称、花岗石(G)。

天然花岗石板材标记顺序:命名、分类、规格尺寸、等级、标准号。

标记示例:用山东济南黑色花岗石荒料生产 400 mm×400 mm×20 mm、普型、镜面、优等品板材示例如下:

命名:济南青花岗石

标记:济南青(G)N PL 400×400×20 A JC 2054 技术要求

天然花岗岩的特点:结构致密,抗压强度高;材质坚硬,耐磨性很强;孔隙率小,吸水率极低,耐冻性强;装饰性好;化学稳定性好,抗风化能力强。但其自重大,用于房屋建筑与装饰会增加建筑物的质量;硬度大,给开采和加工造成困难;质脆,耐火性差;某些花岗岩含有微量放射性元素,使用中应根据花岗石石材的放射性强度水平确定其应用范围。

2.4.2 天然大理石板材

我国大理石矿产资源丰富,储量大,品种多,据调查资料统计,花色品种有 390 多种。大

理石是以云南省大理县的大理城命名的,大理城以盛产优质大理石而名扬中外。

大理石是大理岩的俗称,又称云石。它是石灰岩经过地壳内高温高压作用而形成的变质岩,常呈层状结构,有明显的结晶和纹理,主要矿物为方解石和白云石,它属于中硬石材。大理岩石质细腻,光泽柔润,绚丽多彩,磨光后具有优良的装饰性。

大理岩的体积密度为 $2\,500\sim2\,700\ kg/m^3$,抗压强度为 $50\sim190\ MPa$,莫氏硬度为 $3\sim4$,易于雕琢磨光。大理岩不耐酸,一般不用于室外。商业上所指的大理石除指大理岩外,还包括主要成分为碳酸盐矿物、质地较软的其他碳酸盐岩以及与其有关的变质岩,如石灰岩、白云岩等。

天然大理石的主要化学成分见表 2-6。

表 2-6　天然大理石的主要化学成分

化学成分	CaO	MgO	SiO_2	Al_2O_3	Fe_2O_3	SO_3	其他(Mn、K、Na)
含量(%)	$28\sim54$	$3\sim22$	$0.5\sim23$	$0.1\sim2.5$	$0\sim3$	$0\sim3$	微量

天然大理石板材按形状分为普型板材(PX)、圆弧板(HM)、异型板材(YX)。普型板材,是指正方形或长方形的板材;圆弧板是指装饰面轮廓线的曲率半径相同的板材;异型板材,是指其他形状的板材。常用普型板材的规格见表 2-7。

表 2-7　天然大理石板材标准规格

长(mm)	宽(mm)	厚(mm)	长(mm)	宽(mm)	厚(mm)
300	150	20	600	600	20
300	300	20	900	600	20
305	152	20	915	610	20
305	305	20	1 067	762	20
400	200	20	1 070	750	20
400	400	20	1 200	600	20
600	300	20	1 200	900	20
610	305	20	1 220	915	20

天然大理石板按板材的规格尺寸允许偏差、平面度允许极限公差、角度允许极限公差、外观质量和镜面光泽度分为优等品(A)、一等品(B)、合格品(C)3 个等级。

饰面用大理石板材,常以磨光后所显现的花纹、色泽、特征及原料产地来命名。国内外大理石常用品种、产地、特征见表 2-8 和表 2-9 所示。

表 2-8　国内大理石常用品种、产地、特征

名　称	产　地	特　征
紫螺纹	安徽灵璧	灰红底布满红灰相间螺纹
螺红	辽宁金县	绛红底夹有红灰相间的螺纹
桃红	河北曲阳	桃红色粗晶,有黑色缕纹或斑点

续表 2-8

名　称	产　地	特　征
汉白玉	北京房山	玉白色,微有杂光和脉纹
	湖北黄石	玉白色,略有杂点和脉纹
艾叶青	北京房山	青底深灰间白色叶状,斑云间有片状纹缕
晶白	湖北	白色晶粒,细致而均匀
雪花	山东掖县	白色晶粒,细致而均匀
雪云	广东云浮	白和灰白相间
墨晶白	河北曲阳	玉白色,微晶,有黑色脉纹或斑点
风雪	云南大理	灰白间有深灰色晕带
冰琅	河北曲阳	灰白色均匀粗晶
黄花玉	湖北黄石	淡黄色,有较多稻黄脉纹
碧玉	辽宁连山关	嫩绿或深绿和白色絮状相渗
彩云	河北获鹿	浅翠绿色底、深绿絮状相渗,有紫斑或脉纹
驼灰	江苏苏州	土灰色底,有深黄赭色浅色疏脉
裂玉	湖北大冶	浅灰色微红色底,有红色脉络和青灰色斑
残雪	河北铁山	灰白色,有黑色斑带
晚霞	北京顺义	石黄间土黄斑底,有深黄叠脉,间有黑晕
虎纹	江苏宜兴	赭色底,有流纹状石、黄色经络
灰黄玉	湖北大冶	浅黑灰底,有焰红色、黄色和浅灰脉络
砾红	广东云浮	浅红底,满布白色大小碎石斑
橘络	浙江长兴	浅灰底,密布粉红和紫红叶脉
岭红	辽宁铁岭	紫红底
墨叶	江苏苏州	黑色,间有少量白络或白斑
莱阳黑	山东莱阳	灰黑底,间有墨斑灰白色点
墨玉	贵州、广西、河北获鹿	墨色
中国红	四川雅安	较为稀少的特殊品种,近似印度红
中国蓝	河北承德	较为稀少的特殊品种
赭红	内蒙古	近似印度红
电花	浙江杭州	黑灰底布满红色间白色脉络
红花玉	湖北大冶	肝红底夹有大小浅红碎石块
蟹青	河北	黄灰底遍布深灰,或黄色砾斑间有白夹层

表 2-9　国外部分进口大理石品种、特征、产地

产出国家	品　种	装饰性能
意大利	新米黄	米黄色
	木纹石	玫瑰黄色,细小的生物化石碎屑密布呈平等状分布
西班牙	象牙白	米黄色
	西班牙红	红色间有乳白色方解石脉
希腊	希腊黑	墨绿色
挪威	挪威红	肉红色间白色不规则条带

天然大理石板板材命名顺序:荒料产地地名、花纹色调特征名称、大理石(M)。

天然大理石板板材标记顺序:命名、分类、规格尺寸、等级、标准号。

用北京房山白色大理石荒料生产的普通规格尺寸为 600 mm×400 mm×20 mm 的一等品板材示例如下:

命名:房山汉白玉大理石

标记:房山汉白玉(M) N600×400×20　B　JC　79

天然大理石板主要用于建筑物室内饰面,如地面、柱面、墙面、造型面、酒吧台侧立面与台面、服务台立面与台面、电梯间门口等,还被广泛用于高档卫生间的洗漱台面及各种家具的台面。大理石磨光板有美丽多姿的花纹,常用来镶嵌或刻出各种图案的装饰品。

天然大理石板的特点:结构致密,抗压强度高,加工性好,不变形;装饰性好;吸水率小,耐腐蚀、耐久性好。但其硬度较低,抗风化能力差。

由于天然大理石板材表面光亮、细腻、易受污染和划伤,所以板材应在室内储存,室外储存时应加遮盖。

2.4.3　青石装饰板材

青石板属于沉积岩类(砂岩),主要成分为石灰石。因岩石埋深条件不同和其他杂质如铜、铁、锰、镍等金属氧化物的混入而形成多种色彩。

青石板质地密实,强度中等,易于加工,可采用简单工艺凿割成薄板或条形材,是理想的建筑装饰材料。用于建筑物墙裙、地坪铺贴以及庭园栏杆(板)、台阶等,具有古建筑的独特风格。

常用青石板的色泽为豆青色和深豆青色以及青色带灰白结晶颗粒等多种。青石板根据加工工艺的不同分为粗毛面板、细毛面板和剁斧板等多种。还可根据建筑意图加工成光面(磨光)板。青石板的主要产地有浙江台州、江苏吴县等。

2.4.4　人造石材

人造石材是以天然石屑、石粉或名贵的玉石碎料等为粗、细骨料加以胶黏剂或烧结固化成板材、块材以及各种形状的制品,以替代天然石材,制成具有天然石材花纹和质感的新型装饰材料,由于酷似天然装饰石材,故称为人造石材,又称为合成石。它的一些性能优于天然石材。

按照生产原料可分为水泥型人造石材、聚酯型人造石材、复合型人造石材、烧结型人造石材。

1) 水泥型人造石材

水泥型人造石材是以各种水泥为胶结材料，砂、天然碎石粒为粗细骨料，经配制、搅拌、加压蒸养、磨光和抛光后制成的人造石材。配制过程中混入色料，可制成彩色水泥石。

水泥型人造石材的生产取材方便，价格低廉，但其装饰性较差。水磨石和各类花阶砖即属此类。

水磨石是以碎大理石、花岗岩或工业废料渣为粗骨料，砂为细骨料，水泥和石灰粉为黏结剂，经搅拌、成型、蒸养、磨光、抛光后制成的一种人造石材地面材料，具有耐磨、便于洗刷的特点，常用于人流集中的大空间。

2) 聚酯型人造石材

聚酯型人造石材是以不饱和聚酯树脂为胶凝材料，与天然大理碎石、花岗岩、石英砂、方解石、石粉或氢氧化铝等无机填料按一定的比例配合，再加入催化剂、固化剂、颜料等外加剂，经混合搅拌、固化成型、脱模烘、表面抛光等工序加工而成。成型方法有振动成型、压缩成型和挤压成型。由于不饱和聚酯具有黏度小、易于成型、固化快、在常温下可进行操作等特点，所以容易配制成各种仿大理石、花岗岩。表面纹理的人造石材，是目前使用最广泛的一种人造石材。

聚酯型人造石材色泽均匀、重量轻、结构紧密、强度高、耐磨、耐水、耐寒、耐热、施工方便（具有可钻、可切等加工性能），常用于室内外地面、墙面、柱面装饰。但在色泽和纹理上不及天然石材自然柔和，若填料级配不合理，成品还会出现翘曲变形。

3) 复合型人造石材

复合型人造石材是指采用的胶结剂中，既有无机胶凝材料（如水泥），又采用了有机高分子材料（树脂）。它是先用无机胶凝材料将碎石、石粉等基料胶结成形并硬化后，再将硬化体浸渍在有机单体中，使其在一定条件下聚合而成。对于板材，底层可采用价格低廉而性能稳定的无机材料制成，面层采用聚酯和大理石粉制作。复合型人造石材的造价较低，但它受温差影响后聚酯面容易产生剥落和开裂。

复合型人造石材克服了天然石材脆性大、加工性能差、耐腐蚀性能差等缺点，也克服了聚酯类石材的产品质量不稳定、成本较高、产品收缩大、容易翘曲变形等缺点。

4) 烧结型人造石材

烧结型人造石材的生产方法与陶瓷工艺相似，是将长石、石英、辉绿石、方解石等粉料和赤铁矿粉以及一定量的高岭土共同混合，一般配比为石粉60%，黏土40%，采用混浆法制备坯料，用半干压法成型，再在窑炉中以1000℃左右的高温焙烧而成。烧结型人造石材装饰性好，性能稳定，但需经高温焙烧，因而能耗大、造价高。

目前在装饰工程中常用的人造石材除以上品种外还有微晶石、艺术石。

微晶石也称微晶玻璃，是一种采用天然无机材料，运用高新技术经过两次高温烧结而成的新型绿色环保高档建筑装饰材料。具有板面平整洁净、色调均匀一致、纹理清晰雅致、光泽柔和晶莹、色彩绚丽璀璨、质地坚硬细腻、不吸水、防污染、耐酸碱抗风化、绿色环保、无放射性毒害等优良素质，可用于建筑物的内外墙面、地面、圆柱、台面和家具装饰等任何需要石材建设与装饰的地点。

艺术石也叫文化石,起源于五六十年前的美国,20世纪90年代引入中国大陆。刚开始是用在室内装饰,现在普遍用于室外装饰。艺术石是由精选硅酸盐水泥、轻骨料、氧化铁混合加工倒模而成。

艺术石是再造石材,无论在质感、色泽上还是在纹理上均与真石无异,而且不加雕饰,富有原始、古朴的雅趣。艺术石具有天然石的优美形态与质感,质量轻盈,安装简便,应用于装饰室内外墙面、户外景观等各种场合。

2.4.5　石材的选用原则

石材品种多,性能差别大,在建筑设计时应根据建筑物等级、建筑结构、环境和使用条件、地方资源等因素选用适当的石材,使其主要技术性能符合使用及工程要求,以达到适用、安全、经济和美观的效果。

1）适用性

按使用要求分别衡量各种石材在建筑中的适用性（主要考虑建筑石材的技术性能是否能满足使用要求）。承重构件（如基础、勒脚、墙、柱等）需要考虑抗压强度能否满足设计要求;用于室外的饰面石材,要求其耐风雨侵蚀的能力强,经久耐用;用于室内的饰面石材,主要考虑其光泽、花纹和色调等美观性;用作地面、台阶、踏步等构件,要求坚韧耐磨、防滑。

2）安全性

由于天然石材是构成地壳的基本物质,因此可能含有放射性的物质。在选择天然石材时,必须按国家标准规定正确使用。研究表明,一般红色品种的花岗石放射性指标都偏高,并且颜色越红紫,放射性比活度越高。花岗石放射性比活度的一般规律为:红色＞肉红色＞灰白色＞白色＞黑色。

人造石因其具有无毒性、无放射性、阻燃性、不粘油、不渗污、抗菌防霉、耐磨、耐冲击、易保养、拼接无缝、任意造型等优点,正逐步成为装修建材市场上的新宠。

3）经济性

天然石材开采、加工、运输不便,表观密度大,应综合考虑地方资源,尽可能做到就地取材。难以开采和加工的石料,必然使成本提高,选材时应充分考虑。

人造石产品制造简便,生产周期短,成本低,可广泛用于各种室内及室外建筑装饰。

4）装饰性

注意石材的色彩、纹理与建筑物周围环境的协调性。对石材自身而言,要注意:

（1）石材的外观色调应基本调和,大理石要纹理清晰,花岗岩的彩色斑点应分布均匀,有光泽。

（2）石材的矿物颗粒越细越好。颗粒越细,石材结构越紧密,强度越高,越坚固。

（3）严格控制石材的尺寸公差、表面平整度、光泽度和外观缺陷。

2.4.6　建筑石材的放射性污染及控制

由于天然石材是构成地壳的基本物质,因此可能含有放射性物质。石材中的放射性物质主要是指镭-226、钍-23等放射性元素,在衰变中会产生对人体有害的物质。近年来,一些住宅建筑使用了不安全的装饰材料后,使人们的身体健康甚至生命安全受到极大的损害。根据《天然石材产品放射防护分类控制标准》,天然石材产品根据放射性水平划分为以下3类。

(1) A类产品。石质建筑材料中放射性比活度同时满足式(1)和式(2)的为A类产品,其使用范围不受限制。

$$C_eRa \leqslant 350 \ Bq \cdot kg^{-1} \quad\text{·································}\quad (1)$$
$$CRa \leqslant 200 \ Bq \cdot kg^{-1} \quad\text{·······························}\quad (2)$$

(2) B类产品。不符合A类的石质建筑材料而其放射性比活度同时满足式(3)和式(4)的为B类产品,不可用于居室内饰面,可用于其他一切建筑物的内、外饰面。

$$C_eRa \leqslant 700 \ Bq \cdot kg^{-1} \quad\text{·································}\quad (3)$$
$$CRa \leqslant 250 \ Bq \cdot kg^{-1} \quad\text{·······························}\quad (4)$$

(3) C类产品。不符合A、B类的石质建筑材料而其放射性比活度满足式(5)的为C类产品,可用于一切建筑物的外饰面。

$$C_eRa \leqslant 1\,000 \ Bq \cdot kg^{-1} \quad\text{·······························}\quad (5)$$

放射性比活度大于C类控制值的天然石材,可用于海堤、桥墩及碑石等其他用途。不高于当地天然放射性水平的石质建筑材料,可在当地使用,不受本标准限制。

以上3类产品中,A类最安全,其使用范围不受限制;B类的放射性高于A类,不可用于Ⅰ类民用建筑的内饰面,但可以用于Ⅰ类民用建筑的外饰面及其他一切建筑物的内、外饰面;C类的放射性较高,只可用于建筑物外饰面及室外其他用途。放射性超过C类标准控制的装饰材料,只可用于海堤、桥墩及碑石等远离人群密集的地方。

注:C_eRa 为镭当量浓度,单位为 Bq/kg;CRa 为天然石材产品中镭-226的放射性比活度,单位为 Bq/kg。本标准定义镭当量浓度 $C_eRa = CRa + 1.35$。

2.5 小结

本章以天然石材的种类和性质为主,同时重点介绍了常用建筑石材的品种、特征、质量等级、使用要求和注意事项。要求重点掌握岩石的种类和性质及常用建筑石材和人造石材的品种。

思考题

1. 简述岩石的形成与分类。
2. 天然石材有哪几类?具体包括哪些石材?
3. 天然花岗岩有何特点?其用途有哪些?
4. "大理石"缘何而命名?简述其主要特点及用途。
5. 在选用天然石材时应注意哪些问题?
6. 简述人造石材的主要类型、特点及应用。

3 气硬性无机胶凝材料

本章提要

本章讲述了建筑工程中常用的气硬性胶凝材料——石膏、石灰、水玻璃和菱苦土。要求掌握这4种胶凝材料的制备方法、硬化机理、化学及物理性质和各自的使用条件,以及它们在配制、存储和使用中应注意的问题。

建筑材料中,凡是经过一系列物理、化学作用,能将散粒状或块状材料黏结成整体的材料,统称为胶凝材料。

根据胶凝材料的化学组成,一般可分为无机胶凝材料和有机胶凝材料两大类。有机胶凝材料以天然的或合成的有机高分子化合物为基本成分,常用的有沥青、各种合成树脂等。无机胶凝材料则以无机化合物为基本成分。根据无机胶凝材料凝结硬化条件的不同,又可分为气硬性的和水硬性的两类。气硬性胶凝材料只能在空气中硬化,也只能在空气中保持或继续发展其强度;水硬性胶凝材料则不仅能在空气中,而且能更好地在水中硬化,保持并继续发展其强度。常用的气硬性胶凝材料有石膏、石灰、菱苦土和水玻璃等;常用的水硬性胶凝材料则包括各品种水泥。

在建筑材料中,胶凝材料是基本材料之一,通过它的胶结作用可配制出各种混凝土及建筑制品,衍生出许多新型建筑材料。衍生建筑材料及制品的性质,往往与所使用的胶凝材料的性质密切相关。

3.1 石灰

石灰是在建筑上使用较早的矿物胶凝材料之一。石灰的原料石灰石分布很广,生产工艺简单,成本低廉,所以在建筑上一直应用很广。

石灰石的主要成分是碳酸钙,将石灰石煅烧,碳酸钙将分解成生石灰,其主要成分为氧化钙:

$$CaCO_3 \xrightarrow{900℃} CaO + CO_2 \uparrow \tag{3-1}$$

为了加速分解过程,煅烧温度常提高至$1\,000 \sim 1\,100℃$,生石灰呈白色或灰色块状。烧透的新块灰表观密度$800 \sim 1\,000 \text{ kg/m}^3$。原料中多少含有一些碳酸镁,因而生石灰中还含有次要成分氧化镁。生石灰中氧化镁含量$\leqslant 5\%$的称为钙质石灰,$>5\%$的称为镁质石灰。镁质石灰熟化较慢,但硬化后强度稍高。

石灰的另一来源是化学工业副产品。例如用水作用于碳化钙(即电石)以制取乙炔时所

产生的电石渣,其主要成分是氢氧化钙,即消石灰(或称熟石灰):

$$CaC_2 + 2H_2O = C_2H_2 \uparrow + Ca(OH)_2 \qquad (3-2)$$
$$\underset{碳化钙}{} \qquad \underset{乙炔}{}$$

3.1.1 生石灰的熟化

建筑工地上使用石灰时,通常将生石灰加水,使之消解为消石灰—氢氧化钙,这个过程称为石灰的"消化",又称"熟化":

$$CaO + H_2O \longrightarrow Ca(OH)_2 + 64.9 \times 10^3 \ J \qquad (3-3)$$

石灰的熟化为放热反应,熟化时体积增大 $1\sim2.5$ 倍。煅烧良好、氧化钙含量高的石灰熟化较快,放热量和体积增大也较多。

按石灰的用途,我国建筑工地上熟化石灰的方法有两种:

(1) 用于调制石灰砌筑砂浆或抹灰砂浆时,需将生石灰熟化成石灰浆。生石灰在化灰池中熟化后,通过筛网流入储灰坑。

生石灰熟化时要控制温度,防止温度过高或过低。煅烧良好的钙质石灰,熟化很快并强烈放热,熟化时应加入大量的水,并搅拌帮助散热,以防温度过高。如果温度过高而水量又不足,易使形成的 $Ca(OH)_2$ 凝聚在 CaO 周围,妨碍继续熟化。当温度达到 547℃时,反应还会逆向进行,$Ca(OH)_2$ 又分解为 CaO 和 H_2O。对于熟化慢的生石灰,加水应少而慢,保持较高温度,促使熟化较快完成。

石灰浆在储灰坑中沉淀并除去上层水分后称为石灰膏。石灰膏表观密度 $1\ 300\sim1\ 400\ kg/m^3$。石灰砂浆的配合比,一般按石灰膏的体积计算。

生石灰中常含有欠火石灰和过火石灰。欠火石灰降低石灰的利用率;过火石灰颜色较深,密度较大,表面常被黏土杂质融化形成的玻璃釉状物包覆,熟化很慢。当石灰已经硬化后,其中过火颗粒才开始熟化,体积膨胀,引起隆起和开裂。为了消除过火石灰的危害,石灰浆应在储灰坑中"陈伏"2 星期以上。"陈伏"期间,石灰浆表面应保有一层水分,与空气隔绝,以免碳化。

(2) 用于拌制石灰土(石灰、黏土)、三合土(石灰、黏土、砂石或炉渣等)时,将生石灰熟化成消石灰粉。生石灰熟化成消石灰粉时,理论上需水 32.1%,由于一部分水分需消耗与蒸发,实际加水量常为生石灰质量的 60%～80%,应以能充分消解而又不过湿成团为度。工地上可采用分层浇水法,每层生石灰块厚约 50 cm。或在生石灰块堆中插入有孔的水管,缓慢地向内灌水。

消石灰粉在使用以前,也应有类似石灰浆的"陈伏"时间。

用人工熟化石灰,劳动强度大,劳动条件差,所需时间长,质量也不均一,现在多用机械方法在工厂中将生石灰熟化成消石灰粉,在工地调水使用。

3.1.2 石灰的硬化

石灰浆体在空气中逐渐硬化,是由下面两个同时进行的过程来完成的:

（1）结晶作用——游离水分蒸发，氢氧化钙逐渐从饱和溶液中结晶。

（2）碳化作用——氢氧化钙与空气中的二氧化碳化合生成碳酸钙结晶，释出水分并被蒸发。

$$Ca(OH)_2 + CO_2 + nH_2O \rightleftharpoons CaCO_3 + (n+1)H_2O \tag{3-4}$$

碳化作用实际是二氧化碳与水形成碳酸，然后与氢氧化钙反应生成碳酸钙。所以这个作用不能在没有水分的全干状态下进行。而且，碳化作用在长时间内只限于表层，氢氧化钙的结晶作用则主要在内部发生。所以，石灰浆体硬化后，是由表里两种不同的晶体组成的。随着时间的延长，表层碳酸钙的厚度逐渐增加。增加的速度显然取决于与空气接触的条件。使用于深土中的熟石灰，硬化特别缓慢，而且，经过很长时间，其内部仍为氢氧化钙。

3.1.3 石灰的技术性质

生石灰熟化为石灰浆时，能自动形成颗粒极细（直径约为 1μ）的呈胶体分散状态的氢氧化钙，表面吸附一层厚的水膜。因此用石灰调成的石灰砂浆突出的优点是具有良好的可塑性，在水泥砂浆中掺入石灰浆，可使可塑性显著提高。

从石灰浆体的硬化过程中可以看出，由于空气中二氧化碳稀薄，碳化甚为缓慢。而且表面碳化后，形成紧密外壳，不利于碳化作用的深入，也不利于内部水分的蒸发，因此石灰是硬化缓慢的材料。同时，石灰的硬化只能在空气中进行。硬化后的强度也不高，1：3 的石灰砂浆 28 天抗压强度通常只有 0.2~0.5 MPa，受潮后石灰溶解，强度更低，在水中还会溃散。所以，石灰不宜在潮湿的环境下使用，也不宜单独用于建筑物基础。

石灰在硬化过程中，蒸发大量的游离水而引起显著的收缩，所以除调成石灰乳作薄层涂刷外，不宜单独使用。常在其中掺入砂、纸筋等以减少收缩和节约石灰。

块状生石灰放置太久会吸收空气中的水分而自动熟化成消石灰粉，再与空气中二氧化碳作用而还原为碳酸钙，失去胶结能力。所以储存生石灰不但要防止受潮，而且不宜储存过久。最好运到后即熟化成石灰浆，将储存期变为陈伏期。由于生石灰受潮熟化时放出大量的热，而且体积膨胀，所以，储存和运输生石灰时还要注意安全。

将块状生石灰磨成细粉，称为磨细生石灰。

加入适量的水（占生石灰质量的 100%~150%，视生石灰煅烧质量而定），熟化成石灰浆并立即使用。这时，适宜的加水量使得石灰的熟化和硬化成为一个连续的过程（在加入多量的水熟化的一般方法中，熟化和硬化是两个分隔的过程），即熟化形成的 $Ca(OH)_2$ 水溶液迅速过饱和，$Ca(OH)_2$ 结晶析出，使浆体进入凝结硬化过程。粉状生石灰的熟化反应较快，而且反应放出的热也促使硬化过程加快进行。由于浆体中水分较少，硬化后较为密实，所以磨细生石灰与一般用法相比，强度约可提高 2 倍，硬化速度加快 30~50 倍。此外，欠火石灰磨成了细粉，提高了石灰的利用率，呈粉状的过火石灰的熟化过程也大大加快，克服了对体积不安定的危害作用。

以上用法，关键在于严格控制加水量，这在工地不易做到。目前我国有些工地仍是将在工厂集中生产的磨细生石灰，加入多量的水熟化成石灰浆或石灰乳使用。这种用法仍然具有提高石灰利用率、缩短陈伏期和操作简便等优点。

更大量地使用磨细生石灰的方法是直接用来拌制三合土和生产硅酸盐制品等的原料,可比使用消石灰粉获得较高的强度。

根据我国建材行业标准《建筑生石灰》与《建筑生石灰粉》的规定,按石灰中氧化镁的含量,将生石灰分为钙质生石灰(MgO 含量≤5%)和镁质生石灰(MgO 含量>5%)两类,它们按技术指标又可分为优等品、一等品、合格品 3 个等级。生石灰及生石灰粉的主要技术指标见表 3-1、表 3-2。根据《建筑消石灰粉》的规定,将消石灰粉分为钙质消石灰粉(MgO 含量<4%)、镁质消石灰粉(MgO 含量≥4%,<24%)和白云石消石灰粉(MgO 含量≥24%,<30%)3 类,并按它们的技术指标分为优等品、一等品、合格品 3 个等级,主要技术指标见表 3-3。通常优等品、一等品适用于饰面层和中间涂层;合格品仅用于砌筑。

表 3-1　建筑生石灰技术指标(JC/T 479—92)

项　目	钙质生石灰			镁质生石灰		
	优等品	一等品	合格品	优等品	一等品	合格品
CaO+MgO 含量不小于(%)	90	85	80	85	80	75
CO_2 含量不大于(%)	5	7	9	6	8	10
未消化残渣含量(5 mm 圆孔筛)不大于(%)	5	10	15	5	10	15
产浆量,不小于(L/kg)	2.8	2.3	2.0	2.8	2.3	2.0

表 3-2　建筑生石灰粉技术指标(JC/T 480—92)

项　目		钙质生石灰粉			镁质生石灰粉		
		优等品	一等品	合格品	优等品	一等品	合格品
CaO+MgO 含量不小于(%)		85	80	75	80	75	70
CO_2 含量不大于(%)		7	9	11	8	10	12
细度	0.90 mm 筛的筛余不大于(%)	0.2	0.5	1.5	0.2	0.5	1.5
	0.125 mm 筛的筛余不大于(%)	7.0	12.0	18.0	7.0	12.0	18.0

表 3-3　建筑消石灰粉技术指标(JC/T 481—92)

项　目		钙质消石灰粉			镁质消石灰粉			白云石消石灰粉		
		优等品	一等品	合格品	优等品	一等品	合格品	优等品	一等品	合格品
CaO+MgO 含量不小于(%)		70	65	60	65	60	55	65	60	55
游离水(%)		0.4~2	0.4~2	0.4~2	0.4~2	0.4~2	0.4~2	0.4~2	0.4~2	0.4~2
体积安定性		合格	合格	—	合格	合格	—	合格	合格	—
细度	0.90 mm 筛的筛余不大于(%)	0	0	0.5	0	0	0.5	0	0	0.5
	0.125 mm 筛的筛余不大于(%)	3	10	15	3	10	15	3	10	15

3.1.4 石灰在建筑中的应用

石灰在建筑中的用途很广,分述如下:

1) 石灰乳和石灰砂浆

将消石灰粉或熟化好的石灰膏加入多量的水搅拌稀释,成为石灰乳,是一种廉价易得的涂料,主要用于内墙和天棚刷白,增加室内美观和亮度,我国农村也用于外墙。过去其应用较为广泛,目前在少数农村仍有应用。石灰乳可加入各种耐碱颜料;调入少量磨细粒化高炉矿渣或粉煤灰,可提高其耐水性;调入聚乙烯醇、干酪素、氯化钙或明矾,可减少涂层粉化现象。

石灰砂浆是将石灰膏、砂加水拌制而成,按其用途,分为砌筑砂浆和抹面砂浆,详见第6章"建筑砂浆"。

石灰乳和石灰砂浆应用于吸水性较大的基面(如普通黏土砖)上时,应事先将基面润湿,以免石灰浆脱水过速而成为干粉,丧失胶结能力。

2) 石灰土(灰土)和三合土

石灰土(石灰+黏土)和三合土(石灰+黏土+砂石或炉渣、碎砖等填料)的应用,在我国已有数千年的历史,它们可分层夯实成为灰土墙或广场、道路的垫层或简易面层。石灰与黏土之间的物理化学作用尚待继续研究,可能是由于石灰改善了黏土的和易性,在强力夯打之下,大大提高了紧密度。而且,黏土颗粒表面的少量活性氧化硅和氧化铝与氢氧化钙起化学反应,生成了不溶性水化硅酸钙和水化铝酸钙,将黏土颗粒黏结起来,因而提高了黏土的强度和耐水性。石灰土中石灰用量增大,则强度和耐水性相应提高,但超过某一用量(视石灰质量和黏土性质而定)后就不再提高了。一般石灰用量约为石灰土总质量的6%~12%或更低。为了方便石灰与黏土等的拌和,宜用磨细生石灰或消石灰粉。磨细生石灰还可使灰土和三合土有较高的紧密度,因而有较高的强度和耐水性。

3) 制作硅酸盐制品

石灰是制作硅酸盐混凝土及其制品的主要原料之一。

硅酸盐混凝土是以磨细的石灰与硅质材料为胶凝材料,必要时加入少量石膏,经高压或常压蒸汽养护,生成以水化硅酸钙为主要产物的混凝土。所谓硅质材料是指含 SiO_2 的材料,其中往往同时含有 Al_2O_3。硅酸盐混凝土中常用的硅质材料有粉煤灰、磨细的煤矸石、页岩、浮石、砂等。

硅酸盐混凝土中主要的水化反应如下:

$$Ca(OH)_2 + SiO_2 + aq \rightarrow CaO \cdot SiO_2 \cdot aq \tag{3-5}$$

硅酸盐混凝土按其密实程度可分为密实(有集料)和多孔(加气)两类,前者可生产墙板、砌块及压制砖(如灰砂砖),后者用于生产加气混凝土制品,如轻质墙板、砌块、各种隔热保温制品。

随着我国墙体改革的推行,硅酸盐制品在墙体材料中获得广泛应用。

4) 碳化石灰板

碳化石灰板是将磨细生石灰、纤维状填料(如玻璃纤维)或轻质骨料(如矿渣)搅拌成型,然后用二氧化碳进行人工碳化(12~24 h)而成的一种轻质板材。为了减轻表观密度和提高碳化效果,多制成空心板。人工碳化的简易方法是用塑料布将坯体盖严,通以石灰窑的废气(废气中二氧化碳的浓度在 30%~44%)。

人工碳化前,应将坯体干燥至具有适当的含水量。如果坯体的含水量太大,则孔隙中过多的水分(碳化作用也会产生新的水分)将妨碍二氧化碳向内扩散。适宜的坯体含水量应通过试验来确定。

碳化深度可用酚酞迅速测出:将碳化体折断,在新的断面上用酚酞处理,未碳化的氢氧化钙会变成红色,而已碳化部分则颜色不变。

碳化石灰空心板表观密度约为 700~800 kg/m³(当孔洞率为 34%~39%时),抗弯强度为 3~5 MPa,抗压强度为 5~15 MPa,导热系数小于 0.2 W/(m・K),能锯、能钉,所以此板极适宜用作非承重内隔墙板、天花板等。

石灰在建筑上除以上用途外,还可用来配制无熟料水泥(如石灰矿渣水泥、石灰粉煤灰水泥、石灰火山灰水泥等)。

3.2　石膏

石膏胶凝材料是一种以硫酸钙为主要成分的气硬性胶凝材料。由于石膏胶凝材料及其制品具有许多优良的性质,原料来源丰富,生产能耗较低,因而在建筑工程中得到广泛应用。目前常用的石膏胶凝材料有建筑石膏、高强石膏、无水石膏水泥、模型石膏等。

3.2.1　石膏胶凝材料的生产

生产石膏胶凝材料的原料主要是天然二水石膏($CaSO_4 \cdot 2H_2O$)矿石,纯净的石膏矿石呈无色透明或白色,但天然石膏常因含有各种杂质而呈灰色、褐色、黄色、红色、黑色等颜色。

天然无水石膏($CaSO_4$)又称天然硬石膏,结晶紧密,质地较天然二水石膏硬,只可用于生产无水石膏水泥。

除天然石膏外,生产石膏胶凝材料的原料也可用化工副产石膏。化工副产石膏是指含有 $CaSO_2 \cdot 2H_2O$ 或 $CaSO_4 \cdot 2H_2O$ 与 $CaSO_4$ 的混合物的化工副产品及废渣,例如磷石膏是湿法生产磷酸时的废渣,氟石膏是制造氟化氢时的废渣,此外还有盐石膏、硼石膏、黄石膏、钛石膏等。化工副产石膏中一般含有酸及其他有害杂质,需采用水洗或石灰中和等预处理后才能使用。

生产石膏胶凝材料的主要工序是破碎、加热与磨细。由于加热方式和温度的不同,可生产出不同性质的石膏胶凝材料品种。

将天然二水石膏(或主要成分为二水石膏的化工副产石膏)加热时,随着温度的升高将发生如下变化:

温度为 65~75℃时,$CaSO_4 \cdot 2H_2O$ 开始脱水,至 107~170℃时生成半水石膏 $CaSO_4 \cdot$

$\frac{1}{2}H_2O$,其反应式为

$$CaSO_4 \cdot 2H_2O \xrightarrow{107\sim170℃} CaSO_4 \cdot \frac{1}{2}H_2O + 1\frac{1}{2}H_2O \qquad (3\text{-}6)$$

在该加热阶段中,若加热条件不同,所获得的半水石膏有 α 型和 β 型两种形态。若将二水石膏在非密闭的窑炉中加热脱水,可得到 β 型半水石膏,这就是建筑石膏。其晶体较细,调制成一定稠度的浆体时需水量较大,因而强度较低。若将二水石膏置于具有 0.13 MPa、124℃的过饱和蒸汽条件下蒸炼,或置于某些盐溶液中沸煮,可获得晶粒较粗、较致密的 α 型半水石膏,这就是高强石膏。

当加热温度为 170～200℃时,石膏继续脱水,成为可溶性硬石膏($CaSO_4$ Ⅲ),与水调和后仍能很快凝结硬化;当加热温度升高到 200～250℃时,石膏中残留很少的水,凝结硬化非常缓慢;当加热高于 400℃时,石膏完全失去结晶水,成为不溶性硬石膏($CaSO_4$ Ⅱ),失去凝结硬化能力;当温度高于 800℃时,部分石膏分解出的氧化钙起催化作用,所得产品又重新具有凝结硬化性能,这就是高温煅烧石膏。

当温度高于 1 600℃时,$CaSO_4$ 全部分解为石灰(CaO)。

3.2.2　建筑石膏

建筑石膏是以 β 半水石膏 $\left(\beta CaSO_4 \cdot \frac{1}{2}H_2O\right)$ 为主要成分,不预加任何外加剂的粉状胶结料,主要用于制作石膏建筑制品。

1) 建筑石膏的硬化

建筑石膏与适当的水相混合,最初成为可塑的浆体,但很快就失去塑性和产生强度,并发展成为坚硬的固体。发生这种现象的实质,是由于浆体内部经历了一系列的物理化学变化。

首先,半水石膏溶解于水,很快成为饱和溶液。溶液中的半水石膏与水化合,按下式还原为二水石膏:

$$CaSO_4 \cdot \frac{1}{2}H_2O + 1\frac{1}{2}H_2O = CaSO_4 \cdot 2H_2O \qquad (3\text{-}7)$$

由于二水石膏在水中的溶解度比半水石膏小得多(仅为半水石膏溶解度的 1/5),半水石膏的饱和溶液对于二水石膏就成了过饱和溶液,所以二水石膏以胶体微粒自水中析出。由于二水石膏的析出破坏了半水石膏溶解的平衡状态,新的一批半水石膏又可继续溶解和水化。如此循环进行,直到半水石膏全部耗尽。浆体中的自由水分因水化而逐渐减少,二水石膏胶体微粒数量则不断增加,而这些微粒比原来的半水石膏粒子要小得多。由于粒子总表面积增加,需要更多的水分来包裹,所以浆体的稠度便逐渐增大,颗粒之间的摩擦力和黏结力逐渐增加,因而浆体可塑性逐渐减小,表现为石膏的"凝结"。其后,浆体继续变稠,逐渐凝聚成为晶体,晶体逐渐长大、共生和相互交错。这个过程使浆体逐渐产生强度,并不断增长,直到晶体之间的结晶接触点不再增加,强度才停止发展。这就是石膏的硬化过程(图 3-1)。

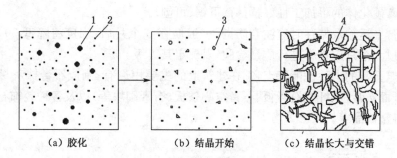

图 3-1　建筑石膏凝结硬化示意图
1—半水石膏;2—二水石膏胶体微粒;3—二水石膏晶体;4—交错的晶体

2）建筑石膏的技术性能与应用

建筑石膏按技术要求分为优等品、一等品、合格品 3 个等级,其基本技术要求见表 3-4 所示。

表 3-4　建筑石膏技术指标(GB 9776—2008)

等　级	细度 (0.2 mm 方孔筛、筛余量%)	凝结时间(min)		2h 强度(MPa)	
		初凝	终凝	抗折强度	抗压强度
3.0	≤10	≥3	≤30	≥3.0	≥6.0
2.0				≥2.0	≥4.0
1.6				≥1.6	≥3.0

建筑石膏的密度约为 $2\,600\sim2\,750\ \text{g/m}^3$,堆积密度约为 $800\sim1\,000\ \text{kg/m}^3$。

建筑石膏初凝和终凝时间都很短,为便于使用,需降低其凝结速度,可加入缓凝剂。常用的缓凝剂有酒石酸、柠檬酸、磷酸盐等。缓凝剂的作用在于降低半水石膏的溶解度和溶解速度。

建筑石膏水化反应的理论需水量只占半水石膏重量的 18.6%,在使用中为使浆体具有足够的流动性,通常加水量可达 60%~80%,因而硬化后,由于多余水分的蒸发,在内部形成大量孔隙,孔隙率可达 50%~60%,导致与水泥相比强度较低,表观密度小。

由于石膏制品的孔隙率大,因而导热系数小(建筑石膏硬化体的导热系数为 $0.121\sim0.205\ \text{W/(m·K)}$),吸声性强,吸湿性大,可调节室内的湿度。建筑石膏凝固时不像石灰和水泥那样出现体积收缩,反而略有膨胀(约为 0.05%~0.15%),可浇筑出纹理细致的浮雕花饰,所以是一种较好的室内饰面材料。

建筑石膏硬化后有很强的吸湿性,在潮湿条件下,晶粒间的结合力减弱,导致强度下降。若长期浸泡在水中,水化生成物二水石膏晶体将逐渐溶解而导致破坏。若石膏制品吸水后受冻,会因孔隙中水分结冰膨胀而破坏。所以,石膏制品的耐水性和抗冻性较差,不宜用于潮湿部位。为提高其耐水性,可加入适量的水泥、矿渣等水硬性材料,也可加入氨基、密胺、聚乙烯醇等水溶性树脂,或沥青、石蜡等有机乳液,以改善石膏制品的孔隙状态和孔壁的憎水性。

建筑石膏硬化后的主要成分为带有两个水分子二水石膏,当建筑石膏制品遇火时,其所含的自由水蒸发,二水石膏失去结晶水,吸收大量热量,并在表面形成蒸汽幕,有效地阻止火势蔓延,并且无有害气体产生,所以具有较好的抗火性能。但建筑石膏制品不宜长期用于靠近 65℃以上高温的部位,以免二水石膏在此温度作用下脱水分解而失去强度。

建筑石膏硬化体的可加工性好,可钉、可锯、可刨。

建筑石膏在运输及储存时应注意防潮,一般储存 3 个月后,强度将降低 30% 左右。所以储存期超过 3 个月应重新进行质量检验,以确定其等级。

根据建筑石膏的上述性能特点,它在建筑上的主要用途有:制成石膏抹灰材料、各种墙体材料(如纸面石膏板、纤维石膏板、石膏空心条板、石膏砌块等)以及各种装饰石膏板、石膏浮雕花饰、雕塑制品等。

3.2.3 高强石膏

当二水石膏在不同的加热条件下脱水时,可获得 α 型和 β 型两种不同形态的半水石膏。虽然两种半水石膏都是菱形结晶,但物理性能却不同。β 型半水石膏(建筑石膏)是片状的、有裂隙的晶体,结晶很细,比表面积比 α 型半水石膏大得多,拌制石膏制品时,需水量高达 60%～80%,制品孔隙率大,强度较低;α 型半水石膏结晶良好、坚实、粗大,因而比表面积较小,调成可塑性浆体时需水量约为 35%～45%,只有 β 型半水石膏的一半左右。因此,α 型半水石膏硬化后具有较高密实度和强度,3 h 抗压强度可达 9～24 MPa,7 天抗压强度可达 15～40 MPa,故名高强石膏。

近年来高强石膏的应用日趋广泛。高强石膏适用于强度要求较高的抹灰工程、装饰制品和石膏板。掺入防水剂,可用于湿度较高的环境中。加入有机材料如聚乙烯醇水溶液、聚醋酸乙烯乳液等,可配成黏结剂,其特点是体积收缩小。

3.2.4 无水石膏水泥和地板石膏

将天然二水石膏或化工副产石膏加热至 400℃ 以上(400～750℃),石膏将完全失去水分,称为不溶性硬石膏($CaSO_4$ Ⅱ),失去凝结硬化能力,但当加入适量激发剂混合磨细后,又能凝结硬化,称为无水石膏水泥。常用的激发剂有硫酸钠、硫酸氢钠、明矾、铁矾、铜矾、半水石膏石灰、水泥及水泥活性混合材等。水泥及水泥活性混合材等的加入还可改善无水石膏水泥的耐水性。

无水石膏水泥宜用于室内,主要用作石膏板或其他制品,也可用作室内抹灰。

如果将天然二水石膏或天然无水石膏在 800℃ 以上煅烧,使部分 $CaSO_4$ 分解出 CaO,磨细后的产品称为高温煅烧石膏,此时 CaO 起碱性激发剂作用,硬化后有较高的强度和耐磨性,耐水性也较好,也称地板石膏。地板石膏凝结较慢,加入少量石灰或半水石膏,或加入明矾等促凝剂,可提高其溶解度,从而加速其凝结硬化。

3.3 水玻璃

水玻璃俗称泡花碱,是一种能溶于水的硅酸盐,由不同比例的碱金属和二氧化硅所组成,如硅酸钠($Na_2O \cdot nSiO_2$)、硅酸钾($K_2O \cdot nSiO_2$)等。

3.3.1 水玻璃的生产

硅酸钠($Na_2O \cdot nSiO_2$)是最常用的水玻璃,其水溶液为无色或淡绿色黏稠液体,有时因所含杂质不同而呈青灰色、绿色或微黄色。生产水玻璃的方法有湿法和干法两种。湿法生产硅酸钠水玻璃时,将石英砂和苛性钠溶液在压蒸锅(0.2~0.3 MPa)内用蒸汽加热,并加以搅拌,使直接反应而成液体水玻璃。干法(碳酸盐法)是将石英砂和碳酸钠磨细拌匀,在熔炉内于1 300~1 400℃温度下熔融,反应式如下:

$$Na_2CO_3 + nSiO_2 \longrightarrow Na_2O \cdot nSiO_2 + CO_2 \uparrow \tag{3-8}$$

熔融的水玻璃冷却后得到固态水玻璃,然后在0.3~0.8 MPa的蒸压釜内加热溶解而成胶状水玻璃。水玻璃分子式中SiO_2和Na_2O分子数比n称为水玻璃的模数,一般在1.5~3.5之间。固体水玻璃在水中溶解的难易随模数而定,水玻璃模数越大越难溶于水。$n=1$时能溶解于常温的水中;n加大,则只能在热水中溶解;当$n>3$时,要在4个大气压(0.4 MPa)以上的蒸汽中才能溶解。低模数水玻璃的晶体组分较多,黏结能力较差。模数提高时,胶体组分相对增多,黏结能力随之增大。当模数相同时,水玻璃的密度愈大,则浓度愈高、黏性愈大、黏结能力愈好。在液体水玻璃中加入尿素,在不改变其黏度的情况下可提高黏结力25%左右。

工程中常用的水玻璃模数为2.6~3.2,其密度为1 300~1 400 kg/m³。液体水玻璃可以与水按任意比例混合成不同浓度(或比重)的溶液。除了液体水玻璃外,尚有不同形状的固体水玻璃,如未经溶解的块状或粒状水玻璃、溶液除去水分后呈粉状的水玻璃等。

3.3.2 水玻璃的硬化

液体水玻璃在空气中吸收二氧化碳,形成无定形硅酸,并逐渐干燥而硬化:

$$Na_2O \cdot nSiO_2 + CO_2 + mH_2O = Na_2CO_3 + nSiO_2 \cdot mH_2O \tag{3-9}$$

这个过程进行得很慢,为了加速硬化,可将水玻璃加热或加入硅氟酸钠 Na_2SiF_6 作为促硬剂。水玻璃中加入硅氟酸钠后发生以下反应,促使硅酸凝胶加速析出:

$$2[Na_2O \cdot nSiO_2] + NaSiF_6 + mH_2O = 6NaF + (2n+1)SiO_2 \cdot mH_2O \tag{3-10}$$

硅氟酸钠的适宜用量为水玻璃质量的12%~15%,如果用量太少,不但硬化速度缓慢,强度降低,而且未经反应的水玻璃易溶于水,因而耐水性差。但如用量过多,又会引起凝结过速,使施工困难,而且渗透性大,强度也低。

3.3.3 水玻璃的性质与应用

水玻璃有良好的黏结能力,硬化时析出的硅酸凝胶有堵塞毛细孔隙而防止水渗透的作用。水玻璃不燃烧,在高温下硅酸凝胶干燥得更加强烈,强度并不降低,甚至有所增加。水玻璃具有高度的耐酸性能,能抵抗大多数无机酸和有机酸的作用。

由于水玻璃具有上述性能,故在建筑工程中可有下列用途:

1) 涂刷建筑材料表面,提高密实性和抗风化能力

用浸渍法处理多孔材料时,可使其密实度和强度提高。常用水将液体水玻璃稀释至比重为 1.35 左右的溶液,多次涂刷或浸渍,对黏土砖、硅酸盐制品、水泥混凝土和石灰石等均有良好的效果。但不能用以涂刷或浸渍石膏制品,因为硅酸钠与硫酸钙会起化学反应而生成硫酸钠,在制品孔隙中结晶,体积显著膨胀,从而导致制品的破坏。调制液体水玻璃时可加入耐碱颜料和填料,兼有饰面效果。

用液体水玻璃涂刷或浸渍含有石灰的材料如水泥混凝土和硅酸盐制品等时,水玻璃与石灰之间起如下反应:

$$Na_2O \cdot nSiO_2 + Ca(OH)_2 \Longrightarrow Na_2O \cdot (n-1)SiO_2 + CaO \cdot SiO_2 + H_2O \quad (3-11)$$

生成的硅酸钙胶体填实制品孔隙,使制品的密实度有所提高。

2) 配制防水剂

以水玻璃为基料,加入 2 种、3 种或 4 种矾配制而成,称为二矾、三矾或四矾防水剂。四矾防水剂是以蓝矾(硫酸铜)、明矾(钾铝矾)、红矾(重铬酸钾)和紫矾(铝矾)各 1 份,溶于 60 份 100℃ 的水中,降温至 50℃,投入 400 份水玻璃溶液中,搅拌均匀而成。这种防水剂凝结迅速,一般不超过 1 min,适用于与水泥浆调和,堵塞漏洞、缝隙等局部抢修。因为凝结过速,不宜调配水泥防水砂浆,用作屋面或地面的刚性防水层。

3) 配制碱矿渣水泥砂浆、混凝土

将水玻璃、粒化高炉矿渣粉、砂(石)和硅氟酸钠等按适当比例混合,可配制出具有很高早期强度的碱矿渣水泥砂浆、混凝土。用其浇筑的道路、构件等在短短几小时后即可获得 50~100 MPa 的抗压强度。目前碱矿渣水泥的凝结时间已可通过掺入缓凝剂调节满足使用要求。粒化高炉矿渣粉不仅起填充及减少砂浆收缩的作用,而且还能与水玻璃起化学反应,成为增进砂浆强度的一个因素。

4) 用于土壤加固

将模数为 2.5~3 的液体水玻璃和氯化钙溶液通过金属管轮流向地层压入,两种溶液发生化学反应,析出硅酸胶体,将土壤颗粒包裹并填实其空隙。硅酸胶体为一种吸水膨胀的果冻状凝胶,因吸收地下水而经常处于膨胀状态,阻止水分的渗透和使土壤固结。水玻璃与氯化钙的反应式为

$$Na_2O \cdot nSiO_2 + CaCl_2 + xH_2O \longrightarrow 2NaCl + nSiO_2 \cdot (x-1)H_2O + Ca(OH)_2 \quad (3-12)$$

用这种方法加固的砂土,抗压强度可达 3~6 MPa。

用水玻璃配制耐酸砂浆和耐酸混凝土、耐热砂浆和耐热混凝土的方法和用途,将在第 4 章介绍。水玻璃还可用作多种建筑涂料的原料。将液体水玻璃与耐火填料等调成糊状的防火漆涂于木材表面,可抵抗瞬间火焰。

3.4 菱苦土

菱苦土是将含镁的原料在一定温度下煅烧后磨细制成的以氧化镁(MgO)为主要成分

的气硬性胶凝材料,又称苛性菱苦土、苛性苦土或苦土粉。它的主要原料是天然菱镁矿
($MgCO_3$),也可用蛇纹石($3MgO \cdot 2SiO_2 \cdot 2H_2O$)、冶炼轻质镁合金的熔渣或以海水为原料
来提制菱苦土。我国菱镁矿蕴藏量丰富,辽宁、吉林、内蒙古、宁夏、山东、湖北等为主要
产地。

碳酸镁一般在 400℃开始分解,600～650℃时分解反应剧烈进行,实际煅烧温度约为
750～850℃。

$$MgCO_3 \longrightarrow MgO + CO_2 \uparrow \tag{3-13}$$

菱苦土的颜色一般为白色或浅黄色,密度为 3 100～3 400 kg/m^3,堆积密度为 800～
900 kg/m^3。菱苦土运输和储存时应避免受潮,且不可久存,以防菱苦土吸收空气中的水分
成为 $Mg(OH)_2$,再碳化成为 $MgCO_3$,失去化学活性。

3.4.1 菱苦土的技术性能

用水调拌菱苦土时将生成 $Mg(OH)_2$,浆体凝结很慢,硬化后强度很低。若用氯化镁
($MgCl_2 \cdot 6H_2O$)、硫酸镁($MgSO_4 \cdot 7H_2O$)、氯化铁($FeCl_3$)或硫酸亚铁($FeSO_4 \cdot H_2O$)等
盐类的溶液来调拌,则可得到较高的强度。以菱苦土和氯化镁或硫酸镁等为主要原料,加水
调制成的胶凝材料,称为氯氧镁水泥,也称菱苦土水泥。氯氧镁水泥最常用的是氯化镁溶
液,硬化后强度最高(可达 40～60 MPa),但吸湿性大,耐水性差(水会溶解其中的可溶性盐
类)。其硬化后的主要产物为氧氯化镁($xMgO \cdot yMgCl_2 \cdot zH_2O$)与 $Mg(OH)_2$,反应式为

$$xMgO + yMgCl_2 \cdot 6H_2O \longrightarrow xMgO \cdot yMgCl \cdot zH_2O \tag{3-14}$$

$$MgO + H_2O \longrightarrow Mg(OH)_2 \tag{3-15}$$

它们从溶液中析出,凝聚和结晶,使浆体凝结硬化。提高温度,可使硬化加快。

菱苦土与植物纤维能很好地黏结,而且碱性较弱,不会腐蚀纤维,且加工成型性很好。
其制品可用锯、刨等木工工具进行加工。

氯氧镁水泥吸湿性强,耐水性差,吸湿后徐变较大,易翘曲变形。特别是当原料配合比
不当或工艺因素控制不好时,会出现泛白、起霜、吸湿结露、龟裂等影响产品质量的问题。人
们为了解决氯氧镁水泥的耐水性问题,进行了大量的试验。首先,调整原材料中氧化镁和氯
化镁的比例,使其水化产物更趋稳定;其次,加入某些外加剂,提高其耐水效果。尽管如此,
氯氧镁水泥制品仍不能改变其固有的一些性能,不宜用于露天和潮湿环境中。

3.4.2 菱苦土的应用

在建筑工程中菱苦土常用于菱苦土木屑地面。菱苦土木屑地面一般是将菱苦土与木屑
按 1:(0.7～4)配合,用相对密度为 1.14～1.24 的氯化镁溶液调拌。为提高地面强度和耐
磨性,可掺加适量滑石粉、石英砂、石屑等做成硬性地面(但会提高地面的导热性和单位重
量)。为了提高地面的耐水性,可掺加适量的活性混合材料如磨细碎砖或粉煤灰等。活性混
合材料中的 SiO_2 和 Al_2O_3 能与 $Mg(OH)_2$ 作用,生成耐水性较强的物质。掺加耐碱矿物颜

料,可将地面着色。地面硬化干燥后常涂刷干性油,并用地蜡打光。这种地面有弹性,能防爆(碰撞不发火星)、防火、导热性小,表面光洁,不产生噪声与尘土。宜用于纺织车间、办公室、教室、剧场、住宅等,但不宜用于经常潮湿的处所。

在建材工业中,常用菱苦土制成的氯氧镁水泥生产具有保温、隔热、吸声性能的刨花板、木屑板、木丝板、隔墙板以及屋架、护壁板、窗台、门窗框、楼梯扶手、人造大理石等制品。

用盐类配制的菱苦土对钢筋有较强的腐蚀作用。因此,在此类制品中不宜配置钢筋,但可配置竹筋、玻璃纤维、苇筋等。

菱苦土属气硬性胶凝材料,其制品一般不宜用于室外及多水的地方。研究证明,虽然菱苦土的碱性较弱,但对普通玻璃纤维仍有腐蚀性,所以用玻纤增强时应特别注意其耐久性。

3.5 小结

(1) 胶凝材料分为有机胶凝材料和无机胶凝材料两大类。其中无机胶凝材料分为水硬性和气硬性两类。气硬性胶凝材料是指只在空气中硬化并保持或继续提高其强度的胶凝材料。

(2) 石灰在空气中的硬化是结晶过程和碳化过程同步进行的物理反应和化学反应过程。应掌握石灰的主要特性。

(3) 建筑石膏具有孔隙率大、强度较低、硬化后体积微膨胀、防火性能好、凝结硬化快、耐水性差和可装饰性等特点。

(4) 水玻璃是由碱金属氧化物和二氧化硅结合而成的能溶于水的一种金属硅酸盐物质。它具有黏结强度高、耐热性能好、耐酸性能强以及耐碱和耐水性等特点。

(5) 菱苦土本身凝结硬化缓慢,且强度很低,可以通过加入氯化镁、硫酸镁、氯化铁或硫酸亚铁等盐类的溶液来促进凝结硬化时间及获得较高的强度。但吸湿性大,耐水性差(水会溶解其中的可溶性盐类)。

思考题

1. 从硬化过程及硬化产物分析石灰及石膏属气硬性胶凝材料的原因。
2. 石灰硬化体本身不耐水,但石灰土多年后具有一定的耐水性,你认为主要是什么原因?
3. 试分析 α 型半水石膏(高强石膏)的强度比 β 型半水石膏(建筑石膏)强度高的原因。
4. 用于墙面抹灰时,建筑石膏与石灰相比具有哪些优点? 何故?
5. 试述水玻璃模数与性能的关系。
6. 试述用水玻璃加固土壤的基本原理。
7. 生产菱苦土制品时常出现如下问题:①硬化太慢;②硬化过快,并容易吸湿返潮。你认为各是什么原因? 如何改善?

4 水 泥

本章提要

本章是全书的重点章节之一,通过介绍水泥的生产,分析水泥水化硬化的机理,阐述了水泥的组成、性质、技术要求与检验方法,并进一步介绍了水泥的储存与应用等方面的基本知识。本章将着重介绍硅酸盐系列的水泥,要求重点掌握水泥的矿物组成及特性,理解水泥的水化过程、水泥石的侵蚀及防止,以及硅酸盐系列各种水泥的性能差异,对其他品种的水泥只作一般了解。

水泥是一种固体粉末状物质,与水拌和后具有可塑性,能自身黏结成坚硬的整体,并能黏结其他散粒材料,既能在空气中硬化,又能在水中凝结硬化的一种水硬性胶凝材料。据不完全统计,目前水泥的品种有一百余种,根据其性质和用途主要分为三大类,分别为通用水泥、专用水泥和特性水泥。通用硅酸盐水泥是用于一般土木建筑工程的水泥,包括硅酸盐水泥在内共六大品种,为目前建筑工程中应用最为广泛的水泥;专用水泥是用于专门用途的水泥;而特性水泥是指具有某种突出的特殊性能的水泥。水泥的常见种类如下:

水泥
- 通用水泥:硅酸盐水泥、普通硅酸盐水泥、矿渣硅酸盐水泥、火山灰质硅酸盐水泥、粉煤灰硅酸盐水泥
- 专用水泥:道路水泥、大坝水泥、砌筑水泥、油井水泥、型砂水泥等
- 特性水泥:快硬水泥、膨胀水泥、抗硫酸盐水泥、低热水泥、白色硅酸盐水泥和彩色硅酸盐水泥等

水泥是工程中重要的建筑材料,具有悠久的历史,是世界上应用最广泛的人造石材,它对建筑工程起着重要的作用,因此被广泛应用于工业与民用建筑、道路、水利和国防工程,作为胶凝材料与骨料及增强材料制成混凝土、钢筋混凝土、预应力钢筋混凝土构件,也可以配制成砂浆用于砌筑、装饰、抹面及制成防水砂浆使用等。

4.1 硅酸盐水泥

硅酸盐水泥是以硅酸盐水泥熟料、0~5%石灰石或粒化高炉矿渣、适量石膏磨细制成的水硬性胶凝材料。硅酸盐水泥分为两种类型。不掺混合材料的称为Ⅰ型硅酸盐水泥,代号 P·Ⅰ。在硅酸盐水泥熟料粉磨时掺加不超过水泥重量5%的石灰石或粒化高炉矿渣混合材料的称为Ⅱ型硅酸盐水泥,代号 P·Ⅱ。

4.1.1 硅酸盐水泥的生产和组成

1）硅酸盐水泥的生产

生产硅酸盐水泥的原料主要有石灰质原料和黏土质原料两类。石灰质原料主要提供 CaO，可以采用石灰石、白垩、石灰质凝灰岩等。黏土质原料主要提供 SiO_2、Al_2O_3 及少量 Fe_2O_3，可以采用黏土质岩、铁矿石和硅藻土等。如果所选用的石灰质原料和黏土质原料按一定比例配合后不能满足化学组成要求时，则要掺加相应的校正原料，例如铁质校正原料（铁矿粉、黄铁矿渣等）主要补充 Fe_2O_3，硅质校正原料（砂岩、粉砂岩等）主要补充 SiO_2，铝质校正原料（煤渣、粉煤灰和煤矸石等）主要补充 Al_2O_3。此外，为了改善煅烧条件，常加入少量的矿化剂（如铜矿渣、重晶石等），以降低烧成温度。

硅酸盐水泥的生产工艺过程，主要概括为"两磨一烧"。把含有以上 4 种（CaO、SiO_2、Al_2O_3、Fe_2O_3）化学成分的材料按适当比例配合后，在磨机中磨细制成水泥生料，置入窑内进行煅烧，在高温下反应生成以硅酸钙为主要成分的水泥熟料，再与适量石膏及一些矿质混合材料在磨机中磨成细粉，即制成硅酸盐水泥。

2）水泥熟料的矿物组成

硅酸盐水泥熟料的主要矿物组成及其含量范围如下：

硅酸三钙 $3CaO \cdot SiO_2$，简写为 C_3S，含量 45%～65%；

硅酸二钙 $2CaO \cdot SiO_2$，简写为 C_2S，含量 15%～30%；

铝酸三钙 $3CaO \cdot Al_2O_3$，简写为 C_3A，含量 7%～15%；

铁铝酸四钙 $4CaO \cdot Al_2O_3 \cdot Fe_2O_3$，简写为 C_4AF，含量 10%～18%。

上述 4 种主要熟料矿物中，硅酸三钙和硅酸二钙是主要成分，统称为硅酸盐矿物，约占水泥熟料总量的 75%；铝酸三钙和铁铝酸四钙称为溶剂型矿物，一般占水泥熟料总量的 25%左右。

在水泥熟料的 4 种主要矿物成分中，C_3S 的水化速率较快，水化热较大，其水化物主要在早期产生，因此，C_3S 早期强度最高，且能不断地得到增长，它通常是决定水泥强度等级高低的最主要矿物。

C_2S 的水化速率最慢，水化热最小，其水化产物和水化热主要表现在后期；它对水泥早期强度贡献很小，但对后期强度的增长至关重要。因此，C_2S 是保证水泥后期强度增长的主要矿物。

C_3A 的水化速率极快，水化热也最集中。由于其水化产物主要在早期产生，它对水泥的凝结与早期（3 天以内）的强度影响最大，硬化时所表现的体积减缩也最大。尽管 C_3A 可促使水泥的早期强度增长很快，但其实际强度并不高，而且后期几乎不再增长，甚至会使水泥的后期强度有所降低。

C_4AF 是水泥中水化速率较快的成分，其水化热中等，抗压强度较低，但抗折强度相对较高。当水泥中 C_4AF 含量增多时，有助于水泥抗折强度的提高，因此，它可降低水泥的脆性。

4 种矿物单独与水作用时所表现的特性见表 4-1。

表 4-1 水泥熟料矿物的水化特征

性 能	熟料矿物名称			
	C_3S	C_2S	C_3A	C_4AF
凝结硬化速度	快	慢	最快	较快
28天水化放热量	大	小	最大	中
强度增进率	快	慢	最快	中
耐化学侵蚀性	中	最大	小	大
干缩性	中	大	最大	小

除了在表 4-1 中所列主要化合物之外,水泥中还存在少量的有害成分,如游离氧化钙(f-CaO)、游离氧化镁(MgO)、硫酸盐(折合成 SO_3 计算)及含碱矿物(Na_2O 或 K_2O 及其盐类)等。游离氧化钙是煅烧过程中未能熟化而残存下来的呈游离态的 CaO。如果它的含量较高,则由于其滞后的水化并产生结晶膨胀而导致水泥石开裂,甚至结构崩溃。通常熟料中对其含量应严格控制在 1%~2% 以下。游离氧化镁是原料中带入的杂质,属于有害成分,其含量多时会使水泥在硬化过程中产生体积不均匀变化,导致结构破坏。为此,国家标准规定水泥中 MgO 含量一般不得超过 5.0%。三氧化硫可能是掺入石膏过多或其他原料中所带来的硫酸盐。当石膏掺入量过高时,过量的石膏会使水泥在硬化过程中产生体积不均匀的变化而使其结构破坏。为此,国家标准规定硅酸盐水泥中 SO_3 的含量不得超过 3.5%。水泥中含碱矿物含量较高时,易与某些碱活性材料反应,产生局部膨胀而造成结构破坏。

4.1.2 水泥的水化与凝结硬化

水泥加水拌和后就开始了水化反应,并成为可塑的水泥浆体。随着水化的不断进行,水泥浆体逐渐变稠、失去可塑性,但尚不具有强度的过程,称为水泥的凝结。随着水化过程的进一步深入,水泥浆体的强度持续发展提高,并逐渐变成坚硬的石状物质——水泥石,这一过程称为水泥硬化。水泥的凝结和硬化过程是人为划分的,实际上是一个连续的复杂的物理化学变化过程,是不能截然分开的。这些变化过程与水泥熟料矿物的组成、水化反应条件及环境等密切相关,其变化的结果直接影响到硬化后水泥石的结构状态,从而决定了水泥石的物理力学性质与化学性质。

1) 硅酸盐水泥的水化过程

水泥熟料矿物与水接触,随即发生化学反应,同时伴随着热量的释放,此过程称为水化作用。其反应方程式如下:

$$2(3CaO \cdot SiO_2) + 6H_2O \longrightarrow 3CaO \cdot 2SiO_2 \cdot 3H_2O + 3Ca(OH)_2$$

$$2(2CaO \cdot SiO_2) + 4H_2O \longrightarrow 3CaO \cdot 2SiO_2 \cdot 3H_2O + Ca(OH)_2$$

$$3CaO \cdot Al_2O_3 + 6H_2O \longrightarrow 3CaO \cdot Al_2O_3 \cdot 6H_2O$$

$$4CaO \cdot Al_2O_3 \cdot Fe_2O_3 + 7H_2O \longrightarrow 3CaO \cdot Al_2O_3 \cdot 6H_2O + CaO \cdot Fe_2O_3 \cdot H_2O$$

上述 4 种主要矿物的水化反应中,硅酸三钙的反应速度快、水化放热量大,所生成的水化硅酸钙几乎不溶于水,呈胶体微粒析出,胶体逐渐硬化后具有较高的强度。由于水化硅酸钙呈凝胶和微晶结构状态,因此把水化硅酸钙称为 C S H 凝胶。氢氧化钙(简式 CH)初始阶段溶于水,很快达到饱和并结晶析出,以后的水化反应是在其饱和溶液中进行的,因此氢氧化钙以晶体状态存在于水化产物中。硅酸二钙与水的反应与硅酸三钙相似,只是反应速度较慢,水化放热较小,生成物中的氢氧化钙较少。硅酸三钙和硅酸二钙的水化产物都是水化硅酸钙和氢氧化钙,它们构成了水泥石的主体。铝酸三钙与水反应速度极快,水化放热量很大,所生成的水化铝酸钙溶于水,其中一部分会与石膏发生反应,生成不溶于水的水化硫铝酸钙晶体,其余部分会吸收溶液中的氢氧化钙,最终形成水化铝酸四钙晶体,强度很低。铁铝酸四钙 C_4AF 的水化产物一般认为是水化铝酸钙和水化铁酸钙的固溶体。水化铁酸钙 $CaO \cdot Fe_2O_3 \cdot H_2O$(简式 CFH)是一种凝胶体,它和水化铝酸钙晶体以固溶体的状态存在于水泥石中。

2)石膏的缓凝作用

水泥熟料的水化速度很快,尤其是 C_3A 矿物的水化,使得水泥浆体的凝结时间很短,易产生瞬凝现象。为了使水泥有适宜的凝结时间,通常掺入适量的石膏(约 3%),与熟料一起共同磨细。这些石膏在水泥水化初期参与水化反应,与最初生成的水化铝酸钙反应,生成难溶的针状水化硫铝酸钙晶体,和其他一些无定形的水化产物一起沉积于未水化的水泥颗粒表面,抑制了水化速度极快的铝酸三钙与水的反应,使水泥的凝结速度减慢,起到了缓凝作用。水化硫铝酸钙又称为钙矾石(简式 Aft)。随着石膏的消耗与耗尽,则会生成单硫型(或低硫型)的水化硫铝酸钙(简式 Afm)。

水泥中石膏掺量与熟料的 C_3A 含量有关,并且与混合材料的种类有关。一般来说,熟料中 C_3A 愈多,石膏需多掺;掺混合材料的水泥应比硅酸盐水泥多掺石膏。石膏掺量过少,不能合适地调节水泥正常的凝结时间;但掺量过多,则可能导致水泥体积安定性不良。石膏的掺量以水泥中 SO_3 含量作为控制标准,国家标准对不同种类的水泥有具体的 SO_3 限量指标。

由此可见,水泥的水化反应是一个复杂的过程,所生成的产物并非单一组成的物质,而是一个多种物质组成的集合体。

3)硅酸盐水泥的凝结硬化机理

关于水泥的凝结硬化过程与水化发硬的内在联系,许多学者先后提出了不同的学说理论。自 1882 年法国学者吕·查德里(H. Le-Chatelier)首先提出水泥凝结硬化的结晶理论以来,硅酸盐水泥凝结硬化机理的研究已有百余年的历史,人们一直在不断探索水泥的凝结硬化机理,至今学术界仍存在着分歧,尚无定论。到目前为止,比较一致的看法是将水泥的凝结硬化过程分为 4 个阶段,即初始反应期、诱导期、水化反应加速期和硬化期,如图 4-1 所示。

(1)初始反应期(持续大约 5~10 min)

水泥加水拌和,未水化的水泥颗粒分散于水中,称为水泥浆体(图 4-1(a))。

水泥颗粒的水化从其表面开始。水泥加水后,首先石膏迅速溶解于水,C_3A 立即发生反应,C_4AF 与 C_3S 也很快水化,而 C_2S 则稍慢。一般在几秒钟或几分钟内,在水泥颗粒周围的液相中,氢氧化钙、石膏、水化硅酸钙、水化铝酸钙、水化硫铝酸钙等相继从液相中析出,包裹在水泥颗粒表面。电子显微镜下可以观察得到水泥颗粒表面生成立方板状的氢氧化钙晶体、针状钙矾石晶体和无定形的水化硅酸钙凝胶体。接着由于三硫型水化硫铝酸钙的不断生成,使得液相中 SO_4^{2-} 离子逐渐耗尽,C_3A、C_4AF 与三硫型水化硫铝酸钙作用生成单硫型水化硫铝酸钙。以上水化产物中,氢氧化钙、水化硫铝酸钙以结晶程度较好的形态析出,水化硅酸钙则是以大小为 $10\sim1\,000$ Å 的胶体粒子(或微晶)形态存在,比表面积高达 $100\sim700\ m^2/g$,其在水化产物中所占的比例最大。由此可见,水泥水化物中有晶体和凝胶。

凝胶内部含有孔隙称为凝胶孔隙(胶孔),胶孔尺寸在 $15\sim20$ Å,只比水分子大 1 个数量级。胶孔占凝胶总体积的 28%。对于给定的水泥,当养护环境的湿度不变时,这一孔隙率的实际数值在水化的任何时期保持不变,并与调拌水泥浆时的水灰比无关。

(2) 诱导期(持续大约 1 h)

由于水化反应在水泥颗粒表面进行,形成以水化硅酸钙凝胶体为主的渗透膜层。该膜层阻碍了水泥颗粒与水的直接接触,所以水化反应速度减慢,进入诱导期(图 4-1(b))。但是这层水化物硅酸钙凝胶构成的膜层并不是完全密实的,水能够通过该膜层向内渗透,在膜层内与水泥进行水化反应,使膜层向内增厚;而生成的水化产物则通过膜层向外渗透,使膜层向外增厚。

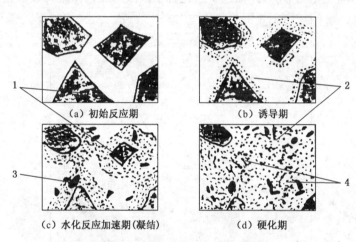

图 4-1 水泥凝结硬化过程示意图
1—未水化水泥颗粒;2—凝胶;3—$Ca(OH)_2$ 等晶体;4—毛细孔

然而,水通过膜层向内渗透的速度要比水化产物向外渗透的速度快,所以在膜层内外将产生由内向外的渗透压,当该渗透压增大到一定程度时膜层破裂,使水泥颗粒未水化的表面重新暴露与水接触,水化反应重新加快,直至新的凝胶体重新修补破裂的膜层为止。这种膜层的破裂、水化重新加速的行为在水泥-水体系中是无定时、无定向发生的,因此在度过一段时期后水化反应有加速倾向。

这里需要指出一点,即水泥凝胶体实际上是水化硅酸钙晶坯和水化铁酸钙晶坯胶体化后联网形成的无秩序的大分子,其内尚存在许多凝胶水。凝胶水的蒸发形成凝胶孔并使凝胶强度增大,但同时由于存在凝胶孔,又使水泥石强度比理论的估计值低许多。在混凝土中,凝胶水的蒸发对混凝土性能影响不大,但却使混凝土长期处于潮湿状态,从而影响混凝土表面涂料装修的质量。

(3) 水化反应加速期(持续大约 6 h)

随着水化加速进行,水泥浆体中水化产物的比例越来越大,各个水泥颗粒周围的水化产物膜层逐渐增厚,其中的氢氧化钙、钙矾石等晶体不断长大,相互搭接形成强的结晶接触点,水化硅酸钙凝胶体的数量不断增多,形成凝聚接触点,将各个水泥颗粒初步连接成网络,使水泥浆逐渐失去流动性和可塑性,即发生凝结(图 4-1(c))。在这种情况下,由于水泥颗粒的不断水化,水化产物愈来愈多,并填充着原来自由水所占据的空间。因此,毛细水是随水化的进行逐渐减少的。也就是说,水泥水化愈充分,毛细孔径愈小。这一过程大约持续 6 h。

(4) 硬化期(持续大约 6 h 至几年)

凝胶体填充剩余毛细孔,水泥浆体达到终凝,浆体产生强度进入硬化阶段(图 4-1(d))。这时的突出特征是六角形板块状的 Ca(OH)$_2$ 和放射状的水化硅酸钙数量增加,同时,水泥胶粒形成的网络结构进一步加强,未水化的水泥粒子继续水化,孔隙率开始明显减小,逐步形成具有强度的水泥石。

F. W. 罗歇尔(Locher)等根据研究资料将水泥凝结硬化过程绘制成水泥浆体结构发展图(如图 4-2),更具体地描绘了水泥浆体的物理-力学性质——孔隙率、渗透性、强度以及水泥水化产物随时间变化的情况,并描述了水化各个阶段水泥浆体结构形成变化的图像。

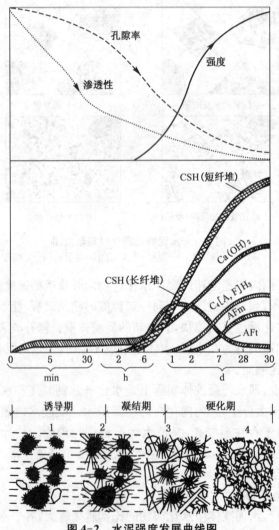

图 4-2　水泥强度发展曲线图

综上所述,硅酸盐水泥水化生成的主要水化产物有 C—S—H 凝胶、氢氧化钙、水化铝(铁)酸钙和水化硫铝酸钙晶体。在充分水化的水泥石中,C—S—H 凝胶约占 70%,$Ca(OH)_2$ 约占 20%,钙矾石和单硫型水化硫铝酸钙约占 7%。

在水泥浆整体中,上述物理化学变化(形成凝胶体膜层增厚和破裂,凝胶体填充剩余毛细孔等)不能按时间截然划分,但在凝胶硬化的不同阶段将由某种反应起主要作用。

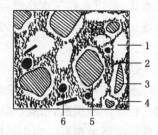

图 4-3 水泥石结构示意图
1—毛细孔;2—凝胶孔;3—未水化的水泥颗粒;4—凝胶;5—过渡带;6—$Ca(OH)_2$晶体

图 4-3 表示水泥浆体硬化后,水泥石的结构示意图。水泥石的结构组分有晶体胶体、未完全水化的水泥颗粒、游离水分、气孔(毛细孔、凝胶孔、过渡带)等。一般气孔越多,未完全水化的水泥颗粒越多,晶体、胶体等胶凝物质越少,水泥石强度越低。

4)硅酸盐水泥凝结硬化的影响因素

(1)熟料的矿物组成

熟料中水化速度快的组分含量越多,整体上水泥的水化速度也越快。水泥熟料单矿物的水化速度由快到慢的顺序排列为 $C_3A > C_4AF > C_3S > C_2S$。由于 C_3A 和 C_4AF 的含量较小,且后期水化速度慢,所以水泥的水化速度主要取决于 C_3S 含量的多少。

(2)水泥细度

水泥颗粒的粗细程度将直接影响水化、凝结及硬化速度。水泥颗粒越细,水与水泥接触的比表面积就越大,与水反应的机会也就越多,水化反应进行得越充分。促使凝结硬化的速度加快,早期强度就越高。通常水泥颗粒粒径在 $7 \sim 200\ \mu m$ 范围内。

(3)石膏掺量

如果不加入石膏,在硅酸盐水泥浆中,熟料中的 C_3A 实际上是在 $Ca(OH)_2$ 饱和溶液中进行水化反应,其水化反应可以用下式表述:

$$C_3A + CH + 12H_2O \Longrightarrow C_4AH_{13}$$

处于水泥浆的碱性介质中,C_4AH_{13} 在室温下能稳定存在,其数量增长也较快,据认为这是水泥浆体产生瞬时凝结的主要原因之一。在水泥熟料加入石膏之后,则生成难溶的水化硫铝酸钙晶体,减少了溶液中的铝离子,因而延缓了水泥浆体的凝结速度。

水泥中石膏掺量必须严格控制。特别是用量过多时,在后期将引起水泥膨胀破坏。合理的石膏掺量,主要取决于水泥中铝酸三钙的含量和石膏的品质,同时与水泥细度和熟料中 SO_3 含量有关,一般掺量占水泥总量的 3%～5%,具体掺量由试验确定。

(4)环境条件

与大多数化学反应类似,水泥的水化反应随着温度的升高而加快,当温度低于 5℃ 时,水化反应大大减慢;当温度低于 0℃ 时,水化反应基本停止。同时,水泥颗粒表面的水分将结冰,破坏水泥石的结构,以后即使温度回升也难以恢复正常结构。所以在水泥水化初期一定要避免温度过低,寒冷地区冬季施工混凝土要采取有效的保温措施。但是如果温度过高,水化过快,短期内水化产物生成过多,难以密实堆积,同时将放出大量水化热,造成温度裂缝。

湿度是水泥水化的必备条件。如果环境过于干燥,浆体中的水分蒸发,将影响水泥的正常水化,所以水泥在水化过程中要保持潮湿的环境。保持一定湿度和温度使水泥石强度不断增长的措施,称为养护。另外,保持一定的温湿度,也可以减少水泥石早期失水和碳化收缩值。

(5) 龄期

水泥的水化是一个较长期的不断进行的过程,随着龄期的增长,水泥颗粒内各熟料矿物水化程度不断提高,水化产物也不断增加,并填充毛细孔,使毛细孔隙相应减少,从而使水泥石的强度逐渐提高。由于熟料矿物中对强度起决定性作用的 C_3S 在早期强度发展较快,所以水泥在 3~14 天内强度增长较快,28 天后强度增长渐趋稳定。

(6) 化学外加剂

为了控制水泥的凝结硬化时间,以满足施工及某些特殊要求,在实际工程中,经常要加入调节水泥凝结时间的外加剂,如缓凝剂、促凝剂等。促凝剂($CaCl_2$、Na_2SO_4 等)能促进水泥水化硬化,提高早期强度。相反,缓凝剂(木钙、糖类)则延缓水泥的水化硬化,影响水泥早期强度的发展。

(7) 保存时间与受潮

水泥久存如果受潮,因表面吸收空气中的水分,发生水化而变硬结块,丧失胶凝能力,强度大为降低。而且,即使在良好的储存条件下也不可储存过久,因此在使用之前要重新检验其实际强度,如果发现过期现象,要重新粉磨,使其暴露新的表面而恢复部分活性。

4.1.3 水泥石的腐蚀与防止措施

硅酸盐水泥在凝结硬化后,通常都有较好的耐久性。但若处于某些腐蚀性介质的环境侵蚀下,则可能发生一系列的物理、化学变化,从而导致水泥石结构的破坏,最终丧失强度和耐久性。

水泥石遭到腐蚀破坏,一般有 3 种表现形式:一是水泥石中的氢氧化钙($Ca(OH)_2$)遭溶解,造成水泥石中氢氧化钙浓度降低,进而造成其他水化产物的分解;二是水泥石中的氢氧化钙与溶于水中的酸类和盐类相互作用生成易溶于水的盐类或无胶结能力的物质;三是水泥石中的水化铝酸钙与硫酸盐作用形成膨胀性结晶产物。

1) 水泥石受到的主要腐蚀作用

(1) 软水侵蚀(溶出性侵蚀)

硬化的水泥石中含有 20%~25% 的氢氧化钙晶体,具有溶解性。如果水泥石长期处于流动的软水环境下,其中的氢氧化钙将逐渐溶出并被水流带走,使水泥石中的成分溶失,出现孔洞,降低水泥石的密实性以及其他性能,这种现象就是水泥石受到了软水侵蚀或溶出性侵蚀。

如果环境中含有较多的重碳酸盐($Ca(HCO_3)_2$),即水的硬度较高,则重碳酸盐与水泥石中的氢氧化钙反应,生成几乎不溶于水的碳酸钙,并沉淀于水泥石孔隙中起密实作用,从而可阻止外界水的继续侵入及内部氢氧化钙的扩散析出,反应式为

$$Ca(OH)_2 + Ca(HCO_3)_2 \Longrightarrow 2CaCO_3 + 2H_2O$$

但普通的淡水中(即软水)重碳酸盐的浓度较低,水泥石中的氢氧化钙容易被流动的淡水溶出并被带走。其结果不仅使水泥中氢氧化钙成分减少,还有可能引起其他水化物的分

解,从而导致水泥石的破坏。因此频繁接触软水的混凝土,可预先在空气中存放一段时间,使其中的氢氧化钙吸收空气中的二氧化碳,并反应生成一部分不溶性的碳酸钙,可减轻溶出性侵蚀的危害。

(2) 硫酸盐侵蚀

在海水、湖水、地下水及工业污水中,常含有较多的硫酸根离子,与水泥石中的氢氧化钙起置换作用生成硫酸钙。硫酸钙与水泥石中固态水化铝酸钙作用将生成高硫型水化硫铝酸钙,其反应式为

$$3CaO \cdot Al_2O_3 \cdot 6H_2O + 3(CaSO_4 \cdot 2H_2O) + 20H_2O \Longrightarrow 3CaO \cdot Al_2O_3 \cdot 3CaSO_4 \cdot 32H_2O$$

生成的高硫型水化硫铝酸钙比原来反应物的体积大 1.5～2.0 倍。由于水泥石已经完全硬化,变形能力很差,体积膨胀带来的强大压力将使水泥石开裂破坏。由于生成的高硫型水化硫铝酸钙属于针状晶体,其危害作用很大,所以称之为"水泥杆菌"。

(3) 镁盐侵蚀

在海水及地下水中含有的镁盐,将与水泥中的氢氧化钙发生复分解反应:

$$MgSO_4 + Ca(OH)_2 + 2H_2O \Longrightarrow CaSO_4 \cdot 2H_2O + Mg(OH)_2$$
$$MgCl_2 + Ca(OH)_2 \Longrightarrow CaCl_2 + Mg(OH)_2$$

生成的氢氧化镁松软,无胶结能力,氯化钙易溶于水,二水石膏还可能引起硫酸盐侵蚀作用。在此,镁盐对水泥石起着镁盐和硫酸盐的双重作用。

(4) 酸类侵蚀

水泥石属于碱性物质,含有较多的氢氧化钙,因此遇酸类将发生中和反应,生成盐类。酸类对水泥石的侵蚀主要包括碳酸侵蚀和一般酸的侵蚀作用。

碳酸的侵蚀指溶于环境水中的二氧化碳与水泥石的侵蚀作用,其反应式如下:

$$Ca(OH)_2 + CO_2 + H_2O \Longrightarrow CaCO_3 + 2H_2O$$

生成的碳酸钙再与含碳酸的水反应生成重碳酸盐,其反应式如下:

$$CaCO_3 + CO_2 + H_2O \Longleftrightarrow Ca(HCO_3)_2$$

上式是可逆反应,如果环境水中碳酸含量较少,则生成较多的碳酸钙,只有少量的碳酸氢钙生成,对水泥石没有侵蚀作用。但是如果环境水中碳酸浓度较高,则大量生成易溶于水的碳酸氢钙,则水泥石中的氢氧化钙大量溶失,导致破坏。

除了碳酸、硫酸、盐酸等无机酸之外,环境中的有机酸对水泥石也有侵蚀作用。例如醋酸、蚁酸、乳酸等,这些酸类可能与水泥石中的氢氧化钙反应,或者生成易溶于水的物质,或者生成体积膨胀性的物质,从而对水泥石起侵蚀作用。

(5) 强碱侵蚀

碱类溶液如果浓度不大一般是无害的,但铝酸盐含量较高的硅酸盐水泥遇到强碱(如氢氧化钠)作用后也会破坏。氢氧化钠与水泥熟料中未水化的铝酸盐作用,生成易溶的铝酸钠:

$$3CaO \cdot Al_2O_3 + 6NaOH \Longrightarrow 3Na_2O \cdot Al_2O_3 + 3Ca(OH)_2$$

当水泥石被氢氧化钠溶液浸透后又在空气中干燥,与空气中的二氧化碳作用而生成碳

酸钠：

$$2NaOH + CO_2 === Na_2CO_3 + H_2O$$

碳酸钠在水泥石毛细孔中结晶沉积,而使水泥石胀裂。

除上述腐蚀类型外,对水泥石有腐蚀作用的还有一些其他物质,如糖、氨盐、动物脂肪、含环烷酸的石油产品等。

2) 防止水泥腐蚀的措施

从以上几种腐蚀作用可以看出,水泥石受到腐蚀的内在原因是内部成分中存在着易被腐蚀的组分,主要有氢氧化钙和水化铝酸钙;同时水泥石的结构不密实,存在着很多毛细孔通道、微裂缝等缺陷,使得侵蚀性介质随着水或空气能够进入水泥石内部。实际上水泥石的腐蚀是一个极为复杂的物理化学作用过程,它在遭受腐蚀时,很少仅有单一的侵蚀作用,往往是几种腐蚀同时存在,互相影响。因此,为了防止水泥石受到腐蚀,可采用以下防止措施：

(1) 尽量减少水泥石中易受侵蚀的组分,根据环境特点,合理选择水泥品种。可采用水化产物中氢氧化钙、水化铝酸钙含量少的水泥品种,例如矿渣水泥、粉煤灰水泥等掺混合材料的水泥,提高对软水等侵蚀作用的抵抗能力。

(2) 提高水泥石的密实度,合理进行混凝土的配比设计。通过降低水灰比、选择良好级配的骨料、掺外加剂等方法提高密实度,减少内部结构缺陷,使侵蚀性介质不易进入水泥石内部。

(3) 采取在混凝土表面施加保护层等手段,隔断侵蚀性介质与水泥石的接触,避免或减轻侵蚀作用。

4.1.4 硅酸盐水泥的技术性质

水泥是混凝土的重要原材料之一,对混凝土的性能具有决定性的影响。为了保证混凝土材料的性能满足工程要求,国家标准 GB 175—2007 对通用硅酸盐水泥的各项性能指标有严格的规定,出厂的水泥必须经检验符合这些性能要求;同时,在工程中使用水泥之前,还要按照规定对水泥的一些性能进行复试检验,以确保工程质量。

1) 密度

硅酸盐水泥的密度主要取决于熟料的矿物组成,它是测定水泥细度指标比表面积的重要参数。通常硅酸盐水泥的密度为 3.05～3.20 g/cm³,平均可取为 3.10 g/cm³。堆积密度按松紧程度在 1 000～1 600 kg/m³ 之间,平均可取 1 300 kg/m³。

2) 化学要求

(1) 不溶物

不溶物指水泥中用盐酸或碳酸钠溶液处理而不溶的部分,不溶成分的含量可以作为评价水泥在制造过程中烧成反应完全的指标。国家标准中规定Ⅰ型硅酸盐水泥中不溶物不得超过 0.75%,Ⅱ型硅酸盐水泥中不溶物不得超过 1.5%。

(2) 烧失量

烧失量是指将水泥在(950±50)℃温度的电炉中加热 15 min 的重量减少率。这些失去的物质主要是水泥中所含的水分和二氧化碳,根据烧失量可以大致判断水泥的吸潮及风化程度。国家标准中规定Ⅰ型硅酸盐水泥中烧失量不得大于 3.0%,Ⅱ型硅酸盐水泥中烧失量不得大于 3.5%。普通硅酸盐水泥中烧失量不得大于 5.0%。

(3) MgO

水泥中氧化镁含量偏高是导致水泥长期安定性不良的因素之一。国家标准规定,水泥中氧化镁的含量不得超过 3.5%,如果水泥经压蒸安定性实验合格,则水泥中氧化镁的含量(质量分数)允许放宽至 6.0%。

(4) SO_3 含量

水泥中的三氧化硫主要来自石膏,水泥中过量的三氧化硫会与铝酸三钙形成较多的钙矾石,体积膨胀,危害安定性。国家标准是通过限定水泥中三氧化硫含量控制石膏掺量,水泥中三氧化硫的含量不得超过 3.5%。

(5) 碱含量

水泥中的碱会与具有碱活性成分的骨料发生化学反应,引起混凝土膨胀破坏,这种现象称为"碱-骨料反应"。它是影响混凝土耐久性的一个重要因素,严重时会导致混凝土不均匀膨胀破坏,因此国家标准对水泥中碱性物质的含量有严格规定。水泥中碱含量按 $Na_2O+0.658K_2O$ 计算值表示,若使用活性骨料,用户要求提供低碱水泥时,水泥中的碱含量应不大于 0.60%或由买卖双方协商确定。

(6) 氯离子含量

在新型干法水泥生产线中,水泥原材料中的氯离子会对窑尾预热器和窑内煅烧产生影响,造成堵料和窑内结圈等窑内事故,影响设备运转率和水泥熟料质量。另外,目前混凝土外加剂在广泛利用的同时,外加剂中大量的氯盐被带入混凝土中,超过一定的含量会对混凝土中的钢筋产生锈蚀,对混凝土结构造成很大的破坏。因此,《通用硅酸盐水泥》(GB 175—2007)新标准中,规定水泥中氯离子含量不得大于 0.06%。

各通用硅酸盐类水泥的化学指标应符合表 4-2 的规定。

表 4-2 通用硅酸盐类水泥的化学指标(%)

品 种	代 号	不溶物 (质量分数)	烧失量 (质量分数)	三氧化硫 (质量分数)	氧化镁 (质量分数)	氯离子 (质量分数)
硅酸盐水泥	P·I	≤0.75	≤3.0	≤3.5	≤5.0ᵃ	≤0.06ᶜ
	P·II	≤1.50	≤3.5			
普通硅酸盐水泥	P·O	—	≤5.0			
矿渣硅酸盐水泥	P·S·A	—	—	≤4.0	≤6.0ᵇ	
	P·S·B	—	—			
火山灰质硅酸盐水泥	P·P	—	—	≤3.5	≤6.0ᵇ	
粉煤灰硅酸盐水泥	P·F	—	—			
复合硅酸盐水泥	P·C	—	—			

a——如果水泥压蒸试验合格,则水泥中氧化镁的含量(质量分数)允许放宽至 6.0%。
b——如果水泥中氧化镁的含量(质量分数)大于 6.0%时,需进行水泥压蒸安定性试验并合格。
c——当有更低要求时,该指标由买卖双方协商确定。

3) 细度

细度指水泥颗粒的粗细程度,是影响水泥的水化速度、水化放热速率及强度发展趋势的重要性质,同时又影响水泥的生产成本和易保存性。水泥颗粒越细,与水发生反应的表面积越大,因而水化反应速度较快,而且较完全,早期强度也越高,但在空气中硬化收缩性较大,成本也较高。如水泥颗粒过粗则不利于水泥活性的发挥。一般认为水泥颗粒小于 40 μm(0.04 mm)时才具有较高的活性,大于 100 μm(0.1 mm)活性就很小了。

水泥的细度有两种表示方法:其一是采用一定孔径的标准筛进行筛分,用筛余百分率表示水泥颗粒的粗细程度;其二是用比表面积,即单位质量的水泥所具有的总的表面积表示。按照国家标准 GB 175—2007 的规定,细度是作为选择性指标的,硅酸盐水泥和普通硅酸盐水泥的细度以比表面积表示,要求比表面积不小于 300 m^2/kg;矿渣硅酸盐水泥、火山灰质硅酸盐水泥、粉煤灰硅酸盐水泥和复合硅酸盐水泥以筛余表示,80 μm 方孔筛的筛余不大于10.0%或 45 μm 方孔筛的筛余不大于 30%。

4) 标准稠度水量

标准稠度需水量指水泥浆体达到规定的标准稠度时的用水量占水泥质量的百分比。检验水泥的体积安定性和凝结时间时,为了使检验的这两种性质具有可比性,国家标准规定了水泥浆的稠度。

标准稠度用水量对水泥的性质没有直接的影响,只是水泥与水拌和达到某一规定的稀稠程度时需水量的客观反映,在测定水泥的凝结时间和安定性等性质时需要拌制标准稠度的水泥浆,所以是为了进行水泥技术检验的一个准备指标。一般硅酸盐水泥的标准稠度用水量为 21%~28%。

影响水泥需水性的因素主要是水泥细度和外加剂,水泥颗粒愈细,水泥标准稠度用水量愈大。

5) 凝结时间

凝结时间是指水泥从加水拌和开始到失去流动性,即从可塑状态发展到固体所需要的时间,是影响混凝土施工难易程度和速度的重要性质。水泥的凝结时间分初凝时间和终凝时间,初凝时间是指自水泥加水至水泥浆开始失去可塑性和流动性所需的时间;终凝时间是指水泥自加水时至水泥浆完全失去可塑性、开始产生强度所需的时间。在水泥浆初凝之前,要完成混凝土的搅拌、注成、振实等工序,需要有较充足的时间比较从容地进行施工,因此水泥的初凝时间不能太短;为了提高施工效率,在成型之后需要尽快增长强度,以便拆除模板,进行下一步施工,所以水泥终凝时间不能太长。按照国家标准规定,硅酸盐水泥初凝不小于45 min,终凝不大于 6.5 h;普通硅酸盐水泥、矿渣硅酸盐水泥、火山灰质硅酸盐水泥、粉煤灰硅酸盐水泥和复合硅酸盐水泥初凝不小于 45 min,终凝不大于 10 h。

影响水泥凝结时间的因素主要是水泥的矿物组成、细度、环境温度和外加剂,水泥含有愈多水化快的矿物,水泥颗粒愈细,环境温度愈高,水泥水化愈快,凝结时间愈短。

6) 安定性

所谓安定性是指水泥浆体在凝结硬化过程中体积变化的均匀性,也叫做体积安定性。如果在水泥已经硬化后,产生不均匀的体积变化,即所谓的体积安定性不良,就会使构件产生膨胀性裂缝,降低工程质量,甚至引起严重事故,所以对水泥的安定性应有严格要求。

引起水泥安定性不良的原因是熟料中含有过量的游离氧化钙或游离氧化镁,以及在水泥粉磨时掺入的石膏超量等。游离氧化钙、氧化镁是在水泥烧成过程中没有与氧化硅或氧化铝分子结合形成盐类,而是呈游离、死烧状态,相当于过火石灰,水化极为缓慢,通常在水泥的其他成分正常水化硬化、产生强度之后才开始水化,并伴随着大量放热和体积膨胀,使周围已经硬化的水泥石受到膨胀压力而导致开裂破坏。适量的石膏是为了调节水泥的凝结时间,但如果过量则为铝酸盐的水化产物提供继续反应的条件,石膏将与铝酸钙和水反应,生成具有膨胀作用的钙矾石晶体,导致水泥硬化体膨胀破坏。

国家标准规定,用试饼法或雷氏夹法来检验水泥的体积安定性。试饼法是观察水泥净浆试饼沸煮后的外形变化来检验水泥的体积安定性;雷氏夹法是测定水泥净浆在雷氏夹中沸煮后的膨胀值。两种试验方法的结论有争议时以雷氏夹法为准。

试饼法和雷氏夹法均属于沸煮法,只能检验游离氧化钙对安定性的作用。对于游离氧化镁需要采用压蒸法,将水泥净浆试件置于一定压力的湿热条件下检验其变形和开裂性能。对于石膏的危害则需要采用时间较长的温水浸泡检验。由于压蒸法和温水浸泡法不易操作,不便于检验,所以通常对其含量进行严格控制。国家标准规定,硅酸盐水泥和普通硅酸盐水泥中游离氧化镁含量不得超过 5.0%,三氧化硫含量不得超过 3.5%。

7) 强度

强度是水泥的重要力学性能指标,是划分水泥强度等级的依据。水泥的强度不仅反映硬化后水泥凝胶体自身的强度,而且还要反映胶结能力。所以,检验水泥强度的试件不采用水泥净浆,而是加入细骨料,与水、水泥一起拌制成砂浆,制作胶砂试件。目前我国测定水泥强度采用国家标准《水泥胶砂强度检验方法》(ISO 法)(GB/T 17671—1999),即将水泥和标准砂按质量计以 1∶3 混合,用水灰比为 0.5 的拌和水量,按规定方法制成 40 mm×40 mm× 160 mm 的试件,24 h 脱模后放入(20±1)℃的水中养护,分别测定其 3 天、28 天龄期的抗折和抗压强度,作为确定水泥强度等级的依据。根据测定结果,硅酸盐水泥分为 42.5、42.5R、52.5、52.5R、62.5、62.5R 6 个强度等级。此外,依据水泥 3 天的不同强度又分为普通型和早强型两种类型,其中有代号 R 者为早强型水泥。表 4-3 列出了通用硅酸盐水泥的强度等级及其相应的 3 天、28 天强度值,通过胶砂强度试验测得的水泥各龄期的强度值均不得低于表中相应强度等级所要求的数值,按照此原则确定所检测的水泥的强度等级。

表 4-3 通用硅酸盐类水泥不同龄期的强度要求(GB 175—2007)

品　种	强度等级	抗压强度(MPa)		抗折强度(MPa)	
		3 天	28 天	3 天	28 天
硅酸盐水泥	42.5	≥17.0	≥42.5	≥3.5	≥6.5
	42.5R	≥22.0		≥4.0	
	52.5	≥23.0	≥52.5	≥4.0	≥7.0
	52.5R	≥27.0		≥5.0	
	62.5	≥28.0	≥62.5	≥5.0	≥8.0
	62.5R	≥32.0		≥5.5	
普通硅酸盐水泥	42.5	≥17.0	≥42.5	≥3.5	≥6.5
	42.5R	≥22.0		≥4.0	
	52.5	≥23.0	≥52.5	≥4.0	≥7.0
	52.5R	≥27.0		≥5.0	

续表 4-3

品　　种	强度等级	抗压强度（MPa）		抗折强度（MPa）	
		3 天	28 天	3 天	28 天
矿渣硅酸盐水泥 火山灰硅酸盐水泥 粉煤灰硅酸盐水泥 复合硅酸盐水泥	32.5	≥10.0	≥32.5	≥2.5	≥5.5
	32.5R	≥15.0		≥3.5	
	42.5	≥15.0	≥42.5	≥3.5	≥6.5
	42.5R	≥19.0		≥4.0	
	52.5	≥21.0	≥52.5	≥4.0	≥7.0
	52.5R	≥23.0		≥4.5	

8）水化热

水泥在水化过程中所放出的热量，称为水泥的水化热。大部分水化热是在水化初期（7 天内）放出的，以后则逐步减少。水化放热量和放热速度不仅取决于水泥的矿物成分，还与水泥细度、水泥中掺混合材料及外加剂的品种、数量等有关。水泥矿物进行水化时，C_3A 放热量最大，速度也最快，C_3S 其次，C_2S 放热量最低，速度也慢。一般来说，水化放热量越大，放热速度也越快。

鲍格（Bogue）研究得出，对于硅酸盐水泥，1～3 天龄期内水化放热量为总放热量的 50%，7 天为 75%，6 个月为 83%～91%。由此可见，水泥水化放热量大部分在早期（3～7 天）放出，以后逐渐减少。

水泥的水化热对于大体积工程是不利的，因为水化热积蓄在内部不易发散，致使内外产生较大的温度差，引起内应力，使混凝土产生裂缝。对于大体积混凝土工程，应采用低热水泥，若使用水化热较高的水泥施工时，应采取必要的降温措施。

国家标准规定，凡化学要求、凝结时间、安定性及强度等各项技术要求的检验结果符合标准规定时，称为合格品；若其中任何一项的检验结果不符合标准规定时均为不合格品。

4.1.5　硅酸盐水泥的应用与储存

硅酸盐水泥强度较高，主要用于重要结构的高强度混凝土和预应力混凝土工程。

硅酸盐水泥凝结硬化较快、耐冻性好，适用于早期强度要求高、凝结快、冬季施工及严寒地区遭受反复冻融的工程。

由于水泥石中有较多的氢氧化钙，耐软水侵蚀和耐化学腐蚀性差，硅酸盐水泥不宜用于经常与流动的淡水接触及有水压作用的工程，也不适用于受海水、矿物水等作用的工程。

硅酸盐水泥在水化过程中，水化热的热量大，不宜用于大体积混凝土工程。

水泥是一种有较大表面积，易于吸潮变质的粉状材料。在储运过程中，与空气接触，吸收水分和二氧化碳而发生部分水化和碳化反应现象，称为水泥的风化，俗称水泥受潮。水泥风化后会凝固结块，水化活性下降，凝结硬化迟缓，强度也不同程度的降低，烧失量增加，严重时会整体板结而报废。即使在条件良好的仓库里储存，时间也不易过长。一般储存 3 个月后，水泥强度约降低 10%～20%，6 个月后约降低 15%～30%，1 年后约降低 25%～

40%。因此,水泥自出厂至使用,不宜超过 6 个月。

建设工程中使用水泥之前,要对同一生产厂家、同期出厂的同品种、同强度等级的水泥,以一次进场的、同一出厂编号的水泥为一批,按照规定的抽样方法抽取样品,对水泥性能进行检验,重点检验水泥的凝结时间、安定性和强度等级,合格后方可投入使用。超过期限的,应在使用前对其质量进行复验,鉴定后方可使用。

4.2　其他通用硅酸盐水泥

4.2.1　水泥混合材料

在生产水泥时,为改善水泥的性能、调节水泥的强度等级而掺入的人工或天然矿物材料,称为混合材料。当硅酸盐水泥熟料与大量掺入的混合材料共同磨细制成水泥后,不仅可以调节水泥的强度等级、增加产量、降低成本,还可以调整水泥的性能,扩大水泥的等级范围,满足不同工程的需要。

1) 混合材料的种类

混合材料按其在水泥中的作用,可分为活性和非活性两类,近年来也采用兼具活性和非活性的窑灰。

(1) 活性混合材料

活性混合材料是指具有火山灰性或潜在水硬性,或兼有火山灰性和水硬性的矿物质材料,磨细后与石灰、石膏或硅酸盐水泥混合后,加水在常温下能生成具有胶凝性的水化产物,并能在水中硬化的材料,主要包括粒化高炉矿渣、粒化高炉矿渣粉、火山灰质混合材料和粉煤灰。

① 粒化高炉矿渣。粒化高炉矿渣是将炼铁高炉的熔融物,经水淬急冷处理后得到粒径为 0.5～5 mm 的疏松颗粒材料。由于在短时间内温度急剧下降,粒化高炉渣的内部结构形成玻璃体,其活性成分一般认为含有 CaO、MgO、SiO_2、Al_2O_3、FeO 等氧化物和少量的硫化物如 CaS、MnS、FeS 等。其中 CaO、MgO、SiO_2、Al_2O_3 的含量通常在各种矿渣中占总量的 90% 以上。粒化高炉矿渣磨成细粉后,易与 $Ca(OH)_2$ 起作用而具有强度,又因其中含有C_2S等成分,所以本身也具有微弱的水硬性。

② 火山灰质混合材料。以活性 SiO_2 和活性 Al_2O_3 为主要成分的矿物质材料叫做火山灰质混合材料。主要有天然的硅藻、硅藻石、蛋白石、火山灰、凝灰岩、烧黏土,以及工业废渣中的煅烧煤矸石、粉煤灰、煤渣、沸腾炉渣和钢渣等。

③ 粉煤灰。火力发电厂以煤粉为燃料,燃烧后排出的废渣叫做粉煤灰,属于火山灰质混合材料的一种。主要化学成分是活性 SiO_2 和活性 Al_2O_3,不仅具有化学活性,而且颗粒形貌大多为球形,掺入水泥中具有改善和易性、提高水泥石密度的作用。

(2) 非活性混合材料

将活性指标分别低于标准要求的粒化高炉矿渣、粒化高炉矿渣粉、粉煤灰、火山灰质混合材料、石灰石和砂岩等掺入水泥中(其中石灰石中的三氧化二铝含量应不大于 2.5%),与水泥不起或起微弱的化学作用,仅起提高产量、降低强度等级、降低水化热和改善新拌混凝土和易性等作用,这些材料称为非活性混合材料,也称为填充性混合材料。

(3) 窑灰

窑灰是从水泥回转窑尾气中收集下的粉尘。窑灰的性能介于非活性混合材料和活性混合材料之间,窑灰的主要组成物质是碳酸钙、脱水黏土、玻璃态物质、氧化钙,另有少量熟料矿物、碱金属硫酸盐和石膏等,用于水泥生产的窑灰应符合《掺入水泥中的回转窑窑灰》(JC/T 742—2009)的规定要求。

2) 活性混合材料的作用机理

活性混合材料单独与水拌和,不具有水硬性或硬化极为缓慢,强度很低。但是在有碱性物质 $Ca(OH)_2$ 存在的条件下,将产生水化反应,生成具有水硬性的胶凝物质。

$$xCa(OH)_2 + SiO_2 + mH_2O \longrightarrow xCaO \cdot SiO_2 \cdot nH_2O$$
$$yCa(OH)_2 + Al_2O_3 + mH_2O \longrightarrow yCaO \cdot Al_2O_3 \cdot nH_2O$$

此外,当体系中有石膏存在时,生成的水化铝酸钙还会与石膏进一步反应,生成水化硫铝酸钙。这些水化产物与硅酸盐水泥的水化产物类似,具有一定的强度和较高的水硬性。

对于掺有活性混合材料的硅酸盐水泥来说,水化时首先是熟料矿物的水化,称之为"一次水化";然后是熟料矿物水化后生成的氢氧化钙与混合材料中的活性组分发生水化反应,生成水化硅酸钙和水化铝酸钙;当有石膏存在时,则还反应生成水化硫铝酸钙。水化产物氢氧化钙和石膏与混合材料中的活性成分的反应称为"二次水化"。活性混合材料一定要在水泥水化生成一定量的氢氧化钙之后才能发挥其活性,发生水化硬化反应。尽管活性混合材料的掺入使水泥熟料中硅酸三钙、硅酸二钙等强度组分相对减少,但是二次水化可以在一定程度上弥补水化硅酸钙、水化铝酸钙的量,使水泥的强度不至于明显降低。同时,根据二次水化反应原理,活性混合材料将与水泥凝胶体中的氢氧化钙作用,转变为硅酸盐凝胶物质,有利于水泥石抗腐蚀和结构密实性。

3) 混合材料的作用及用途

混合材料掺入水泥中具有以下作用:

(1) 代替部分水泥熟料,增加水泥产量,降低成本。生产水泥熟料需要经过生料磨细、高温煅烧等工艺过程,消耗大量能量,并排放大致与水泥熟料相等的二氧化碳气体。而混合材料大部分是工业废渣,不需要煅烧,只需要与熟料一起磨细即可,既可以减少熟料的生产量,又消费了工业废料,具有明显的经济效益和社会环保效益。

(2) 调节水泥强度,避免不必要的强度浪费。水泥的强度等级以 28 天抗压强度为基准划分,且每相差 10 MPa 划分一个强度等级。完全使用熟料有时将造成活性的浪费,合理掺入混合材料可达到既降低成本又满足强度要求的目的。

(3) 改善水泥性能。掺入适量的混合材料,相对减少水泥中熟料的比例,能明显降低水泥的水化放热量;由于二次水化作用,使水泥石中的氢氧化钙含量减少,增加了水化硅酸盐凝胶体的含量,因此能够提高水泥石的抗软水侵蚀和抗硫酸盐侵蚀能力;如果采用粉煤灰作为混合材料,由于其球形颗粒的作用,能够改善水泥浆体的和易性,减少水泥的需水量,从而提高水泥硬化体的密度。

(4) 降低早期强度。掺入混合材料之后,早期水泥的水化产物数量将相对减少,所以水泥石或混凝土的早期强度有所降低。对于早期强度要求较高的工程不宜掺入过多的混合材料。如果掺入活性混合材料，由于二次水化作用，其后期强度与不掺混合材料的水泥相比不会相差太多。

混合材料除了用做水泥之外，还可以作为矿物掺合料直接掺入混凝土中；活性混合材料和适量的石灰、石膏共同混合磨细可制成无熟料水泥，生产工艺简单，成本低，可用于调制砂浆或低强度等级的混凝土，用于一些小型、次要工程；此外，将活性混合材料、适量石灰、石膏及细骨料合理配合，制成板材或块状坯体后，在高温、高压下进行压蒸或湿热养护，可以制成具有一定强度的硅酸盐制品。

4) 掺混合材料的硅酸盐水泥的凝结硬化

对于掺有混合材料的硅酸盐水泥来说，其水化过程中除了水泥熟料矿物成分的水化之外，活性混合材料还会在饱和的氢氧化钙溶液中发生显著的二次水化作用。水化时首先是熟料矿物的水化，称之为一次水化。然后是熟料矿物水化后生成的 $Ca(OH)_2$ 与混合材料中的活性成分发生水化反应，生成水化硅酸钙和水化铝酸钙；当有石膏存在时，则还反应生成水化硫铝酸钙。水化产物 $Ca(OH)_2$ 及石膏与混合材料中活性组分的反应称为二次水化。其水化反应一般认为是

$$x Ca(OH)_2 + SiO_2 + m_1 H_2O \longrightarrow x CaO \cdot SiO_2 \cdot n_1 H_2O$$

$$y Ca(OH)_2 + Al2O_3 + m_2 H_2O \longrightarrow y CaO \cdot Al_2O_3 \cdot n_2 H_2O$$

式中：x,y 值一般为不小于 1 的整数，取决于混合材料的种类、石灰与活性氧化硅、氧化铝的比例、环境温度以及反应所延续的时间等因素；n 值一般为 1~2.5。其中，$Ca(OH)_2$ 和 SiO_2 相互作用的过程是无定形的硅酸吸收钙离子，起初为不定成分的吸附系统，然后形成无定形的水化硅酸钙、水化铝酸钙，再经过较长一段时间后慢慢地转变成为晶体或结晶不完善的凝胶体结构。

4.2.2 几种掺混合材料的通用水泥

1) 普通硅酸盐水泥

普通硅酸盐水泥，简称普通水泥，是由硅酸盐水泥熟料、少量混合材料、适量石膏磨细制成的水硬性胶凝材料，代号 P·O。活性混合材料掺加量为 >5% 且 ≤20%，其中允许用不超过水泥质量 8% 的非活性混合材料或不超过水泥质量 5% 的窑灰代替。

普通硅酸盐水泥的主要性质应符合国家标准的如下规定：

普通硅酸盐水泥的烧失量不得大于 5.0%。

普通硅酸盐水泥的细度以比表面积表示，不小于 300 m^2/kg。

普通硅酸盐水泥初凝不小于 45 min，终凝不大于 600 min。

普通硅酸盐水泥的强度等级分为 42.5、42.5R、52.5、52.5R 4 个等级、2 种类型（普通型和早强型），各类型水泥的龄期强度值应不低于表 4-3 中的规定。

普通硅酸盐水泥的体积安定性、氧化镁和三氧化硫含量、碱含量等其他技术性质均与硅酸盐水泥规定值相同。

普通硅酸盐水泥由于掺加了少量的混合材料，与硅酸盐水泥相比，其性能和应用与同等

级的硅酸盐水泥相近,但其早期硬化速度稍慢,水化热及早期强度略有降低,抗冻性和耐磨性也较硅酸盐水泥稍差。

2）矿渣硅酸盐水泥

（1）定义

矿渣硅酸盐水泥是由硅酸盐水泥熟料、水泥质量＞20％且≤70％的粒化高炉矿渣、适量石膏磨细制成水硬性胶凝材料,简称矿渣水泥,代号 P·S。矿渣硅酸盐水泥又分为 A 型和 B 型,A 型矿渣掺量＞20％且≤50％,代号 P·S·A;B 型矿渣掺量＞50％且≤70％,代号 P·S·B。其中允许用不超过水泥质量8％且符合标准的活性混合材料、非活性混合材料或窑灰中的任一种材料代替。

（2）技术要求

矿渣硅酸盐水泥的细度以筛余表示,80 μm 方孔筛筛余不大于 10％或 45 μm 方孔筛筛余不大于 30％。

矿渣硅酸盐水泥初凝不小于 45 min,终凝不大于 600 min。

根据标准规定,矿渣硅酸盐水泥的安定性用沸煮法检验必须合格,其熟料中氧化镁含量≤4.0％,三氧化硫含量≤6.0％。如果水泥中氧化镁的含量（质量分数）大于 6.0％时,需进行水泥压蒸安定性试验并需合格。

矿渣硅酸盐水泥的强度等级分为 32.5、32.5R、42.5、42.5R、52.5、52.5R 6 个等级,各龄期的强度要求见表 4-3。

（3）特性及应用

① 凝结硬化慢,早期强度低,但后期强度增长大,有时甚至超过同等级的普通硅酸盐水泥。

粒化高炉矿渣中虽然含有较多的活性 SiO_2 和 AlO_3,但是这些活性物质一方面需要水泥水化生成 $Ca(OH)_2$ 后才能进行二次反应,同时常温下二次水化反应速度较慢,所以矿渣水泥早期强度较低。但是由于矿渣中大量活性物质的存在,后期强度发展速率较快,28 天强度与硅酸盐水泥和普通水泥基本相同,而且 28 天以后矿渣水泥的强度可能高于普通硅酸盐水泥。

② 抗侵蚀能力强。由于矿渣中活性组分的二次水化作用使大部分 $Ca(OH)_2$ 转变为稳定的水化硅酸钙和水化铝酸钙,水泥中游离 $Ca(OH)_2$ 含量降低,所以抗溶出性侵蚀能力提高。

矿渣水泥抗硫酸盐侵蚀的能力也高于硅酸盐水泥,其主要原因是掺入大量矿渣后水泥中熟料的成分大为减少,相应的 C_3A 含量也降低,因此水化产物中的水化铝酸钙减少,抵抗硫酸盐腐蚀能力增强。

基于上述特点,矿渣水泥适用于水工、海港工程及基础等有抗侵蚀要求的工程。

③ 水化放热慢,水化热偏低,适用于大体积混凝土,如水库大坝、大型结构物基础等。

④ 对环境温度、湿度条件敏感。由于矿渣早期水化速度慢、水化热低等特性,矿渣水泥若早期养护不当,易干缩开裂,使强度过早停止发展,因此施工时尤其要注意早期养护温度和湿度,采用高温高湿的养护条件有利于矿渣的强度发展,适用于制作蒸汽养护混凝土构件。矿渣水泥一般不适宜用于冬季施工和早期强度要求较高的工程。

⑤ 保水性差,泌水量大,干缩性较大。粒化矿渣颗粒比较坚硬,和水泥熟料一起粉磨时

难以将其磨细,而且矿渣本身亲水性就差,吸水和涵养水分的能力低,如果养护不当,易析出多余水分,在混凝土内形成毛细管通道或在大颗粒骨料的下方形成水囊,降低水泥石的均质性,造成其干缩大,抗冻性、抗渗性和抗干湿交替性能不及普通硅酸盐水泥,使用时要特别注意早期保湿养护。因此,矿渣水泥不适用于受干湿交替或冻融循环作用的地方,也不宜用于抗渗性、耐磨性要求较高的工程。

⑥ 抗碳化能力差。由于矿渣水泥水化产物中 $Ca(OH)_2$ 含量较少,碱度低,同时由于矿渣水泥保水性差、干缩性大等原因,硬化后的水泥石毛细孔通道和微裂缝较多,密实性较差,空气中 CO_2 向内部的扩散更加容易,所以抵抗碳化作用能力差,导致其对钢筋的保护能力减弱。

⑦ 耐热性较强。高炉水淬矿渣本身耐火性、耐热性强,矿渣水泥水化产物中 $Ca(OH)_2$ 含量又低,所以矿渣水泥硬化体耐火性能良好,在 $300\sim400℃$ 高温下可保持强度不明显降低。因此,矿渣水泥适用于冶炼车间、高炉基础、热气通道和窑炉外壳等受热结构物,若与耐火材料搭配,可承受更高温度,用于配制耐热混凝土。

3) 火山灰质硅酸盐水泥

凡由硅酸盐水泥熟料、水泥质量>20%且≤40%的火山灰质混合材料,适量石膏磨细制成的水硬性胶凝材料,称为火山灰质硅酸盐水泥,简称火山灰水泥,代号 P·P。

火山灰质硅酸盐水泥的强度等级以及各龄期的强度要求见表 4-3,细度、凝结时间、体积安定性的要求与普通硅酸盐水泥相同,强度试验方法与硅酸盐水泥相同。

火山灰质混合材料也属于常用的活性混合材料,掺入水泥所起的作用及其机理与粒化高炉矿渣基本相同,因此,火山灰水泥的特点与矿渣水泥相同。但是,与粒化高炉矿渣相比,火山灰质材料质地比较柔软易磨,颗粒较细,且内部多孔,与水的亲和性也比矿渣好。因此火山灰水泥保水性好,泌水量低,硬化后的水泥结构比较密实,抗渗性能好,适用于抗渗性能要求较高的部位。火山灰水泥的水化产物中有大量的凝胶体,在干燥的空气中易干缩开裂,因此碱度低,抗碳化性能差,在干燥环境中表面易"起粉",所以不能用于干燥环境及高温干燥车间。

4) 粉煤灰硅酸盐水泥

凡由硅酸盐水泥熟料和粉煤灰、适量石膏磨细制成的水硬性胶凝材料称为粉煤灰硅酸盐水泥,简称粉煤灰水泥,代号 P·F。水泥中粉煤灰掺量按质量百分数计为 20%~40%。

粉煤灰硅酸盐水泥的强度等级以及各龄期的强度要求见表 4-3,细度、凝结时间、体积安定性的要求与普通硅酸盐水泥相同,强度试验方法与硅酸盐水泥相同。

粉煤灰属于火山灰质混合材料的一种,粉煤灰水泥的特性与火山灰水泥基本相同。由于粉煤灰颗粒大多数呈球形,比表面积小,所以掺入水泥中后能够降低水泥的标准稠度需水量,致使粉煤灰水泥早强更低,干缩小,抗裂性能较高。粉煤灰的颗粒较细,与水泥基本相同,一级灰甚至比水泥还细,且粒形好,可以不必再磨细而直接用于水泥或混凝土。用粉煤灰水泥或在拌制混凝土时直接掺入粉煤灰,可改善混凝土的流动性,且水泥石内部结构比较密实,抗渗性能良好,因此具有良好的经济和社会效益。

5) 复合硅酸盐水泥

由硅酸盐水泥熟料、水泥质量>20%且≤50%的 2 种或 2 种以上混合材料、适量石膏磨细制成的水硬性胶凝材料,称为复合硅酸盐水泥,简称复合水泥,代号 P·C。其中允许用不超过水泥质量8%且符合标准的窑灰代替。掺矿渣时混合材料掺量不得与矿渣硅酸盐水泥重复。

复合水泥的强度等级以及各龄期所要求的强度值见表4-3,细度、凝结时间、体积安定性的要求与普通硅酸盐水泥相同,强度试验方法与硅酸盐水泥相同。

大量的试验已证明,水泥中掺入多种复合要求的混合材料,可以更好地改善水泥性能。根据当地混合材料的资源和水泥性能的要求掺入两种或更多的混合材料,可克服单掺时所带来的水泥性能在某一方面明显的不足,从而在水泥浆的需水性、泌水性、抗腐蚀性方面都有所改善和提高,并在一定程度上改变水泥石的微观结构,促进早期水化及早期强度的发展。

4.2.3 通用硅酸盐水泥的主要性能及适用范围

目前,硅酸盐水泥、普通硅酸盐水泥、矿渣硅酸盐水泥、火山灰硅酸盐水泥、粉煤灰硅酸盐水泥和复合水泥是我国广泛使用的6种水泥,均以硅酸盐水泥熟料为基本原料,在矿物组成、水化机理、凝结硬化过程、细度、凝结时间、安定性、强度等级划分等方面有许多相近之处。但由于掺入混合材料的数量、品种有较大差别,所以各种水泥的特性及其适用范围有较大差别。6种通用水泥的性能特点及其适用范围见表4-4。

表4-4　通用硅酸盐水泥的主要性能及适用范围

名　称	硅酸盐水泥	普通硅酸盐水泥	矿渣硅酸盐水泥	火山灰硅酸盐水泥	粉煤灰硅酸盐水泥	复合水泥
特　性	1.早期强度高 2.水化热大 3.抗冻性好 4.耐热性差 5.耐腐蚀性差 6.干缩小	1.早期强度较高 2.水化热较大 3.抗冻性较好 4.耐热性较差 5.耐腐蚀性较差	1.早强低,后强度增长较快 2.水化热较低 3.抗冻性差 4.易碳化 5.耐热性较好 6.干缩较大 7.耐蚀性好	抗渗性较好,耐热性不及矿渣硅酸盐水泥,其他同矿渣硅酸盐水泥	干缩性较小,抗裂性较好,其他同矿渣硅酸盐水泥	3天龄期强度高于矿渣硅酸盐水泥,其他同矿渣硅酸盐水泥
适用范围	要求快硬、高强的混凝土,冬季施工的工程,有耐磨性要求的混凝土	一般气候环境以及干燥环境中的混凝土,寒冷地区水位变化部位,有抗冻、抗渗及耐磨要求的部位	潮湿环境或处于水中的混凝土、厚大体积混凝土、受侵蚀性介质作用的混凝土以及一般气候环境中的混凝土			
不适用范围	厚大体积混凝土,受侵蚀性介质作用的混凝土	同硅酸盐水泥	有抗渗要求的混凝土,要求快硬、高强度的混凝土,寒冷地区水位变化部位的混凝土	干燥环境中的混凝土,寒冷地区水位变化部位的混凝土,有耐磨要求的混凝土,要求快硬、高强的混凝土		

4.3 其他品种的水泥

土建工程中,除了前面介绍的通用水泥外,还有一些用于专门用途的水泥(如道路水泥、砌筑水泥等)以及具有某种突出的特殊性能的水泥(如白色硅酸盐水泥和彩色硅酸盐水泥、快硬水泥、膨胀水泥等),本节将简单介绍几种专用水泥和特性水泥。

4.3.1 白色硅酸盐水泥和彩色硅酸盐水泥

凡以适当成分的生料经烧结得到以硅酸钙为主要成分、氧化铁含量少的熟料,加入适量石膏,共同磨细制成的水硬性胶凝材料,称为白色硅酸盐水泥,简称白水泥,代号 P·W。

水泥的颜色主要因其化学成分中所含的氧化铁等着色物质所致,因此,白水泥与普通水泥在制造上的主要区别在于严格控制水泥原料中的着色物质(主要是氧化铁)的含量,并在煅烧、粉磨和运输时严防着色物质混入。白色硅酸盐水泥采用白度的指标来衡量其颜色等级,白水泥的白度值应不低于 87。

白色硅酸盐水泥的性质与普通硅酸盐水泥相同,按照国家标准规定,白色硅酸盐水泥分为 32.5、42.5、52.5 三个等级。0.08 mm 方孔筛筛余量不得超过 10%,凝结时间为初凝不早于 45 min,终凝不迟于 10 h,体积安定性用煮沸法检验必须合格,同时熟料中氧化镁的含量不宜超过 5.0%,三氧化硫的含量不超过 3.5%。

凡由硅酸盐水泥熟料、石膏、混合材料和着色剂共同磨细或混合制成的带有颜色的水硬性胶凝材料,称为彩色硅酸盐水泥。

目前生产彩色硅酸盐水泥多采用染色法,即将白色或普通硅酸盐水泥熟料、适量石膏和碱性颜料共同磨细而成。也可将颜料直接与水泥粉混合而配制成彩色水泥,但这种方法颜料用量大,色泽也不易均匀。常用的颜料有氧化铁(红、黄、褐、黑色)、氧化锰(褐、黑色)、氧化铬(绿色)、赭石(赭色)、群青(蓝色)以及普鲁士红等。

白色水泥及彩色水泥主要应用于建筑物内外的表面装饰,如地面、楼面、楼梯、墙面、柱等的彩色砂浆、水磨石、水刷石、斩假石饰面;加入适量滑石粉或硬脂酸镁等外加剂,可制成保水性及防水性能好的彩色粉刷水泥。

4.3.2 快硬水泥

1) 快硬硫铝酸盐水泥

凡以适当成分的生料,经煅烧所得以无水硫铝酸钙和硅酸二钙为主要矿物成分的水泥熟料与适量石灰石、石膏共同磨细制成的具有早期强度高的水硬性胶凝材料,称为快硬硫铝酸盐水泥。

按国家标准规定,快硬硫铝酸盐水泥的技术要求如下:

水泥的比表面积应不小于 350 m²/kg。

初凝不得早于 25 min,终凝不得迟于 180 min,用户要求时可以变动。

快硬硫铝酸盐水泥的各龄期强度不得低于表 4-5 中的规定。

表 4-5　快硬硫铝酸盐水泥的技术指标

强度等级	抗压强度(MPa)			抗折强度(MPa)		
	1 天	3 天	28 天	1 天	3 天	28 天
42.5	33.0	42.5	45.0	6.0	6.5	7.0
52.5	42.0	52.5	55.0	6.5	7.0	7.5
62.5	50.0	62.5	65.0	7.0	7.5	8.0
72.5	56.0	72.5	75.0	7.5	8.0	8.5

快硬硫铝酸盐水泥的主要特性为:

(1) 凝结硬化快,早期强度高。快硬硫铝酸盐水泥的 1 天抗压强度可达到 33.0～56.0 MPa,3 天可达到 42.5～72.5 MPa,并且随着养护龄期的增长强度还能不断增长。

(2) 碱度低。快硬硫铝酸盐水泥浆体液相碱度低,pH < 10.5,对钢筋的保护能力差,不适用于重要的钢筋混凝土结构,而特别适用于玻璃纤维增强水泥(GRC)制品。

(3) 高抗冻性。快硬硫铝酸盐水泥可在 0～10℃的低温下使用,早期强度是硅酸盐水泥的 5～6 倍;0～20℃下加少量外加剂,3～7 天强度可达到设计标号的 70%～80%;冻融循环 300 次强度损失不明显。

(4) 微膨胀,有较高的抗渗性能。快硬硫铝酸盐水泥水化生成大量钙矾石晶体,产生微膨胀,而且水化需要大量结晶水,因此水泥石结构致密,混凝土抗渗性能是同标号硅酸盐水泥的 2～3 倍。

(5) 抗腐蚀好。快硬硫铝酸盐水泥石中不含氢氧化钙和水化铝酸三钙,且水泥石密实度高,所以其抗海水腐蚀和盐碱地施工抗腐蚀性能优越,是理想的抗腐蚀胶凝材料。

快硬硅酸盐水泥主要用于配制早期强度高的混凝土,适用于抢修抢建工程、喷锚支护工程、水工海工工程、桥梁道路工程以及配制 GRC 水泥制品、负温混凝土和喷射混凝土。

2) 铝酸盐水泥

凡以铝酸钙为主的铝酸盐水泥熟料磨细制成的水硬性胶凝材料称为铝酸盐水泥,又称高铝水泥,代号 CA。根据需要也可在磨制 AL_2O_3 含量大于 68%的水泥时掺加适量的 α - AL_2O_3 粉。铝酸盐水泥熟料以铝矾土和石灰石为原料,经煅烧制得,主要矿物成分为铝酸一钙($CaO \cdot Al_2O_3$,简写为 CA),另外还有二铝酸一钙($CaO \cdot 2Al_2O_3$,简写为 CA_2)、硅铝酸二钙($2CaO \cdot Al_2O_3 \cdot SiO_2$,简写为 C_2AS)、七铝酸十二钙($12CaO \cdot 7Al_2O_3$,简写为 $C_{12}A_7$),以及少量的硅酸二钙($2CaO \cdot SiO_2$)等。

铝酸盐水泥的水化和硬化,主要是铝酸一钙的水化及其水化产物的结晶情况。主要水化产物是十水铝酸一钙(CAH_{10})、八水铝酸二钙(C_2AH_8)和铝胶($Al_2O_3 \cdot 3H_2O$)。CAH_{10} 和 C_2AH_8 均属六方晶系,具有细长的针状和板状结构,能互相结成坚固的结晶连生体,形成晶体骨架。析出的氢氧化铝凝胶难溶于水,填充于晶体骨架的空隙中,形成较密实的水泥石结构。铝酸盐水泥初期强度增长很快,但后期强度增长不显著。

铝酸盐水泥常为黄褐色,也有呈灰色的。铝酸盐水泥按 Al_2O_3 含量分为 4 类:CA - 50、

CA-60、CA-70和CA-80。各类型铝酸盐水泥的细度、凝结时间应符合表4-6的要求,其各龄期强度值均不得低于表中所列数值。

表4-6 各类型铝酸盐水泥的技术指标

细 度	比表面积不小于300 m²/kg 或 0.045 mm 筛余不大于20%							
凝结时间	CA-50、CA-70、CA-80:初凝不早于30 min,终凝不迟于6 h CA-60:初凝不早于60 min,终凝不迟于18 h							
强 度	水泥类型	抗压强度(MPa)				抗折强度(MPa)		
		6 h	1 天	3 天	28 天	6 h	1 天	3 天	28 天
	CA-50	20	40	50	—	3.0	5.5	6.5	—
	CA-60	—	20	45	85	—	2.5	5.0	10.0
	CA-70	—	30	50	—	—	5.0	6.0	
	CA-80	—	25	30	—	—	4.0	5.0	—

铝酸盐水泥的主要特性是:①快硬高强,1天强度可达80%以上,3天几乎达到100%;②低温硬化快,即使是在-10℃下施工,也能很快凝结硬化;③耐热性好,能耐1 300～1 400℃高温,在干热处理过程中强度下降较少,且高温时有良好的体积稳定性;④抗硫酸盐侵蚀能力强。

铝酸盐水泥主要用于紧急抢修工程及军事工程,有早强要求的工程和冬季施工工程,抗硫酸盐侵蚀及冻融交替的工程,以及制作耐热砂浆、耐热混凝土和配制膨胀自应力水泥。

使用高铝水泥时应特别注意的事项:①储存运输时,要特别注意防潮;②铝酸盐水泥耐碱性差,不宜与硅酸盐水泥、石灰等能析出氢氧化钙的胶凝材料混用;③研究表明,在高于30℃的条件下养护,强度明显下降,因此铝酸盐水泥只宜在较低温度下养护;④铝酸盐水泥水化热集中于早期释放,因此硬化一开始应立即浇水养护,一般不宜用于厚大体积的混凝土和热天施工的混凝土。

3) 膨胀水泥和自应力水泥

硅酸盐水泥在空气中硬化时通常会产生一定的收缩,使受约束状态的混凝土内部产生拉应力,当拉应力大于混凝土的抗拉强度时则形成微裂纹,对混凝土的整体性不利。膨胀水泥是一种能在水泥凝结之后的早期硬化阶段产生体积膨胀的水硬性水泥,在约束条件下适量的膨胀,可在结构内部产生预压应力(0.1～0.7 MPa),从而抵消部分因约束条件下干燥收缩引起的拉应力。

膨胀水泥按自应力的大小可分为两类:当其自应力值达2.0 MPa以上时,称为自应力水泥,当自应力值为0.5 MPa左右,则称为膨胀水泥。

膨胀水泥和自应力水泥的配制途径有以下几种:①以硅酸盐水泥为主,外加高铝水泥和石膏按一定比例共同磨细或分别粉磨再经混匀而成,俗称硅酸盐型;②以高铝水泥为主,外加二水石膏磨细而成,俗称铝酸盐型;③以无水硫铝酸钙和硅酸二钙为主要成分,外加石膏磨细而成,俗称硫铝酸盐型;④以铁相、无水硫铝酸钙和硅酸二钙为主要矿物,外加石膏磨细而成,俗称铁铝酸钙型。

膨胀水泥适用于补偿收缩混凝土,用作防渗混凝土,填灌混凝土结构会构建的接缝及管道接头,结构的加固与修补,浇筑机器底座及固结地脚螺丝等。自应力水泥适用于制造自应力钢筋混凝土压力管及配件。

使用膨胀水泥的混凝土工程应特别注意早期的潮湿养护,以便让水泥在早期充分水化,防止在后期形成钙矾石而引起开裂。

4.3.3 道路水泥

依据国家标准规定,凡由适当成分的生料烧至部分熔融,所得以硅酸钙为主要成分,并且铁铝酸钙含量较多的硅酸盐水泥熟料,称为道路硅酸盐水泥熟料。

以道路硅酸盐水泥熟料、适量石膏,可加入符合规定的混合材料,磨细制成的水硬性胶凝材料,称为道路硅酸盐水泥,简称道路水泥,代号 P·R。道路硅酸盐水泥熟料中铝酸三钙的含量不得大于 5.0%,铁铝酸四钙的含量不得低于 16.0%,游离氧化钙的含量旋窑生产不大于 1.0%,立窑生产不大于 1.8%。

国家标准规定,道路水泥的比表面积应为 300～450 m^2/kg;初凝不得早于 1.5 h,终凝不得迟于 10 h;水泥中 SO_3 的含量不得超过 3.5%;MgO 的含量不得超过 5.0%;28 天干缩率应不大于 0.10%,28 天磨耗量应不大于 3.0%;道路水泥的强度等级分为 32.5、42.5 和 52.5 三个级别,各龄期的强度值应不低于表 4-7 中的数值。

表 4-7 道路硅酸盐水泥强度指标

强度等级	抗折强度(MPa)		抗压强度(MPa)	
	3 天	28 天	3 天	28 天
32.5	3.5	6.5	16.0	32.5
42.5	4.0	7.0	21.0	42.5
52.5	5.0	7.5	26.0	52.5

道路硅酸盐水泥主要用于公路路面、机场跑道等工程结构,也可用于要求较高的工厂地面和停车场等工程。

4.3.4 大坝水泥

硅酸盐系列的大坝水泥品种主要有硅酸盐大坝水泥、普通硅酸盐大坝水泥、矿渣大坝水泥 3 种。下面以硅酸盐大坝水泥为例进行介绍。

凡以适当成分的生料,烧至部分熔融,所得以硅酸钙为主要成分的硅酸盐大坝水泥熟料(C_3S 与 C_3A 含量低),加入适量石膏,磨细制成的水硬性胶凝材料,称为硅酸盐大坝水泥。

大坝水泥的主要特性是:水化、凝结硬化慢,水化热较低;抗冻性、耐磨性较好;具有一定的抗硫酸盐能力。其主要的技术指标见表 4-8 所示。

表4-8 硅酸盐大坝水泥主要技术指标

项 目	指 标					
细 度	0.08 mm方孔筛,筛余量不得超过15%					
凝结时间	初凝≮60 min,终凝≯12 h					
安定性	必须合格					
强度(kgf/cm²)(MPa)	标号	抗压强度			抗折强度		
		3天	7天	28天	3天	7天	28天
	425	16.0	25.0	42.5	3.4	4.6	6.4
	525	21.0	32.0	52.5	4.2	5.4	7.2
水化热(J/kg)	标 号	时 间					
		3天		7天			
	425	60		70			
	525	60		70			
C₃A(%)	大坝水泥熟料中,≯6%					
C₃S(%)	大坝水泥熟料中,C₃S含量在40%~55%					
MgO(%)	大坝水泥熟料中,≯5%					
SO₃(%)	大坝水泥熟料中,≯3.5%					
Na₂O(%)	大坝水泥熟料中,≯0.6%					
游离-CaO	大坝水泥熟料中,≯0.8%					

大坝水泥主要适用于大坝溢流面或大体积水工建筑物,水位变动区域的覆面层,要求具有较低水化热和较高抗冻性、耐磨性的部位,以及清水或含有较低硫酸盐类侵蚀的水中工程。

4.3.5 绿色水泥

随着人口的增长和生产力水平的提高,地球承受的负荷剧增,可利用的资源逐步趋于枯竭,环境破坏问题日益变得严重。20世纪90年代以后,出现了"废物资源化水泥"、"生态水泥"等新概念。这是随着可持续发展意识的深入,水泥工业在提高新型干法水泥生产技术的同时,研究和开发的新技术生产出的新型水泥。这些水泥就其性能而言,仍然可以归类于普通硅酸盐水泥、快硬水泥等,但其区别于普通水泥的总的生产特点是利用水泥生产的回转窑,焚烧废弃物,如城市垃圾、下水道污泥、废轮胎、铸型废砂、废机油、废塑料、废木材等,使这些废弃物含有的热量和水泥有效组分得以充分利用,减少废气排放,可以有效地降低环境负荷,因而称为绿色水泥,也称为生态水泥。

绿色水泥是在传统水泥基础上完善和进步的,其区别于传统水泥的特点主要表现在以下几个方面:

(1)提高资源利用率。包括合理利用天然资源,提高其他工业废渣水泥资源化率。

(2)降低能源消耗。包括降低燃料煤的消耗和电能的消耗。

（3）采用先进技术，降低废气排放，有效治理粉尘及有害气体的污染。

（4）充分利用水泥窑的环保功能，降解生活垃圾及危险废弃物。

具体而言，绿色水泥工业将资源利用率和二次能源回收率提升到尽可能高的水平，绿色水泥工业循环利用其他工业的废渣和废料。

绿色水泥是符合生态保护原则的产品，它以可持续发展理论为指导，在生产制造过程中依靠注重环保、保障生产与生态协调的绿色技术，实现全过程的清洁生产。绿色水泥、绿色技术和清洁生产相互间是有机联系着的，其最终目的，就是让水泥产品与生态环境协调，实现水泥工业的可持续发展。

4.4 小结

（1）硅酸盐水泥熟料的矿物组成主要有 C_3S、C_2S、C_3A、C_4AF，它们单独水化时表现出各自的特性，当以不同比例制成水泥时可具有不同的性能。

（2）活性混合材料具有潜在的活性，与石灰和石膏加水拌和后，在常温下活性 SiO_2 和 Al_2O_3 能与石灰和石膏反应生成水硬性的水化产物，在蒸汽养护下这种反应将进行得更快、更好。

（3）硅酸盐水泥的水化产物可归纳为：水化硅酸钙凝胶、氢氧化钙、水化硫铝酸钙、水化铝酸钙晶体和水化铁酸钙凝胶。硬化后的水泥石是由以 C—S—H 为主的水化产物与以水化的水泥内核、孔隙和水所组成的一个多相多孔体系。它决定了水泥石的化学及物理力学等性质。尤其是孔的大小、数量和分布状态，与水泥石的强度及耐久性密切相关。影响水泥凝结硬化的因素主要有矿物成分、用水量、细度、养护时间、环境温湿度和石膏掺量等。

（4）水泥的技术性质主要有细度、凝结时间、安定性和强度，它们是评定水泥质量的技术指标。

（5）工程中常用的六大品种硅酸盐水泥包括硅酸盐水泥、普通硅酸盐水泥、矿渣硅酸盐水泥、火山灰硅酸盐水泥、粉煤灰硅酸盐水泥和复合水泥，统称为通用水泥。水泥的定义、主要技术要求、特性和应用，是本章必须掌握的核心内容，另外，应掌握掺混合材料的硅酸盐水泥的特性和应用。

（6）通用水泥是一般工程中使用最广泛的水泥，除此之外，还有专门用途的专用水泥（如道路水泥、大坝水泥等）和在某方面具有特殊性能的特性水泥（如白色和彩色硅酸盐水泥、快硬水泥、膨胀水泥等）等许多种其他水泥品种，对这些水泥的主要性能和使用特点只作一般了解。

思考题

1. 何谓水泥？主要分为哪几大类？

2. 什么是硅酸盐水泥？简述硅酸盐水泥的生产流程。

3. 硅酸盐水泥熟料矿物组分是什么？它们单独与水作用时有何特性？

4. 什么是水泥的凝结和硬化？水泥的凝结硬化过程可分为哪 4 个阶段？

5. 硅酸盐水泥的强度发展规律是怎样的?影响其凝结硬化的主要因素有哪些?如何影响?

6. 通用硅酸盐水泥有哪些主要技术要求?哪几项不符合要求时视为不合格品?

7. 什么是水泥的凝结时间?国家标准对水泥凝结时间有何要求?

8. 什么是水泥的安定性?产生安定性不良的原因及危害是什么?如何检验水泥的安定性?

9. 环境水对硅酸盐水泥侵蚀的内部因素和外界条件有哪些?

10. 什么是活性混合材料和非活性混合材料?它们与水反应各有何特点?掺入到硅酸盐水泥中各有什么作用?

11. 六大品种硅酸盐水泥各有何特性?

12. 水泥在运输和存放过程中为什么不能受潮和雨淋?储存水泥时应注意哪些方面?

13. 工地上采购了一批水泥,若存在以下问题,应该如何处理?

①细度不合格;②凝结时间不合格;③安定性不合格;④强度等级达不到要求。

14. 高铝水泥的水化特点是什么?其特性表现如何?该怎样正确使用?

15. 快硬硫铝酸盐水泥具有哪些良好的性能?

16. 膨胀水泥的膨胀原理是什么?主要有哪些作用及用途?

5 混凝土

本章提要

本章是全书的重点章节,以普通混凝土为重点,介绍了普通混凝土组成材料的品种、技术要求及选用方法,要求掌握各种组成材料各项性质的要求、测定方法及对混凝土性能的影响;掌握混凝土拌合物的性质和测定方法以及硬化后混凝土的力学性质、变形性质和耐久性及其影响因素;并要求熟练掌握普通混凝土的配合比设计方法。在掌握普通混凝土的基础上,通过分析对比,了解其他类型混凝土的新技术和现今混凝土技术的发展趋势。

5.1 概述

5.1.1 混凝土的定义

由胶凝材料,水和粗、细骨料,必要时可掺入外加剂或混合材料,按一定比例配合,通过搅拌、成型等工艺制成混合物,经一定时间后硬化而成的人造石材,称为混凝土。以水泥为胶凝材料的混凝土称为水泥混凝土,是当今世界上用途最广、用量最大的人造建筑工程材料,而且是重要的工程结构材料。

5.1.2 混凝土的分类

(1) 根据所用胶凝材料分类:水泥混凝土、硅酸盐混凝土、石膏混凝土、硫磺混凝土、沥青混凝土、树脂混凝土、聚合物混凝土、聚合物水泥混凝土等。

(2) 根据骨料分类:碎石混凝土、卵石混凝土、细骨料混凝土、大孔混凝土(仅由粗骨料制得的混凝土)、多孔混凝土(混凝土中没有骨料)、纤维混凝土。

(3) 根据混凝土表观密度分类:重混凝土(密度大于 2 500 kg/m³)、普通混凝土(密度为 1 900~2 500 kg/m³)、轻混凝土(密度小于 1 950 kg/m³,包括轻骨料混凝土、多孔混凝土和大孔混凝土 3 类)。

(4) 根据混凝土强度分类:低强混凝土(抗压强度<30 MPa)、普通强度混凝土(抗压强度 30~60 MPa)、高强混凝土(抗压强度 60~80 MPa)、超高强混凝土(抗压强度>80 MPa)。

(5) 根据每立方米混凝土中的水泥用量分类:贫水泥混凝土(水泥用量≤170 kg/m³)、富水泥混凝土(水泥用量≥230 kg/m³)。

(6) 根据混凝土和易性分类:特干硬性混凝土(坍落度为 0 或维勃稠度 32~18 s)、干硬性混凝土(坍落度为 0~25 mm 或维勃稠度为 5~18 s)、低塑性混凝土(坍落度为 25~75 mm或维勃稠度为 3~5 s)、塑性混凝土(坍落度为 75~125 cm 或维勃稠度为 0~3 s)、流动混凝土(坍落度为 125~150 mm)、流动混凝土(坍落度大于 150 mm)。

(7) 根据施工方法分类:预拌混凝土(商品混凝土)、喷射混凝土、泵送混凝土、真空吸水混凝土、压力灌浆混凝土、挤压混凝土、离心混凝土、热拌混凝土、预应力混凝土、碾压混凝土等。

(8) 根据施工场地和季节分类:水下混凝土、海洋混凝土、寒冷季节混凝土、炎热季节混凝土等。

(9) 根据混凝土用途分类:结构混凝土、防水混凝土、防射线混凝土、大坝混凝土、道路混凝土、隧道混凝土、耐蚀混凝土、耐热混凝土、耐火混凝土、装饰混凝土等。

5.1.3　普通混凝土的特点

普通混凝土广泛应用于建筑、交通、水利、铁路、港口、机场等各行各业基本建设中,其主要原因是由于其具有如下特点:

(1) 原材料来源广泛。普通混凝土中的砂石集料等地方材料约占 80%,符合就地取材和经济性原则。

(2) 制作工艺简单,对操作工人的技术要求不是很高。

(3) 具有良好的可塑性,可浇制成各种形状和大小的结构和构件。

(4) 具有较高的抗压强度,能承受较大的荷载,硬化后的混凝土抗压强度一般为 20~40 MPa,高强混凝土的强度甚至可以高达 80~100 MPa,100 MPa 以上的目前也已有工程应用。

(5) 具有很好的耐久性能,在普通环境中采用普通混凝土制作的结构或实体不需要维护保养,维修费用少。

(6) 耐火性能远比木材、钢材和塑料好,可耐受数小时的高温作用而仍然保持其力学性能。

(7) 虽然普通混凝土的抗拉强度低,但它能与钢筋很好地黏结在一起,二者复合成钢筋混凝土后,弥补了混凝土抗拉强度低的缺陷。另外,普通混凝土包裹钢筋后,对钢筋又具有保护作用,避免了钢筋锈蚀。

(8) 普通混凝土中掺用混凝土外加剂、矿粉和纤维等材料,使混凝土性能愈来愈好。混凝土中埋入或植入电子元件、器件等,使混凝土的功能愈来愈强大。

5.2　普通混凝土的组成材料

普通混凝土是由水泥、砂、石和水组成,为改善混凝土的某些性能,还常常会加入适量的外加剂或掺合料,因此,混凝土是非均质的材料,组成结构复杂。工程中通常将水泥、砂、石及水称为混凝土的四大基本组分,而将外加剂和掺合料分别称为混凝土的第五组分和第六组分。配制符合性能要求的混凝土,对组成混凝土各材料的性能质量控制至关重要。

5.2.1 混凝土中各组成材料的作用

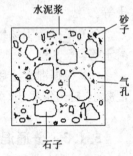

图 5-1 混凝土的结构

在混凝土的组成材料中,砂、石起骨架作用,称为骨料。水泥与水形成水泥浆,包裹在骨料表面并填充其空隙。在混凝土硬化前,水泥浆主要起润滑作用,赋予混凝土拌合物流动性,便于施工操作;水泥浆硬化以后,则起胶结作用,将砂、石骨料胶结成为整体,使混凝土产生强度。混凝土的结构如图 5-1 所示。适宜的外加剂和掺合料在混凝土硬化前能有效地改善拌合物的和易性,硬化后能改善混凝土的物理力学性能和耐久性。尤其是现今先进的施工工艺中,在配制高强度、高性能混凝土时,外加剂和掺合料是必不可少的。

5.2.2 混凝土各组成材料的技术要求

1)水泥

水泥的性能对混凝土的强度和耐久性有重大影响,因此,水泥品种与强度等级的选用应根据设计、施工要求以及工程环境来确定。

(1)水泥品种的选择

选用的水泥品种,一方面应与混凝土所处的环境相适应,保证混凝土的耐久性;另一方面应与工程特点相适应,保证施工工期和质量。一般建筑结构及预制构件的普通混凝土,宜采用 6 种通用硅酸盐水泥;高强混凝土和抗冻要求的混凝土,宜采用硅酸盐水泥或普通硅酸盐水泥;有预防混凝土碱-骨料反应要求的混凝土工程,宜选用碱含量低于 0.6% 的水泥;大体积混凝土宜采用中、低热硅酸盐水泥或低热矿渣硅酸盐水泥。水泥的性能指标必须符合现行国家有关标准的规定。

混凝土中常用水泥品种的选择见表 5-1。

表 5-1 常用水泥品种的选择

混凝土工程特点或所处环境条件		优先选用	可以使用	不得使用
普通混凝土	1. 普通气候环境中的混凝土	普通水泥	矿渣水泥 火山灰水泥 粉煤灰水泥	
	2. 在干燥环境中的混凝土	普通水泥	矿渣水泥	不宜使用火山灰水泥
	3. 在高湿度环境或永远处于水下的混凝土	矿渣水泥 火山灰水泥 粉煤灰水泥	普通水泥	
	4. 厚大体积的混凝土	矿渣水泥 火山灰水泥 粉煤灰水泥	普通水泥	

续表 5-1

混凝土工程特点或所处环境条件		优先选用	可以使用	不得使用
有特殊要求的混凝土	1. 要求快硬高强（≥C30）的混凝土	硅酸盐水泥 快硬硅酸盐水泥		
	2. 严寒地区的露天混凝土，寒冷地区处于水位升降范围内的混凝土	普通水泥 （等级≥42.5级） 硅酸盐水泥	矿渣水泥 （等级≥42.5级）	
	3. 有抗渗要求的混凝土	普通水泥 火山灰水泥	硅酸盐水泥 粉煤灰水泥	不宜使用矿渣水泥
	4. 受侵蚀性环境水或侵蚀性气体作用的混凝土	根据侵蚀性介质的种类、浓度等具体条件按专门规定选用		

（2）水泥强度等级的选择

水泥强度等级的选择，应当与混凝土的设计强度等级相适应。若水泥强度选用过高，可能使所配制的新拌混凝土施工操作性能不良，影响混凝土的和易性及密实度，甚至影响混凝土的耐久性；反之，若采用强度过低的水泥来配制较高强度的混凝土，会使水泥用量过多，导致成本过高，甚至会影响混凝土的其他技术性质。配制普通混凝土时，通常要求水泥的强度为混凝土抗压强度的1.5～2.0倍；配制较高强度混凝土时，可取0.9～1.5倍。若必须用较高强度等级的水泥配制较低强度等级的混凝土时，应掺入一定数量的掺合料。随着混凝土强度等级的不断提高、新工艺的出现以及高效外加剂性能的改进，高强度和高性能混凝土的配比要求将不受此比例的约束。

2）细骨料

粒径小于4.75 mm的骨料为细骨料（砂）。砂分为天然砂和人工砂。天然砂是由岩石经风化后形成的大小不一、含不同矿物颗粒组成的混合物。人工砂是经除土处理的机制砂、混合砂的统称。天然砂又可分为河砂、海砂、山砂。河砂干净，适宜配制普通混凝土。海砂含有腐蚀水泥石的镁盐、硫酸盐等，还含有腐蚀钢筋的氯离子，一般不能用于配制钢筋混凝土，只能洗干净后配制素混凝土。山砂颗粒细，含泥量大，轻物质含量多，阻止水泥浆收缩能力较差，配制的混凝土易收缩开裂。

按技术要求砂分为3类：Ⅰ类宜用于强度等级大于C60的混凝土；Ⅱ类宜用于强度等级C30～C60及抗冻、抗渗或其他要求的混凝土；Ⅲ类宜用于强度等级小于C30的混凝土及建筑砂浆。

配制混凝土时所采用的细骨料的质量要求有以下几个方面：

（1）杂质含量

细骨料砂中存在3类杂质。第一类是影响砂与水泥浆黏结的杂质，包括淤泥、黏土、云母、轻物质等，这些物质黏附在砂的表面，妨碍水泥与砂的黏结，降低混凝土强度；第二类是影响水泥正常水化、凝结、硬化的杂质，包括一些有机杂质等。一般有机物对水泥起缓凝作用，其含量过高，混凝土中的水泥浆甚至不凝固，严重影响混凝土质量。第三类是对水泥石或钢筋会产生腐蚀的物质，包括硫化物、硫酸盐、氯离子等。砂中有害杂质的允许含量一般应符合表5-2中的规定。

表 5-2　砂中各种杂质含量的规定

项 目	指标		
	Ⅰ类	Ⅱ类	Ⅲ类
含泥量(按质量计)(%)	<1.0	<3.0	<5.0
泥块含量(按质量计)(%)	0	<1.0	<2.0
云母(按质量计)(%)	1.0	2.0	2.0
轻物质(按质量计)(%)	1.0	1.0	1.0
有机物(比色法)	合格	合格	合格
硫化物及硫酸盐(按SO_3质量计)(%)	0.5	0.5	0.5
氯化物(以氯离子质量计)(%)	0.01	0.02	0.06

（2）颗粒级配

砂的颗粒级配是指砂子大小颗粒的搭配情况。在混凝土中,砂粒之间的空隙是由水泥浆所填充的,为达到节约水泥和提高强度的目的,就应尽量减小砂粒之间的空隙。由图 5-2 可以看出,如果是相同粗细的砂,空隙最大;两种粒径的砂搭配起来,空隙就小多了;3 种以上粒径的砂搭配,空隙就更小了。由此可见,要想减小砂粒间的空隙,就必须有大小不同的颗粒搭配。砂的级配愈好,则砂子之间的搭配密实,空隙率小,配制的混凝土密实,并节约水泥。砂子级配越差,配制混凝土时易出现离析、泌水,很难保证混凝土质量。

　　(a)　　　　　　　　(b)　　　　　　　　(c)

图 5-2　骨料的颗粒搭配

砂的颗粒级配常用筛分析的方法进行测定。筛分析是用一套孔径为 4.75 mm、2.36 mm、1.18 mm、0.60 mm、0.30 mm 及 0.15 mm 的标准筛,按孔径由大到小层叠排列,将 500 g 的干砂试样放入并依次过筛,然后称得余留在各个筛上的砂的质量,记为 m_1、m_2、m_3、m_4、m_5、m_6,分别计算出各筛上的分计筛余百分率 a_1、a_2、a_3、a_4、a_5、a_6 及累计筛余百分率 A_1、A_2、A_3、A_4、A_5、A_6。累计筛余与分计筛余的关系见表 5-3。

表 5-3　累计筛余与分计筛余的关系

筛孔尺寸(mm)	筛余量(g)	分计筛余百分率(%)	累计筛余百分率(%)
4.75	m_1	$a_1 = m_1/500$	$A_1 = a_1$
2.36	m_2	$a_2 = m_2/500$	$A_2 = a_1 + a_2$
1.18	m_3	$a_3 = m_3/500$	$A_3 = a_1 + a_2 + a_3$
0.60	m_4	$a_4 = m_4/500$	$A_4 = a_1 + a_2 + a_3 + a_4$
0.30	m_5	$a_5 = m_5/500$	$A_5 = a_1 + a_2 + a_3 + a_4 + a_5$
0.15	m_6	$a_6 = m_6/500$	$A_6 = a_1 + a_2 + a_3 + a_4 + a_5 + a_6$

砂的颗粒级配用累计筛余百分率或筛分曲线来表示。根据砂的累计筛余百分率,砂的级配分 3 区:Ⅰ区砂是粗砂,Ⅱ区砂是中砂,Ⅲ区砂为细砂,见表 5-4。混凝土用砂的颗粒级配应处于表 5-4 中的任何一个级配区以内。砂的实际颗粒级配与表中所列的累计筛余百分率相比,除 4.75 mm 和 0.60 mm 筛号外,允许稍有超出分区界线,但其总量百分率不应大于 5%。

表 5-4　砂颗粒级配区的规定

筛孔尺寸(mm)	累计筛余		
	Ⅰ区	Ⅱ区	Ⅲ区
9.5	0	0	0
4.75	0～10	0～10	0～10
2.36	5～35	0～25	0～15
1.18	35～65	10～50	0～25
0.60	71～85	41～70	16～40
0.30	80～95	70～92	55～85
0.15	90～100	90～100	90～100

为了方便应用,可将表 5-4 中的数值绘制成级配曲线图,以累计筛余百分率为纵坐标,筛孔尺寸为横坐标,画出砂的Ⅰ、Ⅱ、Ⅲ 3 个区的级配曲线,如图 5-3 所示。使用时,将砂筛分析试验测算得到的各筛累计筛余百分率标注到图上,并连成曲线,然后观察此筛分结果的曲线,只要落在 3 个区的任何一个区内,均为级配合格。

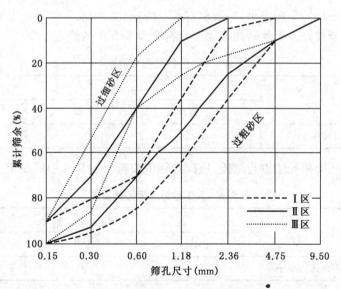

图 5-3　砂的Ⅰ、Ⅱ、Ⅲ区级配区曲线

(3)粗细程度

砂的粗细程度通常用细度模数 M_x 表示,可通过累计筛余百分率计算而得,其计算式如下：

$$M_x = \frac{(A_2 + A_3 + A_4 + A_5 + A_6) - 5A_1}{100 - A_1}$$ (5-1)

细度模数越大，砂颗粒越粗，总表面积越小，配制混凝土易离析、泌水。细度模数越小，砂颗粒越细，总表面积越大，配制混凝土的水泥用量增多，并且混凝土收缩增大。砂子根据细度模数值分为粗砂 ($M_x = 3.1 \sim 3.7$)、中砂 ($M_x = 2.3 \sim 3.0$)、细砂 ($M_x = 1.6 \sim 2.2$)、特细砂 ($M_x = 0.7 \sim 1.5$)、粉砂 ($M_x < 0.7$)。

一般配制混凝土时，宜优先选用Ⅱ区的砂。当采用Ⅰ区砂时，应适当提高砂率，并保证足够的水泥用量，以满足混凝土的和易性；当采用Ⅲ区砂时，应适当降低砂率，以保证混凝土强度。混凝土用砂应贯彻就地取材的原则，若某些地区的砂料出现过细、过粗或自然级配不良时，可采用人工级配，即将粗、细两种砂掺配使用，以调整其粗细程度和改善颗粒级配，直到符合要求为止。

（4）碱骨料反应

碱骨料反应系指水泥、外加剂等混凝土组成物及环境中的碱，与骨料中的碱活性矿物在潮湿环境下缓慢发生并导致混凝土开裂破坏的膨胀反应。

混凝土用砂中不能含有活性二氧化硅等物质，以免产生碱-骨料反应而导致混凝土破坏。为此，国家标准规定，混凝土用砂经碱骨料反应试验后，由该砂制备的试件应无裂缝、酥裂及胶体外溢等现象，且试件养护6个月的膨胀率值应小于0.1%。

（5）坚固性

砂的坚固性是指砂在气候、环境变化或其他物理因素作用下抵抗破坏的能力。天然砂常用硫酸钠溶液进行检验，即将采用硫酸钠溶液浸渍的试样，经规定次数冻融循环后测其质量损失。若冻融循环质量损失小，则表示砂粒坚固，刚度大，能有效阻止水泥浆的收缩，配制混凝土的耐久性能较好。天然砂的坚固性应符合表5-5中的规定。

表5-5　砂的坚固性指标

项　目	指　标		
	Ⅰ类	Ⅱ类	Ⅲ类
质量损失（%），小于	8	8	10

人工砂采用压碎指标法进行试验，压碎指标值应符合表5-6中的规定。

表5-6　人工砂的压碎指标要求

项　目	指　标		
	Ⅰ类	Ⅱ类	Ⅲ类
单级最大压碎指标（%），小于	8	8	10

（6）表观密度、堆积密度、空隙率

砂表观密度应大于 2 500 kg/m³，松散堆积密度应大于 1 350 kg/m³，空隙率小于47%。

3）粗骨料

粒径大于 4.75 mm 的骨料称为粗骨料，俗称石。普通混凝土中使用的粗骨料一般有卵石和碎石两种。碎石是天然岩石或岩石经机械破碎、筛分制成的岩石颗粒。卵石是由自然风化、水流搬运和分选、堆积形成的岩石颗粒。按技术要求,粗骨料分3类:Ⅰ类宜用于强度等级大于C60的混凝土;Ⅱ类宜用于强度等级C30~C60及抗冻、抗渗或其他要求的混凝土;Ⅲ类宜用于强度等级小于C30的混凝土。粗骨料的技术要求如下:

(1) 杂质含量

粗骨料内存在4类杂质。第一类是影响粗骨料与水泥浆黏结的杂质,包括泥、泥块等。泥是指卵石、碎石中粒径小于75 mm的颗粒含量。泥块是指卵石、碎石中原粒径大于4.75 mm,经水浸洗、手捏后小于2.36 mm的颗粒含量。第二类是会给混凝土带来承载缺陷的杂质,包括针状、片状颗粒、泥块等。卵石或碎石颗粒的长度大于该颗粒所属相应粒级的平均粒径2.4倍者为针状颗粒,厚度小于平均粒径0.4倍者为片状颗粒。混凝土承受荷载作用时,其内部针片状颗粒易受弯折断,使混凝土内部出现微裂缝,在裂缝处产生应力集中,从而使混凝土强度下降。泥块强度非常低,在混凝土中不能起骨架作用,混入混凝土中,其占有的空间相当于混凝土内部形成了大孔洞,严重影响混凝土的承载能力。第三类是影响水泥正常水化、凝结、硬化的杂质,如有机物、淤泥等。骨料中有机物过多会对水泥起缓凝作用,甚至使水泥不凝固。第四类是对水泥石或钢筋有腐蚀作用的杂质,包括硫化物、硫酸盐等。

粗骨料有害杂质允许含量见表5-7、表5-8、表5-9所示。

表5-7 石子含泥量和泥块含量允许值

项 目	指 标		
	Ⅰ类	Ⅱ类	Ⅲ类
含泥量(按质量计)(%)	<0.5	<1.0	<1.5
泥块含量(按质量计)(%)	0	<0.5	<0.7

表5-8 石子针片状颗粒含量允许值

项 目	指 标		
	Ⅰ类	Ⅱ类	Ⅲ类
针片状颗粒(按质量计)(%),小于	5	15	25

表5-9 石子有害物质含量允许值

项 目	指 标		
	Ⅰ类	Ⅱ类	Ⅲ类
有机物	合格	合格	合格
硫化物及硫酸盐(按SO_3质量计)(%),小于	0.5	1.0	1.0

(2) 强度

粗骨料在混凝土中主要起骨架作用。为了保证混凝土的强度,粗骨料的强度应高于普通混凝土的强度等级,一般应不小于普通混凝土等级的1.5倍,对于路面混凝土不应小于

2.0 倍。粗骨料的强度一般将岩石制成 5 cm×5 cm×5 cm 的立方体试件,在水饱和状态下,测定其极限抗压强度来表示。一般配制混凝土的骨料抗压强度,火成岩不应小于 80 MPa,变质岩不应小于 60 MPa,水成岩不应小于 30 MPa。但由于这种表示方法与粗骨料在混凝土中的真实强度相差较大,且这种试块难以加工,所以常用压碎指标来间接表示粗骨料的强度。压碎指标是将一定量气干状态下 9.5~19 mm 的石子装入规定圆筒内,放在压力机上,在 3~5 min 内均匀地加荷至 200 kN,卸荷后称出试样重量(G_1),然后再用孔径为试样颗粒粒径下限尺寸 1/4 的筛即 2.36 mm 筛进行筛分,称出试样的筛余量(G_2),按下式计算:

$$压碎值 = \frac{G_1 - G_2}{G_1} \times 100\% \tag{5-2}$$

压碎指标值越小,表示粗骨料强度越高。混凝土中使用粗骨料的压碎指标应符合表 5-10 的规定。

表 5-10　压碎值指标

项　目	指　　标		
	Ⅰ类	Ⅱ类	Ⅲ类
碎石压碎指标(%),小于	10	20	30
卵石压碎指标(%),小于	12	16	16

(3) 粗骨料的坚固性

粗骨料的坚固性是指卵石、碎石在自然风化和其他外界物理、化学因素作用下抵抗破裂的能力。用硫酸钠溶液浸泡后干燥,使硫酸钠在石子中结晶(相当于结冰的作用),反复循环 5 次,其质量损失应符合表 5-11 的规定。

表 5-11　石子的坚固性指标

项　目	指　　标		
	Ⅰ类	Ⅱ类	Ⅲ类
质量损失(%),小于	5	8	12

(4) 级配

粗骨料的颗粒级配原理与细骨料相同,要求不同粒径的大小颗粒搭配适当,以使粗骨料的空隙率和总表面积比较小,这样使得混凝土水泥用量少,密实度也较好,有利于改善混凝土拌合物的和易性及提高混凝土强度。对于高强混凝土,粗骨料的级配尤为重要。

通常粗骨料的级配有两种。一种是连续级配,即颗粒由小到大各粒级相连,其中每一级颗粒都占有适当比例的级配,连续级配在工程中应用较多。显然,这种级配对混凝土拌合物可塑性的提高十分有益,但粗骨料空隙率却不能最大限度地降低。另一种是间断级配,即用小颗粒的粒级直接和大颗粒的粒级相配,某些中间粒级范围的颗粒没有级配。这种级配能最大限度地降低粗集料空隙率,最有效地节约水泥和砂子。但是,当混凝土拌合物流动性大时,大颗粒与小颗粒粗集料之间易分离,混凝土拌合物易产生离析现象。因此,这种级配只适合在低流动性和干硬性的混凝土中使用。

普通混凝土用碎石和卵石的颗粒级配范围应符合表 5-12 的规定。

表 5-12　碎石或卵石的颗粒级配范围

级配情况	公称粒级(mm)	累计筛余，按质量计(%)											
		筛孔尺寸(圆孔筛)(mm)											
		2.36	4.75	9.50	16.0	19.0	26.5	31.5	37.5	53.0	63.0	75.0	90.0
连续粒级	5~10	95~100	80~100	0~15	0	—	—	—	—	—	—	—	—
	5~16	95~100	85~100	30~60	0~10	0	—	—	—	—	—	—	—
	5~20	95~100	90~100	40~80	—	0~10	0	—	—	—	—	—	—
	5~25	95~100	90~100	—	30~70	—	0~5	0	—	—	—	—	—
	5~31.5	95~100	90~100	70~90	—	15~45	—	0~5	0	—	—	—	—
	5~40	—	95~100	70~90	—	—	0~65	—	0~5	0	—	—	—
单粒级	10~20	—	95~100	85~100	0~15	0	—	—	—	—	—	—	—
	16~31.5	—	95~100	—	85~100	—	—	0~10	0	—	—	—	—
	20~40	—	—	95~100	—	80~100	—	—	0~10	0	—	—	—
	31.5~63	—	—	—	95~100	—	—	75~100	45~75	—	0~10	—	—
	40~80	—	—	—	—	95~100	—	—	70~100	—	30~60	0~10	0

（5）最大粒径

粗骨料公称粒径的上限为该粒级范围的最大粒径。无论是连续级配还是间断级配的粗骨料，粗骨料最大粒径愈大，将使混凝土中粗骨料总表面积降低，包裹粗骨料的砂浆将减少，既节约砂子又节约水泥，所以在配制混凝土时，在条件许可下，尽量将最大粒径选得大些。但是在普通混凝土中，骨料大于 40 mm 并没有好处。而且，由于实际上混凝土总是与钢筋结合起来使用，因此粗骨料最大粒径还必须受钢筋混凝土构件的形状、钢筋疏密程度的限制。根据《混凝土结构工程施工及验收规范》（GB 50204—2002）的规定：混凝土用粗骨料的最大粒径不得超过结构截面最小尺寸的 1/4，且不得超过钢筋最小净距的 3/4；对于混凝土实心板，骨料的最大粒径不宜超过板厚的 1/3，且不得超过 40 mm；大体积混凝土粗骨料最大公称直径不宜小于 31.5 mm。

（6）碱骨料反应

碱骨料反应是指水泥、外加剂等混凝土构成物及环境中的碱与骨料中碱活性矿物质在潮湿环境下缓慢发生并导致混凝土开裂破坏的膨胀反应。经碱骨料反应试验后，由卵石、碎石制备的试件无裂缝、酥缝、胶体外溢等现象，在规定的试验龄期的膨胀率小于 0.01%。

（7）表观密度、堆积密度、空隙率

规范规定，石子表观密度大于 2 500 kg/m³，松散堆积密度大于 1 350 kg/m³，空隙率小于 47%。一般石子的表观密度在 2 600~2 700 kg/m³，堆积密度在 1 450~1 650 kg/m³，空隙率在 40%~45%。

4）水

水是混凝土的重要组成之一，水质的好坏不仅影响混凝土的凝结和硬化，还能影响混凝土的强度和耐久性，并可加速混凝土中钢筋的锈蚀。

　　按水源水可分为饮用水、地表水、地下水、海水、生活污水和工业废水等多种,拌制混凝土和养护混凝土宜采用饮用水。地表水和地下水常溶有较多的有机质和矿物盐类,用前必须按标准规定经检验合格后方可使用。海水含有较多的硫酸盐和氯盐,硫酸盐会对混凝土后期强度有降低作用,且影响混凝土抗冻性。氯盐会加速混凝土中的钢筋锈蚀。因此,对于钢筋混凝土和预应力混凝土结构,不得采用海水拌制混凝土。生活污水的水质比较复杂,不能用于拌制混凝土。工业废水常含有酸、油脂、糖类等有害杂质,也不能作为混凝土用水。

　　混凝土拌和用水的质量要求见表 5-13。

表 5-13　混凝土拌和用水质量要求

项　目	素混凝土	钢筋混凝土	预应力混凝土
pH 值,不小于	4.5	4.5	5
不溶物(mg/L)不大于	5 000	2 000	2 000
可溶物(mg/L)不大于	10 000	5 000	2 000
氯化物(以 Cl^- 计)(mg/L)不大于	3 500	1 000	500
硫酸盐(以 SO_4^{2-} 计)(mg/L)不大于	2 700	2 000	600
碱含量(mg/L)不大于	1 500	1 500	1 500

　　5) 混凝土外加剂

　　(1) 混凝土外加剂的定义

　　混凝土外加剂是指在混凝土搅拌之前或拌制过程中加入的、用以改善混凝土性能的物质,其掺量一般不大于水泥质量的 5%(特殊情况除外)。混凝土许多性能的改善或提高,往往依赖于混凝土外加剂。当今,混凝土外加剂已成为混凝土除水泥、砂、石、水以外的第五大重要组分。

　　(2) 混凝土外加剂的分类

　　混凝土外加剂分化学外加剂与矿物外加剂两大类,按其主要使用功能分为 4 类:

　　① 改善混凝土拌合物流变性能的外加剂,包括减水剂、引气剂、泵送剂等。

　　A. 减水剂

　　根据减水率的不同,减水剂分为普通型和高效型。普通型减水剂主要是木质磺酸盐类如木质素磺酸钙、木质素磺酸钠、木质素磺酸镁、丹宁等;高效减水剂主要有多环芳香族磺酸盐类如萘和萘的同系磺化物与甲醛综合的盐类、氨基磺酸盐等,水溶性树脂磺酸盐类如磺化三聚氰胺树脂、磺化古码隆树脂,脂肪族类如聚羧酸盐类、聚丙烯酸类、脂肪族羟甲基磺酸盐高缩聚物等,其他类如改性木质磺酸钙、改性丹宁等。根据凝结时间不同,减水剂分缓凝型、标准型、早强型;根据引气量不同,减水剂分为引气型和非引气型。

　　B. 引气剂及引气型减水剂

　　常用的引气剂有松香树脂类,如松香热聚物、松香皂类等;烷基和烷基芳烃磺酸盐类,如十二烷基磺酸盐、烷基醇聚氧乙烯磺酸钠、烷基苯酚聚氧乙烯醚等;脂肪醇横酸盐类,如脂肪醇聚氧乙烯醚、脂肪醇聚氧乙烯磺酸钠、脂肪醇硫酸钠等;皂甙类,如三萜皂甙等;其他类,如蛋白质盐、石油磺酸盐等。

C. 泵送剂

混凝土工程中,可采用由减水剂、缓凝剂、引气剂等复合而成的泵送剂。

② 调节混凝土凝结时间、硬化性能的外加剂,包括早强剂、缓凝剂、速凝剂、促凝剂等。

A. 缓凝剂、缓凝减水剂、缓凝高效减水剂

混凝土工程中常用的缓凝剂及缓凝减水剂有:糖类,如糖钙、葡萄糖酸盐等;木质素磺酸盐类,如木质素磺酸钙、木质素磺酸钠等;羟基羧及其盐类,如柠檬酸、酒石酸钾钠等;无机盐类,如锌盐、磷酸盐等;其他类,如胺盐及其衍生物、纤维素醚等。混凝土工程中可采用由缓凝剂与高效减水剂复合而成的缓凝高效减水剂。

B. 早强剂及早强减水剂

混凝土工程中常用的早强剂有:强电解质无机盐类早强剂,如硫酸盐、硫酸复盐、硝酸盐、亚硝酸盐、氯盐等;水溶性有机化合物,如三乙醇胺、甲酸盐、乙酸盐、丙酸盐等;其他类,如有机化合物、无机化合物。混凝土工程中可采用由早强剂与减水剂复合而成的早强减水剂。

C. 速凝剂及促凝剂

在喷射混凝土工程可采用的粉状速凝剂:以铝酸盐、碳酸盐等为主要成分的无机可卡因混合物等。在喷射混凝土工程采用的液体速凝剂:以铝酸盐、水玻璃等为主要成分,与其他无机盐复合而成的复合物。

③ 改善混凝土耐久性的外加剂,包括防水剂、引气剂、阻锈剂和磨细矿渣、粉煤灰、天然沸石硅灰等矿物外加剂。

A. 防水剂

常用的防水剂有:无机化合物类,如氯化铁、硅灰粉末、锆化合物等;有机化合物等,如脂肪酸及其盐类、有机硅表面活性剂(醇钠、乙基硅醇钠、聚乙基羟基硅氧烷)、石蜡、地沥青、橡胶及水溶性树脂乳液等;混合物类,如无机类混合物、有机类混合物、无机类与有机类混合物;复合类,上述各类与引气剂、减水剂、调凝剂等外加剂复合的复合型防水剂。

B. 引气剂

混凝土引气剂有松香树脂类、烷基和烷基芳烃磺酸盐类、脂肪醇硫磺酸盐类、皂苷类及其他5类,其中以松香树脂类应用最为广泛,这类引气剂的主要品种有松香热聚物和松香皂两种。

④ 改善混凝土其他性能的外加剂,包括膨胀剂、防冻剂、保水剂、增稠剂、减缩剂、保塑剂、着色剂等。

A. 膨胀剂

混凝土工程中常用的膨胀剂有硫铝酸钙类、硫铝酸钙-氧化钙类、氧化钙类。

B. 防冻剂

混凝土工程中常用防冻剂有:强电解质无机盐类,如氯盐类(以氯盐为防冻组分的外加剂)、氯盐阻锈类(以氯盐与阻锈组分为防冻组分的外加剂)、无氯盐类(以亚硝酸盐、硝酸盐等无机盐为防冻组分的外加剂);水溶性有机化合物类,以某些醇类等有机化合物为防冻组分的外加剂;有机化合物与无机盐复合类;复合型防冻剂,以防冻组分复合早强、引气、减水等组分的外加剂。

6) 混凝土掺合料

在拌制混凝土拌合物时,为了改善混凝土性能或降低混凝土成本,所掺入的矿物粉状材

料,称为混凝土掺合料。用于普通混凝土的掺合料绝大多数是具有活性的混合材料。混凝土中掺加活性掺合料,不仅可以替代部分水泥、减少混凝土的水泥用量、降低成本,而且可以利用其活性的作用,改善混凝土拌合物的和易性和硬化混凝土的各项性能。常用的混凝土掺合料有粉煤灰、粒化高炉矿渣粉、硅灰、沸石粉、磨细自燃煤矸石以及其他工业废渣(钢渣粉、磷渣粉等)。其中,粉煤灰是目前用量最大、使用范围最广的一种掺合料。

(1)粉煤灰

粉煤灰是从煤粉炉烟道气体中收集的粉末,以氧化硅和氧化铝为主要成分,含少量氧化钙,具有火山灰性,也称为飞灰。其活性高低与所含氧化钙的多少关系密切,与低钙粉煤灰相比较,高钙粉煤灰活性较高。

粉煤灰颗粒为玻璃球状,掺入混凝土中能有效地改善混凝土的拌和性能,因此常用作混凝土的外掺料。根据粉煤灰 CaO 含量的高低可分为低钙粉煤灰(即 F 类粉煤灰)和高钙粉煤灰(即 C 类粉煤灰)。低钙粉煤灰的 CaO 含量低于 10%,一般是无烟煤或烟煤燃烧所得的副产品;高钙粉煤灰的 CaO 含量大于 10%,一般可达 15%～30%,通常是褐煤和次烟煤燃烧所得的副产品。根据质量,粉煤灰分 3 级。Ⅰ级粉煤灰适用于钢筋混凝土和跨度小于 6 m 的预应力混凝土;Ⅱ级粉煤灰适用于钢筋混凝土和无筋混凝土;Ⅲ级粉煤灰适用于无筋混凝土。粉煤灰中含有未燃尽的碳粒会影响粉煤灰质量,因此粉煤灰的碳粒应在规定范围以内。混凝土的粉煤灰技术指标见表 5-14。

表 5-14 粉煤灰的技术指标

项　目		技术要求(不大于)(%)		
		Ⅰ级	Ⅱ级	Ⅲ级
细度(45 μm 方孔筛筛余)(不大于)(%)	F 类粉煤灰	12.0	25.0	45.0
	C 类粉煤灰			
需水量,不大于(%)	F 类粉煤灰	95.0	105.0	115.0
	C 类粉煤灰			
烧失量,不大于(%)	F 类粉煤灰	5.0	8.0	15.0
	C 类粉煤灰			
含水量,不大于(%)	F 类粉煤灰	1.0	1.0	1.0
	C 类粉煤灰			
三氧化硫,不大于(%)	F 类粉煤灰	3.0	3.0	3.0
	C 类粉煤灰			
游离氧化钙,不大于(%)	F 类粉煤灰	1.0	1.0	1.0
	C 类粉煤灰	4.0	4.0	4.0
安定性(雷氏夹沸煮后增加的距离,不大于)(mm)	F 类粉煤灰	5.0	5.0	5.0
	C 类粉煤灰			
放射性	F 类粉煤灰	合格	合格	合格
	C 类粉煤灰			

粉煤灰的用量以水泥用量为基准,可采用等量取代法或超量取代法计算。所谓等量取代法,即采用粉煤灰量等量取代水泥量;超量取代法即粉煤灰用量超过所取代的水泥用量。目前,国内外普遍采用超量取代法计算粉煤灰混凝土中的粉煤灰用量。利用粉煤灰取代一部分水泥,达到节约水泥的目的,另一部分粉煤灰取代砂料,以改善强度和其他性能。粉煤灰的超量系数见表 5-15,粉煤灰取代水泥的最大限量见表 5-16。

表 5-15 粉煤灰超量系数表

粉煤灰等级	超量系数
Ⅰ级	1.1~1.4
Ⅱ级	1.3~1.7
Ⅲ级	1.5~2.0

表 5-16 粉煤灰取代水泥的最大限量(%)

混凝土种类	硅酸盐水泥	普通硅酸盐水泥	矿渣硅酸盐水泥	火山灰硅酸盐水泥
预应力混凝土	25	15	10	
钢筋混凝土	30	25	20	15
高强度混凝土				
高抗冻融混凝土				
蒸养混凝土				
中低强度混凝土	50	40	30	20
泵送混凝土				
大体积混凝土				
水下混凝土				
地下混凝土				
压浆混凝土				
碾压混凝土	65	55	45	35

(2) 粒化高炉矿渣

粒化高炉矿渣是高炉冶炼生铁所得,以硅酸钙与铝酸钙为主要成分的熔融物,经淬冷成粒后的产品。其粒径为 0.5~5 mm,结构为玻璃体,具有较高的潜在活性。用于混凝土的粒化矿渣技术指标见表 5-17。表中活性指数是指用规定比例的粒化高炉矿渣、水泥和标准砂混合制得的试验砂浆的抗压强度,与不含粒化高炉矿渣的对比砂浆的抗压强度之比,二者的试验配比见表 5-18。活性指数越大,表明矿渣粉的活性越高,掺入混凝土中对强度贡献越大。流动度比是指按水泥砂浆流动度试验方法分别测定表 5-18 所示的试验砂浆和对比砂浆的流动度的比值。该指标反映了矿渣粉掺入混凝土中对拌合物和易性的影响程度。矿渣粉细度越高,活性指数越大,通常流动度比值越小。

表 5-17　矿渣的技术指标

项　目		级　别		
		S105	S95	S75
密度(g/cm³)≥		2.8		
比表面积(cm²/g)≥		500	400	300
活性指数≥	7 天	95	75	55
	28 天	105	95	75
流动度比(%)≥		95		
含水量(质量分数)(%)≤		1.0		
三氧化硫(质量分数)≤		4.0		
氯离子(质量分数)(%)≤		0.06		
烧失量≤		3.0		
玻璃体含量≥		85		
放射性		合格		

表 5-18　对比砂浆和试验砂浆的配合比

砂浆种类	水泥用量(g)	矿渣粉量(g)	标准砂(g)	水量(g)
对比砂浆	450	—	1 350	225
试验砂浆	225	225	1 350	225

（3）硅灰

硅灰又称硅粉,是从生产硅铁合金或硅钢等所排放的烟气中收集的颗粒极细的烟尘,呈浅灰色。硅粉的颗粒是微细的玻璃球体,粒径为 $0.1\sim1.0\ \mu m$,是水泥颗粒的 $1/50\sim1/10$,比表面积为 $18.5\sim20\ m^2/g$,密度为 $2.1\sim2.2\ g/cm^3$,堆积密度为 $250\sim300\ kg/m^3$。硅粉中无定型二氧化硅含量一般为 $85\%\sim96\%$,具有很高的活性。

由于硅粉具有高比表面积,因而其需水量很大,将其作为混凝土掺合料配以高效减水剂方可保证混凝土的和易性。硅粉掺入混凝土中,可取得以下效果:

① 改善混凝土拌合物的黏聚性和保水性。在混凝土中掺入硅粉的同时又掺用了高效减水剂,在保证了混凝土拌合物必须具有的流动性的情况下,由于硅粉的掺入,会显著改善混凝土拌合物的黏聚性和保水性,故适宜配制高流态混凝土、泵送混凝土及水下灌注混凝土。

② 提高混凝土强度。当硅粉与高效减水剂配合使用时,硅粉与水泥水化产物 $Ca(OH)_2$ 反应生成水化硅酸钙凝胶,填充水泥颗粒间的空隙,改善界面结构及黏结力,形成密实结构,从而显著提高混凝土强度。一般硅粉掺量为 $5\%\sim10\%$,便可配出抗压强度大于 100 MPa 的高强混凝土。

③ 改善混凝土的孔结构,提高耐久性。掺入硅粉的混凝土,虽然其总孔隙率与不掺时基本相同,但其大毛细孔减少,超细孔隙增加,改善了水泥石的孔结构。因此混凝土的抗渗性、抗冻性、抗溶出性及抗硫酸盐腐蚀性等耐久性显著提高。此外,混凝土的抗冲磨性随硅

粉掺量的增加而提高,故适用于水工建筑物的抗冲刷部位及高速公路路面。硅粉还同样有抑制碱-骨料反应的作用。

5.3 混凝土的主要技术性质

混凝土的各组成材料按一定比例配合,搅拌均匀在一起形成的塑性状态混合物,称为混凝土拌合物。对搅拌后混凝土拌合物的技术性质的要求,主要着眼于使运输、浇灌、捣固和表面处理与工艺过程易于进行,以及使施工时和施工前后材料减少离析,能够制备优良性能的均匀混凝土材料。因此,混凝土拌合物必须具有良好的和易性。混凝土拌合物在一定条件下随着时间逐渐硬化形成的具有强度和其他性能的块体,称为硬化混凝土。混凝土硬化以后应具有足够的强度,以保证建筑物能安全地承受设计荷载,并应具有必要的耐久性。

5.3.1 混凝土拌合物的和易性

1) 定义

目前,对和易性尚无统一的准确定义,一般认为和易性是指混凝土拌合物在施工过程(即拌和、运输、浇灌、捣实)中能保持质量均匀、成型密实,不发生分层、离析现象的性质。它反映了混凝土拌合物从搅拌起到振捣完毕各施工阶段作业的难易程度,以及为了获得均质混凝土而抵抗分离的程度。和易性是一项综合的技术性质,包含流动性、黏聚性、保水性 3 个方面。

流动性是混凝土拌合物在重力或施工机械振捣的作用下,产生流动并均匀密实地填充模具空间的能力。流动性的大小反映出拌合物的稀稠程度,直接影响着浇捣施工的难易和混凝土的质量。

黏聚性是指混凝土拌合物在施工过程中其组成材料之间有一定的黏聚力,不致产生分层和离析的现象。黏聚性差的混凝土拌合物,或者发涩,或者产生石子下沉,石子与砂浆容易分离,振捣后会出现蜂窝、空洞、麻面等现象。

保水性是指混凝土拌合物保持水分,不发生严重泌水的能力。保水性不良的拌合物,在混凝土捣实后,部分水易从内部析出至表面,形成泌水通道的连通孔隙,影响混凝土的密实性。另外,水分上升至混凝土表面,引起表面疏松;泌出的水积聚在骨料或钢筋的下缘,会形成孔隙,削弱了骨料或钢筋与水泥石的黏结力,影响混凝土的质量。

2) 测试方法

混凝土拌合物和易性是一项综合技术性质,因此很难找到一种能够全面反映混凝土拌合物和易性的测定方法。通常是测定混凝土拌合物的流动性(即稠度),再辅以直观经验目测评定黏聚性和保水性。

根据《混凝土质量控制标准》(GB 50164—2011)规定,混凝土拌合物的稠度应以坍落度、维勃稠度和扩展度表示。坍落度和扩展度适用于流动度较大的混凝土拌合物,维勃稠度适用于干硬性混凝土。

（1）坍落度的测定

坍落度是在混凝土拌合物可塑性和保水性符合要求（凭经验判断）时的流动性测定值。测定坍落度的方法是：将混凝土拌合物按规定方法装入标准圆锥坍落筒（无底）内，装满刮平后，垂直向上将筒提起，移到一旁，混凝土拌合物由于自重将会产生坍落现象。然后量出向下坍落的尺寸(mm)，即为坍落度，用 T 表示（如图 5-4）。在测定坍落度的同时，应观察拌合物的黏聚性和保水性情况，以便全面地评价混凝土拌合物的和易性。

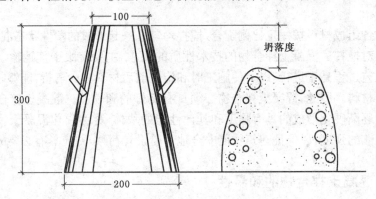

图 5-4　混凝土拌合物的坍落度测定

当坍落度大于 220 mm 时，用钢尺测量混凝土扩展后最终的最大直径和最小直径，在两直径之差小于 50 mm 的条件下，用其算术平均值作为坍落扩展度值；否则试验无效。

坍落度法只适用于骨料最大粒径不大于 40 mm、坍落度值不小于 10 mm 的混凝土拌合物。坍落度值的大小反映了混凝土和易性的好坏。坍落度值大，混凝土和易性好。混凝土拌合物根据其坍落度的大小可分为 5 级，见表 5-19。在根据坍落度测定结果进行分级评定时，其测值取舍至临近的 10 mm。

表 5-19　混凝土按坍落度的分级

级　别	名　称	坍落度(mm)
T1	低塑性混凝土	10～40
T2	塑性混凝土	50～90
T3	流动性混凝土	100～150
T4	大流动性混凝土	160～210
T5	自密实混凝土	≥220

工程中选择混凝土拌合物的坍落度，主要依据结构构件的截面尺寸大小、配筋的疏密和施工振捣方法等来确定。一般混凝土浇筑时的坍落度，宜按表 5-20 选用。

表 5-20　混凝土浇筑时坍落度

项　目	结构种类	坍落度(mm)
1	基础或地面等的垫层，无筋的厚大结构或配筋稀疏结构	10～30
2	梁、板和大型及中型截面柱子等	30～50
3	配筋密列的结构（薄壁、筒仓、细柱、斗仓等）	50～70
4	配筋特密的结构	70～90

(2) 维勃稠度的测定

对于坍落度小于 10 mm 的干硬性混凝土拌合物,通常采用维勃稠度仪(图5-5)来测定其稠度。

维勃稠度的测定方法是:开始在坍落度筒中按规定方法装满拌合物,提起坍落度筒,在拌合物试件顶面放一透明圆盘,开启振动台,同时用秒表计时,到透明圆盘的底面完全为水泥浆所布满时停止秒表,关闭振动台。此时可认为混凝土拌合物已密实。所读秒数,即为维勃稠度(s),用 V 表示。该法适用于骨料最大粒径不超过40 mm,维勃稠度在 5～30 s 之间的混凝土拌合物的稠度测定。

根据维勃稠度的大小,混凝土拌合物分为 4 级,见表 5-21。

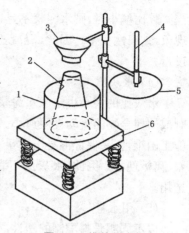

图5-5 维勃稠度仪
1—容器;2—坍落度筒;3—漏斗;4—测杆;
5—透明圆盘;6—振动台

表 5-21 混凝土按维勃稠度的分级

级 别	名 称	维勃稠度(s)
V1	超干硬性混凝土	≥31
V2	特干硬性混凝土	30～21
V3	干硬性混凝土	20～11
V4	半干硬性混凝土	10～5

3) 影响混凝土拌合物和易性的因素

由混凝土拌合物和易性内容可知,影响混凝土和易性的因素很多,主要有以下几个方面:

(1) 水泥品种

不同水泥需水性不同,例如硅酸盐水泥需水量小,普通硅酸盐水泥需水量稍大;而掺混合材料量大的矿渣水泥、火山灰水泥、粉煤灰水泥等则需水量很强。相同水灰比、相同单位用水量时,用掺混合材料量大的水泥配制的混凝土拌合物流动性小,黏聚性大,如使其达到与硅酸盐水泥配制的混凝土拌合物相同的和易性,在强度不变,即水灰比不变的条件下,必然要增加水泥浆数量。因此,用掺混合材料大的水泥配制混凝土时往往水泥用量大。

(2) 骨料的性质和级配

由前面对粗细骨料的分析可知,一般卵石拌制的混凝土拌合物比碎石拌制的流动性好。用河砂拌制的混凝土拌合物比山砂拌制的流动性好。

采用粒径较大、级配较好的砂石,骨料总表面积和空隙率小,包裹骨料表面和填充空隙所需的水泥浆用量小,因此拌合物的流动性好。

(3) 浆骨比

浆骨比是水泥浆与骨料量之间的质量比。在混凝土水灰比不变的情况下,浆骨比适当增大,将使混凝土和易性得到改善。但若浆骨比过大则易出现流浆现象,致使混凝土拌合物黏聚性和保水性变差,同时由于混凝土中骨料的相对减少,水泥用量的相对增加,混凝土拌合物在凝结、硬化过程中的收缩增大,混凝土在早期易产生收缩裂缝,影响混凝土的质量。

当浆骨比偏小时,则水泥浆不足以填满骨料空隙或不能很好地包裹骨料的表面,会产生崩塌现象,黏聚性变差。因此,混凝土拌合物中水泥浆的含量应以满足流动性要求为度,不宜过量。

（4）水灰比

水灰比的大小决定了水泥浆的稠度。水灰比愈小,水泥浆就愈稠,当浆骨比一定时,拌制成的拌合物的流动性便愈小。当水灰比过小时,水泥浆较干稠,拌合物的流动性过低会使施工困难,不易保证混凝土质量;若水灰比过大,会造成拌合物黏聚性和保水性不良,产生流浆、离析现象。因此,水灰比不宜过小或过大,一般应根据混凝土强度和耐久性要求合理选用。

（5）用水量

以不同粗骨料配制的塑性混凝土拌合物,其坍落度与用水量成正比关系,即用水量大,其坍落度大。试验表明,单位用水量一定,水泥用量在 $200\sim400$ kg/m³ 范围内变化时,对坍落度影响不大。这说明,混凝土坍落度与水泥浆的稀稠程度关系不大,或者与水泥水化产物无关,只与单位用水量有关。

混凝土拌合物单位用水量增加,混凝土拌合物的坍落度增大,但同时引起硬化混凝土强度等性能的下降,所以在实际工程中,常常不采用加水的方法来提高混凝土的坍落度,通常采用增加水泥浆数量、增加总用水量来提高混凝土坍落度,而不显著影响混凝土硬化后的性能。因为同时掺入的水泥,弥补了混凝土泌水给混凝土造成的损害。经验表明,每增减 $2\%\sim5\%$ 的水泥浆量,塑性混凝土坍落度将增减 $1\sim2$ cm。

（6）砂率

砂率是普通混凝土中砂子质量占混凝土粗细集料总质量的百分比。在用水量一定时,选用合理砂率,能使拌合物具有最大的流动性,且能保持良好的黏聚性和保水性。这一合理砂率,也就是混凝土拌合物的最佳砂率,也可以把它描述为坍落度、用水量一定时,混凝土拌合物水泥用量最少时的砂率值。

砂率对坍落度与维勃稠度的影响见图 5-6。

由图 5-6 可知,砂率太大,坍落度减小,因为混凝土拌合物中砂浆体增多。砂率太小,坍落度也减小,因为混凝土拌合物泌浆、泌水,使混凝土拌合物在测定过程中大小集料颗粒之间产生楔形堆积作用。当砂率太小时,混凝土拌合物泌浆、泌水十分严重,使混凝土拌合物在坍落度试验中产生崩坍。显然,这种拌合物的可塑性极差,不能用于实际工程。

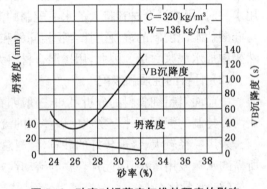

图 5-6 砂率对坍落度与维勃稠度的影响

（7）外加剂和掺合料

在拌制混凝土时,加入少量的外加剂（如减水剂、引气剂）能使混凝土拌合物在不增加水泥用量的情况下获得很好的和易性,增大流动性和改善黏聚性,降低泌水性。并且由于改变了混凝土的结构,还能提高混凝土的耐久性。

混凝土中掺加普通掺合料,不仅可以替代部分水泥、降低成本,而且可以利用其微集料填充效应的作用,改善混凝土拌合物的和易性和硬化混凝土的各项性能。

外加剂和掺合料对混凝土和易性的影响,在上一节中已作了介绍。

(8) 时间和温度

混凝土拌合物在搅拌过程中,随着时间的延长会变得越来越干稠,坍落度将逐渐减小,这是由于拌合物中的一些水分逐渐被骨料吸收,一部分水被蒸发以及水泥水化与凝聚结构的逐渐形成等的作用所致。

混凝土拌合物的和易性还受到温度的影响。随着温度的升高,水泥水化凝结加快,水分蒸发也快,则混凝土坍落度损失得快;温度降低,水泥水化凝结减慢,水分蒸发慢,混凝土坍落度损失就小。一般在炎热气候下,可适当增加混凝土拌合物单位用水量,以弥补水分蒸发所损失的水量,保证混凝土浇筑时的坍落度。

可见,影响和易性的因素很多,但总的来说,确保材料的品种、用量和精心施工,是保障和易性的 3 条有效途径。

4) 改善和易性的措施

以上讨论了混凝土拌合物和易性的变化规律,目的是为了能运用这些规律能动地调整混凝土拌合物的和易性,以适应具体的结构与施工条件。当决定采取某项措施来调整和易性时,还必须同时考虑对混凝土其他性质(如强度、耐久性)的影响。在实际工作中调整拌合物的和易性,可采取如下措施:

(1) 采用合理砂率,有利于提高混凝土的质量和节约水泥。

(2) 改善砂、石级配。

(3) 在可能的条件下尽量采用较粗的砂、石。

(4) 当混凝土拌合物坍落度太小时,保持水灰比不变,增加适量的水泥浆;当坍落度太大时,保持砂率不变,增减适量的砂、石。

(5) 有条件时尽量掺用外加剂,如减水剂、引气剂等。

5.3.2 硬化混凝土的强度性质

强度是硬化混凝土最重要的技术性质,混凝土的强度与混凝土的其他性能关系密切,混凝土强度也是工程施工中控制和评定混凝土质量的主要指标。混凝土的强度有抗压、抗拉、抗弯和抗剪强度,其中,以抗压强度为最大,因此在结构工程中混凝土主要用于承受压力。在结构设计中也常常要用到混凝土的抗拉强度。

1) 抗压强度

抗压强度是混凝土各种强度中最重要的一项指标,它与混凝土的其他力学强度有密切的联系,是划分混凝土等级和评定混凝土质量的依据。我国采用立方体抗压强度作为混凝土的强度特征值。

(1) 混凝土立方体抗压强度的测定

根据国家标准《普通混凝土力学性能试验方法标准》(GB/T 50081—2002)规定:制作边长为 150 mm 的立方体标准试件,在标准养护条件(温度(20±3)℃,相对湿度大于 90%)下,养护到 28 天龄期,用标准试验方法测得的抗压强度值,称为混凝土立方体抗压强度。以 f_{cu} 表示。

（2）混凝土的强度等级

根据《混凝土强度检验评定标准》（GB/T 50107—2010）和《混凝土结构设计规范》（GB 50010—2010）规定，评定混凝土质量和划分混凝土等级是以混凝土立方体抗压强度标准值为依据的。混凝土的强度等级采用符号"C"与立方体抗压强度标准值（以 N/mm² 计）表示。普通混凝土根据立方体抗压强度标准值，划分为 C15、C20、C25、C30、C35、C40、C45、C50、C55、C60、C65、C70、C75、C80 共 14 个等级。混凝土强度等级是混凝土结构设计、施工质量控制和工程验收的重要依据。

素混凝土结构的混凝土强度等级不应低于 C15；钢筋混凝土结构的混凝土强度等级不应低于 C20；采用强度级别 400 MPa 及以上的钢筋时，混凝土强度等级不应低于 C25；承受重复荷载的钢筋混凝土构件，混凝土强度等级不应低于 C30；预应力混凝土结构的混凝土强度等级不宜低于 C40，且不应低于 C30。

2）轴心抗压强度

混凝土立方体抗压强度只是评定强度等级的一个标志，它不能直接用来作为结构设计的依据。为了符合实际情况，在结构设计中混凝土受压构件的计算采用棱柱体测定其抗压强度，称为轴心抗压强度，又称棱柱体抗压强度。

按《普通混凝土力学性能试验方法标准》（GB/T 50081—2002）规定，混凝土轴心抗压强度试验采用 150 mm×150 mm×300 mm 的棱柱体为标准试件。试验表明，混凝土的轴心抗压强度（f_{cp}）与立方体抗压强度（f_{cu}）之间存在一定的关系，一般标准立方体抗压强度（f_{cu}）为 10～55 MPa 的普通混凝土，$f_{cp} = (0.70 \sim 0.80)f_{cu}$，一般取 0.76。

3）抗拉强度

混凝土是一种脆性材料，在受拉时很小的变形就会开裂，断裂前无明显的残余变形。混凝土的抗拉强度很低，只有抗压强度的 1/10～1/20，而且比值随着混凝土强度等级的提高而降低。为此，在钢筋混凝土结构设计中，不考虑混凝土而是由其中的钢筋来承受拉力。但抗拉强度对于抗开裂性有重要意义，是确定混凝土抗裂性能的重要指标，有时也用它来间接衡量混凝土与钢筋的黏结强度。

混凝土抗拉强度采用劈裂法试验来测定，称为劈裂抗拉强度 f_{ts}。我国混凝土劈裂抗拉强度采用边长 150 mm 的立方体作为标准试件。该方法的原理是：在试件的两个相对表面的中线上，作用一对均匀分布的压力，这样就能使在此外力作用下的试件竖向平面内，产生均布拉伸应力，混凝土劈裂抗拉强度计算公式为

$$f_{ts} = \frac{2P}{\pi A} = 0.637 \frac{P}{A} \tag{5-3}$$

式中：f_{ts}——混凝土劈裂抗拉强度（MPa）；

　　　P——破坏荷载（N）；

　　　A——试件劈裂面积（mm²）。

4）影响混凝土强度的因素

（1）原材料的影响

① 水泥等级和水灰比

水泥等级和水灰比是影响混凝土抗压强度的决定性因素。研究证明，混凝土的立方抗

压强度与其灰水比及所用水泥的等级呈线性关系。国家把通过试验求得的这种线性关系式列于《普通混凝土配合比设计技术规定》中,即

$$f_{cu} = \alpha_a f_{ce} \left(\frac{C}{W} - \alpha_b \right)$$ (5-4)

式中:f_{cu}——混凝土 28 天试配强度(MPa);

f_{ce}——水泥的 28 天抗压强度实测值(MPa);

C/W——混凝土的灰水比;

α_a、α_b——回归系数。

混凝土强度与水泥等级成正比,水泥等级越高,水泥与砂石表面的黏结越牢,混凝土强度越高。反之,混凝土强度越低。因此不宜用低等级水泥配制高等级的混凝土。一般配制混凝土的水泥等级不低于混凝土等级。

混凝土强度与灰水比成正比,与水灰比成反比,水灰比越大,越易发生泌浆、泌水,石子下方易形成泌水坑,减少水泥与集料的黏结面积,并减弱水泥与石子的黏结强度,从而大大降低混凝土强度,同时混凝土凝结硬化时大量水分蒸发,造成大量的毛细管收缩,进一步降低混凝土强度。

② 骨料表面状态与级配

粗骨料的强度和表面状态对混凝土强度有一定影响。骨料强度高,弹性模量大,能有效地阻止混凝土水泥浆体硬化时的收缩,提高混凝土强度。骨料表面粗糙有棱角,表面积大,能增强与水泥石的黏结,也能提高混凝土强度。因此在原材料及坍落度相同的情况下,用碎石拌制的混凝土比用卵石时强度高。当水灰比低于 0.4 时,用碎石比用卵石配制的混凝土强度增高约 8%。

骨料级配愈好,配制的混凝土孔隙率愈小,密实度大,并且宏观均匀性好,混凝土强度愈高,耐久性愈好。实际混凝土施工中骨料级配对混凝土的强度和耐久性影响十分显著,应十分重视控制混凝土骨料的级配。

③ 骨灰比

混凝土中骨料质量与水泥质量之比称为骨灰比。骨灰比对混凝土强度的影响一般认为是次要因素,但对于抗压强度大于 35 MPa 的混凝土,骨灰比的影响较明显。在相同水灰比和坍落度下,混凝土强度随着骨灰比的增大而有提高的趋势,其原因可能是由于骨料增多后表面积增大,吸水量也增加,从而降低了有效水灰比,使混凝土强度提高。另外,因为水泥浆相对含量减少,致使混凝土内总孔隙体积减小,也有利于混凝土强度的提高。

④ 外加剂和掺合料

混凝土中掺入外加剂,可按要求改变混凝土的强度及强度发展规律。例如,掺入减水剂配制的混凝土,可以较少拌和用水量,提高混凝土强度;掺入早强剂可提高混凝土早期强度,但对混凝土后期强度发展无明显影响;掺入引气剂的混凝土,可改善混凝土拌合物的和易性,但降低了混凝土密实度,会使混凝土强度降低。超细的掺合料可配置高性能、超高强度的混凝土。

(2) 生产工艺的影响

① 搅拌工艺

在施工过程中,搅拌机的类型和搅拌时间对混凝土强度有影响。这是因为,搅拌工艺影响混凝土拌合物的均匀性。采用机械搅拌比人工搅拌的拌合物更均匀,干硬性拌合物宜用强制式搅拌机搅拌,塑性拌合物则宜用自落式搅拌机。改进施工工艺可提高混凝土强度,如采用分次投料搅拌工艺、采用高速搅拌工艺等。

② 捣固方法和捣实程度

混凝土拌合物在制作过程中,一方面混凝土内部必然出现分层现象,即在骨料、钢筋下方形成较稀的水泥浆,水分蒸发后,形成泌水坑或薄弱黏结;另一方面混凝土搅拌时会引入气泡,因此,排除混凝土中内分层泌水浆和气泡的捣固方法和捣实程度对混凝土强度有影响。采用机械捣实比人工捣实的混凝土更密实,强力的机械捣实可适用于更低水灰比的混凝土拌合物,获得更高的强度。工程中常采用高频或多频振捣仪、采用二次振捣工艺等方法,均可提高混凝土的强度。

③ 养护条件

混凝土的养护条件主要指所处的环境温度和湿度,它们通过影响水泥水化过程而影响混凝土强度。

养护温度高,水泥早期水化速度快,混凝土的早期强度就高。当温度降至0℃以下时,水泥水化反应停止,混凝土强度停止发展,而且这时还会因为混凝土孔隙中水结冰产生体积膨胀(约9%),而对孔壁产生相当大的压应力(可达100 MPa),从而使硬化中的混凝土结构遭到破坏,导致混凝土已获得的强度受到损失。所以冬季施工混凝土时,要特别注意保温养护,以免混凝土早期受冻破坏。

湿度是决定水泥能否正常进行水化作用的必要条件。浇筑后的混凝土所处环境湿度相宜,水泥水化反应顺利进行,使混凝土强度得以充分发展。若环境的湿度低,混凝土中的水分挥发快,混凝土因缺水而停止水化,强度发展受阻。混凝土强度与保湿养护期的关系见图5-7。由图可知,采用湿养护的时间越长,水泥水化越彻底,混凝土强度越高。为了加快水泥水化速度,可采用湿热养护的方法,即蒸汽养护和蒸压养护。

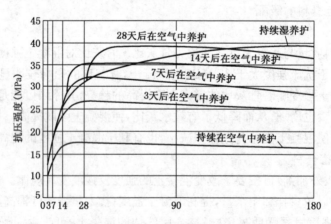

图 5-7 混凝土抗压强度与养护的关系

④ 龄期

在正常养护条件下,混凝土的强度随龄期的增长而不断增大,最初7～14天以内发展较快,以后便逐渐缓慢,28天后更慢,但只要具有一定的温度和湿度条件,混凝土的强度增长可持续数十年之久。

实践证明,由中等强度等级的普通水泥配制的混凝土,在标准养护条件下,其强度发展大致与其龄期的常用对数成正比关系,其经验估算公式如下:

$$\frac{f_n}{f_{28}} = \frac{\lg n}{\lg 28} \qquad (5-5)$$

式中:f_n——混凝土 n 天龄期的抗压强度(MPa);

f_{28}——混凝土 28 天龄期的抗压强度(MPa);

n——养护龄期(天),$n \geqslant 3$ 天。

应用上述公式,可由所测得混凝土的早期强度,估算其 28 天龄期的强度,或可由混凝土的 28 天强度,推算 28 天前混凝土达到某一强度需要养护的天数,由此可用来控制生产施工进度。但由于影响混凝土强度的因素很多,故按此式估算的结果只能作为参考。

(3)试验条件的影响

在进行混凝土强度试验时,试件尺寸、形状、表面状态、含水率以及试验加荷速度等试验因素都会影响到混凝土强度试验的测试结果。

① 试件尺寸

实践证明,试件的尺寸越小,测得的混凝土强度值越高。这是由于大试件内存在的孔隙、裂缝和局部软弱等缺陷的几率大,这些缺陷的存在会降低混凝土强度的缘故。

通常用于测定混凝土强度的立方体试件尺寸有边长 200 mm、150 mm、100 mm 3 种。由于不同尺寸的立方体试块所测强度值存在差异,因此国家标准规定以边长 150 mm 的立方体试件为标准试件,它在标准养护条件下所测强度值为标准抗压强度。当采用其他非标准尺寸的立方体试件测抗压强度时,应将其抗压强度换算成标准试件的抗压强度值,换算系数需按表 5-22 中的规定。

表 5-22 混凝土抗压强度不同尺寸试件的换算系数

试件尺寸(mm)	粗骨料最大粒径(mm)	换算系数
100×100×100	31.5	0.95
150×150×150	40	1.0
200×200×200	60	1.05

② 试件形状

棱柱体(高度 h 比横截面的边长 a 大)试件要比立方体形状的试件测得的强度值小。这是因为试件受压面与试验机压板之间存在着摩擦力,由于压板刚度极大,因此在试件受力时压板的横向应变小于混凝土的横向应变,这将使压板对试件的横向应变起到约束作用,这种约束作用称为环箍效应,如图 5-8 所示。这种效应随着与压板距离的加大而逐渐消失,其影响范围约为试件边长的 $\sqrt{3}/2$ 倍。这种作用使破坏后的试件成图 5-8 的形状。可见试件的 h/a 越大,中间区段受环箍效应的影响越小,甚至消失。因此,棱柱体的抗压强度将比立方体时的小。

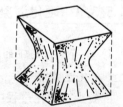

图 5-8 混凝土受压破坏状态

③ 表面状态

当混凝土试件受压面上有油脂类润滑物质时,由于压板与试件间摩擦力小使环箍效应影响大大减小,试件将出现垂直裂纹而破坏,测得的强度值较低。

④ 含水程度

混凝土试件含水程度较大时,要比干燥状态时的强度低一些。

⑤ 加荷速度

试验时,受压试件的加荷速度对强度值的影响也很大。因为破坏是试件的变形达到一定程度时才发生的,当加荷速度较快时,材料变形的增长落后于荷载的增加,所以破坏时的强度值偏高。在进行混凝土立方体抗压强度试验时,应按规定的加荷速度进行。我国标准规定,当混凝土强度等级小于 C30 时,加荷速度为 0.3~0.5 MPa/s;当混凝土强度等级大于 C30 时,加荷速度为 0.5~0.8 MPa/s。

5)提高混凝土强度的措施

根据影响混凝土强度的因素,可知提高混凝土强度和促进混凝土强度发展的措施有以下几点:

(1)采用强度等级高的水泥或早强型水泥。

(2)采用优质骨料,包括骨料的含泥量和泥块含量小;条件允许的话尽量采用粗砂,石子的粒径宜小于 25 mm;骨料的强度高、粒型好等。

(3)采用低水灰比的干硬性混凝土(水灰比 $W/C = 0.3 \sim 0.5$)。干硬性混凝土可采取强振捣或碾压施工,抗压强度可比普通混凝土提高 40%~60%。

(4)采用湿热处理养护混凝土,可提高水泥石与骨料的黏结强度,从而提高混凝土的强度。湿热处理的方法有两类:一类是蒸汽养护,即将混凝土放在温度低于 100℃ 的常压蒸汽中进行养护。一般混凝土经过一昼夜的蒸养,强度可达正常条件下养护 28 天强度的 70% 左右。另一类是蒸压养护,即将静停 8~10 h 后的混凝土构件放在温度 175℃、0.8 MPa 的蒸压釜中进行的养护。在高温下结晶态的 SiO_2 溶解度增大,与水泥水化析出的 $Ca(OH)_2$ 反应,生成结晶较好的水化硅酸钙,能有效地提高混凝土的强度,并加速水泥的水化和硬化。这种方法对于采用掺活性材料的混凝土尤为有效。

(5)采用机械搅拌和振捣。

(6)掺入混凝土外加剂(如早强剂、减水剂等)或矿物掺合料(如硅灰、粉煤灰、超细磨矿渣等)。

5.3.3 硬化混凝土的变形性质

1)非荷载作用下的变形

(1)化学收缩

混凝土在硬化过程中,由于水泥水化产物的体积比反应前水泥浆体的体积小,从而使混凝土产生收缩,这种收缩称为化学收缩。对于硅酸盐水泥来说,每 100 g 水泥可减缩 7~9 cm³,其收缩量与水泥品种、水灰比及养护龄期有关。一般在 40 天内收缩值增长较快,以后渐趋稳定。

(2) 干湿变形

混凝土的干燥和吸湿引起其中含水量的变化,同时也引起混凝土体积的变化,即湿胀干缩。

干缩的产生,一方面是由于毛细孔内水的蒸发使孔中的负压增大,产生收缩力使毛细孔缩小,混凝土产生收缩。另一方面是由于毛细孔失水后,凝胶体颗粒的吸附水开始蒸发,凝胶体颗粒在分子引力作用下产生紧缩,甚至发生新的化学结合。因此,干燥的混凝土再次吸水变湿后,干缩变形一部分恢复,也有一部分变形(约 30%～60%)不能恢复。混凝土干缩对混凝土的危害较大,可使混凝土表面出现较大的拉应力,引起表面开裂,影响混凝土的耐久性。与此相反,当混凝土吸水后将产生湿胀,但湿胀变形量一般很小,对混凝土性能无多大影响。

可见,混凝土的湿胀干缩变形的产生,主要是由于混凝土中水泥石的湿胀干缩所致。

混凝土干缩的大小用干缩率表示,它反映了混凝土的相对干缩性,其值可达 $(3\sim5)\times10^{-4}$。在工程设计中,通常采用混凝土的干缩为 $(1.5\sim2)\times10^{-4}$,即每米收缩 $0.15\sim0.2$ mm。

(3) 温度变形

混凝土热胀冷缩的变形称为温度变形,混凝土温度变形的大小用温度膨胀系数表示。混凝土的温度膨胀系数约为 1×10^{-5},即温度改变 1℃,每米胀缩 0.01 mm。

温度变形对大体积混凝土极为不利。在混凝土硬化初期,水泥水化放出较多的热量,由于混凝土是热的不良导体,散热很慢,混凝土内部温度升高,使内外造成较大的温差,有时可高达 50～70℃。这时将使内部混凝土体积产生较大的膨胀,外表混凝土将产生较大的拉应力,造成表面混凝土开裂。当内部温度降低时,所产生的收缩又会使内部产生裂缝。因此,大体积混凝土工程必须设法减少混凝土的发热量来保证混凝土质量。一般对大体积或纵长的混凝土结构,常采用低热水泥,减少水泥用量,人工降温,设置伸缩缝以及在结构中设置温度钢筋等措施。

(4) 碳化收缩

混凝土还会经受碳化作用而产生收缩。碳化收缩是指大气中 CO_2 在有水存在的条件下与水泥水化产物发生化学反应,生成 $CaCO_3$、硅胶、铝胶和游离水,从而引起的收缩。碳化收缩与干燥收缩是相伴发生的,其值大小与混凝土的各种条件(水泥品种、数量、水灰比等)不同而各异。

2) 荷载作用下的变形

(1) 混凝土的破坏

硬化后的混凝土由砂石骨料、水泥石(水化产物的凝胶体、晶体及未水化的水泥颗粒)、各种孔隙及孔中的水分组成,是一种非均质材料。在受力时既出现可恢复的弹性变形,也出现不能恢复的塑性变形,属于弹塑性体。因此,混凝土的破坏是在外力作用下的变形破坏过程,即混凝土内部微裂缝发展的过程。其在加荷和卸荷时的应力应变之间的关系为一曲线,如图 5-9。

如图 5-9 所示,混凝土受压破坏可分为 4 个阶段。

第一阶段为 OA 段,此间荷载与变形接近于一条直线。荷载约为极限荷载的 30%,即"比例极限",此时混凝土内各相界面无甚变化。

第二阶段为曲线 AB 阶段,荷载超过"比例极限"以后,界面上裂缝的数量、长度和宽度都不断增大,但界面借摩擦阻力能继续承担荷载,此时在砂浆体内无明显裂缝,裂缝尚未向水泥石内部延伸,但变形的增长率大于荷载增大的速度,斜率逐渐减小,荷载与变形之间已不再是直线关系。此时荷载约为极限荷载的 70%~90%,即临界荷载。

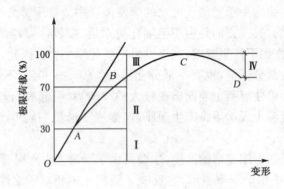

图 5-9 混凝土受压变形曲线
Ⅰ—界面裂缝无明显变化;Ⅱ—界面裂缝增长;
Ⅲ—出现砂浆裂缝和连续裂缝;Ⅳ—连续裂缝迅速发展

第三阶段为曲线 BC 段,荷载超过临界荷载后,在界面上的微裂缝继续发展、扩大,增加并连接成连续裂缝的同时,裂缝明显地由界面延伸到水泥石内部,变形的增长率进一步加快,荷载-变形曲线明显弯向横轴方向。荷载达到 C 点时,即为极限荷载。

第四阶段为通过 C 点的 CD 段。连续裂缝急速发展,此时混凝土的承载能力下降,而变形迅速增大,曲线斜率已变成负值,直至混凝土完全崩溃。

(2) 混凝土的弹性模量

在混凝土应力-应变曲线上任一点的应力 σ 与应变 ε 的比值称为混凝土在该应力作用下的变形模量,即

$$E = \frac{\sigma}{\varepsilon} \tag{5-6}$$

它反映混凝土所受应力与所产生应变之间的关系。在混凝土结构或钢筋混凝土结构设计中,常采用一种按标准方法测得的静力弹性模量 E_c。在静力受压弹性模量试验中,使混凝土的应力在 $0.4f_{cp}$ 水平下经过多次反复加荷和卸荷,最后所得应力-应变曲线与初始切线大致平行,这样测出的变形模量称为弹性模量 E_c,见图 5-10。此应力值一般相当于结构中混凝土的容许应力,称为割线模量。

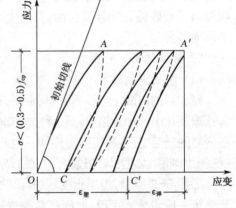

图 5-10 低应力下重复荷载的应力-应变曲线

混凝土的强度越高,弹性模量就越高,两者存在一定的相关性。通常当混凝土强度等级由 C10 增高到 C60 时,其弹性模量约从 $1.75×10^4$ MPa 增至 $3.60×10^4$ MPa。

混凝土的弹性模量取决于骨料和水泥石的弹性模量。由于水泥石的弹性模量低于骨料的弹性模量,因此混凝土的弹性模量略低于骨料

的弹性模量,介于两者之间,其大小还与两者的体积比例有关。骨料的弹性模量越大,骨料含量越多,水泥石的水灰比较小,养护较好,龄期较长,混凝土的弹性模量就较大。蒸汽养护的混凝土弹性模量比标准条件下养护的略低。

(3) 混凝土的徐变

混凝土在持续荷载作用下,随时间增长而产生的变形,称为徐变。徐变产生的原因,一般认为是由于混凝土内部水泥凝胶在荷载作用下发生黏滞流动引起的,因此,影响徐变的因素很多,主要因素有集料弹性模量、水灰比、水泥品种、密实度、混凝土等级等。混凝土的徐变,在加荷载早期增加得比较快,然后逐渐减慢,在若干年后则增加很少。混凝土的徐变值一般可达 $300\times10^{-6}\sim1\,500\times10^{-6}$,即 $0.3\sim1.5$ mm/m。

徐变对混凝土结构物的作用:对普通钢筋混凝土构件,能消除混凝土内部温度应力和收缩应力,减弱混凝土的开裂现象;而对预应力混凝土构件来说,混凝土的徐变将使钢筋的预加应力受到损失。

5.3.4 混凝土的耐久性

混凝土除应具有设计要求的强度,以保证其能安全地承受设计荷载外,还应根据其周围的自然环境以及在使用上的特殊要求而具有相应的各种特殊性能,而且要求混凝土在使用环境条件下性能要保持稳定。因此,将混凝土在长期外界因素作用下抵抗各种破坏因素影响而保持强度和外观完整性,从而维持混凝土结构的安全、正常使用的能力,称为混凝土的耐久性。

近年来,混凝土结构的耐久性及耐久性设计受到普遍关注。一些国家在混凝土结构设计规范或施工规范中,对混凝土结构耐久性设计作出了明确的规定。我国的混凝土结构设计规范也将把混凝土结构的耐久性设计作为一项重要内容。

1) 混凝土常见的几种耐久性问题

混凝土的耐久性能主要包括抗渗、抗冻、抗侵蚀、碳化、碱-骨料反应及混凝土中的钢筋锈蚀等。

(1) 抗渗性

抗渗性是指混凝土抵抗水、油等液体渗透的性能。混凝土的抗渗性主要与其密实度及内部孔隙的大小和构造有关。混凝土的离析、泌水,使得骨料和水泥石的界面处存在裂缝及骨料下方形成泌水坑,构成了混凝土内部较大毛细孔的通道,使混凝土的渗透系数远远大于水泥石(约 100 倍),造成混凝土渗水。另外,由于混凝土施工时振捣不严实而产生的蜂窝、孔洞,也是造成混凝土渗水的诱因。影响混凝土抗渗性的因素有水灰比、水泥品种、骨料的最大粒径、养护方法、外加剂及掺合料等。因此,减小水灰比,选用较小粒径的粗集料,混凝土保持适当的养护时间,以及采用混凝土中掺入引气型外加剂或粉煤灰掺合料,能提高混凝土的抗渗性。

混凝土的抗渗性一般用抗渗等级表示,也有采用相对抗渗系数来表示。抗渗等级是根据混凝土标准试件以每组 6 个试件中 4 个出现渗水时的最大水压力表示,分为 P_4、P_6、P_8、P_{10}、P_{12} 五级,即相应表示能抵抗 0.4 MPa、0.6 MPa、0.8 MPa、1.0 MPa 及 1.2 MPa 的水压力而不渗水。设计时应按工程实际承受的水压选择抗渗等级。

（2）抗冻性

混凝土的抗冻性是指混凝土在水饱和状态下，经受多次冻融循环作用而不破坏，同时也不严重降低强度的性能。冻融循环作用是造成混凝土破坏的最严重因素之一，因此，可以认为抗冻性是评定混凝土耐久性的主要指标。对于寒冷地区和寒冷环境的建筑（如冷库），必须要求混凝土具有一定的抗冻融能力。

普通混凝土受冻融破坏的原因，有其内部空隙和毛细孔道中的水结冰时产生体积膨胀和冷水迁移所致。当这种膨胀力超过混凝土的抗拉强度，混凝土就会产生裂缝。多次反复冻融循环后，混凝土内部的裂缝逐渐增多和扩大，使混凝土强度降低，表面出现酥松剥落，直至完全破坏。

混凝土的抗冻性主要与骨料的形状、水灰比、水泥用量、是否掺入外加剂等因素有关。粗骨料中扁平状骨料多，混凝土冻结时受冻结压力的作用易折断，降低混凝土的抗冻性；水灰比太大或水泥用量太小，都将引起混凝土毛细孔数量和孔径的增大，降低混凝土的抗冻性，在实际工程中对混凝土的最大水灰比及最小水泥用量必须加以控制；在混凝土中掺入引气剂，引入封闭微小的气泡来减缓受冻结时结冰压力的影响，将显著改善混凝土的抗冻性。但需注意，混凝土内部引入过多的气泡，将同时引起一些不利因素，如降低混凝土强度和弹性模量、增大徐变变形等。

混凝土的抗冻性用抗冻等级表示。抗冻等级是采用慢冻法以龄期 28 天的试件在吸水饱和后承受反复冻融循环，以抗压强度下降不超过 25％、质量损失率不超过 5％时所能承受的最大循环次数来确定，分为 F10、F15、F25、F50、F100、F150、F200、F250 和 F300 九级，分别表示混凝土能承受反复冻融循环的次数为 10、15、20、50、100、150、200、250 和 300。

（3）抗侵蚀性

当混凝土所处环境中含有侵蚀性介质时，混凝土便会遭受侵蚀，通常有软水侵蚀、硫酸盐侵蚀、镁盐侵蚀、碳酸侵蚀、一般酸侵蚀与强碱侵蚀等。

混凝土的抗侵蚀性与其组成材料（水泥、集料、外加剂等）、混凝土的密实度和孔隙特征等有关。密实和孔隙封闭的混凝土，腐蚀介质不易侵入，抗侵蚀性较强。

（4）碳化

空气中的 CO_2 气体渗透到混凝土内，与其碱性物质起化学反应后生成碳酸盐和水，使混凝土碱度降低的过程称为混凝土碳化。其化学反应式如下：

$$Ca(OH)_2 + CO_2 + nH_2O =\!=\!= CaCO_3 + (n+1)H_2O$$

水泥在水化过程中生成大量的氢氧化钙，使混凝土空隙中充满了饱和氢氧化钙溶液，pH 为 12～13。碱性介质对钢筋有良好的保护作用，使钢筋表面生成难溶的 Fe_3O_4，称钝化膜。碳化后，使混凝土的碱度降低。当碳化超过混凝土的保护层时，在水与空气存在的条件下就会使混凝土失去对钢筋的保护作用，钢筋开始生锈。

混凝土的碳化主要与空气中 CO_2 的浓度和湿度及混凝土表面是否密实有关。湿度为 60％～70％时，混凝土最易碳化。混凝土表面不密实，混凝土愈易被碳化。

实验证明，在正常的大气介质中，混凝土的碳化深度可用下式计算：

$$D = \sqrt[\alpha]{t} \tag{5-7}$$

式中：D——混凝土的碳化深度（mm）；

α——碳化速度系数，对普通混凝土来说，$\alpha = 2.32$；

t——混凝土龄期（年）。

（5）碱-骨料反应

水泥混凝土中水泥的碱与某些碱活性骨料发生化学反应，可引起混凝土产生膨胀、开裂，甚至破坏，这种化学反应称为碱-骨料反应。碱-骨料反应有两种类型：一是碱-硅酸盐反应，指碱与骨料中活性二氧化硅反应；二是碱-碳酸盐反应，指碱与骨料中活性碳酸盐反应。

碱骨料反应机理甚为复杂，而且影响因素较多。但是发生碱-骨料反应必须具备 3 个条件：①混凝土中的集料具有活性；②混凝土中含有一定量可溶性碱；③有一定的湿度。对重要工程的混凝土使用的碎石（卵石）应进行碱活性检验。为防止碱-硅酸盐反应的危害，按现行规范规定：①应使用含碱量小于 0.6％的水泥或采用抑制碱-骨料反应的掺合料；②在水泥中掺入火山灰质混合材料，在水泥水化反应早期，其活性成分就与水泥中的碱性物质反应，及早将碱性物质作用掉，避免硬化后的碱-骨料反应；③可掺入引气剂或引气型减水剂，使混凝土中产生许多分散的微小气泡，可吸收膨胀作用，对减轻碱-骨料反应具有良好的效果；④当使用钾、钠离子的混凝土外加剂时，必须专门试验。

2）提高混凝土耐久性的措施

混凝土所处的环境条件不同，其耐久性的主要含义也有所不同，因此应根据具体情况采取相应的措施来提高混凝土的耐久性。虽然混凝土在不同的环境条件下的破坏过程各不相同，但对于提高耐久性的措施来说却有很多共同之处。除原材料的选择外，混凝土的密实度是提高混凝土耐久性的一个重要环节。一般来说，提高混凝土的耐久性可采取以下措施：

（1）根据工程所处环境与工程特点，合理选择水泥、骨料和外加剂的品种。

（2）选用级配良好的砂石材料。

（3）适当控制最大水灰比和最小的水泥用量。

（4）掺用外加剂（引气剂或减水剂），以改善混凝土性能。

（5）加强浇捣及养护，提高混凝土的密实度，避免出现裂缝、蜂窝等。

（6）在混凝土表面设置抗腐蚀保护层，防止混凝土受到有害物质的侵蚀。

5.4 普通混凝土的质量控制

5.4.1 普通混凝土的质量波动与统计

1）混凝土质量波动

普通混凝土是由普通砂子、石子、水泥、水、外加剂、外掺料等组分按一定工艺制成聚有堆聚结构的块体。由于其原材料品种多，质量变化大，生产工艺精度低，普通混凝土的质量会不断波动。即使在正常的条件下，按同一配合比生产的混凝土质量也会产生波动。造成混凝土强度波动的原因有:①原材料方面:不同产地、不同时间进场的砂子、石子、水泥、质量在不断地变化,普通混凝土必然发生波动;②生产工艺方面:不同的设备,不同的操作班组,不同的工艺方法,不同的管理水平,影响普通混凝土搅拌、运输、浇筑、振捣、养护的每一过程,从而影响普通混凝土的质量;③环境条件:普通混凝土往往在现场配制,受气温、雨季等影响;④试验方面:由于试验机的误差及试验人员的操作不一,也会造成混凝土强度试验值的波动。在正常条件下,上述因素都是随机的,因此混凝土强度也是随机的。对于随机变量,可以用数理统计的方法对其进行评定。

对在一定条件下生产的混凝土进行随机取样测定其强度,当取样次数足够多时,数据整理后绘成强度概率分布曲线,一般接近正态分布,如图 5-11 所示。

曲线的最高点为混凝土的平均强度($\overline{f_{cu}}$)的概率。以平均强度为轴,左右两边曲线是对称的。距对称轴愈远,出现的概率愈小,并以横轴为渐近线,逐渐趋近于零。曲线与横轴之间的面积为概率总和,等于 100%。

当混凝土平均强度相同时,概率曲线窄且高,强度测定值比较集中,波动小,混凝土的均匀性好,施工水平高;曲线宽而矮,强度值离散程度大,混凝土的均匀性差,施工水平较低(图 5-12)。

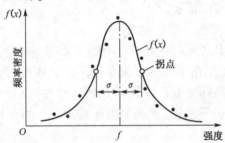

图 5-11 混凝土强度正态分布曲线

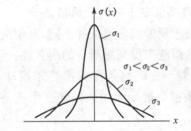

图 5-12 不同 σ 值的正态分布曲线

2) 混凝土质量的统计评定

混凝土的质量可以用数理统计方法中样本的算术平均值($\overline{f_{cu}}$)、标准差(σ)、变异系数(离差系数)(C_v)、强度保证率(P_{ct})等参数评定。

强度平均值($\overline{f_{cu}}$):
$$\overline{f}_{cu} = \frac{1}{n}\sum_{i=1}^{n} f_{cu,i} \tag{5-8}$$

标准差:
$$\sigma = \sqrt{\frac{\sum_{i=1}^{n}(f_{cu,i}-\overline{f}_{cu})^2}{n-1}} = \sqrt{\frac{\sum_{i=1}^{n}f_{cu,i}^2 - n\overline{f}_{cu}^2}{n-1}} \tag{5-9}$$

变异系数:
$$c_v = \sigma/\overline{f}_{cu} \tag{5-10}$$

式中:$f_{cu,i}$——第 i 组混凝土立方体强度的试验值;

n——试验组数。

强度的算术平均值表示混凝土强度的总体平均水平,不能反映混凝土强度的波动情况。标准差(均方差)是评定混凝土质量均匀性的指标,在数值上等于曲线上的拐点距强度平均值的距离。标准差愈大,说明强度的散离程度愈大,混凝土的质量愈不稳定。变异系数又称离差系数,变异系数愈小,混凝土的质量愈稳定,生产水平愈高。

根据《混凝土强度检验评定标准》(GBJ 107—87),混凝土的生产质量水平分为优良、一般及差 3 个等级,可根据标准差 σ 和强度不低于要求强度等级值的百分率 P,参照表 5-23 来评定混凝土生产质量水平。

表 5-23　混凝土生产质量水平

评定	生产质量水平 混凝土强度等级 生产单位	优良		一般		差	
		低于 C20	不低于 C20	低于 C20	不低于 C20	低于 C20	不低于 C20
混凝土强度标准差	预拌混凝土工厂、预制混凝土构件厂	≤3.0	≤3.5	≤4.0	≤5.0	>4.0	>5.0
	集中搅拌混凝土的施工现场	≤3.5	≤4.0	≤4.5	≤5.5	>4.5	>5.5
强度不低于要求强度等级的百分率	预拌混凝土工厂、预制混凝土构件厂、集中搅拌混凝土的施工现场	≥95		>85		≤85	

5.4.2　混凝土的取样、试件的制作、养护和试验

混凝土试样应在混凝土浇筑地点随机抽取,取样频率应符合下列规定:

(1) 每 100 盘,但不超过 100 m^3 的同配合比的混凝土,取样次数不得少于 1 次。

(2) 每一工作班拌制的同配合比的混凝土不足 100 盘时其取样次数不得少于 1 次。

注:预拌混凝土应在预拌混凝土厂内按上述规定取样。混凝土运到施工现场后,尚应按本条的规定抽样检验。

每批混凝土试样应制作的试件总组数,除应考虑标准规定的混凝土强度评定所必需的组数外,还应考虑为检验结构或构件施工阶段混凝土强度所必需的试件组数。

检验评定混凝土强度用的混凝土试件,其标准成型方法、标准养护条件及强度试验方法均应符合国家标准《普通混凝土力学性能试验方法》(GB 50081—2002)的规定。

当检验结构或构件拆模、出池、出厂、吊装、预应力筋张或放张,以及施工期间需短负荷的混凝土强度时,其试件的成型方法和养护条件应与施工中采用的成型方法和养护条件相同。

5.4.3　混凝土强度的检验评定

根据《混凝土强度检验评定标准》(GBJ 107—87)规定,混凝土强度评定分为统计方法及非统计方法两种。统计方法适用于预拌混凝土厂、预制混凝土构件厂和采用集中搅拌混凝土的施工单位;非统计方法适用于零星生产预制构件的混凝土或现场搅拌批量不大的混凝土。

1) 统计方法评定

(1) 已知标准差时的统计评定方法

混凝土的生产统计能在较长时间内保持一致,且同一品种混凝土的强度变异性能保持稳定时,应由连续的 3 组试件(每组 3 件)组成一个验收批,其强度应同时满足下列要求:

$$\bar{f}_{cu} \geqslant f_{cu,k} + 0.7\sigma_0 \tag{5-11}$$

$$f_{cu,min} \geqslant f_{cu,k} - 0.7\sigma_0 \tag{5-12}$$

当混凝土强度等级小于 C20 时,强度的最小值应满足:

$$f_{cu,min} \geqslant 0.85 f_{cu,k} \tag{5-13}$$

当混凝土强度等级大于或等于 C20 时,其强度的最小值应满足:

$$f_{cu,min} \geqslant 0.9 f_{cu,k} \tag{5-14}$$

式中:$\bar{f}_{cu}$——同一验收批混凝土立方体抗压强度的平均值(MPa);

$f_{cu,k}$——混凝土立方体抗压强度标准值,即该等级混凝土的抗压强度值(MPa);

$f_{cu,min}$——同一验收批混凝土立方体抗压强度的最小值(MPa);

σ_0——验收批混凝土立方体抗压强度的标准差(MPa)。

验收批混凝土立方体抗压强度的标准差,应根据前一个检验期内同一品种混凝土试件的强度数据,按下式计算:

$$\sigma_0 = \frac{0.59}{m} \sum_{i=1}^{m} \Delta f_{cu,i} \tag{5-15}$$

式中:$\Delta f_{cu,i}$——第 i 批试件立方体抗压强度最大值与最小值之差(MPa);

m——用以确定验收批混凝土立方体抗压强度标准差的数据总组数。

上述检验期不应超过 3 个月,且在该期间内强度数据总批数不得少于 15。

(2) 未知标准差时的统计评定方法

混凝土的生产统计在较长时间内不能保持一致,且混凝土强度变异性不能保持稳定时,或在前一检验期内的同一品种混凝土没有足够的数据借以确定验收批混凝土立方体抗压强度的标准差时,应由不少于 10 组的试件组成一验收批,其强度应同时满足下列两式的要求:

$$\bar{f}_{cu} - \lambda_1 s f_{cu} \geqslant 0.9 f_{cu,k} \tag{5-16}$$

$$f_{cu,min} \geqslant \lambda_2 f_{cu,k} \tag{5-17}$$

式中:sf_{cu}——同一验收批混凝土立方体抗压强度标准差(MPa);当 sf_{cu} 计算值小于 $0.06 f_{cu,k}$ 时,取 $sf_{cu} = 0.06 f_{cu,k}$。

$$sf_{cu} = \sqrt{\frac{\sum_{i=1}^{n} f_{cu,i}^2 - n \bar{f}_{cu}^2}{n-1}} \tag{5-18}$$

式中:$f_{cu,i}$——第 i 组混凝土试件主立方体抗压强度(MPa);

n——一个验收批混凝土试件的组数;

λ_1，λ_2——混凝土强度的合格判定系数，按表 5-24 取值。

表 5-24　混凝土强度的合格判定系数

试件组数	10～14	15～24	≥25
λ_1	1.70	1.65	1.60
λ_2	0.90	0.85	0.85

2）非统计方法评定

对于零星生产预制构件的混凝土或现场搅拌批量不大的混凝土，可用非统计法评定。其强度应同时满足下列要求：

$$\bar{f}_{cu} \geqslant 1.05 f_{cu,k} \tag{5-19}$$

$$f_{cu,min} \geqslant 0.95 f_{cu,k} \tag{5-20}$$

3）混凝土强度的合格判定

混凝土强度应分批进行检验评定，当评定结果能满足以上规定时，则该混凝土判定为合格，否则为不合格。

5.5　普通混凝土的配合比设计

混凝土配合比设计，就是根据混凝土制作工艺要求和混凝土的性能要求，通过计算、试配和调整等确定混凝土各项组成材料最合理的相对用量，以生产出优质而经济的混凝土。

5.5.1　配合比设计的四项基本要求

（1）满足结构设计所要求的强度等级。

（2）满足混凝土施工所要求的和易性。

（3）满足工程所处环境和使用条件要求的混凝土长期性能和耐久性能。

（4）在满足上述要求的前提下，符合经济原则，即尽可能节约水泥以降低混凝土成本。

5.5.2　配合比设计中的 3 个重要参数

混凝土配合比设计，实质上就是确定水泥、水、砂与石子及泵组成材料用量之间的 3 个比例关系，即：水与水泥之间的比例关系，常用水灰比表示；砂与石子之间的比例关系，常用砂率表示；水泥浆与骨料之间的比例关系，常用单位用水量（1 m³ 混凝土的用水量）来反映。水灰比、砂率、单位用水量是混凝土配合比的 3 个重要参数，因为这 3 个参数与混凝土的各项性能之间有着密切的关系，在配合比设计中正确地确定这 3 个参数，就能使混凝土满足上述设计要求。

5.5.3 在进行配合比设计之前应掌握的有关资料情况

(1) 了解工程设计要求的混凝土强度等级要求,以便确定混凝土配制强度及强度标准差。

(2) 了解工程所处环境对混凝土耐久性的要求,以便确定所配混凝土的最大水灰比和最小水泥用量。

(3) 了解施工条件、施工方法、养护方法及施工控制水平等,以便选择混凝土拌合物的坍落度等。

(4) 了解结构构件类型、构件断面最小尺寸、钢筋最小净距等情况,以便确定混凝土骨料的最大粒径。

(5) 掌握各原材料的性能指标:

① 水泥品种和强度等级(或实测强度)及有关数据(密度、堆积密度等)。

② 粗细骨料的种类、质量、粗细程度和级配及其他有关资料(如表观密度、堆积密度等)。

③ 混凝土外加剂和掺合料的品种、性能、适宜掺量等。

以上资料一般由设计者提出要求或由施工单位提供数据,或经测试获得。

5.5.4 配合比的表示方法

配合比常用的表示方法有两种:一是以 1 m³ 混凝土中各项材料的质量表示,如水泥 (m_c) 300 kg、水(m_w)180 kg、砂(m_s)720 kg、石子(m_g)1 200 kg;二是以各项材料相互间的质量比来表示(以水泥质量为 1),将上例换算成质量比为:

$$\text{水泥:砂:石子:水} = 1:2.4:4:0.6$$

混凝土配合比计算以 1 m³ 混凝土各组成材料用量为准,计算时其中骨料以干燥状态为准。所谓干燥状态的骨料是指细骨料含水率小于 0.5%,粗骨料含水率小于 0.2%。如需以饱和面干骨料为基准进行计算时,则应做相应的修改。

5.5.5 混凝土配合比设计步骤

混凝土配合比设计是通过"计算-试验法"实现的。即先根据各种原始资料进行初步计算得出"初步计算配合比",然后经试配调整得出和易性满足要求的"基准配合比",最后再经强度复核定出满足设计要求与施工要求,且较为经济合理的"试验室配合比",这就是最终的混凝土配合比。

1) 初步计算配合比的确定

(1) 确定混凝土配制强度$(f_{cu,0})$

混凝土配制强度按下式计算:

$$f_{cu,0} = f_{cu,k} + 1.645\sigma \qquad (5-21)$$

式中:$f_{cu,0}$——混凝土配制强度(MPa);

    $f_{cu,k}$——混凝土强度设计等级(MPa);

    σ——混凝土强度标准差(MPa)。

σ 的确定方法如下:

① 根据施工单位近期同类混凝土统计资料计算确定,要求计算时强度试件组数不少于25组,统计周期不超过3个月,预拌混凝土厂和预制混凝土厂统计周期可取为1个月。σ值可按下式计算:

$$\sigma = \sqrt{\frac{\sum f_{cu,i}^2 - N\bar{f}_{cu}^2}{N-1}} \tag{5-22}$$

式中:$f_{cu,i}$——第 i 组试件的强度值(MPa);

    $\bar{f}_{cu}$——N 组试件强度的算术平均值(MPa);

    N——混凝土试件的组数。

注:A. 当混凝土强度等级为C20或C25时,如计算值$\sigma < 2.5$ MPa,取$\sigma = 2.5$ MPa;当混凝土强度等级等于或大于C30级,如计算值$\sigma < 3.0$ MPa 时,取$\sigma = 3.0$ MPa。

B. 计算σ的公式适用$\leq$C60等级混凝土。

② 当施工单位不具有近期的同一品种混凝土的强度资料时,σ可按表5-25取值。

表 5-25 σ 值

混凝土强度等级	<C20	C20~C35	>C35
σ(MPa)	4.0	5.0	6.0

(2) 计算水灰比(W/C)

根据已知的混凝土配制强度($f_{cu,0}$)、所用水泥的实际强度或水泥强度等级,则可由混凝土强度经验公式求得所要求的水灰比值,即

$$W/C = \frac{\alpha_a \cdot f_{ce}}{f_{cu,0} + \alpha_a \cdot \alpha_b \cdot f_{ce}} \tag{5-23}$$

式中:α_a, α_b——回归系数,与骨料的品种、水泥品种等因素有关,其数值通过试验确定;当不具备上述试验统计资料时,则可按表5-26选用。

    f_{ce}——水泥28天抗压强度实测值。当无资料数据时,可按式$f_{ce} = \gamma_c \cdot f_{ce,g}$确定。其中,$\gamma_c$为水泥轻度等级富余系数,该值可按实际统计资料确定;无资料时,$\gamma_c = 1.11 \sim 1.13$;$f_{ce,g}$为水泥强度等级。

表 5-26 回归系数 α_a、α_b值

粗骨料种类	α_a	α_b
碎石	0.46	0.07
卵石	0.48	0.33

《普通混凝土配合比设计规程》(JGJ 55—2011)对工业与民用建筑工程所用混凝土的最大水灰比及最小水泥用量做了规定,见表5-27。为了保证混凝土的耐久性,水灰比还不得

大于表 5-27 中规定的最大水灰比值。如计算所得的水灰比大于规定的最大水灰比值时,应取表中限定的最大水灰比值。

表 5-27　混凝土的最大水灰比和最小水泥用量

环境条件		结构物类别	最大水灰比			最小水泥用量(kg)		
			素混凝土	钢筋混凝土	预应力混凝土	素混凝土	钢筋混凝土	预应力混凝土
干燥环境		正常的居住或办公用房屋内部件	无规定	0.65	0.60	200	260	300
潮湿环境	无冻害	高湿度的室内部件 室外部件 在非侵蚀性土或水中的部件	0.70	0.60	0.60	225	280	300
	有冻害	经受冻害的室外部件 在非侵蚀性土或水中且经受冻害的部件 高湿度且经受冻害的室内部件	0.55	0.55	0.55	250	280	300
有冻害和除冰剂的潮湿环境		经受冻害和除冰剂作用的室内和室外部件	0.50	0.50	0.50	300	300	300

注:当用活性掺合料取代部分水泥时,表中的最大水灰比及最小水泥用量即为取代前的水灰比和水泥用量。

(3) 确定单位用水量(m_{wo})

根据混凝土拌合物坍落度、粗骨料的种类及最大粒径,按表 5-28 选用。

表 5-28　塑性混凝土的用水量(kg/m³)

拌合物坍落度(mm)	卵石最大粒径(mm)				碎石最大粒径(mm)			
	10	20	31.5	40	16	20	31.5	40
10~30	190	170	160	150	200	185	175	165
35~50	200	180	170	160	210	195	185	175
55~70	210	190	180	170	220	205	195	185
75~90	215	215	185	175	230	215	205	195

注:本表用水量采用中砂时的平均值。采用细砂时,每立方米混凝土用水量可增加 5~10 kg 进行调整。

(4) 计算水泥用量(m_{co})

水泥用量可按下式计算:

$$m_{co} = \frac{m_{wo}}{\dfrac{w}{c}} \qquad (5-24)$$

为保证混凝土的耐久性,由上式计算得出的水泥用量还要满足表 5-27 中规定的最小水泥用量的要求,如算得的水泥用量小于规定的最小水泥用量,应取表中限定的最小水泥用量值。

(5) 确定砂率(β_s)

砂率的确定方法有两种:

① 查表法

根据计算水灰比、骨料种类及最大粒径,参考表 5-29 取值。

表 5-29 普通混凝土砂率选用表

水灰比 W/C	卵石最大粒径(mm)			碎石最大粒径(mm)		
	10	20	40	16	20	40
0.40	26～32	25～31	24～30	30～35	29～34	27～32
0.50	30～35	29～34	28～33	33～38	32～37	30～35
0.60	33～38	32～37	31～36	36～41	35～40	33～38
0.70	36～41	35～40	34～39	39～44	38～43	36～41

注:(1) 本表数值系数中砂的选用砂率,对细砂或粗砂,可相应地减少或增大砂率。
(2) 只用一个单粒级粗骨料配制混凝土时,砂率应适当增大。
(3) 对薄壁构件,砂率取偏大值。
(4) 本表中的砂率系指砂与骨料总量的重量比。
(5) 本表适用坍落度为 10～60 mm 的混凝土砂率。当坍落度大于 60 mm 时,砂率取值在表中基础上增大 20 mm,砂率增大 1% 或由试验确定。其他情况由试验确定。

② 计算法

根据以砂填充石子孔隙,并稍有富余,以拨开石子的原则来确定,可按下式计算:

$$\beta_s = \alpha \frac{\rho'_{so} P_g}{\rho'_{so} P_g + \rho'_{go}} \tag{5-25}$$

$$P_g = \left(1 - \frac{\rho'_{go}}{\rho_{go}}\right) \times 100\% \tag{5-26}$$

式中:ρ'_{so},ρ'_{go}——分别为砂、石子的堆积密度(kg/m³);

α——拨开系数,采用人工振捣时取 1.1～1.2,机械振捣时取 1.2～1.4;

P_g——石子孔隙率(%);

ρ_{go}——石子表观密度(kg/m³)。

(6) 计算砂、石用量(m_{so}、m_{go})

① 质量法

根据经验,如果原材料情况比较稳定,所配制的混凝土拌合物的表观密度将接近一个固定值。这样的话,可先依据工程经验估计每立方米混凝土拌合物的质量(即混凝土拌合物的表观密度 m'_{cp}),并结合砂率的计算公式,列成方程组计算粗、细骨料用量:

$$\left.\begin{array}{l} m_{co} + m_{go} + m_{so} + m_{wo} = m'_{cp} \\ \beta_s = \frac{m_{so}}{m_{go} + m_{so}} \times 100\% \end{array}\right\} \tag{5-27}$$

式中:m'_{cp}——混凝土的表观密度(kg/m³),其值可在 2 350～2 450 kg 范围内选取,见表 5-30。

表 5-30 普通混凝土拌合物表观密度选用表

混凝土等级	≤C10	C15～C20	C25～C35	>C35
M_{cp}(kg)	2 350	2 400	2 420	2 450

② 体积法

假定混凝土拌合物的体积等于各组成材料绝对体积和混凝土拌合物中所含空气的体积之总和,可按下列方程组计算粗、细骨料用量:

$$\left.\begin{array}{l} \dfrac{m_{co}}{\rho_c} + \dfrac{m_{go}}{\rho_g} + \dfrac{m_{so}}{\rho_s} + \dfrac{m_w}{1\,000} + 0.01\alpha = 1 \\[3mm] \rho_s = \dfrac{m_{so}}{m_{go} + m_{so}} \times 100\% \end{array}\right\} \tag{5-28}$$

式中:ρ_c——水泥密度(kg/m³),可取 2 900~3 100 kg/m³;

ρ_g——石子的表观密度(kg/m³);

ρ_s——砂子的表观密度(kg/m³);

α——混凝土的含气量百分数(%),在不使用含气型外加剂时,α 可取为 1。

通过以上 6 个步骤便可将水泥、水、砂、石子的用量全部求出,得到初步计算配合比。

2) 混凝土配合比试配、调整与确定

进行混凝土配合比试配时应采用工程中实际使用的原材料。混凝土的搅拌方法,适宜与生产时使用的方法相同。

混凝土配合比试配时,每盘混凝土的最小搅拌量应符合表 5-30 的规定;当采用机械搅拌时,其搅拌量不应小于搅拌机额定拌量的 1/4。

表 5-31 混凝土试配的最小搅拌量

骨料最大料径(mm)	拌合物数量(L)
31.5 以下	15
40	25

混凝土配合比试配调整的主要工作如下:

(1) 检验混凝土拌和物和易性

当坍落度不满足要求或黏聚性、保水性不好时,应在保证水灰比不变的条件下相应调整用水量或砂率,直到符合要求为止。然后提出供混凝土强度试验用的基准配合比。

(2) 检验混凝土强度

混凝土强度试验时至少应采用 3 个不同的配合比。当采用 3 个不同的配合比时,其中一个应为基准配合比,另外两个配合比的水灰比,较基准配合比的水灰比分别增加或减少 0.05,用水量与基准配合比相同,根据试验得出的混凝土强度与其相对应的水灰比关系,用作图法或计算法求出与混凝土配制强度相对应的水灰比。

注:① 当不同水灰比的混凝土拌合物坍落度与要求值相差超过允许偏差时,砂率可分别增加或减少 1%,或通过增、减用量进行调整。

② 制作混凝土强度试件时,应检验各组混凝土拌合物的坍落度、黏聚性、保水性及拌合物表观密度,并以此结果作为代表相应组配合比的混凝土拌合物的性能。进行混凝土强度试验时,每种配合比至少应制作 1 组(3 块)试件,标准养护到 28 天试压。

3) 试验室配合比的调整与确定

(1) 用水量(m_w)

应在基准配合比用水量的基础上,根据制作强度试件时测得的坍落度进行调整确定。

(2) 水泥用量(m_c)

取用水量乘以选定出来的水灰比计算而确定。

(3) 粗骨料和细骨料用量(m_g, m_s)

应在基准配合比粗、细骨料用量的基础上,按选定的水灰比进行调整和校正。

(4) 混凝土表观密度调整

先算出混凝土表观密度计算值(ρ_{cc}),即

$$\rho_{cc} = m_c + m_w + m_s + m_g \tag{5-29}$$

再依照计算出来的各材料用量试拌混凝土,测得其表观密度实测值(ρ_{ct}),然后按下式计算出混凝土配合比校正系数δ:

$$\delta = \frac{\rho_{ct}}{\rho_{cc}} \tag{5-30}$$

当混凝土表观密度实测值与计算值之差的绝对值不超过计算值的 2% 时,上述得出的各材料用量即可确定为正式的混凝土各项材料的设计值。当二者之差超过 2%,应将配合比中每项材料用量均乘以校正系数 δ,即为最终定出的混凝土各材料用量。

(5) 写出混凝土试验室配合比

① 表格法表示

表 5-32 每立方米各材料用量

水泥	砂子	石子	水
?	?	?	?

② 比例法表示

水泥质量:砂质量:石子质量＝? : ? : ?

水灰比＝?

4) 施工配合比

由于试验室配合比是根据骨料干燥状态来设计的,而施工现场骨料都有一定的含水率,因此试验室配合比还需再做一次扣除骨料含水率的调整,转变成施工配合比方能使用。

假定施工现场砂、石子含水率分别为 $\alpha\%$、$\beta\%$,则混凝土材料实际用量可按以下方法调整:

水泥用量 $m_c' = m_c$

水用量 $m_w' = m_w - m_s \cdot \alpha\% - m_g \cdot \beta\%$

砂子用量 $m_s' = m_s(1 + \alpha\%)$

石子用量 $m_g' = m_g(1 + \beta\%)$

5.5.6 普通混凝土配合比设计实例

【例 5-1】 某框架结构室内现浇钢筋混凝土柱,混凝土设计强度等级为 C30,施工采用机械搅拌,坍落度要求为 35～50 mm,所用原材料如下:

水泥——42.5 级普通硅酸盐水泥,由以往使用经验得知 $\gamma_c = 1.10$;

粗集料——卵石,5~40 mm 连续级配;

细集料——河砂、中砂,$M_f = 2.7$。

试计算混凝土试验室配合比。

【解】 (1)计算初步配合比

① 试配强度计算:

取 $\sigma = 5$ MPa,$f_{cu,o} = f_{cu,k} + 1.645\sigma = 30 + 1.645 \times 5 = 38.2$ MPa

② 水灰比计算

$$\frac{w}{c} = \frac{\alpha_a \cdot f_{ce}}{f_{cu,o} + \alpha_a \cdot \alpha_b f_{ce}} = \frac{0.48 \times 1.10 \times 42.5}{38.2 + 0.48 \times 0.33 \times 1.10 \times 42.5} = 0.492$$

根据表 5-27 复核水灰比,符合要求。

③ 用水量选用

由表 5-28 查得,$m_{wo} = 160$ kg/m³。

④ 水泥用量计算

$$m_{co} = \frac{m_{wo}}{(w/c)} = 160 \div 0.492 = 325 \text{ kg}$$

根据表 5-27 复核最小水泥用量,符合要求。

⑤ 砂率选择

由表 5-29 查得,$\beta_s = 30\%$。

⑥ 按质量法计算集料用量

假定混凝土容重 $m'_{cp} = 2\,420$ kg/m³

$$\begin{cases} m_{co} + m_{so} + m_{go} + m_{wo} = m'_{cp} \\ \dfrac{m_{so}}{m_{so} + m_{Go}} = \beta_s \end{cases}$$

$$\Rightarrow \begin{cases} 325 + m_{so} + m_{go} + m_{wo} = 2\,420 \\ \dfrac{m_{so}}{m_{so} + m_{go}} = 0.30 \end{cases}$$

$$\Rightarrow \begin{cases} m_{so} = 580 \text{ kg} \\ m_{go} = 1\,335 \text{ kg} \end{cases}$$

⑦ 初步配合比

表 5-33　每立方米混凝土各材料用量(kg)

m_{wo}	m_{co}	m_{so}	M_{go}
160	352	580	1335

(2)试配时每盘混凝土的材料用量

取搅拌量为 25 L。

$$m'_c = 325 \times \frac{25}{1\,000} = 8.125 \text{ kg}$$

$$m'_w = 160 \times \frac{25}{1\,000} = 54 \text{ kg}$$

$$m'_s = 580 \times \frac{25}{1\,000} = 14.5 \text{ kg}$$

$$m'_g = 1335 \times \frac{25}{1\,000} = 33.37 \text{ kg}$$

（3）坍落度检验

经检验，该试拌的混凝土坍落度值已超过 30 mm，增加 5%水泥浆，用水量增加 200 g，水泥用量相应增加 406 g 后，坍落度值符合要求。

（4）混凝土强度与混凝土拌合物密度测定

① 试配材料称量

将水灰比分别为 0.442、0.492 及 0.542 拌制 3 盘混凝土，它们的称量应该是砂和石称量保持原值，即

$$石子\,用量 = 33.375 \text{ kg}$$

$$砂子用量 = 14.51 \text{ kg}$$

水和水泥称量应为

$$水用量 = 4 + 0.2 = 4.2 \text{ kg}$$

$$水泥用量 = \frac{4.2}{0.442}、\frac{4.2}{0.492}、\frac{4.2}{0.542}，即\ 9.502、8.537、7.749$$

② 实测混凝土拌合物的表观密度及混凝土的强度

经试验测得

$$混凝土拌合物表观密度 = 2\,430 \text{ kg/m}^3$$

28 天每组混凝土强度按水灰比大小次序排列为 34 MPa、37 MPa、42 MPa。

③ 绘制强度与水灰比关系曲线

由内插法可知相应于试配强度 38.2 MPa 的水灰比值为 0.482。

（5）根据混凝土强度和混凝土拌合物表观密度的检验结果对配合比进行修正

$$用水量\ m_w = 4.2 \times \frac{1\,000}{25} = 168 \text{ kg}$$

$$水泥用量\ m_c = \frac{168}{0.483} = 348 \text{ kg}$$

粗细集料用量因水灰比值与原计算值相差不大，故仍可维持原值，即石子用量为 1 335 kg/m³，砂子用量为 580 kg/m³。

混凝土拌合物表观密度计算值 $\quad \rho_{cc} = 168 + 348 + 580 + 1\,335 = 2\,431$

混凝土拌合物表观密度实测值 $\quad \rho_{ct} = 2\,430 \text{ kg/m}^3$

$$\delta = \frac{2\,430}{2\,431} \approx 1$$

故不需按表观密度实测值修正混凝土材料用量。

（6）根据以上计算结果，得出混凝土的试验室配合比

$$m_w = 168 \text{ kg/m}^3$$

$$m_c = 348 \text{ kg/m}^3$$

$$m_s = 580 \text{ kg/m}^3$$
$$m_G = 1\,335 \text{ kg/m}^3$$

5.6 其他混凝土

5.6.1 轻骨料混凝土

采用表观密度较天然密实骨料小的轻质多孔骨料与水泥、水、外加剂或掺合料配制成的混凝土,其表观密度不大于 1 950 kg/m³ 的,称为轻骨料混凝土;粒径大于 5 mm、堆积密度不大于 1 100 kg/m³ 的,称为轻粗骨料;粒径不大于 5 mm、堆积密度不大于 1 200 kg/m³ 的,称为轻细骨料,又称轻砂。

轻骨料混凝土按轻骨料的性能可分为全轻骨料(粗细骨料均为轻骨料)、砂轻混凝土(以普通砂作为细骨料)、大孔轻骨料混凝土(采用轻粗骨料与水泥、水配制的无砂或少砂混凝土)和次轻混凝土(在轻骨料中掺入部分普通粗骨料的混凝土)。轻骨料按产源可分为 3 类:①工业废渣轻骨料,如粉煤灰陶粒、自然煤矸石、膨胀矿渣珠、煤渣及其轻砂等;②天然轻骨料,如浮石、沸石、火山渣及其轻砂等;③人造轻骨料,如页岩陶粒、黏土陶粒、膨胀珍珠岩及其轻砂等。

轻骨料混凝土的强度等级,按其立方体抗压强度标准值划分为 LC5.0、LC7.5、LC10、LC15、LC20、LC25、LC30、LC35、LC40、LC45、LC50、LC55 和 LC60 13 个等级。

轻骨料混凝土与普通混凝土的不同之处在于其骨料中存在着大量的孔隙。由于这些孔隙的存在,赋予其许多优越的性能。

轻骨料混凝土的表观密度较小。骨料中孔隙的存在降低了骨料的颗粒密度,从而降低了轻骨料混凝土的表观密度,其表观密度一般为 800～1 900 kg/m³,作承重结构用的轻骨料混凝土,其表观密度为 1 400～1 900 kg/m³,比普通混凝土小 20%～30%。

轻骨料混凝土是一种性能良好的墙体材料,其导热系数为 0.23～0.52 W/(m·K)。与传统墙体材料普通黏土砖相比,不仅强度高、整体性好,而且保温性能良好。用它制作墙体,在同等的保温要求下,可使墙体的厚度减少 40% 以上,而墙体自重可减轻一半以上。

虽然多孔轻骨料的强度低于普通骨料,但是由于轻骨料的孔隙在拌合料拌和时具有吸水作用,造成轻骨料颗粒表面的局部低水灰比,增加了骨料表面附近水泥石的密实性。同时,因轻粗骨料表面粗糙且具有微孔,提高了轻骨料与水泥石的黏结力。这样在骨料周围形成了坚强的水泥石外壳,从而提高了骨料的极限强度,使轻骨料混凝土的强度与普通混凝土相近。这就是轻骨料混凝土轻质高强的原因。

由于轻骨料被包围在密实性较高的水泥石中,骨料表面密实度较高,因此轻骨料混凝土比普通混凝土有较高的抗冻和抗渗能力。与同等级的普通混凝土相比,轻骨料混凝土的护筋性并不减低。

轻骨料混凝土由于自重轻,弹性模量低,因而抗震性能好。用它建造的建筑物,在地震荷载作用下所承受的地震力小,振动波的传递速度较慢,且自振周期长,对冲击能量的吸收快,减震效果好,所以抗震性能比普通混凝土好。

轻骨料混凝土由于导热系数低,耐火性能好。在高温作用下可保护钢筋不遭受破坏,对于同一耐火等级,轻骨料钢筋混凝土板的厚度,可以比普通混凝土减薄20%以上。

由于轻骨料混凝土具有上述一系列优点,其应用范围在工业与民用建筑中日益广泛,不仅可用作围护结构,还可用作承重结构。由于结构自重小,可减少地基荷载,因此特别适用于高层、大跨度结构、抗震结构、耐火等级要求高、有节能要求的建筑以及旧建筑的加层等。

必须指出,轻骨料混凝土在应用中也存在某些缺点。例如,其抗压强度虽然与普通混凝土相近,但其抗拉强度和弹性模量较低,其弹性模量一般为同强度等级普通混凝土的30%～70%,因此会产生过大的变形及较大的收缩和徐变,分别比普通混凝土大20%～50%和30%～60%。对于这些缺点,在设计和生产轻骨料混凝土时必须加以考虑。

5.6.2 无砂大孔混凝土

无砂大孔混凝土就是不含砂的混凝土,它由水泥、粗骨料和水拌和而成。粗骨料可以是碎石、卵石,也可以是人造骨料,如黏土陶粒、粉煤灰陶粒等。由于没有细骨料,所以其中存在着大量较大的孔洞,孔洞的大小与粗骨料的粒径大致相等。由于这些孔洞的存在,使得无砂大孔混凝土显示出与一般混凝土不同的特性。

与普通混凝土相比,无砂大孔混凝土具有以下优点:

(1) 表观密度小,通常在 1 400～1 900 kg/m³。

(2) 热传导系数小。

(3) 水的毛细现象不显著。

(4) 水泥用量少。

(5) 混凝土侧压力小,可使用各种轻型模板,如钢丝网模板、胶合板模板等。

(6) 表面存在蜂窝状孔洞,抹面施工方便。

(7) 由于少用了一种材料(砂子),简化了运输及现场管理。

无砂大孔混凝土可用于 6 层以下住宅的承重墙体。在 6 层以上的多层住宅中,通常把无砂大孔混凝土作为框架填充材料使用,即构成无砂大孔混凝土带框墙。

无砂大孔混凝土还可用于地坪、路面、停车场等。由于它有较好的抗毛细作用,所以,在那些地下水位较高的地区,用无砂混凝土作地坪,可使室内保持干燥,还可防止地下水浸入墙体。

5.6.3 防水混凝土

防水混凝土分为普通防水混凝土、外加剂防水混凝土(如加气剂防水混凝土、减水剂防水混凝土等)和膨胀水泥防水混凝土。防水混凝土适用于水池、水塔等储水构筑物及一般性地下建筑,并广泛用于干湿交替作用或冻融交替作用的工程中,如海港码头、桥墩等建筑中。

1) 普通防水混凝土

普通防水混凝土是以调整配合比的方法来提高自身密度和抗渗性的一种混凝土。它是在普通混凝土的基础上发展起来的。它与普通混凝土的不同点在于普通混凝土是根据所需的强度进行配制,在普通混凝土中,石子是骨架,砂填充石子的空隙,水泥浆填充细骨料空隙并将骨料黏结在一起。而普通防水混凝土是根据工程所需的抗渗要求配制的,其中石子的骨架作用减弱,水泥砂浆除满足填充和黏结作用外,还要求能在粗骨料周围形成一定厚度的良好的砂浆包裹层,以提高混凝土的抗渗性。因此,普通防水混凝土与普通混凝土相比,在配合比选择上有所不同,表现为水灰比限制在 0.6 以内,水泥用量稍高,一般不小于 300 kg/m³,砂率较大,不小于 35%,灰砂比也较高,一般不小于 1:2.5。

2) 外加剂防水混凝土

外加剂防水混凝土是在混凝土拌合物中掺入少量改善混凝土抗渗性能的有机或无机物,以适应工程防水需要的一系列混凝土。属于有机物的有加气剂、减水剂、三乙醇胺早强防水剂等,属于无机物的有氯化铁防水剂等。

3) 膨胀水泥防水混凝土

用膨胀水泥配制的防水混凝土,称为膨胀水泥防水混凝土。膨胀水泥在水化过程中形成大量体积增大的钙矾石,产生一定的膨胀,改善了混凝土的孔结构,使总孔隙率和毛细孔径减小,提高了混凝土的抗渗性。同时,利用膨胀水泥配制钢筋混凝土,可以充分利用膨胀水泥的膨胀性能,给混凝土造成自应力,使混凝土处于受压状态,提高混凝土的抗裂能力。

膨胀水泥防水混凝土广泛应用于水池、水塔、地下室等要求抗渗的混凝土工程。

5.6.4 流态混凝土

所谓流态混凝土,即在预拌的坍落度为 8~12 cm 的基体混凝土中,在浇筑之前掺入适量的硫化剂,经过 1~5 min 的搅拌,使混凝土的坍落度增大至 20~22 cm,能像水一样地流动。

流态混凝土与普通混凝土相比,其主要特点是:①粗骨料粒径小,一般粗骨料最大粒径不大于 31.5 mm,避免混凝土运输过程中堵塞运输管道;②砂率大,一般为 35%~45%,避免混凝土运输过程中产生泌浆、离析、泌水,保证混凝土拌合物施工和易性;③流态混凝土坍落度大,一般为 12~22 cm,便于泵送运输和浇筑,使混凝土现场施工水平、垂直运输等工序连为一体,提高施工效率和进度;④流态混凝土的质量近似于坍落度 25~75 cm 的塑性混凝土的质量;⑤流态混凝土水泥用量和用水量较多,为了节约水泥,经常使用普通减水剂和高效减水剂;⑥流态混凝土的使用有利于推动混凝土生产商品化程度的提高。目前,许多大中型城市已较普遍地应用了流态混凝土。

5.6.5 聚合物混凝土

聚合物混凝土分为 3 类,其生产工艺不同,物理力学性质也有差别,造价和适用范围也不同。

1) 聚合物浸渍混凝土

所谓聚合物浸渍混凝土就是将硬化了的混凝土浸渍在单体中,然后再使其聚合成整体混凝土,以减少其中的孔隙。

聚合物浸渍混凝土由于聚合物充满混凝土中的孔隙和毛细管,显著地改善了混凝土的物理力学性能。一般情况下,聚合物浸渍混凝土的抗压强度约为普通混凝土的 3~4 倍,抗拉强度约提高 3 倍,抗弯强度约提高 2~3 倍,弹性模量约提高 1 倍,冲击强度提高 0.7 倍。此外,徐变大大减少,抗冻性、耐酸和耐碱等性能都有很大的改善。

虽然聚合物浸渍混凝土性能优越,但是由于目前造价较高,实际应用不普遍。目前只是利用其耐腐蚀、高强、耐久性好的特性制作一些构件。将来,随着其制作工艺的简化和成本的降低,作为防腐和耐压材料,以及在水下及海洋开发结构方面,将扩大其应用范围。

2）聚合物混凝土

聚合物混凝土也称树脂混凝土,是以合成树脂为胶结材料,以砂石为聚集料的混凝土。为了减少树脂的用量,还加有填料粉砂等。它具有强度高、耐化学腐蚀、耐磨、耐水、抗冻好、易于黏结、电绝缘性好等优点,较广泛地应用于耐腐蚀的化工结构和高强度的接头。

3）聚合物水泥混凝土

聚合物水泥混凝土是在普通混凝土的拌合物中再加入一种聚合物而制成。将聚合物搅拌在普通混凝土中,聚合物在混凝土内形成薄膜,填充水泥水化物和集料之间的孔隙,与水泥水化物结成一体,故其与普通混凝土相比具有较好的黏结性、耐久性、耐磨性,有较高的抗渗性能,减少收缩,提高不透水性、耐腐蚀性和耐冲击性。但是强度提高较少。

聚合物水泥混凝土主要用于地面、路面、桥面和船舶的内外甲板面,尤其在有化学物质的楼地面更为适宜。也可用作衬砌材料,喷射混凝土和新旧混凝土的接头。

5.6.6 纤维混凝土

纤维混凝土是为了改善水泥混凝土的脆性,提高它们的抗拉、抗弯、抗冲击和抗爆等性能而发展起来的一种新型混凝土材料。它是将短而细的分散性纤维,均匀地撒布在混凝土基体中而形成的混凝土。常用的纤维材料有钢纤维、玻璃纤维、聚丙烯纤维等。

纤维混凝土具有良好的韧性、抗疲劳和抗冲击性等优越性能,但是在应用上还受到一定的限制。例如,施工和易性差,搅拌和振捣时会发生纤维成团和折断等问题。

目前,钢纤维混凝土主要应用于桥面、公路、飞机跑道、采矿和隧道等大体积混凝土工程。此外,用玻璃纤维混凝土、聚丙烯纤维混凝土生产管道、楼板、墙板、桩、楼梯、梁、浮码头、船壳、机架、机座、电线杆等取得了一定的成功经验。

5.6.7 高强混凝土

目前世界各国使用的混凝土,其平均强度和最高强度都在不断提高,西方发达国家使用的混凝土平均强度已超过 30 MPa。高强混凝土所定义的强度也在不断提高。在我国,高强混凝土是指强度等级为 C60 及以上的混凝土。但一般来说,混凝土强度等级越高,其脆性越大,增加了混凝土结构的不安全因素。

高强混凝土可通过采用高强度水泥、优质骨料、较低水灰比、高效外加剂和矿物掺合料,以及强烈振动密实作用等方法取得。《普通混凝土配合比设计规程》(JGJ 55—2000)对高强混凝土作出了原材料及配合比设计的规定:

（1）配制高强度混凝土的原材料要求

① 应选用质量稳定、强度等级不低于 42.5 级的硅酸盐水泥或普通硅酸盐水泥。强度等级为 C60 级的混凝土，其粗骨料的最大粒径不应大于 31.5 mm。强度等级高于 C60 级的混凝土，其粗骨料的最大粒径不应大于 25 mm，并严格控制其针片状颗粒含量、含泥量和泥块含量。

② 细骨料的细度模数宜大于 2.6，并严格控制其含泥量和泥块含量。

③ 配制高强度混凝土时应掺用高效减水剂或缓凝高效减水剂。

④ 配制高强度混凝土时应该掺用活性较好的矿物掺合料，且宜复合使用矿物掺合料。

（2）高强度混凝土配合比设计

高强度混凝土配合比设计的计算方法和步骤与普通混凝土基本相同。对 C60 级混凝土仍可用混凝土强度经验公式确定水灰比，但对 C60 以上等级的混凝土是按经验选取基准配合比中的水灰比。

每立方米高强度混凝土水泥用量不应大于 550 kg；水泥和矿物掺合料的总量不应大于 600 kg。配制高强度混凝土所用砂及所采用的外加剂和矿物掺合料的品种、掺量应通过试验确定。当采用 3 个不同配合比进行混凝土强度试验时，其中一个应为基准配合比，另两个配合比的水灰比，宜较基准配合比分别增加和减少 0.02～0.03。高强度混凝土设计配合比确定后，尚应用该配合比进行不少于 6 次的重复试验进行验证，其平均值不应低于配制强度。

5.6.8 高性能混凝土

高性能混凝土是在 1990 年美国 NIST 和 ACI 召开的一次国际会议上首先提出来的，得到各国学者和技术人员的广泛认可和积极响应。但迄今为止，对于高性能混凝土国内外尚无统一的认识和定义。ACI 于 1998 年提出的高性能混凝土的定义是：能同时满足性能和通过传统的组成材料、拌和工艺、浇筑和养护而达到的特殊要求的混凝土。因此，高性能混凝土应具有满足特殊应用和环境的某些特性，如易于浇筑、不离析、早强、密实、长期强度和力学性能高、渗透性和水化热低、韧性和体积稳定性好、寿命长等。中国土木工程学会标准《混凝土结构耐久性设计与施工指南》（CCE S01—2004）对高性能混凝土的定义是：以耐久性为基本要求并满足工程其他特殊性能和均质性要求，用常规材料和常规工艺制造的水泥基混凝土。这种混凝土在配合比上的特点是掺加合格的质量控制，使其达到良好的工作性、均匀性、密实性和体积稳定性。

高性能混凝土的组成材料具有水胶比低、胶凝材料用量少、掺加活性混合材料等特点。高性能混凝土使用的水泥基材料总量一般不超过 400 kg/m³，其中粉煤灰或磨细矿渣粉的掺量可达 30%～40%。为了同时满足低水胶比、少胶凝材料用量及高工作性要求，高性能混凝土配制时均需使用高效减水剂。

高性能混凝土具有以下特性及应用：

（1）自密实性

高性能混凝土用水量较低，但使用了高效减水剂，并掺加适量的活性混合材料，流动性好，抗离析性高，具有优异的填充密实性。拌合物坍落度为 180～220 mm，采用泵送施工，且易制成不需振捣的自密实混凝土，因此，高性能混凝土适用于结构复杂、用普通振捣密实方法施工难以进行的混凝土结构工程。

（2）体积稳定性好

研究资料表明，掺加矿粉的高性能混凝土的干燥收缩和混凝土的徐变值均低于基准混凝土，这说明掺矿粉的高性能混凝土在形成过程和使用过程中有更好的体积稳定性。针对工程队混凝土变形能力的具体要求，可通过优选适宜的原材料（包括骨料、水泥、混合材料、外加剂），优化施工工艺，提高高性能混凝土体积稳定性和抗裂能力。

（3）水化热低

由于使用了大量的火山灰质矿物掺和料，高性能混凝土的水化热低于高强混凝土，这对大体积混凝土结构非常有利。

（4）抗渗性好

掺加了活性混合材料的高性能混凝土渗透性低，特别是 Cl^- 的渗透性较普通混凝土大幅度降低。掺加 7%～10% 的硅灰、偏高岭土或稻壳灰后，高性能的渗透性（特别是 Cl^- 的渗透性）更低。因此，高性能混凝土特别适合于抗渗性要求高的水工或海工混凝土结构工程。

（5）耐久性好

现代许多复杂的混凝土结构设计寿命长达 100～200 年，要求混凝土暴露在侵蚀性环境中工作时不允许出现裂缝，在相当长的时间内应具有极高的抗渗性。高性能混凝土适应变形能力好，抗裂性高，抗侵蚀能力强，使用寿命长。因此，高性能混凝土可用于海上钻井平台、大跨桥梁、高速公路桥面板等高耐久、长寿命要求的工程。

但是，高性能混凝土也存在一些有待改善的方面。在配合比设计方面，应从满足高性能混凝土的高强度性能、高耐久性能、高工作性能和经济性能要求出发，通过理论估算和大量实验来摸索建立高性能混凝土配合比的设计理论和方法。在高性能混凝土配合比设计理论和方法未形成时，高性能混凝土的配合比应以大量实验为基础，并保证高性能混凝土使用方面的安全性和质量可靠性。大量研究表明，高性能混凝土比普通混凝土脆性大、破坏断面平滑。高性能混凝土本身既然具有高强度性能，在实际使用中必然要承受更大的荷载作用，因此不容忽视其脆性对使用高性能混凝土的结构的安全性影响。另外，高性能混凝土的组成材料、拌合物性能、硬化结构性能等与普通混凝土不同，仍沿用普通混凝土的质量评价方法显然是不合适的，应研究一套高性能混凝土质量评价体系，其中应包括混凝土拌合物的评价、混凝土力学性能的评价、混凝土耐久性能的评价、混凝土结构性能的评价、混凝土的验收规范等。

混凝土作为建筑材料，在土建工程的各个领域的应用不断增加，特别是随着现代土建工程结构向大跨度、轻型、高耸结构方向的发展，以及工程结构向地下、海洋中的扩展，使工程结构对混凝土性能的要求愈来愈高。特别是未来的人类社会将向智能化社会发展，将出现智能交通系统、智能大厦、智能化社区等。如果混凝土等土建工程材料仍只具有结构承重和保护等传统功能，通过其他手段提供智能，会使结构复杂昂贵，而使混凝土智能化是解决上述问题的理想途径。

因此，传统的混凝土向高性能、多功能、智能化混凝土发展是必然的趋势，其发展的高级阶段以结构和功能一体化为标志。而混凝土第五组分与第六组分的研究及应用，则是现代混凝土技术进展的核心。

5.7 小结

(1) 普通混凝土是由水泥、粗细骨料加水拌和,经硬化而成的一种人造石材,组成材料的品质如何,直接影响混凝土的各项性能。

水泥品种与强度等级应根据混凝土的工程特点、所处的环境条件以及混凝土的强度等级来决定。

骨料具有较小的总表面积和孔隙率才能更有效地利用水泥浆,为此,应尽可能选用最大粒径和良好的颗粒级配的骨料,并采用合理的砂率。这样不仅使混凝土有较好的工作性和强度,而且也能节约水泥。

混凝土外加剂在掺入量极少的情况下能明显的改善混凝土的某种性能,并取得很好的技术经济效果。常用的外加剂种类有减水剂、早强剂、缓凝剂、促凝剂及防冻剂等。

混凝土掺合料是在拌制混凝土拌合物时,为了改善混凝土性能或降低混凝土成本所掺入的矿物粉状材料。常用的混凝土掺合料有粉煤灰、粒化高炉矿渣粉、硅灰等,其中粉煤灰是目前用量最大、使用范围最广的一种掺合料。

(2) 为了便于施工,拌合物应具有良好的工作性(包括流动性、黏聚性和保水性三方面的含义)。在施工中,选用适当的原材料,增加水泥浆用量,并采用合理砂率,可提高拌合物的工作性。

(3) 硬化后的混凝土应具有一定的强度,提高水泥强度等级、粗细骨料的密集堆积、采用较小的水灰比均能提高混凝土的强度。为了使混凝土正常硬化,还应使混凝土处于一定的温度和湿度条件下养护,并达到一定的龄期。

(4) 混凝土应具有与工程使用环境相适应的耐久性(如抗渗性、抗冻性、抗侵蚀性等)。提高混凝土的密实度是提高耐久性的一个重要措施。

(5) 混凝土配合比设计,就是根据结构设计的强度等级及施工条件,确定出能满足工程要求的经济合理的各项材料的用量比例关系。一般采用"计算-试验法"确定。水灰比、单位用水量和砂率是配合比设计中的 3 个重要参数,需首先确定,在依据体积法或质量法计算出砂石用量,得出初步配合比,然后经试验调整得出实验室配合比,在工程现场,还应根据材料情况进一步调整为施工配合比。

(6) 轻骨料混凝土具有表观密度小、保温隔热、吸声、抗震性能好等特点,是一种良好的保温或结构兼保温材料。提高轻骨料的强度是提高轻骨料混凝土强度的有效途径。

(7) 防水混凝土是通过各种提高混凝土密实度或改善混凝土中孔特征的方法来提高混凝土的抗渗性,达到防水的目的。通常有普通防水混凝土、外加剂防水混凝土和膨胀水泥防水剂等。

(8) 高性能混凝土是一种具备优良综合性能的新型混凝土,它是在大幅度提高普通混凝土性能的基础上,采用现代混凝土技术,选用优质的混凝土原材料,在严格的质量管理条件下,按照科学的工艺制度制成的高质量混凝土。矿物质掺和料是高性能混凝土中不可缺少的组分,配制高性能混凝土常用的矿物掺合料有超细矿渣粉、超细粉煤灰、超细硅灰、超细沸石粉等。混凝土外加剂也是高性能混凝土不可缺少的组分,一般高性能混凝土常用的外加剂有高效减水剂或塑化剂、黏稠剂、缓凝剂和膨胀剂等。

思考题

1. 何谓普通混凝土? 混凝土为什么能在工程中得到广泛应用?

2. 普通混凝土的六大组成材料有哪些? 在混凝土硬化前后各起什么作用?

3. 配制混凝土时应如何选用水泥的品种和强度等级?

4. 什么是颗粒级配? 骨料的颗粒级配有何实际意义? 怎样评价颗粒级配是否良好?

5. 已知干砂 500 g 的筛分结果如下:

筛孔尺寸(mm)	9.5	4.75	2.36	1.18	0.36	0.30	0.16	<0.16
筛余量(g)	0	15	57	110	125	98	83	12

试判断该砂属何种砂? 级配情况如何?

6. 混凝土拌合物的和易性的含义是什么? 如何评定和易性的好坏?

7. 改善混凝土拌合物和易性的措施有哪些?

8. 混凝土外加剂按其使用功能分包括哪几类? 混凝土中掺入减水剂可获得怎样的技术经济效果?

9. 影响混凝土强度的因素有哪些? 可采取哪些措施来提高混凝土的强度?

10. 混凝土的强度等级是依据什么来划分的? 普通混凝土可划分为几个强度等级?

11. 什么是混凝土的碱-集料反应? 混凝土发生碱-集料反应必须具备哪 3 个条件?

12. 影响混凝土耐久性的关键是什么? 怎样提高混凝土耐久性?

13. 混凝土配合比设计中的三大参数、四项基本要求包含什么内容?

14. 尺寸为 150 mm×150 mm×150 mm 的某组混凝土试件,龄期 28 天,测得破坏荷载分别为 540 kN、580 kN、560 kN,试计算该组试件的混凝土立方体抗压强度。若已知该混凝土是用强度等级 32.5(富余系数 1.10)的普通水泥和碎石配制而成,试估计所用的水灰比。

15. 某工程现浇钢筋混凝土梁,混凝土设计强度等级为 C35。施工要求坍落度为 30～50 mm,混凝土采用机械搅拌,机械振捣。施工单位无历史统计资料。

采用的材料为:

水泥:强度等级为 52.5 的普通硅酸盐水泥,强度等级富余系数 $\gamma_c = 1.02$,密度为 3 000 kg/m³;

砂:中砂,$M_x = 2.5$,表观密度 $\rho_s = 2 650$ kg/m³;

石子:卵石,最大粒径 $D_{max} = 20$ mm,表观密度 $\rho_g = 2 700$ kg/m³;

水:自来水。

经试拌测试,坍落度大于设计要求。

(1) 试对其进行初步配合比的设计。

(2) 经试拌,求出的初步配合比均符合要求。若现场砂含水 3.0%,石子含水 1.5%,试计算施工配合比。

6 建筑砂浆

本章提要

砂浆在建筑工程中是用量大、用途广泛的一种建筑材料。砂浆可把散粒材料、块状材料、片状材料等胶结成整体结构,也可以装饰、保护主体材料。本章主要介绍砂浆的组成、砂浆的技术要求、砌筑砂浆的配合比计算以及其他砂浆。

6.1 砂浆的组成材料

砂浆是由胶凝材料、颗粒状细骨料、矿物掺合料和水,以及根据需要加入的各种添加剂,按一定比例配制而成的一类建筑工程材料。其在建筑工程中起着黏结、衬垫、传递荷载以及装饰等作用。例如在砌体结构中,砂浆薄层可以把单块的砖、石以及砌块等黏结起来构成整体;大型墙板和各种构件的接缝也可用砂浆填充;墙面、地面及梁柱结构的表面都可用不同砂浆抹面,既能满足装饰要求又能起到保护构件的作用。砂浆根据使用的胶凝材料不同大致可以分为水泥砂浆、混合砂浆、石膏砂浆、聚合物砂浆等几大类;按其使用功能可分为地面砂浆、保温节能砂浆、装饰砂浆、纤维防裂砂浆、防水砂浆、防腐砂浆、防辐射砂浆、防静电砂浆、吸声砂浆等多种。砂浆的组成材料主要包括胶凝材料、骨料、水及添加剂等。

6.1.1 胶凝材料

砂浆常用的胶凝材料有水泥、石灰、石膏等,在选用时应根据使用环境、用途等合理选择。在干燥条件下使用的砂浆既可选用气硬性胶凝材料(石灰、石膏),也可选用水硬性胶凝材料(水泥);若在潮湿环境或水中使用的砂浆则必须使用水硬性胶凝材料(水泥)。

1) 水泥

水泥宜采用通用硅酸盐水泥或砌筑水泥,且应符合现行国家标准《通用硅酸盐水泥》(GB 175—2007)和《砌筑水泥》(GB/T 3183—2003)的规定。水泥强度等级应根据砂浆品种及强度等级的要求进行选择。例如:M15 及以下强度等级的砌筑砂浆宜选用 32.5 级的通用硅酸盐水泥或砌筑水泥;M15 以上强度等级的砌筑砂浆宜选用 42.5 级通用硅酸盐水泥。

2) 石膏

石膏是一种以硫酸钙为主要成分的气硬性胶凝材料,常用的石膏胶凝材料的种类主要有建筑石膏、高强石膏、无水石膏、高温煅烧石膏等。其中建筑石膏凝结硬化速度快,硬化时体积微膨胀,硬化后孔隙率较大,表观密度和强度较低,防火性能良好,耐水性、抗冻性和耐热性差,故建筑石膏的主要用途是制备石膏抹灰砂浆等。

3）石灰

为了改善砂浆的和易性和节约水泥,常在砂浆中掺入适量的石灰。为了保证砂浆的质量,经常将生石灰先熟化成石灰膏,然后用孔径不大于 3 mm×3 mm 的网过滤,且熟化时间不得少于 7 天;如用磨细生石灰粉制成,其熟化时间不得小于 2 天。沉淀池中储存的石灰膏应采取防止干燥、冻结和污染的措施。严禁使用脱水硬化的石灰膏。消石灰粉不得直接使用于砂浆中。

4）高分子聚合物

在许多有特殊要求和特定的环境中的结构可采用聚合物作为砂浆的胶凝材料,由于聚合物为线型或体型(网状)高分子化合物,且黏性好,在砂浆中可呈膜状大面积分布,因此可提高砂浆的黏结性、韧性和抗冲击性,同时也有利于提高砂浆的抗渗、抗碳化等耐久性能,但是可能会使砂浆抗压强度下降。例如,常用氧树脂和不饱和聚酯树脂生产聚合物砂浆用于修补建筑损伤构件。

6.1.2 骨料

砂浆所用的骨料,从粒径来分,可分为细骨料和细填料两大类。

配制砂浆的细骨料最常用的是天然砂。砂应符合《普通混凝土用砂、石质量及检验方法标准》(JGJ 52—2006)的技术性质要求。砂的粗细程度对砂浆的水泥用量、和易性、强度及收缩等影响很大。由于砂浆层较薄,砂的最大粒径应有所限制,理论上不应超过砂浆层厚度的 1/4～1/5,例如砖砌体用砂浆宜选用中砂,最大粒径以不大于 2.5 mm 为宜;石砌体用砂浆宜选用粗砂,砂的最大粒径以不大于 5.0 mm 为宜;光滑的抹面及勾缝的砂浆宜采用细砂,其最大粒径以不大于 1.2 mm 为宜。为保证砂浆质量,尤其在配制高强度砂浆时,应选用洁净的砂。砂中含泥量过大,不但会增加砂浆的水泥用量,还会使砂浆的收缩值增大、耐久性降低,因此对砂的含泥量应予以限制。例如砌筑砂浆的砂含泥量不应超过 5%。

细填料又称为矿物掺合材料。矿物掺合料通常可分为两大类:一类是水硬性混合材料;另一类是非水硬性混合材料。水硬性混合材料具有在水中硬化的性质,如粒状高炉矿渣、粉煤灰、硅灰、凝灰岩、火山灰、沸石粉、烧结土、硅藻土等材料。非水硬性混合材料,能在常温、常压下和其他物质不起或只起很弱的化学反应,主要是起填充和降低水泥强度的作用,如石英砂粉、石灰石粉等。掺量要严格控制。

6.1.3 水

拌制砂浆用水与混凝土拌和用水的要求相同,均需满足《混凝土拌和用水标准》(JGJ 63—89)的规定。

6.1.4 添加剂

为改善新拌及硬化后砂浆的各种性能或赋予砂浆某些特殊性能,常在砂浆中掺入适量添加剂。例如为改善砂浆和易性,改善砂浆的稠度和提高砂浆的保水性,可掺入纤维素醚、稠化粉等增稠保水材料；为提高砂浆的抗裂性、抗冻性及保温性，可掺入微沫剂、减水剂等外加剂；为增强砂浆的防水性和抗渗性，可掺入防水剂等；为增强砂浆的保温隔热性能，除选用轻质细骨料外，还可掺入引气剂提高砂浆的孔隙率。混凝土中使用的添加剂，对砂浆也具有相应的作用。

6.2 砂浆的主要技术性质

砂浆的主要技术性质包括新拌砂浆的和易性、凝结时间和硬化后砂浆的强度、与底面的黏结及较小的变形等。

6.2.1 新拌砂浆的技术性质

新拌砂浆应具有良好的和易性，和易性良好的砂浆易在粗糙的砖、石基面上铺成均匀的薄层，且能与基层材料紧密黏结。这样，既便于施工操作，提高劳动生产率，又能保证工程质量。砂浆的和易性通常用流动性（稠度）和保水性两项指标表示。

1）流动性（稠度）

砂浆的流动性也叫稠度，指砂浆在自重或外力作用下是否易于流动的性能，用砂浆稠度测定仪测定，如图 6-1 所示。流动性的大小以砂浆稠度测定仪的圆锥体沉入砂浆中深度的毫米数（mm）来表示，称为稠度（沉入度）。稠度越大，流动性越好。

影响砂浆流动性的因素很多，主要与砂浆中掺入的外掺料及外加剂的品种、用量有关，也与胶凝材料的种类和用量、用水量以及细骨料的种类、颗粒形状、粗细程度和级配有关。水泥用量和用水量多，砂子级配好、棱角少、颗粒粗，则砂浆的流动性大。

砂浆流动性的选择与基底材料种类、施工条件以及天气情况等条件有关。对于密实不吸水的砌体材料或湿冷的天气条件，要求砂浆的流动性小一些；反之，对于多孔吸水的砌体材料或干热的天气，则要求砂浆的流动性大一些。砌筑砂浆和抹灰砂浆施工稠度可参考表 6-1 来选择。

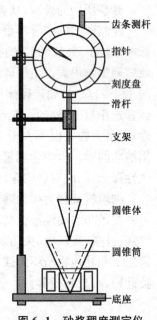

图 6-1　砂浆稠度测定仪

（图中标注：齿条测杆、指针、刻度盘、滑杆、支架、圆锥体、圆锥筒、底座）

表 6-1　砌筑及抹灰砂浆施工的稠度（mm）

砌体种类	施工稠度	抹灰工程	施工稠度
烧结普通砖砌体、粉煤灰砖砌体	70～90	准备层	110～120
混凝土砖砌体、普通混凝土小型空心砌块、灰砂砖砌体	50～70	底层	90～110
烧结多孔砖砌体、烧结空心砖砌体、轻集料混凝土小型空心砌块砌体、蒸压加气混凝土砌块砌体	60～80	中层	90～90
石砌体	30～50	面层	70～80

聚合物水泥抹灰砂浆的施工稠度宜为 50～60 mm,石膏抹灰砂浆的施工稠度宜为 50～70 mm。

2) 保水性

砂浆的保水性指新拌砂浆保持其内部水分不泌出流失的能力,也表示砂浆中各组成材料是否易分离的性能。新拌砂浆在存放、运输和使用过程中都必须保持其水分不致很快流失,才能便于施工操作且保证工程质量。如果砂浆保水性不好,在施工过程中很容易泌水、分层、离析,并且当铺抹于基底后,水分易被基面很快吸走,从而使砂浆干涩,不便于施工,不易铺成均匀密实的砂浆薄层;水分的损失会影响胶凝材料的正常水化和凝结硬化,降低砂浆本身强度以及与基层材料的黏结强度。因此,砂浆要具有良好的保水性。《建筑砂浆基本性能试验方法标准》(JGJ/T 70—2009)中规定,砂浆保水性检测可通过保水性试验测定,也可用分层度的方法检测。预拌砂浆的保水性能一般采用保水性试验测定,《砌筑砂浆配合比设计规程》(JGJ/T 98—2010)中规定:水泥砂浆的保水率应≥80%,水泥混合砂浆的保水率应≥84%,预拌砌筑砂浆的保水率应≥88%。

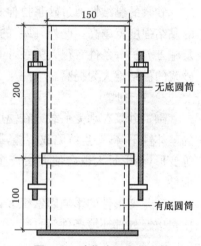

图 6-2　砂浆分层度测定仪

砂浆分层度方法适用于测定砂浆拌合物在运输及停放时内部组分的稳定性,以分层度(mm)表示。分层度的测定是将已测定稠度的砂浆装满分层度筒内(如图 6-2 所示,分层度筒内径为 150 mm,分为上下两节,上节高度为 200 mm,下节高度为 100 mm),轻轻敲击筒周围 1～2 下,刮去多余的砂浆并抹平。静置 30 min 后,去掉上部 200 mm 砂浆,取出剩余 100 mm 砂浆倒在搅拌锅中拌 2 min 再测稠度,前后两次测得的稠度差值即为砂浆的分层度(以 mm 计)。砂浆合理的分层度应控制在 10～30 mm,分层度大于 30 mm 的砂浆容易离析、泌水、分层或水分流失过快,不便于施工,分层度小于 10 mm 的砂浆硬化后容易产生干缩裂缝。

3) 凝结时间

砂浆拌合物凝结时间采用贯入阻力法进行测试,用砂浆凝结时间测定仪测定。砂浆的凝结时间不能过短也不能过长。凝结时间过长,影响后续施工;凝结时间过短,影响砌筑或抹面施工质量。

6.2.2　硬化后砂浆的技术性质

1) 抗压强度与强度等级

砂浆以抗压强度作为其主要强度指标。《建筑砂浆基本性能试验方法标准》(JGJ/T 70—2009)中规定,砂浆强度等级是以 70.7 mm×70.7 mm×70.7 mm 的带底试模按标准方法制作 3 个立方体试块,同时按标准条件养护至 28 天,测其抗压强度。《砌筑砂浆配合比设计规程》(JGJ/T 98—2010)中规定,水泥砂浆及预拌砌筑砂浆的强度等级分为 M5、M7.5、M10、M15、M20、M25、M30 共 7 个等级;水泥混合砂浆的强度等级可分为 M5、M7.5、M10、M15 共 4 个等级。《抹灰砂浆技术规程》(JGJ/T 220—2010)中规定:水泥抹灰砂浆的强度等级可分为 M15、M20、M25、M30 共 4 个等级;水泥粉煤灰抹灰砂浆的强度等级可分为 M5、M10、M15 共 3 个等级;水泥石灰抹灰砂浆的强度等级可分为 M2.5、M5、M7.5、M10 共 4 个等级;掺塑化剂水泥抹灰砂浆的强度等级可分为 M5、M10、M15 共 3 个等级;聚合物水泥抹灰砂浆的强度等级不应小于 M5,石膏抹灰砂浆的抗压强度不应小于 4.0 MPa。

2) 黏结性

由于砖、石、砌块等材料是靠砂浆黏结成一个坚固整体并传递荷载的,如抹灰砂浆与墙体材料黏结在一起构成一面墙,地面砂浆与楼板黏结在一起构成楼板层,因此,要求砂浆与基层材料之间应有一定的黏结强度。只有砂浆本身具有一定的黏结力,才能与基层黏结得牢,整个砌体的整体性、强度、耐久性及抗震性等才能更好。

砂浆的黏结性通过砂浆拉伸黏结强度试验进行测定,一般砂浆抗压强度越高,其与基材的黏结强度就越高。此外,砂浆的黏结强度与基层材料的表面状态、清洁程度、湿润状况以及施工养护等条件有很大关系,同时还与砂浆的胶凝材料种类有很大关系,加入聚合物可使砂浆的黏结性大为提高。

3) 变形性

砌筑砂浆在承受荷载或在温度变化时会产生变形。如果变形过大或不均匀容易使砌体的整体性下降,产生沉陷或裂缝,影响整个砌体的质量。抹面砂浆在空气中也容易产生收缩等变形,变形过大也会使面层产生裂纹或剥离等质量问题。因此要求砂浆具有较小的变形性。

砂浆变形性的影响因素很多,如胶凝材料的种类和用量、用水量,细骨料的种类、级配和质量以及外部环境条件等。

6.3 砌筑砂浆及其配合比设计

砌筑砂浆是将砖、石、砌块等块材黏结成为砌体,起黏结、衬垫和传力的作用的砂浆,是砌体的重要组成部分。

砌筑砂浆可根据原材料、工程类别及砌体部位的设计要求,确定砂浆的强度等级,然后选定其配合比。目前,常用的砌筑砂浆有水泥砂浆和水泥混合砂浆两大类。根据《砌筑砂浆配合比设计规程》(JGJ/T 98—2010)规定,砌筑砂浆施工配合比确定包括计算、试配、调整及确定 4 个过程。

6.3.1 水泥混合砂浆配合比计算步骤

1) 计算砂浆试配强度($f_{m,0}$)

砂浆的试配强度可按下式确定:

$$f_{m,0} = kf_2 \tag{6-1}$$

式中：$f_{m,0}$——砂浆的试配强度（MPa），精确至 0.1 MPa；

　　　f_2——砂浆强度等级值（MPa），精确至 0.1MPa；

　　　k——系数，按表 6-2 取值。

表 6-2　砂浆强度标准差 σ 及 k 值

强度等级 施工水平	强度标准差 σ(MPa)							k
	M5	M7.5	M10	M15	M20	M25	M30	
优良	1.00	1.50	2.00	3.00	1.00	5.00	6.00	1.15
一般	1.25	1.88	2.50	3.75	5.00	6.25	7.50	1.20
较差	1.50	2.25	3.00	4.50	6.00	7.50	9.00	1.25

砂浆强度标准差的确定应符合下列规定：

（1）当有统计资料时，砂浆强度标准差应按下式计算：

$$\sigma = \sqrt{\frac{\sum_{i=1}^{n} f_{m,i}^2 - n\mu_{fm}^2}{n-1}} \tag{6-2}$$

式中：$f_{m,i}$——统计周期内同一品种砂浆第 i 组试件的强度（MPa）；

　　　μ_{fm}——统计周期内同一品种砂浆 N 组试件强度的平均值（MPa）；

　　　n——统计周期内同一品种砂浆试件的组数，$n \geqslant 25$。

（2）当无统计资料时，砂浆强度标准差可按表 6-2 取值。

2）计算每立方米水泥用量（Q_C）

（1）每立方米砂浆中的水泥用量，应按下式计算：

$$Q_C = \frac{1\,000(f_{m,0} - \beta)}{\alpha \cdot f_{ce}} \tag{6-3}$$

式中：Q_C——每立方米砂浆中的水泥用量（kg），精确至 1 kg；

　　　$f_{m,0}$——砂浆的试配强度（MPa），精确至 0.1 MPa；

　　　f_{ce}——水泥的实测强度（MPa），精确至 0.1 MPa；

　　　α、β——砂浆的特征系数，其中 α 取 3.03，β 取 —15.09。

（2）在无法取得水泥的实测强度 f_{ce} 时，可按下式计算：

$$f_{ce} = \gamma_c \cdot f_{ce,k} \tag{6-4}$$

式中：$f_{ce,k}$——水泥强度等级对应的强度值（MPa）；

　　　γ_c——水泥强度等级值的富余系数，该值应按实际统计资料确定，无统计资料时取 $\gamma_c = 1.0$。

3）计算每立方米石膏用量（Q_D）

水泥混合砂浆石膏的掺量应按下式计算：

$$Q_D = Q_A - Q_C \tag{6-5}$$

式中：Q_D——每立方米砂浆中掺加料用量（kg），应精确至 1 kg，石灰膏使用时的稠度宜为

(120 ± 5) mm;

Q_C——每立方米砂浆中水泥用量,精确至 1 kg;

Q_A——每立方米砂浆中水泥和掺加料的总量,精确至 1 kg,宜在 $300\sim350$ kg/m³ 之间。

4)确定每立方米砂浆中砂子用量(Q_s)

每立方米砂浆中砂子用量,应以干燥状态(含水率小于 0.5%)的堆积密度值作为计算值(kg)。

5)确定每立方米砂浆中用水量(Q_w)

每立方米砂浆中用水量可根据砂浆稠度等要求选用 $210\sim310$ kg。每立方米砂浆中用水量的选取需要注意以下几点:

(1)混合砂浆中的用水量,不包括石灰膏中的水。

(2)当采用细砂或粗砂时,用水量分别取上限或下限。

(3)稠度小于 70 mm 时,用水量可小于下限。

(4)施工现场气候炎热或干燥季节,可酌量增加水量。

6.3.2 其他种类砂浆初步配合比确定

(1)水泥砂浆初步配合的试配强度应按照公式(6-1)进行计算确定。水泥砂浆的材料用量可按照表 6-3 选用。

表 6-3 每立方米水泥砂浆材料用量(kg/m³)

强度等级	水泥用量	砂子用量	用水量
M5	$200\sim230$		
M7.5	$230\sim260$		
M10	$260\sim290$		
M15	$290\sim330$	1 m³ 干燥状态下砂的堆积密度值	$270\sim330$
M20	$340\sim400$		
M25	$360\sim410$		
M30	$430\sim480$		

注:(1)M15 及 M15 以下强度等级水泥砂浆,水泥强度等级为 32.5 级;M15 以上强度等级水泥砂浆,水泥强度等级为 42.5 级。

(2)当采用细砂或粗砂时,用水量分别取上限或下限。

(3)稠度小于 70 mm 时,用水量可小于下限。

(4)施工现场气候炎热或干燥时,可酌量增加用水量。

(2)水泥粉煤灰砂浆初步配合的试配强度应按照公式(6-1)进行计算确定。水泥粉煤灰砂浆的材料用量可按照表 6-4 选用。

表 6-4 每立方米水泥粉煤灰砂浆材料用量(kg/m³)

强度等级	水泥用量	粉煤灰用量	砂子用量	用水量
M5	210～240	粉煤灰掺量可占胶凝材料总量的15%～25%	1 m³ 干燥状态下砂的堆积密度值	270～330
M7.5	240～270			
M10	270～300			
M15	300～330			

注:(1) 表中水泥强度等级为 32.5 级。
(2) 根据施工水平合理选择水泥用量。
(3) 当采用细砂或粗砂时,用水量分别取上限或下限。
(4) 稠度小于 70 mm 时,用水量可小于下限。
(5) 施工现场气候炎热或干燥时,可酌量增加用水量。

(3) 预拌砌筑砂浆生产前应进行试配,试配强度按式(6-1)计算确定,试配时砂浆稠度取 70～80 mm。预拌砌筑砂浆中可掺入保水增稠材料、外加剂等,掺量应经试配后确定。

6.3.3 砌筑砂浆配合比试配、调整与确定

1) 砌筑砂浆配合比试配、调整与确定

砂浆试配时应采用工程中实际使用的材料;搅拌采用机械搅拌,搅拌时间自投料结束后算起,水泥砂浆和水泥混合砂浆不得小于 120 s,掺用粉煤灰和外加剂的砂浆不得小于 180 s。

按计算或查表选用的配合比进行试拌,测定其拌合物的稠度和分层度,若不能满足要求,则应调整材料用量,直至符合要求为止,此时确定得到的配合比为砂浆基准配合比。

为了测定的砂浆强度能在设计要求范围内,试配时至少采用 3 个不同的配合比,其中 1 个为基准配合比,另外 2 个配合比的水泥用量按基准配合比分别增加及减少 10%,在保证稠度和保水率合格的条件下,可将用水量或掺加料用量作相应调整。按《建筑砂浆基本性能试验方法》(JGJ/T 70—2009)的规定成型试件,测定不同配合比砂浆的表观密度及强度,并选定符合试配强度及和易性要求、水泥用量最低的配合比作为砂浆试配配合比。

2) 砌筑砂浆配合比校正

(1) 按照前面所述方法确定的砂浆配合比材料用量,按下式计算砂浆的理论表观密度值:

$$\rho_t = Q_C + Q_D + Q_S + Q_W \tag{6-6}$$

式中:ρ_t——砂浆的理论表观密度(kg/m³),应精确至 10 kg/m³。

(2) 计算砂浆配合比校正系数 δ

$$\delta = \rho_c/\rho_t$$

式中:ρ_c——砂浆的实测表观密度(kg/m³),应精确至 10 kg/m³。

当砂浆的实测表观密度与理论表观密度之差的绝对值不超过理论值的 2%时,按前述方法得出的试配配合比确定为砂浆的设计配合比;当超过 2%时,应将试配配合比中每项材

料用量均乘以校正系数(δ)后,确定为砂浆设计配合比。

3)砂浆配合比以各种材料用量的比例形式表示

$$水泥:掺加料:砂:水 = Q_C : Q_D : Q_S : Q_W$$

或 $$水泥:掺加料:砂:水 = 1 : \frac{Q_D}{Q_C} : \frac{Q_S}{Q_C} : \frac{Q_W}{Q_C}$$

4)砂浆配合比计算实例

【例6-1】 要求设计确定用于砌筑砖墙的 M10 等级、稠度为 50～70 mm 的水泥混合砂浆配合比。水泥为 32.5 级矿渣硅酸盐水泥;石灰膏稠度为 120 mm;中砂堆积密度为 1 400 kg/m³;含水率为 0.3%;施工水平一般。

【解】 (1)根据式(6-1),计算试配强度 $f_{m,0}$。

$$f_{m,0} = kf_2 = 1.2 \times 10.0 = 12 \text{ MPa}$$

(2)根据式(6-3),计算水泥用量 Q_C。

$$Q_C = 1\,000(f_{m,0} - \beta)/(\alpha \cdot f_{ce}) = 1\,000 \times (12 + 15.09)/(3.03 \times 32.5) = 275 \text{ kg}$$

式中砂浆的特征系数:$\alpha = 3.03, \beta = -15.09$;

$$f_{ce} = \gamma_c \cdot f_{ce\cdot k} = 1.0 \times 32.5 = 32.5 \text{ MPa}$$

(3)根据式(6-4),计算石膏的用量 Q_D。

$$Q_D = Q_A - Q_C = 350 - 275 = 75 \text{ kg}$$

式中:$Q_A = 350$ kg(水泥和石灰膏总量)。

(4)根据砂子堆积密度值和含水率,计算砂用量 Q_S,砂中含水率为 0.3%,小于含水率为 0.5%,砂的用量即为砂的表观密度值 1 400 kg。

(5)选择用水量 Q_W。

$$Q_W = 210 \text{ kg/m}^3$$

砂浆试配时各材料的用量比例:

$$水泥:石灰膏:砂:水 = 275 : 75 : 1\,400 : 210$$

或 $$水泥:石灰膏:砂:水 = 1 : 0.27 : 5.09 : 0.76$$

6.4 其他砂浆

在建筑工程应用中,除了砌筑砂浆外,按照不同用途,砂浆还分为抹面砂浆和其他砂浆,其中抹面砂浆还分为普通抹面砂浆和特种砂浆等;按不同胶结材料,砂浆还分为石灰砂浆、水泥砂浆、混合砂浆、石膏砂浆和聚合物砂浆等。随着建筑工程和建筑材料的发展,新型具有特殊性能要求的砂浆不断涌现出来,本节主要介绍常用抹面砂浆和几种特种砂浆。

6.4.1 抹面砂浆

凡涂抹在基底材料的表面,兼有保护基层和起到一定装饰作用的砂浆,可统称为抹面砂浆。对抹面砂浆的基本要求是具有良好的和易性和较高的黏结强度。根据抹面砂浆功能的不同,一般可将抹面砂浆分为普通抹面砂浆、特种砂浆(如绝热、防水、吸声、耐腐蚀、防射线砂浆)等。抹面砂浆的组成材料与砌筑砂浆基本上是相同的。但为了防止砂浆层的收缩开裂,有时需要加入一些纤维材料,或者为了使其具有某些特殊功能需要选用特殊骨料或掺加料。另外,与砌筑砂浆不同,对抹面砂浆的主要技术性质不是抗压强度,而是和易性以及与基底材料的黏结强度。

1) 普通抹面砂浆

普通抹面砂浆对建筑物和墙体起到保护作用。它可以抵抗自然环境对建筑物的侵蚀,并提高建筑物的耐久性,同时经过抹面的建筑物表面或墙面又可以达到平整、光洁、美观的效果。常用的普通抹面砂浆有水泥砂浆、石灰砂浆、水泥混合砂浆、麻刀石灰砂浆(简称麻刀灰)、纸筋石灰砂浆(简称纸筋灰)等。

普通抹面砂浆通常分为 2 层或 3 层进行施工。底层抹灰的作用是使砂浆与基底能牢固地黏结,因此要求底层砂浆具有良好的和易性、保水性和较好的黏结强度。中层抹灰主要是找平,有时可省略。面层抹灰是为了获得平整、光洁的表面效果。各层抹灰面的作用和要求不同,因此每层所选用的砂浆也不一样。同时,不同的基底材料和工程部位,对砂浆技术性能的要求也不同,这也是选择砂浆种类的主要依据。

抹面砂浆要与工程环境相适宜,水泥砂浆宜用于潮湿或强度要求较高的部位;混合砂浆多用于室内底层或中层或面层抹灰;石灰砂浆、麻刀灰、纸筋灰多用于室内中层或面层抹灰。水泥砂浆不得涂抹在石灰砂浆层上。

2) 粉刷石膏砂浆

粉刷石膏砂浆是一种建筑内墙及顶板表面的抹面材料,是传统水泥砂浆的换代产品,由石膏胶凝材料作为基料配制而成。粉刷石膏作为一种新型的内墙抹面材料,具有轻质、防火、保温隔热、吸音、高强、不收缩、不易开裂、施工方便的特点。在内墙施工中,长期以来一直沿用传统的水泥砂浆抹面,存在易开裂、空鼓、落地灰多等缺陷,粉刷石膏明显消除了传统材料的通病,且具有许多传统材料无可比拟的优点。

粉刷石膏砂浆的特性包括:黏结力强;表面装饰性好;阻燃性好;保温隔热性好;节省工期;施工方便,易抹灰,易刮平,易修补,劳动强度低,耗材少,冬季施工早强快;轻质等。

粉刷石膏砂浆的施工工艺包括:施工准备;基层处理;散水润湿墙面;弹性找规矩;贴饼冲筋;备料;抹底层粉刷石膏砂浆;抹面层石膏腻子。

6.4.2 其他砂浆简介

1) 聚合物砂浆

聚合物砂浆,是由胶凝材料、骨料和可以分散在水中的有机聚合物搅拌而成的,使砂浆性能得到很大改善的一种新型建筑材料。其中的聚合物黏结剂是指可再分散乳胶粉类;丙烯酸酯、聚乙烯醇、苯乙烯-丙烯酸酯等。作为有机黏结材料与砂浆中的水泥或石膏等无机黏结材料完美地组合在一起,大大提高了砂浆与基层的黏结强度、砂浆的可变形性(即柔性)、砂浆的内聚强度等性能。

聚合物砂浆主要包括聚合物防水砂浆(硬性防水砂浆,柔性双组分防水砂浆)、聚合物保温砂浆(EPS板上抹面抗裂砂浆、黏结砂浆,聚苯颗粒胶浆,玻化微珠无机保温砂浆等)、聚合物地坪砂浆(自流平表层、基层)、聚合物饰面砂浆、聚合物加固砂浆(抗压强度≥55 MPa,劈裂抗拉强度≥12 MPa)、聚合物抗腐蚀砂浆(抗酸、抗碱、抗盐、抗紫外线、抗高温等)、聚合物修补砂浆、瓷砖黏合剂、界面剂等。聚合物的种类和掺量在很大程度上决定了聚合物砂浆的性能。

2) 保温砂浆

自20世纪爆发能源危机以来,世界各国高度重视节能技术及节能材料的研发和使用,其中耗能较大的建筑业是重点。随着世界建筑能耗大幅度下降,建筑保温材料也得到了迅速的发展和广泛的应用。其中保温砂浆是使用量较大的一种外墙节能材料。保温砂浆通过改变其组分和厚度可以调节墙体围护结构的热阻,改善墙体热工性能,它兼具了砂浆本身及保温材料的双重功能,干燥后形成有一定强度的保温层,起到了增加保温效果的作用。

保温砂浆由轻质保温骨料、胶凝材料和改性材料组成。胶凝材料主要为硅酸盐类水泥,也有用石膏作为胶凝材料。改性材料为聚合物胶黏剂(可再分散聚合物胶粉或聚合物乳液)、憎水剂、纤维素醚增稠剂、高效减水剂和聚丙烯纤维。保温砂浆按化学成分分为有机保温砂浆和无机保温砂浆两类。目前中国市场上广泛使用的胶粉聚苯颗粒保温砂浆就是有机保温砂浆,而以膨胀珍珠岩、膨胀蛭石、玻化微珠等无机矿物为轻骨料的保温砂浆则为无机保温砂浆。

保温砂浆技术除要求其具有较低的导热系数外,还要求具备一定的黏结强度、变形性能等。《建筑保温砂浆》(GB/T 20473—2006)给出了无机保温砂浆的性能要求。无机保温砂浆的施工方法是从材料厂出厂的保温砂浆干粉经过加水搅拌后就可以直接涂抹于墙面。在施工现场,它可直接涂抹在毛坯墙上,施工方法同普通的水泥砂浆。

3) 自流平砂浆

地面自流平材料是一种以无机或有机胶凝材料为基料,加入适宜的外加剂改性,用于地面找平的新型地面材料。它可以在不平的基底上使用,提供一个合适、平整、光滑和坚固的铺垫底层,以架设各种地板材料,例如地毯、木地板、PVC、瓷砖等精找平材料。自流平材料具有非常好的流动性和自光滑能力,且具有快速凝固和干燥的特性,使地板材料在数小时后就可以施工,与各种基底黏合牢固,并且具有低收缩率、高抗压强度和良好的耐磨损性。自流平砂浆即为地面自流平材料的一种。

自流平砂浆以硅酸盐水泥或铝酸盐水泥或硫铝酸盐水泥为胶凝材料,加入颗粒状集料(砂)和粉状填料,并使用可再分散聚合物树脂粉末和各种化学添加剂进行改性,通过一定的生产工艺混合均匀而成的材料。自流平砂浆使用时,加水调拌成浆状后,具有极好的流动性,倾注于地面后稍经摊铺即能够自动流平,并形成光滑的表面。

4) 干混砂浆

干混砂浆又称干粉砂浆、干拌砂浆,是指由专业生产厂家生产,将经干燥分级处理的细骨料与胶凝材料、保水增稠材料、矿物掺合料和外加剂,经计量后按一定比例混合而成的一种颗粒状或粉状混合物,它既可由专用罐车运输到工地加水拌和使用,也可采用包装形式运到工地拆包加水拌和使用。

干混砂浆的原材料有细集料、水泥、矿物掺合料和外加剂。集料在砂浆组成中一般占有较大的比例,主要还是采用河砂较多。砂子的物理和化学性质应该符合相应要求。不同的产品对砂子粒径有不同要求,比如对砌筑砂浆,石材砌体要求砂的最大粒径应小于砂浆层厚度的 1/4~1/5;砖砌体要求粒径≤2.5 mm。而抹面砂浆根据抹灰层次不同有不同要求,底层、中层要求最大粒径为 2.6 mm,面层要求最大粒径为 1.2 mm。干粉砂浆的胶凝材料宜选用硅酸盐水泥、普通硅酸盐水泥和矿渣硅酸盐水泥、白水泥、石膏、石灰等,并应符合相应标准的规定。干粉砂浆广泛使用的矿物掺合料有粉煤灰、矿渣微粉、石灰石粉、硅灰等,都属于工业废料,从矿物组成来看,都是含有很高氧化钙的铝硅酸盐和碳酸盐,在水中有不同的溶解性。

干混砂浆拌合物的所有组分均在专业工厂计量、拌和均匀。其用料合理,配料准确,质量稳定,整体强度离散性小;砂浆保水性、和易性好,易于施工;材料损耗、浪费少,利于节约成本;降低了施工现场的粉尘污染和噪音等,提高了城市环境的空气质量,便于文明施工管理;有利于机械化施工和技术进步,是真正意义上的环保、绿色产品。

6.5 小结

(1) 建筑砂浆的组成材料主要包括胶凝材料、骨料、水及添加剂等。

(2) 和易性、硬化后砂浆的强度、黏结性和收缩是建筑砂浆主要的技术性质。新拌砂浆应具有良好的和易性,和易性良好的砂浆易在粗糙的砖、石基面上铺成均匀的薄层,且能与基层材料紧密黏结;砂浆以抗压强度作为其主要强度指标;砂浆的黏结性通过砂浆拉伸黏结强度试验进行测定,一般砂浆抗压强度越高,则其与基材的黏结强度越高;砂浆变形性的影响因素很多,如胶凝材料的种类和用量、用水量、细骨料的种类、级配和质量以及外部环境条件等。

(3) 砌筑砂浆可根据原材料、工程类别及砌体部位的设计要求确定砂浆的强度等级,然后选定其配合比。目前,常用的砌筑砂浆有水泥砂浆和水泥混合砂浆两大类。

(4) 在建筑工程应用中,除了砌筑砂浆外,按不同用途,砂浆还分为抹面砂浆,其中抹面砂浆还分为普通抹面砂浆和特种砂浆等;按不同胶结材料,砂浆还分为石灰砂浆、水泥砂浆、混合砂浆、石膏砂浆和聚合物砂浆等。另外,随着建筑工程和建筑材料的发展,新型的具有特殊性能要求的砂浆将不断涌现出来。

思考题

1. 砂浆与混凝土相比在组成和用途上有何不同点?
2. 砂浆的保水性不良,对其质量有什么影响? 如何改善?
3. 砂浆的强度与哪些因素有关?
4. 为什么一般砌筑工程中多采用水泥混合砂浆?
5. 简述抹面砂浆的特点和技术要求。
6. 聚合物砂浆主要有哪些种类?

7 墙体材料及屋面材料

本章提要

本章主要介绍常用的 3 类砌筑墙体的材料——砌墙砖、墙用砌块和板材,并简要介绍屋面用的各类瓦材和板材。要求掌握墙体材料的品种、技术性能及应用范围,熟悉常用屋面材料的品种、性能及应用。了解墙体与屋面材料的发展趋势和墙体材料改革动态,以便合理选用及开发新型墙体材料。

墙体材料及屋面材料是建筑工程中最重要的材料之一,对建筑物的功能、自重、成本、工期及建筑能耗等均有着直接的关系。

我国传统的墙体材料及屋面材料是黏土砖瓦,秦砖汉瓦反映了我国悠久的历史文明。但实心黏土砖的生产要消耗大量的土地资源和煤炭资源,同时造成严重的环境污染。实心黏土砖尺寸小、自重大,施工效率低,舒适性上难以满足人们对建筑使用功能的要求。因此从 1992—1999 年,陆续出台墙改工作有关政策法规,通过征收墙改专项费用等行政手段,开展墙材革新,限制使用实心黏土砖。从 2000 年开始沿海城市和其他土地资源稀缺的城市禁止使用实心黏土砖,并根据可能的条件,限制其他黏土制品的生产和使用。2011 年,国家发改委发布了《"十二五"墙体材料革新指导意见》,要求加快新型墙体材料发展步伐:鼓励新型墙体材料向轻质化、高强化、复合化发展,重点推进节能保温、高强防火、利废环保的多功能复合一体化新型墙体材料的生产和应用。大力发展以煤矸石、粉煤灰、脱硫石膏等为主要原料的新型墙体材料产品。在大宗固体废弃物产生和堆存量大的地区优先发展高档次、高掺量的利废新型墙体材料产品;在人均耕地少、砂石资源比较丰富地区优先发展混凝土制品;在自然资源匮乏、黏土资源比较丰富地区适当发展空心化、多功能的黏土砌块制品。

在一般房屋建筑中,建筑材料中 70% 是墙体材料,约占房屋建筑总重的 50%。因此合理选择墙材,对建筑的功能、安全及造价等均有重要意义。

按使用部位,墙体材料分为内墙材料、外墙材料。外墙材料在强度、抗冻性、抗渗性、保温隔热性等方面比内墙材料有更高的要求。

按承载能力,墙体材料分为承重墙材料和非承重墙材料。

按产品外形,墙体材料可分为砖、砌块、板材 3 类。

屋面是建筑物最上层的防护结构,起着挡风雨、保温隔热作用,主要有各类瓦材和轻型板材。

7.1 砖

7.1.1 原料和烧土制品生产工艺

1）原料

（1）黏土原料

黏土原料是天然岩石经过长期自然风化而成的多种矿物的混合体，常见的矿物成分有高岭石、蒙脱石、水云母等。

根据耐火度的不同，黏土可分为耐火黏土、难熔黏土和易熔黏土，烧结砖采用的是砂质易熔黏土。

（2）工业废渣原料

① 煤矸石。是采煤过程和洗煤过程中排放的固体废物，是在成煤过程中与煤层伴生的一种含碳量较低、比煤坚硬的黑灰色岩石。煤矸石是煤矿的废料，化学成分波动较大，其中热值相对较高的黏土质煤矸石适合烧砖。制作原料砖时，需将煤矸石粉碎成适当细度的粉料，再根据其含碳量及可塑性进行配料。

② 粉煤灰。从煤燃烧后的烟气中收集下来的细灰称为粉煤灰，粉煤灰是燃煤电厂排出的主要固体废物。粉煤灰是我国当前排量较大的工业废渣之一，现阶段我国年排渣量已达3 000万吨。随着电力工业的发展，燃煤电厂的粉煤灰排放量逐年增加，粉煤灰的处理和利用问题已引起社会广泛的注意。

③ 煤渣。煤渣是火力发电厂、工业和民用锅炉及其他燃煤设备排出的废渣，是工业固体废物的一种，又称炉渣。根据煤渣成分的不同，除用于制砖及用于制造水泥和耐火材料等，还可从中提取稀有金属。

7.1.2 生产工艺

以黏土、页岩、煤矸石、粉煤灰等为原料烧制普通砖时其生产工艺基本相同。生产过程为：配料→调制→制品成型→干燥→焙烧→成品。

1）烧结砖

烧结砖是通过焙烧工艺制成的墙砖。根据砖的孔洞率分为烧结普通砖、烧结多孔砖和烧结空心砖。

（1）烧结普通砖

① 烧结普通砖的分类和规格

烧结普通砖是以黏土、页岩、粉煤灰、煤矸石等为主要原料，经成型、焙烧制成的实心或孔洞率小于15%的砖。

A. 分类：按主要原料分为黏土砖（N）、页岩砖（Y）、粉煤灰砖（F）和煤矸石砖（M）。原料来源及生产工艺略有不同，但产品的性质和应用几乎完全一样。

B. 规格:烧结普通砖的规格为 240 mm×115 mm×53 mm。

② 烧结普通砖的主要技术性质

A. 强度等级:根据《烧结普通砖》(GB 5101—2003)中的规定,按抗压强度平均值结果分为 MU30、MU25、MU20、MU15、MU10 共 5 个强度等级。

B. 质量等级:根据尺寸偏差、外观质量、泛霜和石灰爆裂分为优等品(A)、一等品(B)、合格品(C)3 个质量等级。

黏土砖有红砖和青砖两种。若窑中为氧化气氛,砖中的氧化铁会氧化成红色的高价氧化铁,烧成的砖呈红色,即得红砖;如果砖坯在还原气氛中焙烧,使红色的高价氧化铁还原为青灰色的低价氧化铁,即得青砖。

③ 烧结普通砖的特点与应用

烧结普通砖具有一定的强度,是多孔结构材料,因而具有良好的隔热、透气性。

作为传统的墙体材料,可用来砌筑建筑物的内外墙体、柱、拱以及烟囱、沟道、基础等;优等品可用于清水墙和装饰墙,一等品及合格品用于混水墙,中等泛霜的砖不能用于潮湿部位。不得使用欠火砖、酥砖和螺旋纹砖。

注意:在砌筑前必须预先将砖进行吸水润湿后方可使用,否则水泥砂浆不能正常水化和凝结硬化。

(2) 烧结多孔砖

以黏土、页岩、煤矸石或粉煤灰为主要原料,经焙烧而成,孔洞率不小于 25%,砖内孔洞内径不大于 22 mm。

① 烧结多孔砖的外形和规格

A. 外形:为大面有孔的直角六面体,孔的尺寸小而数量多,孔洞垂直于受压面。

B. 规格:其规格尺寸有两种(图 7-1)。

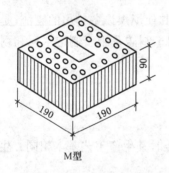
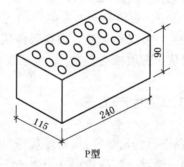

M型　　　　　　　　　　　　　　　P型

图 7-1　烧结多孔砖

M 型:190 mm×190 mm×90 mm;P 型:240 mm×115 mm×90 mm

② 烧结多孔砖的主要技术性质

A. 强度等级:根据《烧结多孔砖》(GB 13544—2003)中的规定,抗压强度和抗折荷重分为 5 个强度等级,记为 MU30、MU25、MU20、MU15、MU10。

B. 质量等级:根据砖的尺寸偏差、外观质量、强度等级和物理性能(冻融、泛霜、石灰爆裂、吸水率等)分为 3 个等级,为 A(优等品)、B(一等品)、C(合格品)。

③ 烧结多孔砖的特点与应用

原称"承重空心砖",大面有许多小孔,可保温、吸声,抗压强度较高。使用时孔洞垂直于承压面,常用作 6 层以下的承重墙体。

（3）烧结空心砖和空心砌块

以黏土、页岩、煤矸石、粉煤灰为主要原料,经焙烧而成,主要用于建筑物非承重部位的空心砖和空心砌块,孔洞率等于或大于 35％。使用时孔洞平行于承压面。

① 烧结空心砖和空心砌块的外形和规格

A. 外形:烧结空心砖为顶面有孔洞的直角六面体,孔的尺寸大而数量少,孔洞采用矩形条孔或其他孔形,且平行于大面和条面。在与砂浆的胶结面上设有增加胶结力的深度为 1 mm 以上的凹线槽(图 7-2)。

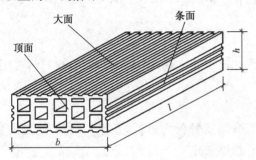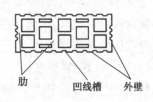

图 7-2　烧结空心砖

B. 规格:长、宽、高尺寸(mm):390、290、240；190、180、175、140、115；90。

② 烧结空心砖和空心砌块的主要技术性质

A. 强度等级:根据《烧结空心砖和空心砌块》(GB 1345—2003)中规定抗压强度分为 5 个强度等级,记为 MU10、MU7.5、MU5.0、MU3.5、MU2.5。

B. 密度级:按表观密度分为 800 kg/m³、900 kg/m³、1 000 kg/m³、1 100 kg/m³ 4 个密度级。

C. 质量等级:每个密度级根据孔洞及其排数、外观质量、尺寸偏差、强度等级和物理性能分为优等品(A)、一等品(B)和合格品(C)。

③ 烧结空心砖的特点与应用

烧结空心砖质量较轻,强度不高,通常用于非承重隔墙和框架结构填充墙。

普通烧结砖有自重大、体积小、生产能耗高、施工效率低等缺点,用烧结多孔砖和烧结空心砖代替烧结普通砖,可使建筑物自重减轻 30％左右,节约黏土 20％～30％,节省燃料 10％～20％,墙体施工功效提高 40％,并改善砖的隔热隔声性能。通常在相同的热工性能要求下,用空心砖砌筑的墙体厚度比用实心砖砌筑的墙体减薄半砖左右,所以推广使用多孔砖和空心砖是加快我国墙体材料改革、促进墙体材料工业技术进步的重要措施之一。

2）非烧结砖

不经焙烧而制成的砖均称为非烧结砖。

根据所用原料,非烧结砖分为灰砂砖、粉煤灰砖、煤渣砖等;按照养护方式,可分为蒸压砖和蒸养砖。经高压蒸汽养护硬化而制成的一类砌墙砖制品称为蒸压砖;经常压蒸汽养护硬化而制成的一类砌墙砖制品称为蒸养砖。

（1）蒸压灰砂砖(简称灰砂砖)

以石灰和砂为主要原料,经坯料制备、压制成型,蒸压养护而成的实心灰砂砖。

蒸压灰砂砖原材料来源广泛,生产技术成熟,产品表面平整,尺寸准确,性能优良。灰砂砖的制砖总能耗较黏土砖低 30%,可节省黏土资源,有利于保护环境,减少可耕土地的损失。同时可节省大量的煤炭资源,以达到节约能源、节省土地的双重效果,符合我国新型墙体材料的发展方向,是国家提倡和鼓励优先发展的墙体材料,属节能建材。

① 蒸压灰砂砖的尺寸规格和质量等级

A. 尺寸规格:目前我国常用的灰砂砖尺寸规格同烧结普通砖,为 240 mm × 115 mm × 53 mm。根据《蒸压灰砂砖》(GB 11945—1999)中的规定,按尺寸偏差、外观质量分为A(优等品)、B(一等品)、C(合格品)3 个等级。

B. 质量等级:按抗压强度和抗折强度分为 MU25、MU20、MU15、MU10 四个强度等级。产品名称代号为 LSB。

② 蒸压灰砂砖的特点与应用

灰砂砖强度比较高,蓄热能力显著,隔声性能十分优越,属于不可燃建筑材料,可用于多层混合结构建筑的承重墙。

(2) 蒸压(养)粉煤灰砖

蒸压(养)粉煤灰砖是以粉煤灰、石灰、石膏以及骨料为原料,经坯料制备、压制成型、高压(常压)蒸汽养护等工艺过程而制成的实心粉煤灰砖。

① 蒸压(养)粉煤灰砖的尺寸规格和质量等级

A. 尺寸规格:与烧结普通砖规格一致,目前我国常用的粉煤灰砖规格主要有 240 mm × 115 mm × 53 mm、400 mm × 115 mm × 53 mm。

B. 质量等级:根据行业标准《粉煤灰砖》(JC 239—2001)中的规定,按抗压和抗折分为 MU30、MU25、MU20、MU15 与 MU10 五个等级。根据外观质量、强度、抗冻性和干缩分为优等品(A)、一等品(B)和合格品(C)。其产品名称代号为 FAB。

② 蒸压(养)粉煤灰砖的特点与应用

蒸压(养)粉煤灰砖采用压制成型,所以其外观平整。与普通黏土砖相比其抗压强度高;热工性能好;自重也比普通黏土砖轻 30%左右。节能环保,生产粉煤灰砖时消耗了大量污染环境的粉煤灰,保护了耕地,是国家重点推广的新型墙体材料之一。

粉煤灰砖可用于工业与民用建筑的墙体和基础,但用于基础或用于易受冻融和干湿交替作用的部位,必须使用 MU15 及以上的砖,不得用于长期受热 200℃以上或受急冷、急热或有酸性介质侵蚀的建筑部位。

(3) 炉渣砖(又称煤渣砖)

炉渣砖是以炉渣为原料,掺入适量石灰、石膏,经混合、压制成型、蒸养或蒸压养护制成的实心炉渣砖。

① 炉渣砖的尺寸规格和质量等级

A. 尺寸规格:目前我国常用的煤渣砖规格主要有 240 mm × 115 mm × 53 mm,其他规格尺寸由供需双方协商确定。

B. 质量等级:根据行业标准《炉渣砖》(JC/T 525—2007)中的规定,按抗压强度分为 MU25、MU20、MU15 三个强度等级。根据尺寸偏差和外观质量、强度级别分为优等品(A)、一等品(B)、合格品(C)3 个质量等级。产品名称代号为 LZ。

② 炉渣砖的特点与应用

我国是一个以煤为主要能源的国家，大量的民用采暖及供热燃煤锅炉，每年有大量的煤渣废弃物生成。煤渣砖系以煤渣为主要原料的保温节能型轻质墙体材料，是国家鼓励推广的新型建材。可用于工业与民用建筑物的墙体和基础，不得用于长期受热 200℃以上或受急冷、急热或有酸性介质侵蚀的建筑部位。

常用砌墙砖技术规格及选用要点见表 7-1。

表 7-1　常用砌墙砖技术规格及选用要点

砌墙砖名称及标准代号		组成	表观密度 (kg/m³)	尺寸规格(长×宽×高)(mm³)	强度等级	工程应用要点
烧结砖	烧结普通砖 (GB 5101—2003)	黏土、页岩、煤矸石和粉煤灰等	1 600~ 1 900	240×115×53	MU30,MU25,MU20, MU15,MU10	一般墙体材料、柱、拱、烟囱、地面、基础及过梁等
	烧结多孔砖 (GB 13544—2003)	黏土、页岩、煤矸石和粉煤灰等	1 400	(290,240,190)× (190,180,140, 115)×90	MU30,MU25,MU20, MU15,MU10	适用于 6 层以下建筑物的承重墙或高层框架结构的填充墙，不适用于基础墙、地面以下或室内防潮层以下的建筑部位
	烧结空心砖和空心砌块 (GB 13545—2003)	黏土、页岩、煤矸石	800~ 1 100	(390,290,240)× (190,180,175, 140,115)×90	MU10,MU7.5,MU5.0, MU3.5,MU2.5	建筑物非承重部位的墙体，如多层建筑内隔墙或框架结构的填充墙等
非烧结砖	蒸压灰砂砖(LSB) (GB 11945—1999)	石灰、天然砂	1 800~ 1 900	240×115×53	MU25,MU20,MU15, MU10	基础及其他建筑，防潮层以上的建筑。不得用于长期受热(200℃以上)、受急冷急热和有酸性介质侵蚀的建筑部位或有流水冲刷的部位
	粉煤灰砖(FB) (JC 239—2001)	粉煤灰、石灰或水泥，适量石膏、外加剂、颜料和集料	1 400~ 1 600	240×115×53	MU30,MU25,MU20, MU15,MU10	用于工业与民用建筑的墙体和基础。在基层或易受冻融和干湿交替作用的建筑物部位，须使用 MU15 及以上强度等级的砖。不得用于长期受热(200℃以上)、受急冷急热和有酸性介质侵蚀的建筑部位
	炉渣砖 (JC/T525—2007)	炉渣、适量石灰(水泥、电石渣)、少量石膏	1 500~ 2 000	240×115×53	MU25,MU20,MU15	用于一般工程的墙体和建筑基础。不得用于长期受高温、受急冷急热和有酸性介质侵蚀的建筑部位
	混凝土多孔砖 (JC943—2004)	水泥、砂、石	—	(290,240,190, 180)×(240, 190,115,90)× (115,90)	MU30 MU25,MU20, MU15,MU10	用于工业与民用建筑结构的承重墙
	混凝土实心砖(SCB) (GB/T 21144—2007)	水泥、骨料、掺合料、外加剂	1 600~ 2 200	240×115×53	MU40,MU35,MU30, MU25,MU20,MU15	用于建筑物承重墙

7.2 砌块

砌块是一种体积比砌墙砖大的新型墙体材料,可充分利用地方资源和工业废料,不毁耕地,具有原料来源广、生产能耗低、制作方便、造价低廉、自重较轻、砌筑方便灵活、适应性强等特点,同时提高了施工效率及施工的机械化程度,减轻房屋自重,改善建筑物功能,降低工程造价,因此能得以迅速发展而成为我国主导的墙体建筑材料。砌块是指砌筑用的人造块材,外形多为直角六面体,也有各种异形的砌块。

按尺寸规格有:小型空心砌块(主规格高度 115~380 mm),可直接用人工砌筑,一个工人每工日可砌 100 块(相当于 1 000 块标准砖)以上;中型砌块(380~980 mm),采用小型机具即可施工;大型砌块(>980 mm)。建筑工程上我国以中小型砌块使用较多。

按用途分为承重砌块和非承重砌块。

按孔洞设置状况分为空心砌块(空心率≥25%)和实心砌块(无孔洞或空心率<25%)。

按原材料和生产工艺分为蒸压加气混凝土砌块、粉煤灰砌块、普通混凝土砌块、泡沫混凝土砌块、石膏砌块等。

7.2.1 蒸压加气混凝土砌块

蒸压加气混凝土砌块是在钙质材料(如水泥、石灰)和硅质材料(如砂子、粉煤灰、矿渣)的配料中加入铝粉作加气剂,经加水搅拌、浇筑成型、发气膨胀、预养切割,再经高压蒸汽养护而成的多孔硅酸盐砌块。

1)尺寸规格和质量等级

长度为 600 mm;宽度有 100 mm、120 mm、125 mm、150 mm、180 mm、200 mm、240 mm、250 mm、300 mm;高度有 200 mm、240 mm、250 mm、300 mm。

根据《蒸压加气混凝土砌块》(GB/T 11968—2006),砌块按尺寸偏差与外观质量、干密度、抗压强度和抗冻性分为优等品(A)、合格品(B)2 个质量等级。

砌块按强度分为 A1.0、A2.0、A2.5、A3.5、A5.0、A7.5、A10 七个级别。

2)蒸压加气混凝土砌块的特性

(1)多孔轻质。一般蒸压加气混凝土砌块的孔隙达 70%~80%,平均孔径约为 1 mm。蒸压加气混凝土砌块的表观密度小,一般为黏土砖的 1/3。可以减轻建筑物自重,从而降低建筑物的综合造价。

(2)保温隔热性能好。加气混凝土在生产过程中,内部形成了无数微小的气孔,这些气孔在材料中形成了静空气层,从而使加气混凝土砌块具有良好的保温隔热性能。用其作墙体材料可降低建筑物采暖、制冷等使用能耗,是目前国内单一墙体材料中性能最优的新型墙体材料。

(3)吸水导湿缓慢。由于蒸压加气混凝土砌块的气孔大部分为"墨水瓶"结构的气孔,只有少部分是水分蒸发形成的毛细孔,所以孔肚大口小,毛细管作用较差,导致砌块吸水导湿缓慢的特性。

蒸压加气混凝土砌块体积吸水率和黏土砖相近,而吸水速度却缓慢得多。蒸压加气混凝土砌块的这个特性对砌筑和抹灰有很大影响。在抹灰前如果采用与黏土砖同样方式往墙上浇水,黏土砖容易吸足水量,而蒸压加气混凝土砌块表面看来浇水不少,实则吸水不多。抹灰后黏土砖墙壁上的抹灰层可以保持湿润,而蒸压加气混凝土砌块墙壁抹灰层反被砌块吸去水分而容易产生干裂。

(4)干燥收缩较大。和其他材料一样,蒸压加气混凝土砌块干燥收缩,吸湿膨胀。在建筑应用中,如果干燥收缩过大,在有约束阻止变形时,收缩形成的应力超过了制品的抗拉强度或黏结强度,制品或接缝处就会出现裂缝。为了避免墙体出现裂缝,必须在结构和建筑上采取一定的措施,最好控制其上墙时的含水率在 20% 以下。

(5)防火性能好,达到了国家一级耐火标准。

(6)施工方便,可锯、可刨、可钉,可以根据施工要求随意加工。

3)应用

蒸压加气混凝土砌块广泛用于工业与民用建筑物的内外墙体,可用于多层建筑物的承重墙和框架结构的外墙及隔墙。将其作用外墙,既是外墙材料,又是保温材料,是目前同类体系中最经济的保温做法。在长期浸水、干湿交替、受酸侵蚀的部位不得使用蒸压加气混凝土砌块。

7.2.2　粉煤灰混凝土小型空心砌块

粉煤灰混凝土小型空心砌块是用粉煤灰、水泥、砂石、适量的增塑剂和水等主要原材料按比例搅拌、成型,经养护生产的混凝土小型空心砌块。

1)尺寸规格和质量等级

主要规格有 390 mm × 190 mm × 190 mm。

按照孔的排数,粉煤灰混凝土小型空心砌块分为单排孔(1)、双排孔(2)、三排孔(3)和四排孔 4 类。

根据《粉煤灰混凝土小型空心砌块》(JC/ 862—2008)中规定,按立方体抗压强度分为MU3.5、MU5.0、MU7.5、MU10、MU15 和 MU20 共 6 个等级。按其尺寸偏差、干缩性和外观质量分为优等品(A)、一等品(B)和合格品(C)3 个产品等级。

2)特点与应用

适用于建筑的墙体和基础,但不适宜用于长期受高温和长期受潮的承重墙,有酸介质侵蚀的部位也不宜使用。

7.2.3　普通混凝土小型空心砌块

普通混凝土小型空心砌块,是以水泥、粗细集料砂、碎石、水为主要原料,必要时加入外加剂,按一定的比例(重量比)计量配料,搅拌、振动加压或冲击成型,再经养护制成的一种墙体材料,其空心率不小于 25%。

1)尺寸规格和质量等级

其主要规格为 390 mm × 190 mm × 190 mm,其他规格主要是在长度、厚度上的变化,可由供需双方协商。

根据《普通混凝土小型空心砌块》(GB 8239—1997)按其尺寸偏差和外观分为优等品(A)、一等品(B)和合格品(C),按抗压强度分为 MU3.5、MU5.0、MU7.5、MU10、MU15.0 与 MU20 共 6 个等级。

2) 特点与应用

生产不用土,不毁耕地,施工速度快,自重轻,有利于地基处理和抗震性。

适用于地震设计烈度为 8 度和 8 度以下地区的一般工业与民用建筑的墙体。用于多层建筑的内外墙,框架、框剪结构的填充墙,市政工程的挡土墙等。

注:5 层及以上房屋的墙,以及受振动或层高大于 6 m 的墙、柱所用砌块的最低强度不小于 MU7.5。安全等级为一级或设计使用年限大于 50 年的房屋,墙体所使用砌块的最低强度应至少提高一级。

7.2.4 轻骨料混凝土砌块

轻骨料混凝土砌块是由水泥、砂、轻粗骨料、水等经搅拌成型而得。常用的轻骨料有陶粒、煤渣、自燃煤矸石和膨胀珍珠岩等。

1) 尺寸规格和质量等级

按砌块孔的排放分为 5 类:实心(O)、单排孔(1)、双排孔(2)、三排孔(3)和四排孔(4)。

根据《轻集料混凝土小型空心砌块》(GB/T 15229—2002)按尺寸允许偏差、外观质量分为一等品(B)和合格品(C),按砌块强度分为 1.5、2.5、3.5、5.0、7.5 和 10.0 六个等级。

2) 特点与应用

具有轻质、保温隔热性能好、抗震性能好等特点,主要应用于非承重结构的维护和框架结构的填充墙。

注:由于轻集料混凝土小型空心砌块的温度变形和干缩变形大于烧结普通砖,为防裂缝,可根据具体情况设置伸缩缝,在必要的部位增加构造钢筋。

7.2.5 泡沫混凝土砌块

泡沫混凝土砌块,是用物理方法将泡沫剂水溶液制备成泡沫,再将泡沫加入到水泥基胶凝材料、集料、掺合料、外加剂和水等制成的料浆中,经混合搅拌、浇筑成型、自然或蒸汽养护而成的轻质多孔混凝土砌块,也称发泡混凝土砌块。

1) 尺寸规格和质量等级

其主要规格为长 400 mm、600 mm;宽 100 mm、150 mm、200 mm、250 mm;高 200 mm、300 mm。

根据《泡沫混凝土砌块》(JC/T 1062—2007)按砌块立方体抗压强度分为 A0.5、A1.0、A1.5、A2.5、A3.5、A5.0、A7.5 七个等级。按砌体尺寸偏差和外观质量分为一等品(B)和合格品(C)2 个级别。

2) 特点与应用

(1) 轻质高强,减轻荷载。其他砖的容重一般高于 800 kg,而泡沫混凝土低于 600 kg。

(2) 保温隔热,节约能源。目前市场上使用的加气砖保温系数一般在 0.15~0.17 W,

而泡沫混凝土的保温系数一般在0.08～0.125 W,可作为一种保温材料直接用于墙体施工,而加气砖和其他砖还需进行内外墙保温。

(3)生产工艺比加气砖简单,能耗低。

泡沫混凝土砌块适用于有保温隔热要求的民用与工业建筑的墙体和屋面及框架结构的填充墙。

7.2.6 装饰混凝土砌块

主要材料为水泥、砂、石、颜料等,还可利用粉煤灰、煤矸石等工业废渣和尾矿搅拌,可制成不同色泽的装饰混凝土和制品。

1)尺寸规格和质量等级

"装饰混凝土砌块"行业标准把砌块分为贴面砌块和砌筑砌块,其中砌筑砌块又分为实心和空心,有三大品种系列,每一品种又可有多种花色。砌体砌块基本尺寸为长:390 mm、290 mm、190 mm;宽:290 mm、240 mm、190 mm、140 mm、90 mm;高:190 mm、90 mm。

根据《装饰混凝土砌块》(JC/T 641—2008)中规定砌体装饰砌块按抗压强度分为MU10.0、MU15.0、MU20.0、MU25.0、MU30.0、MU35.0、MU40.0七个等级。

2)特点与应用

装饰砌块除具有普通混凝土砌块的优点外,还把装饰、防水、保温、隔热、吸音融为一体,使其具有多种功能。

装饰混凝土砌块靠饰面的颜色、形貌、花纹、露出集料等方法获得理想的装饰效果,可用于一般工业与民用建筑的填充墙,市政、交通、园林、水利等土建工程,乃至雕塑工艺制品等。

7.2.7 石膏砌块

石膏砌块是以建筑石膏为主要原材料,经加水搅拌、浇筑成型和干燥制成的轻质建筑石膏制品。其中可加入纤维增强材料或轻集料,也可加入发泡剂。

按其结构特性,可分为石膏实心砌块(S)和石膏空心砌块(K);按其石膏来源,可分为天然石膏砌块(T)和化学石膏砌块(H);按其防潮性能,可分为普通石膏砌块(P)和防潮石膏砌块(F);按成型制造方式,可分为手工石膏砌块和机制石膏砌块。

1)尺寸规格和质量等级

砌块基本尺寸为长度:666 mm(600);宽度60 mm、80 mm、90 mm、100 mm、120 mm、150 mm、200 mm;高度500 mm。

根据《石膏砌块》(JC/T 698—2010)中规定,抗压强度≥3.5 MPa。

2)特点与应用

石膏砌块除具有石膏一系列的优点外,石膏砌块在作为内墙材料时,因表面平整,所以两面无需抹灰,从而增加了建筑净面积,墙体减轻,建筑荷载也相应减少,节省了施工、装修成本。石膏砌块是一种新型墙体材料,符合低碳环保、健康的标准,是世界公认的绿色建材。

石膏砌块广泛应用于工业和民用建筑的内隔墙。

常用砌块技术规格及选用要点见表7-2。

表 7-2　常用砌块技术规格及选用要点

砌块名称及标准代号	原材料组成	表观密度	尺寸规格 （长×宽×高）(mm)	强度等级	工程应用要点
蒸压加气混凝土砌块（ACB） (GB/T 11968—2006)	钙质材料（水泥、石灰等）和硅质材料（砂、矿渣、粉煤灰等）、加气剂（铝粉）等	B03,B04,B05,B06,B07,B08	600×(100,125,150,200,250,300) 或 (120,180,240)×(200,240,250,300)	A1.0,A2.0,A2.5,A3.5,A5.0,A7.5,A10.0	有保温隔热要求的工业与民用建筑物的承重墙和非承重墙。不得用于酸性介质侵蚀的建筑部位。用于外墙时，应进行饰面处理或防水处理，以免日晒雨淋使砌块产生开裂
粉煤灰混凝土小型空心砌块(FHB) (JC/T 862—2008)	粉煤灰、水泥、集料等	600～1 400	390×190×190	MU3.5,MU5.0,MU7.5,MU10.0,MU15,MU20	一般工业与民用建筑的墙体和基础。但不宜用于长期受高温（如炼钢车间）和经常受潮湿的承重墙，也不宜用于有酸性介质侵蚀的建筑部位
普通混凝土小型空心砌块(NHB) (GB 8239—1997)	普通混凝土拌合物为原料	—	390×190×190	MU3.5,MU5.0,MU7.5,MU10.0,MU15,MU20	地震设计烈度为8度及8度以下地区工业与民用建筑墙体
轻集料混凝土小型空心砌块(LHB) (GB/T 15229—2002)	浮石、火山渣、陶粒等为骨料的混凝土	600～1 400	390×190×190	1.5,2.5,3.5,5.0,7.5,10.0	有保温隔热要求的围护结构，但要注意其吸水率大、强度低的缺点
泡沫混凝土砌块 (JC/T 1062—2007)	水泥基胶凝材料、集料、掺合料、外加剂、泡沫剂	300～1 000	(400,600)×(100,150,200,250)×(200,300)	A0.5,A1.0,A1.5,A2.5,A3.5,A5.0,A7.5	有保温隔热要求的民用与工业建筑的墙体和屋面,框架结构的填充墙
装饰混凝土砌块 (JC/T 641—2008)	混凝土砌块经饰面加工而成	300～1 000	(390,290,190)×(290,240,190,140,90) 或 (30,90)×(190,90)	MU10,MU15,MU20,MU25,MU30,MU35,MU40	一般工业与民用建筑的墙体,市政挡土墙
石膏砌块 (JC/T 698—2010)	石膏、填料、添加剂等	550～600	666(600)×(60,80,90,100,120,150,200)×500	≥3.5 MPa	一般工业与民用建筑的填充墙,内隔墙

7.3　其他墙体材料

　　墙体材料改革是一个重要而难度大的问题,发展新型墙体材料不仅是取代实心黏土砖的问题,首要的是保护环境,节约资源和能源,其次是满足建筑结构体系的发展,包括抗震以及多功能,另外还给传统建筑行业带来变革性的新工艺,摆脱人海式施工,采用工厂化、现代化、集约化施工方式。在欧洲、日本等经济发达国家墙板已成为非承重墙材的主流。

墙板按外形分,主要包括大型墙板、条板和薄板。大型墙板指尺寸相当于整个房屋开间(或进深)的宽度和整个楼层的高度,配有构造钢筋的墙板;条板指可竖向或横向装配在龙骨或框架上作为墙体的长条形板材。

墙板按材质,主要分为轻质板材类(平板和条板)与复合板材类(外墙板、内隔墙板、外墙内保温板和外墙外保温板)。常用的板材产品有纤维水泥板、建筑石膏板、玻璃纤维增强水泥轻质多孔隔墙条板、硅酸钙板、加气混凝土板、纤维增强低碱度水泥建筑平板、植物纤维板、金属面聚苯乙烯夹芯板等。

框架轻板建筑的特点是把建筑物中的承重和围护两大部分明确分工:采用钢筋混凝土材料制作梁、板、柱、楼板,组成框架,承受荷载;采用轻质、建筑功能良好的板材作内外墙板,通过各种构造措施支承在框架上,墙板不承重,只起围护和分隔作用。内墙板(要求隔音、防水、装饰性能)大多采用石膏空心条板、GRC 板、纸面石膏板、加气混凝土板等,外墙板(要求保温、隔热、防水、抗冲击性能)大多采用加气混凝土板、复合外墙板。

7.3.1 大型墙板

大型墙板一般以房间的整个开间为宽度尺寸,以层高为高度尺寸,可以预留门窗洞、预做外饰面,结构形式有预应力钢筋混凝土、钢筋增强轻质混凝土、复合墙板等(图 7-3)。

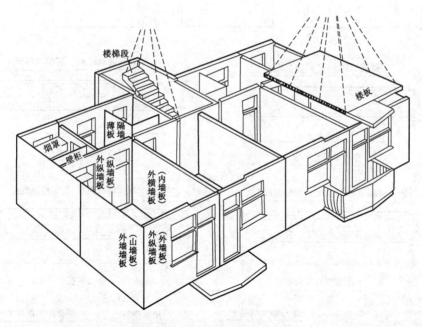

图 7-3 装配式大板建筑示意图

钢丝网水泥夹心复合板材又称泰柏板(网塑夹芯板),是一种新型内墙板,以阻燃型发泡聚苯乙烯板作芯材,外层以镀锌钢丝笼格作骨架,在施工现场定位后,以机械或人工方式在两侧表面施加砂浆抹面,或进行其他饰面装饰。该墙材具有轻质保温、施工快捷等优点,但也有耐热及耐火性差的致命缺点,在公共建筑、高层建筑中禁止使用。

7.3.2 条板

条板一般为内墙板,也可作外墙挂板,宽度 600 mm,高度等于房间层高,结构形式有实心板、空心板、复合保温板等,常见产品有预应力钢筋混凝土空心墙板、蒸压加气混凝土板(NALC)、玻璃纤维增强水泥多孔板(GRC板)、石膏空心条板、发泡聚苯乙烯复合彩色钢板(夹芯彩钢板)、稻草板等。施工时,条板拼缝处以专用黏合剂黏结,并以胶带贴合,防止开裂。该墙材具有墙体薄、施工快捷、不需粉刷层、减少现场湿作业等优点(图 7-4)。

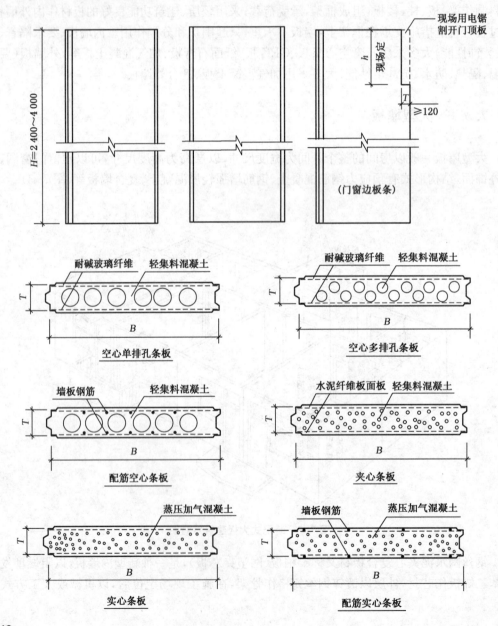

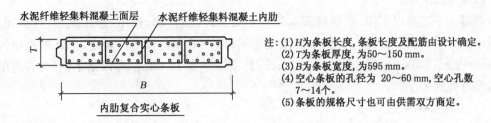

注：(1) H为条板长度，条板长度及配筋由设计确定。
　　(2) T为条板厚度，为50～150 mm。
　　(3) B为条板宽度，为595 mm。
　　(4) 空心条板的孔径为 20～60 mm，空心孔数
　　　　7～14个。
　　(5) 条板的规格尺寸也可由供需双方商定。

图 7-4　条形隔墙板示意图

7.3.3　薄板

薄板一般以轻钢龙骨为支撑体系形式构成的内隔墙，板材形式有纤维增强、表面贴纸增强等。常见产品有纸面石膏板、纤维增强石膏板、纤维增强低碱水泥板（TK 板）等。

7.4　屋面材料

屋面材料一般指黏土瓦。以黏土（包括页岩、煤矸石等粉料）为主要原料，经泥料处理、成型、干燥和焙烧而制成。我国瓦的生产比砖早。西周时期就形成了独立的制陶业，西汉时期工艺上又取得明显的进步，瓦的质量也有较大提高，因此称"秦砖汉瓦"。

瓦是最常用的屋面材料，主要起防水、抗渗作用。由于建筑工业的发展，对屋面材料也提出了新的发展要求。目前，瓦的种类较多，按成分分，有黏土瓦、混凝土瓦、石棉水泥瓦、钢丝网水泥瓦、聚氯乙烯瓦、玻璃钢瓦、沥青瓦等；按形状分，有平瓦和波形瓦两类。

1）黏土瓦

黏土瓦又称机瓦，黏土瓦的生产工艺与黏土砖相似，是以黏土为主要原料，经成型、干燥、焙烧而成。但对黏土的质量要求较高，如含杂质少、塑性高、泥料均化程度高等。按颜色分为青瓦、红瓦；按形状分为平瓦、脊瓦。一般每 15 张平瓦铺 1 m² 屋面。

黏土瓦由于材质脆、自重大、片小、施工效率低且需要大量木材等缺点，因此在现代建筑屋面材料中的比例已逐渐下降。

2）小青瓦（土瓦、蝴蝶瓦、和合瓦、水青瓦）

小青瓦以黏土制胚焙烧而成，习惯上以其每块重量作为规格和品质的标准，共分为 18两、20 两、22 两、24 两（旧秤：每市斤 16 两）4 种。

3）琉璃瓦

琉璃瓦是在素烧的瓦坯表面涂以琉璃釉料后再经烧制而成的制品。这种瓦表面质地坚密，色彩美丽，耐久性好，但成本较高。

4) 混凝土平瓦

混凝土平瓦是以水泥、细骨料和水等为主要原料,经拌和、挤压、静压成型、养护而成。混凝土瓦分平瓦、脊瓦两种。根据《混凝土平瓦》(JC/T 746—2007)规定,平瓦的规格尺寸为长 400 mm、385 mm,宽 240 mm、235 mm,瓦主体厚度 14 mm。可以是本色的、着色的或表面经过处理的。

5) 石棉水泥波瓦

石棉水泥波瓦是以水泥、温石棉为原料,经搅拌、压滤成型、养护而成的波形瓦。按《石棉水泥波瓦及其脊瓦》(GBT 9772—2009)规定,分为大波瓦、中波瓦、小波瓦、脊瓦。石棉纤维对人体健康有害,被全世界禁止使用。

6) 玻璃钢波形瓦

玻璃钢波形瓦是以不饱和聚酯树脂和玻璃纤维布为原料,手糊制成,其规格尺寸为1 800 m×740 m×(0.8~2.0)mm。

7) 金属波形瓦

金属波形瓦是以铝材、铝合金或薄钢板轧制而成,又称金属瓦楞板。

8) 沥青瓦

沥青瓦又称玻纤瓦、油毡瓦、玻纤胎沥青瓦。沥青瓦是新型的高新防水建材,同时也是应用于建筑屋面防水的一种新型屋面材料。沥青瓦的使用范围可以用于只要能满足施工要求的(水泥屋面厚度不低于 100 mm,木结构屋面不低于 30 mm)任何建筑,除了具备沥青瓦所有功能外,它还有一个特点就是特别适合坡度 0°~90°的屋面和任何形状的屋面。

常用屋面瓦材的组成、性能和工程应用见表 7-3。

表 7-3 常用屋面瓦材的组成、性能和工程应用

	品种及标准	组成材料与成型方法	主要性能	工程应用
烧结类瓦材	黏土瓦 (GB/T 117—1989)	以杂质少、塑性好的黏土为主要原料经成型、干燥、焙烧而成	常用,自重大,易脆裂	民用建筑坡屋面防水。由于生产中破坏耕地,能耗大,生产和施工效率均不高,已渐为其他品种瓦材取代
	琉璃瓦 (JC/T 765—2006)	用难熔黏土制坯,经干燥、上釉后焙烧而成	表面光滑,质地密实,色彩美丽,富有传统民族特色,耐久性好,但成本较高	古建筑修复、纪念性建筑及园林建筑的亭、台、楼、阁
水泥类瓦材	混凝土平瓦 (JC/T 746—2007)	混凝土中加入耐碱颜料制成的彩色瓦材	成本低,耐久性好,但自重大于黏土瓦	应用范围同黏土瓦
	玻璃纤维增强水泥波瓦 (JC/T 767—2008)	以耐碱玻璃纤维、快硬硫铝酸盐水泥或低碱度硫铝酸盐水泥制成	强度较高,耐水,不燃,易加工	建筑屋面、内外墙及轻型复合屋顶的承重板
	钢丝网石棉水泥小波瓦 (JC/T851—2008)	以温石棉、硅酸盐水泥或普通硅酸盐水泥、低碳钢丝梯形网加工而成	覆盖面积大,承重能力强,防水性好,施工方便	用于工业、民用及公共建筑物的屋面

续表 7-3

	品种及标准	组成材料与成型方法	主要性能	工程应用
高分子类复合瓦材	普通玻璃钢波形瓦 (JC 316—1982)	以不饱和聚酯树脂和玻璃纤维为原料,经人工糊制而成	质轻,强度高,耐冲击,耐腐蚀,透光率高,制作简单	各种建筑的遮阳及车站月台、售货亭、凉棚等的屋面
	玻纤胎沥青瓦 (GB/T 2047—2006)	玻璃纤维薄毡为胎料,用改性沥青涂敷而成	质轻,黏结性强,抗风化能力好,施工方便	一般民用建筑的坡屋面

7.5 小结

本章重点介绍了墙体材料中砌墙砖、砌块及墙用板材 3 种材料的品种、技术性能及应用范围。简要介绍了屋面材料的品种、性能及规格。重点应掌握各种常用墙体材料的技术性能和使用要求,以及一些新型节能利废的墙体和屋面材料。

思考题

1. 目前所用的墙体材料有哪几类? 各自有何特点?

2. 烧结普通砖、多孔砖和空心砖有何区别? 根据什么来区分它们的强度等级和产品等级? 其各自的规格和主要用途是什么?

3. 什么是蒸压灰砂砖、粉煤灰砖? 它们的特点及主要用途是什么?

4. 墙用板材主要有哪些品种? 它们的特点及主要用途是什么?

5. 简述屋面材料的主要品种、性能及适用范围。

6. 如何根据工程特点合理选用墙体材料?

8　金属材料

本章提要

钢材是建筑工程中最重要的金属材料。在工程中应用的钢材主要是碳素结构钢和低合金高强度结构钢。钢材具有强度高,塑性及韧性好,可焊可铆,易于加工、装配等优点,被广泛地应用于各工业领域中。在本章学习中,应掌握钢材的成分、组织结构、冶炼对钢材性能的影响。掌握低碳钢拉伸时的应力应变过程、屈服强度、抗拉强度、伸长率、冲击韧性及疲劳强度等相关内容。理解屈强比的意义、冷加工强化和时效强化,了解钢材热处理的方法。掌握碳素结构钢、低合金高强度结构钢的牌号含义。理解钢材腐蚀的主要原因,钢材防腐的方法。

其他金属材料包括铝合金、铸铁、铜和铅等,它们各自有着自己独特的性质,也在建筑工程中发挥着重要的作用。

金属材料的发展有悠久的历史,人类在很早以前就懂得使用铜和铜合金,后来发展到铁和铁合金。18世纪产业革命后钢铁的大规模发展和应用,使金属在材料中占据绝对优势。第二次世界大战后,随着合成高分子材料、无机非金属材料和各种复合材料的发展,部分取代了金属材料,极大地冲击了金属材料的主导地位。尽管如此,金属材料在一个国家的国民经济中仍占有举足轻重的位置,原因是金属材料的资源比较丰富,已积累了一整套相当成熟的生产技术,有组织大规模生产的经验,产品质量稳定,价格低廉,性能优异。例如大多数金属材料的强度比高分子材料高,韧性比陶瓷材料高,还具有导电性和磁性等。此外,金属材料自身也在不断发展,传统的钢铁工业在冶炼、浇铸、加工和热处理等方面不断出现新工艺。新型的金属材料如高温合金、形状记忆合金、永磁合金、非晶态合金等相继问世。

金属材料包括黑色金属材料和有色金属材料两大类。

黑色金属是指铁和铁的合金。

有色金属又称非铁金属,是指除黑色金属以外的金属及其合金。有色金属有80余种,常用的主要有铝、铜、钛、镁、镍、钴、钨、钼、锡、铅、锌、金、银、铂等,它们也是现代工业发展不可缺少的。

由于有色金属具有导电、导热、化学稳定性、耐热、耐腐蚀、工艺性能好以及比重小等优点,因此被广泛应用于电气、机械、化工、电子、轻工、仪表、飞机、导弹、火箭、卫星、核潜艇、原子能、电子计算机等工业及军事和高科技领域。其中应用最多的是铝。

铝在地壳中的含量是铁的2倍,约占地壳总重量的7.5%,在金属中居首位。世界铝产量仅次于钢铁,数十年来铝的产量成倍增长,而且铝是物美价廉的重要材料。

钛也是值得特别提及的有色金属。钛及其合金的地位愈来愈重要。自1791年英国化学家格雷戈尔(W. Gregor,1761—1817)发现钛元素之后,1910年才由英国人亨特(M. A. Hunter)制得了少量纯钛。钛在地壳中的含量比铜、镍、铅、锌的总和还多10倍,含钛的矿物多达70余种。纯钛具有耐腐蚀(在强酸、强碱乃至王水中也不被腐蚀)、熔点高

（1 668℃）、强度比钢高（重量仅为钢的 1/2，只比铝略重些）、硬度高（是铝的 2 倍）等性能，引起人们的注意。有人把一块钛沉入海底，5 年后取出仍闪闪发光，毫无锈迹，因而现在在建造军舰、潜艇、轮船等海上工程中都采用钛合金。此外，钛还被用于飞机、火箭、导弹、人造卫星、武器、石油化工等领域。据统计，现在世界上每年用于宇航业的钛已达 1 000 t 以上。钛粉还是火箭的好燃料。总之，钛被誉为空间金属、宇宙金属，是"未来的钢铁"。但是钛的提炼难度很大，它必须在隔绝空气和水分的环境下，在真空中或惰性气体中提炼，所以直到 1947 年才解决了工业生产钛的技术问题。当年世界生产钛仅 2 t，1972 年达 20 万 t，以后几乎每 10 年翻一番。

8.1 钢的分类与生产

材料的组成是就材料的化学成分或矿物成分而言，它不仅影响着材料的化学性质，而且也是决定材料物理力学性质的重要因素。材料的组成分为化学组成和矿物组成，前者是通过化学分析获得的，后者是通过测试手段获得的。

建筑钢材是指用于钢结构的各种型材（如圆钢、角钢、工字钢等）、钢板、钢管和用于钢筋混凝土中的各种钢筋、钢丝等。

钢材具有强度高、有一定塑性和韧性、有承受冲击和振动荷载的能力、可以焊接或铆接、便于装配等特点，因此，在建筑工程中大量使用钢材作为结构材料。用型钢制作钢结构，安全性大，自重较轻，适用于大跨度及多层结构。用钢筋制作的钢筋混凝土结构，自重较大，但用钢量较少，还克服了钢结构因易锈蚀而维护费用大的缺点。因而钢筋混凝土结构在建筑工程中采用尤为广泛。钢筋是最重要的建筑材料之一。

钢材生产的各个环节都是在严格的技术控制下进行的，一般来说质量较为可靠。但在建筑结构中，钢材对结构安全起决定性作用，在施工前必须对每批钢材进行严格的质量检验，以确保所用钢材的性能与设计要求相吻合。

8.1.1 钢的分类和建筑用主要钢材

钢的主要成分是铁和碳，它的含碳量在 2% 以下。

钢按化学成分可分为碳素钢和合金钢两大类。

碳素钢中除铁和碳以外，还含有在冶炼中难以除净的少量硅、锰、磷、硫、氧和氮等。其中磷、硫、氧、氮等对钢材性能产生不利影响，为有害杂质。

碳素钢根据含碳量可分为低碳钢（含碳小于 0.25%）、中碳钢（含碳 0.25%～0.6%）和高碳钢（含碳大于 0.6%）。

合金钢中含有一种或多种特意加入或超过碳素钢限量的化学元素，如锰、硅、钒、钛等，这些元素称为合金元素。合金元素的作用是改善钢的性能，或者使其获得某些特殊性能。合金钢按合金元素的总含量可分为低合金钢（合金元素总含量小于 5%）、中合金钢（合金元素总含量为 5%～10%）和高合金钢（合金元素总含量大于 10%）。

根据钢中有害杂质的多少,工业用钢可分为普通钢、优质钢和高级优质钢。

根据用途的不同,工业用钢常分为结构钢、工具钢和特殊性能钢。

建筑上所用的主要是属碳素结构钢的低碳钢和属普通钢的低合金结构钢。

钢的分类见表8-1。

表 8-1　钢的分类

分类方法	类　别		特　　性
按化学成分分类	碳素钢	低碳钢	$\omega(C) < 0.25\%$
		中碳钢	$0.25\% \leqslant \omega(C) \leqslant 0.60\%$
		高碳钢	$\omega(C) > 0.60\%$
按脱氧程度分类	合金钢	低合金钢	合金元素总质量分数小于5%
		中合金钢	合金元素总质量分数为5%~10%
		高合金钢	合金元素总质量分数大于10%
按脱氧程度分类	沸腾钢		脱氧不完全,硫和磷等杂质偏析较为严重,代号为F
	镇静钢		脱氧完全,同时去硫,代号为Z
	半镇静钢		脱氧程度介于沸腾钢和镇静钢之间,代号为B
	特殊镇静钢		比镇静钢脱氧还要充分彻底,代号为TZ
按质量分类	普通钢		$\omega(S) \leqslant 0.050\%,\omega(P) \leqslant 0.045\%$
	优质钢		$\omega(S) \leqslant 0.035\%,\omega(P) \leqslant 0.035\%$
	高级优质钢		$\omega(S) \leqslant 0.025\%,\omega(P) \leqslant 0.025\%$
	特级优质钢		$\omega(S) \leqslant 0.015\%,\omega(P) \leqslant 0.025\%$
按用途分类	结构钢		工程结构构件用钢,机械制造用钢
	工具钢		各种刀具、量具及模具用钢
	特殊钢		具有特殊物理、化学或力学性能的钢,如不锈钢、耐候钢、耐酸钢、耐磨钢和磁性钢等

8.1.2　钢的生产工艺对钢材质量的影响

炼钢的原理是把熔融的生铁进行氧化,使碳的含量降低到预定范围,其他杂质含量也降低到允许范围之内。

在炼钢的过程中,碳被氧化形成一氧化碳气体而逸出;硅、锰等氧化形成氧化硅和氧化锰进入渣中除去;磷和硫在石灰的作用下,亦进入渣中被排除。

由于精炼中必须供给足够的氧以保证杂质元素的氧化,故精炼后的钢液中还留有一定量的氧化铁,使钢的质量降低。为了消除它的影响,在精炼结束后应加入脱氧剂以去除钢液中的氧,这个步骤称为"脱氧"。常用的脱氧剂有锰铁、硅铁和铝锭等。

常用的炼钢方法有空气转炉法、氧气转炉法、平炉法和电炉法等。建筑钢材主要为前面3种方法所炼得。

空气转炉钢的冶炼特点是用吹入铁液的空气将碳和杂质氧化。由于吹炼中较易吸收有害气体氮、氢等，以及冶炼时间短，不易准确控制成分，故其质量较差。但由于其设备投资少，不需燃料，速度快，故其成本较低。

氧气转炉钢的冶炼，是利用纯氧进行吹炼。此法能有效地去除磷和硫，钢中所含气体很低，非金属夹杂物亦较少，故质量较好。这种冶炼方法是目前发展很快的先进方法。

平炉钢的冶炼，是以煤气或重油作燃料，原料为铁液（或固体生铁）、废钢铁和适量的铁矿石，利用空气中的氧（或吹入的氧气）和铁矿石中的氧使杂质氧化。平炉钢的冶炼时间长，有足够时间调整、控制其成分，去除杂质和气体亦较净，故质量较好，也较稳定。由于设备投资较大，燃料热效率不高，冶炼时间较长，故其成本较高。

根据脱氧程度的不同，钢可分为特殊镇静钢、镇静钢、半镇静钢、沸腾钢。沸腾钢脱氧不充分，故浇铸后在钢液冷却时有大量一氧化碳气体外逸，引起钢液激烈沸腾，故称沸腾钢。镇静钢则在浇铸时钢液平静地冷却凝固。

沸腾钢和镇静钢相比较，沸腾钢中碳和有害杂质磷、硫等的偏析（元素在钢中分布不均，富集于某些区间的现象称为偏析）较严重，钢的致密程度较差。故沸腾钢的冲击韧性和可焊性较差，特别是低温冲击韧性的降低更显著。从经济上比较，沸腾钢只消耗少量的脱氧剂，钢锭的收缩孔减少，成品率较高，故成本较低。

建筑钢材主要是经热轧（热变形压力加工）制成并按热轧状态供应的。热轧可使钢坯中大部分气孔焊合，晶粒破碎细化，故钢材质量提高。轧制的压缩比和停轧温度对质量提高有影响，厚度或直径较大的钢材，与用同样钢坯轧制的薄钢材相比，由于其轧制次数较少，停轧温度较高，故其强度稍差。

8.2　建筑钢材的力学性能

建筑钢材的力学性能主要有抗拉、冷弯、冲击韧性、硬度和耐疲劳性等。

8.2.1　抗拉性能

抗拉性能是建筑钢材的重要性能。拉力试验测定的屈服点、抗拉强度和伸长率是钢材的重要技术指标。建筑钢材的抗拉性能，可通过低碳钢（软钢）受拉的应力-应变图阐明（图8-1）。

由图8-1，低碳钢的应力-应变曲线可明显地划分为弹性阶段（$O \to A$）、屈服阶段（$A \to B$）、强化阶段（$B \to C$）和颈缩阶段（$C \to D$）4个阶段。

1）弹性阶段

在OA范围内，如卸去拉力，试件能恢复原状，这种性质称为弹性。和A点对应的应力称为弹性极限，用σ_p表示。当应力稍低于A点对应的应力时，应力与应变的比值为常数，称为弹性模量，用E表示，即$\frac{\sigma}{\varepsilon} = E$。弹性模量反映钢材的刚度，即产生单位弹性应变时所需应力的大小,它是钢材在受力条件下计算结构变形的重要指标。建筑工程中常用的碳素结构钢 Q235 的弹性模量为 $(2.0\sim2.1)\times10^5$ MPa。

2)屈服阶段

应力超过 A 点以后,应力与应变不再成正比关系,开始出现塑性变形。应力的增长滞后于应变的增长,出现应力上下波动、变形迅速增加现象。在该阶段的最大、最小应力分别成为屈服上限和屈服下限。由于屈服下限的数值较为稳定,定义为屈服点或屈服强度,用 σ_s 表示。钢材受力达到屈服点后,变形迅速发展,尽管尚未破坏但已不能满足使用要求,故工程设计中一般以屈服点作为钢材强度取值依据。Q235 钢的屈服点应在 235 MPa 以上。

有些钢材如应力钢筋混凝土用的高强度钢筋和钢丝具有硬钢的特点:抗拉强度高,无明显的屈服阶段,伸长率小,通常以发生微量的塑性变形(0.2%)时的应力作为该钢材的屈服强度,称为条件屈服强度($\sigma_{0.2}$)。高碳钢拉伸时的应力-应变曲线如图 8-2 所示。

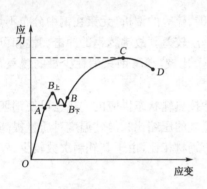

图 8-1 低碳钢受拉的应力-应变图

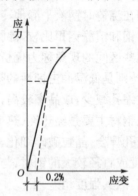

图 8-2 高碳钢受拉的应力-应变图

3)强化阶段

应力超过屈服点后,由于钢材内部组织中的晶格发生了畸变,阻止了晶格的进一步滑移,钢材得到强化,钢材抵抗塑性变形的能力又重新提高。低碳钢应力-应变曲线中的 BC 段呈现上升曲线,对应的最高点 C 的应力 σ_b 称为极限抗拉强度,简称抗拉强度。显然,σ_b 是钢材受拉时所能承受的最大应力。Q235 钢的抗拉强度在 375 MPa 以上。

屈服强度和抗拉强度之比(屈强比 $=\sigma_s/\sigma_b$)能反映钢材的利用率和结构安全可靠程度。屈强比愈小,反映钢材受力超过屈服点工作时的可靠性愈大,因而结构的安全性高。但屈强比太小,反映钢材不能有效地被利用。Q235 号钢的屈强比大致为 0.58~0.63;低合金结构钢的屈强比一股为 0.65~0.75。

4)颈缩阶段

当曲线达到最高点 C 以后,试件薄弱处急剧缩小,塑性变形迅速增加,产生"颈缩现象",直至断裂。

试样拉断后,标距的伸长与原始标距的百分比,称为断后伸长率,以 δ 表示。试件拉断后,将其拼合(图 8-3),量出拉断后标距部分的尺度 l_1(mm),即可按下式计算伸长率 δ:

$$\delta = \frac{l_1 - l_0}{l_0} \times 100\% \tag{8-1}$$

式中:l_0——试件的原标距长度(mm)。

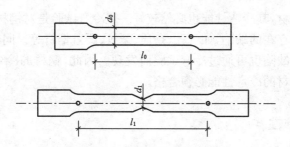

图 8-3 试件拉断后标距的测量

应当注意,由于发生颈缩,故塑性变形在试件标距内的分布是不均匀的,颈缩处的伸长较大,故当原标距与直径之比愈大,则颈缩处伸长值在整个伸长值中的比重愈小,因而计算的伸长率会小些。通常以 δ_5 和 δ_{10} 分别表示 $l_0 = 5d_0$ 和 $l_0 = 10d_0$ 时的伸长率,d_0 为试件的原直径。对于同一钢材,$\delta_5 > \delta_{10}$。

伸长率表明钢材的塑性变形能力,是钢材的重要技术指标。尽管结构是在弹性范围内使用,但应力集中处,其应力可能超过屈服点。一定的塑性变形能力,可保证应力重分布,从而避免结构的破坏。

通过拉力试验,还可测定另一表明试件塑性的指标——断面收缩率 ψ。它是试件拉断后、颈缩处横截面积最大缩减量与原始横截面积的百分比。即

$$\psi = \frac{F_0 - F}{F_0} \times 100\% \tag{8-2}$$

式中:F_0——原始横截面积(m^2);

F——断裂颈缩处的横截面积(m^2)。

8.2.2 冷弯性能

冷弯性能,指钢材在常温下承受弯曲变形而不开裂或起层的能力,是建筑钢材的重要工艺性能。

钢材的冷弯,一般以弯曲角度 α、弯心直径 d 与钢材厚度(或直径)a 的比值 d/a 来表示弯曲的程度,如图 8-4 所示。

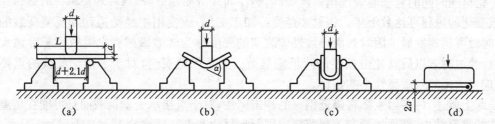

图 8-4 冷弯试验示意图

在常温下,以规定弯心直径和弯曲角度(90°或 180°)对钢材进行弯曲,在弯曲处外表面即受拉区或侧面无裂纹、起层、鳞落或断裂等现象,则钢材冷弯合格。如有 1 种及以上的现象出现,则钢材的冷弯性能不合格。

伸长率较大的钢材,其冷弯性能也必然较好。但冷弯试验是对钢材塑性更严格的检验,有利于暴露钢材内部存在的缺陷,如气孔、杂质、裂纹、严重偏析等。同时,在焊接时,局部脆性及焊接接头质量的缺陷也可通过冷弯试验而发现。因此,钢材的冷弯性能也是评定焊接质量的重要指标。钢材的冷弯性能必须合格。

8.2.3 冲击韧性

冲击韧性指钢材抵抗冲击荷载的能力。冲击韧性指标是通过标准试件的弯曲冲击韧性试验确定的(图 8-5),以摆锤打击试件,于刻槽处将其打断,试件单位截面积(cm^2)上所消耗的功,即为钢材的冲击韧性值,用冲击韧性 a_k(J/cm^2)表示。a_k 值愈大,冲击韧性愈好。

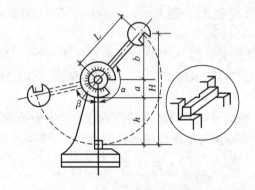

图 8-5　冲击韧性试验示意图

钢材的冲击韧性对钢的化学成分、组织状态以及冶炼、轧制质量都较敏感。例如,钢中磷、硫含量较高,存在偏析、非金属夹杂物和焊接中形成的微裂纹等都会使冲击韧性显著降低。

试验表明,冲击韧性随温度的降低而下降。其规律是开始时下降缓和,当达到一定温度范围时突然下降很多而呈脆性,这种性质称为钢材的冷脆性,这时的温度称为脆性临界温度。它的数值愈低,钢材的低温冲击性能愈好。所以在负温下使用的结构,应当选用脆性临界温度较使用温度为低的钢材。由于脆性临界温度的测定工作较复杂,规范中通常是根据气温条件规定−20℃或−40℃的负温冲击值指标。

钢材随时间的延长而表现出强度提高,塑性和冲击韧性下降,这种现象称为时效。完成时效变化的过程可达数十年。钢材如经受冷加工变形,或使用中经受振动和反复荷载的影响,时效可迅速发展。因时效而导致性能改变的程度称为时效敏感性。时效敏感性愈大的钢材,经过时效以后其冲击韧性的降低愈显著。为了保证安全,对于承受动荷载的重要结构,应当选用时效敏感性小的钢材。

综上所述,许多因素都将降低钢材的冲击韧性,对于直接承受动荷载而且可能在负温下工作的重要结构,必须按照有关规范要求进行钢材的冲击韧性检验。

8.2.4 耐疲劳性

在交变应力作用下的结构构件,钢材往往在应力远小于抗拉强度时发生断裂,这种现象称为钢材的疲劳破坏。疲劳破坏的危险应力用疲劳极限来表示,它是指疲劳试验中试件在交变应力作用下,于规定的周期基数内不发生断裂所能承受的最大应力。设计承受反复荷载且须进行疲劳验算的结构时,应当了解所用钢材的疲劳极限。

测定疲劳极限时,应当根据结构使用条件确定采用的应力循环类型、应力比值(最小与最大应力之比,又称为应力特征值(ρ))和周期基数。例如,测定钢筋的疲劳极限时,通常采用的是承受大小改变的拉应力循环;应力比值通常为 0.1~0.8(非预应力筋)和 0.7~0.85(预应力筋);周期基数一般为 200 万次或 400 万次以上。

一般认为,钢材的疲劳破坏是由拉应力引起的,先从局部形成细小裂纹,由于裂纹尖端的应力集中而使其逐渐扩大,直到破坏。它的破坏特点是断裂突然发生,断口可明显地区分为疲劳裂纹扩展区和残留部分的瞬时断裂区。

钢材的疲劳极限与其抗拉强度有关,一般抗拉强度高,其疲劳极限也较高。由于疲劳裂纹是在应力集中处形成和发展的,因此钢材的疲劳极限不仅与其内部组织有关,而且与表面质量有关。例如,钢筋焊接接头的卷边和表面微小的腐蚀缺陷,都可使疲劳极限显著降低。

8.3 建筑钢材的晶体组织和化学成分

8.3.1 建筑钢材的晶体组织

建筑钢材属晶体材料,它的宏观力学性能基本上是其晶体力学性能的表现。晶体力学性能取决于它的原子排列方式及原子间的相互作用力。为了较深刻地理解上节讨论的钢材宏观力学性能,应当对钢材的晶体结构及其性能有一般的了解。

钢材晶体结构中各个原子是以金属键方式结合的。这种结合方式是钢材具备较高强度和良好塑性的根本原因。

钢材是由许多晶粒组成的(图 8-6)。各晶粒中原子是规则排列的。描述原子在晶体中排列形式的空间格子称为晶格。晶格按原子排列的方式不同分为若干类型,例如纯铁在 910℃ 以下为体心立方晶格,称为 α-铁,其最小几何单元(晶胞)如图 8-7 所示。就每个晶粒来说,其性质是各向不同的,但由于许多晶粒是不规则聚集的,故钢材是各向同性材料。

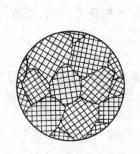

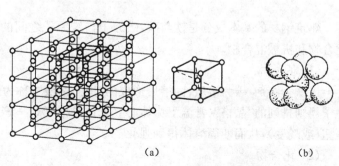

(a)   (b)

图 8-6 晶粒聚集示意图　　　　　图 8-7 体心立方晶体铁原子排列示意图

钢材力学性能与其晶体结构有密切关系。在这方面目前了解比较清楚的有关内容主要如下：

（1）晶格中有些平面上的原子较密集，因而结合力较强。这些面与面之间，则由于原子间距离较大，结合力较弱。因此，晶格在外力作用下，容易沿原子密集面产生相对滑移（图8-8）。α-铁晶格中这种容易导致滑移的面比较多。这是建筑钢材塑性变形能力较大的原因。

（2）晶格中存在许多缺陷，如点缺陷"空位"、"间隙原子"，线缺陷"刃型位错"和晶粒间的面缺陷"晶界面"（图8-9）。这些缺陷对力学性能的影响主要表现在：由于缺陷的存在，使晶格受力滑移时，不是整个滑移面上全部原子一齐移动，只是缺陷处局部移动，这是钢材的实际强度远比其理论强度低的原因。

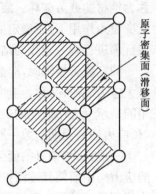

图8-8　晶格滑移面示意图

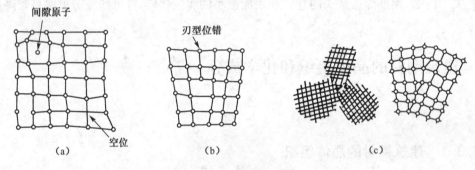

图8-9　晶格缺陷示意图

（3）晶粒界面处原子排列紊乱，对滑移的阻力很大。对于同体积钢材，晶粒愈细，晶粒界面面积愈大，因而强度将愈高。同时，由于细晶粒的受力变形比粗晶粒均匀，故晶粒愈细，其塑性和韧性也愈好。生产中常利用合金元素以细化晶粒，提高钢材的综合性能。

（4）α-铁晶格中可溶入其他元素如碳、锰、硅、氮等，形成固溶体。形成固溶体会使晶格产生畸变，因而强度提高，塑性和韧性则降低。生产中常利用合金元素形成固溶体以提高钢材强度，称为固溶强化。

8.3.2　钢材的基本晶体结构

建筑钢材的基本成分是铁与碳，碳原子与铁原子之间的结合有3种基本方式：固溶体、化合物和机械混合物。

（1）固溶体

以铁为溶剂，碳为溶质，固溶后形成的"固态溶液"，称为固溶体。碳原子较小，常溶于铁原子规则排列的"晶格"（常温下为体心立方体晶格，称α-Fe）间隙中，碳的溶入造成原晶格歪扭（或畸变），从而使固溶体得到强化。

（2）化合物

铁和碳的化合物（Fe_3C），其晶格与纯铁的晶格不同，Fe_3C性质硬、脆。

（3）机械混合物

机械混合物，是上述两种组成物的晶格及性质不改变，而按一定比例机械混合而成。它往往比单一固溶体有更高的强度和硬度，但塑性等性能不如单一固溶体。

钢的晶体组织就是由上述的单一或多种结合形式所构成的具有一定形态的集合体。钢的晶体组织及含量是受碳含量和结晶时的温度条件所决定的。在极缓慢冷却条件（称标准条件）下，钢的基本组织有铁素体、渗碳体和珠光体3种。表8-2所列为常温下存在的3种晶体组织及其特征。

表8-2 钢的基本组织及其特征

名　称	组织特征	含碳量（%）	抗拉强度（MPa）	伸长率（%）	布氏硬度（HB）	性　能
铁素体	碳在 α-Fe 中的固溶体	≤0.02	约250	40～50	80	塑性、韧性好，但强度、硬度低
渗碳体	碳、铁化合物（Fe₃C）	6.67	约30	≈0	600～800	抗拉强度低，塑性差，性脆硬，耐磨
珠光体	铁素体与渗碳体的机械混合物	0.8	750～850	10～25	200	塑性较好，强度、硬度较高

铁素体是碳溶于 α-Fe 晶格中的固溶体。铁素体晶格原子间的空隙较小，其溶碳能力很低，室温下仅能溶入小于 0.005% 的碳。由于溶碳少而且晶格中滑移面较多，故其强度低，塑性很好。

渗碳体是铁与碳的化合物，分子式为 Fe_3C，含碳量为 6.67%。它的晶体结构复杂，性质硬脆，是碳素钢中的主要强化组分。

珠光体是铁素体和渗碳体相间形成的层状机械混合物。其层状可认为是铁素体基体上分布着硬脆的渗碳体片。珠光体的性能介于铁素体和渗碳体之间。

此外，钢材在缓慢降温至 1 390～910℃ 时还存在奥氏体。奥氏体为碳溶入面心立方体晶格 γ-Fe 中的固溶体。奥氏体溶碳能力强，存在较多的滑移面，便于热加工。但当温度低于 910℃ 时，奥氏体分解出珠光体和铁素体（或渗碳体），723℃ 时则全部分解完。通常碳素钢处于红热状态时即存在奥氏体组织，这时钢易于轧制成型。

建筑钢材的含碳量不大于 0.8%，其基本组织为铁素体和珠光体。含碳量增大时，珠光体的相对含量随之增大，铁素体则相应减小，因而强度随之提高，但塑性和韧性则相应下降。

8.3.3 钢的化学成分对钢材性能的影响

化学元素成分对钢材性能的影响分述如下：

碳：建筑钢材含碳量不大于 0.8%。当碳含量提高，钢中的珠光体随之增多，故强度和硬度相应提高，而塑性和韧性则相应降低。碳是显著降低钢材可焊性元素之一，含碳量超过 0.3% 时钢的可焊性显著降低。碳还增加钢的冷脆性和时效敏感性，降低抗大气锈蚀性。

硅：硅在钢中除少量呈非金属夹杂物外，大部分溶于铁素体中。当含量较低（小于1%）时，可提高钢材的强度，对塑性和韧性影响不明显。硅是我国钢筋用钢材中的主加合金元素。

锰：锰溶于铁素体中。锰能消减硫和氧所引起的热脆性，使钢材的热加工性质改善。锰溶于铁素体中使其强化，并起到细化珠光体的作用，使强度提高。锰是我国低合金结构钢的主加合金元素，含量一般在1%～2%范围内。

磷：磷是碳素钢中的有害杂质，主要溶于铁素体中起强化作用。磷含量提高，钢材的强度提高，塑性和韧性显著下降。特别是温度愈低，对塑性和韧性的影响愈大。磷在钢中的偏析倾向强烈，一般认为磷的偏析富集，使铁素体晶格严重畸变，是钢材冷脆性显著增大的原因。磷使钢材变脆的作用，使它显著降低钢材的可焊性。磷可提高钢的耐磨性和耐蚀性，在低合金钢中可配合其他元素作为合金元素使用。

硫：硫是很有害的元素，呈非金属的硫化物夹杂物存在于钢中，降低各种机械性能。硫化物所造成的低熔点使钢在焊接时易于产生热裂纹，显著降低可焊性。硫亦有强烈的偏析作用，增加了危害性。

氧：氧是钢中的有害杂质，主要存在于非金属夹杂物内，少量溶于铁素体中。非金属夹杂物降低钢的机械性能，特别是韧性。氧有促进时效敏感性的倾向。氧化物所造成的低熔点亦使钢的可焊性变坏。

氮：氮主要嵌溶于铁素体中，也可呈化合物形式存在。氮对钢材性质的影响与碳、磷相似，使钢材的强度提高，塑性特别是韧性显著下降。溶于铁素体中的氮，有向晶格的缺陷处移动、集中的倾向，故可加剧钢材的时效敏感性和冷脆性，降低可焊性。在用铝或钛补充脱氧的镇静钢中，氮主要以氮化铝 AlN 或氮化钛 TiN 等形式存在，可减少氮的不利影响，并能细化晶粒，改善性能。在有铝、铌、钒等的配合下，氮可作为低合金钢的合金元素使用。

在建筑常用的低合金钢中，还常用钛、铌、钒等作为合金元素。

钛：钛是强脱氧剂，能细化晶粒。钛能显著提高强度，但稍降低塑性。由于晶粒细化，故可改善韧性。钛能减少时效倾向，改善可焊性，是常用的合金元素。

钒：钒是强的碳化物和氮化物形成元素。钒能细化晶粒，有效地提高强度，并能减少时效倾向，但增加焊接时的淬硬倾向。

铌：铌是强碳化物和氮化物形成元素，能细化晶粒。

8.4 钢材的加工与处理

8.4.1 钢材的冷加工及时效强化

将钢材于常温下进行冷拉、冷拔或冷轧，使其产生塑性变形，从而提高屈服强度，这个过程称为冷加工强化处理。

产生冷加工强化的原因是：钢材在塑性变形中晶格的缺陷增多，而缺陷的晶格严重畸变，对晶格进一步滑移将起到阻碍作用，故钢材的屈服点提高，塑性和韧性降低。由于塑性变形中产生内应力，故钢材的弹性模量降低。

工地或预制构件厂常利用这一原理，对钢筋或低碳钢盘条按一定制度进行冷拉或冷拔加工,以提高屈服强度,节约钢材。

将经过冷拉的钢筋于常温下存放 15～20 天,或加热到 100～200℃并保持一定时间,这个过程称为时效处理,前者称为自然时效,后者称为人工时效。

冷拉以后再经时效处理的钢筋,其屈服点进一步提高,抗拉极限强度稍有增长,塑性继续有所降低。由于时效过程中内应力的消减,故弹性模量可基本恢复。

钢筋经冷拉时效后性能变化的规律,可明显的从拉力试验的应力-应变图(图 8-10)中得到反映。

图 8-10 中 O、B、C、D 为未经冷拉和时效试件的应力-应变曲线。将试件拉至超过屈服点的任意一点 K,然后卸去荷载。在卸荷过程中,由于试件已产生塑性变形,故曲线沿 KO' 下降,KO' 大致与 BO 平行。如立即重新拉伸,则新的屈服点将高于原来达到的 K 点。以后的应力-应变关系将与原来曲线 KCD 相似。这表明:钢筋经冷拉以后,屈服点将提高。如在 K 点卸荷后不立即拉伸,将试件进行自然时效或人工时

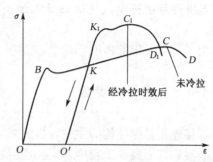

图 8-10　钢筋经冷拉时效后应力-应变图的变化

效,然后再拉伸,则其屈服点将升高至 K_1 点。继续拉伸,曲线将沿 $K_1C_1D_1$ 发展。表明钢筋经冷拉时效以后,屈服点和抗拉强度都得到提高,塑性和韧性则相应降低。

一般认为,产生时效的原因主要是溶于 $\alpha-Fe$ 晶格中的碳、氮原子有向缺陷移动、集中甚至呈碳化物或氮化物析出的倾向。当钢材在冷加工塑性变形以后,或者在使用中受到反复振动,则碳、氮原子的移动、集中可大为加快,这将造成缺陷处碳、氮原子富集,使晶格畸变加剧,因而强度提高,塑性和韧性降低。

工地通常是通过试验选择恰当的冷拉应力和时效处理措施。一般强度较低的钢筋,采用自然时效即可达到时效目的。强度较高的钢筋,对自然时效几天无反应,必须进行人工时效。

8.4.2　钢材的热处理

热处理是将钢材按一定规则加热、保温和冷却,以改变其组织,从而获得需要性能的一种工艺过程。热处理的方法有退火、正火、淬火和回火。建筑钢材一般只在生产厂进行处理并以热处理状态供应。在施工现场,有时须对焊接件进行热处理。下面仅就有关内容简述如下。

1) 退火

退火有低温退火和完全退火等。低温退火的加热温度在相变即铁素体等基本组织转变温度以下。其目的是利用加温使原子活跃,从而使加工中产生的缺陷减少,晶格畸变减轻和内应力基本消除。完全退火的加热温度为 800～850℃,高于基本组织转变温度,经保温后以适当速度缓冷(冷却速度最慢),从而达到改变组织并改善性能或者为进一步淬火做组织准备。例如,含碳量较高的高强度钢筋,焊接中容易形成很脆的组织,故必须紧接着进行完全退火以消除这一不利的转变,保证焊接质量。

2）正火

正火是将钢材加热到适宜的温度后在空气中冷却，正火的效果同退火相似，常用于改善材料的切削性能，有时也用于对一些要求不高的零件作为最终热处理。

3）淬火和回火

淬火和回火通常是两道相连的处理过程。淬火的加热温度在基本组织转变温度以上，保温使组织完全转变，即投入选定的冷却介质（如水或矿物油等）中急冷，使转变为不稳定组织，淬火即完结。随后进行回火，加热温度在转变温度以下（150～650℃内选定）。保温后按一定速度冷却至室温。其目的是促进不稳定组织转变为需要的组织，消除淬火产生的内应力。

为了获得一定的强度和韧性，把淬火和高温回火结合起来的工艺，称为调质处理。

8.4.3 钢材的焊接

焊接连接是钢结构的主要连接方式，在工业与民用建筑的钢结构中，焊接结构占90%以上。在钢筋混凝土工程中，焊接大量应用于钢筋接头、钢筋网、钢筋骨架和预埋件的焊接，以及装配式构件的安装。

建筑钢材的焊接方法最主要的是钢结构焊接用的电弧焊和钢筋连接用的接触对焊。焊件的质量主要取决于选择正确的焊接工艺和适宜的焊接材料，以及钢材本身的焊接性能。

电弧焊的焊接接头是由基体金属和焊缝金属通过二者间的熔合线部分连接而成。焊缝金属是在焊接时电弧的高温之下由焊条金属熔化而成；同时电弧的高温也使基体金属的边线部分熔化，与熔融的焊条金属通过扩散作用均匀地密切熔合，有助于金属间的牢固连接。接触对焊不用焊条，故其连接是通过接触端面上由电流熔化的熔融金属冷却凝固而成。

焊接过程的特点是：在很短的时间内达到很高的温度；熔化的金属的体积很小；由于金属传热快，故冷却的速度很快。因此，在焊件中常产生复杂的、不均匀的反应和变化，存在剧烈的膨胀和收缩，易产生变形、内应力和组织的变化。

经常产生的焊接缺陷有以下几种：

（1）焊缝金属缺陷。裂纹（主要是热裂纹）、气孔、夹杂物（夹渣、脱氧生成物和氮化物）。

（2）基体金属热影响区的缺陷。裂纹（冷裂纹）、晶粒粗大和析出脆化（碳、氮等原子在焊接过程中形成碳化物或氮化物，于缺陷处析出，使晶格畸变加剧所引起的脆化）。

由于焊接件在使用过程中要求的主要力学性能是强度、塑性、韧性和耐疲劳性，因此，对性能影响最大的焊接缺陷是焊件中的裂纹、缺口和由于硬化而引起的塑性和冲击韧性的降低。

8.5 建筑钢材的标准与选用

建筑钢材可分为钢筋混凝土结构用钢筋和钢结构用钢两类。各种型钢和钢筋的性能主要取决于所用钢种及其加工方式。

8.5.1 建筑钢材的主要钢种

在建筑工程中,钢结构所用的各种型钢,钢筋混凝土结构所用的各种钢筋、钢丝、锚具等钢材,基本上都是碳素结构钢和低合金结构钢这两种钢种,经热轧或冷轧、冷拔及热处理等工艺加工而成的。现将常用钢种的性能和牌号分述如下。

1) 碳素结构钢

国家标准《碳素结构钢》(GB/T 700—2006)按照钢的力学指标把碳素结构钢划分为 Q195、Q215、Q235 和 Q275 四个牌号。

碳素结构钢的牌号由 4 个要素组成,分别是屈服强度的"屈"字的汉语拼音首字母 Q、屈服强度值、质量等级符号、脱氧程度符号。其中镇静钢(Z)和特殊镇静钢(TZ)在钢的牌号中可省略。按照硫、磷等杂质含量由多到少,质量等级分为 A、B、C、D 四个等级。

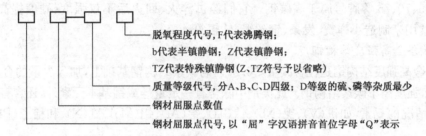

例如:Q235—DT,表示此碳素结构钢为屈服强度为 235 MPa 的 D 级特殊镇静钢。

Q235C,表示此碳素结构钢是屈服强度为 235 MPa 的 C 级镇静钢。

碳素结构钢随着牌号的增大,含碳量和含锰量增加,强度和硬度提高;而塑性和韧性降低,冷弯性能逐渐变差。其中 Q235 由于具有较高的强度,良好的塑性、韧性及可焊性,综合性能好,能较好地满足一般钢结构和钢筋混凝土结构的用钢要求。其中 Q235A 可用于承受静载作用的钢结构;Q235B 可用于承受动载焊接的普通钢结构;Q235C 可用于承受动载焊接的重要钢结构;Q235D 可用于低温承受动荷载焊接的钢结构。

Q195 和 Q215,强度低。塑性和韧性较好,具有良好的可焊性,易于冷加工,常用作钢钉、铆钉、螺栓及钢丝等,也可用作轧材用料。

Q255 和 Q275,强度较高,但塑性、韧性和可焊性较差,不易焊接和冷弯加工,可用于轧制钢筋、制作螺栓配件等,但更多地用于机械零件和工具等。

2) 优质碳素结构钢

优质碳素结构钢是含碳小于 0.8% 的碳素钢,硫磷含量低于 0.035% 的碳素钢。这种钢中所含的硫、磷及非金属夹杂物比碳素结构钢少,机械性能较为优良。

优质碳素结构钢按含碳量不同可分为 3 类:低碳钢(C ≤ 0.25%)、中碳钢(C 为 0.25%~0.6%)和高碳钢(C > 0.6%)。

优质碳素结构钢按含锰量不同分为正常含锰量(含锰 0.25%~0.8%)和较高含锰量(含锰 0.70%~1.20%)两组,后者具有较好的力学性能和加工性能。

根据国家标准《优质碳素结构钢》(GB/T 699—1999)的规定,优质碳素结构钢共有 31 个牌号。牌号由两位数字和字母两部分组成。两位数字表示平均碳含量的万分数;字母分别表示锰含量高低、冶金质量等级、脱氧程度。普通锰含量（0.35％～0.80％）的不写"Mn"，较高锰含量（0.80％～1.20％）的在两位数字后加注"Mn"；高级优质碳素结构钢加注"A"，特级优质碳素结构钢加注"E"；沸腾钢加注"F"，半镇静钢加注"b"。

例如：15F 号钢表示平均碳含量为 0.15％、普通锰含量的优质沸腾钢。

45Mn 号钢表示平均碳含量为 0.45％、较高锰含量的优质镇静钢。

优质碳素结构钢中 08、10、15、20、25 等牌号属于低碳钢，其塑性好，易于拉拔、冲压、挤压、锻造和焊接。其中 20 钢用途最广，常用来制造螺钉、螺母、垫圈、小轴以及冲压件、焊接件，有时也用于制造渗碳件。

30、35、40、45、50、55 等牌号属于中碳钢，因钢中珠光体含量增多，其强度和硬度较前提高，淬火后的硬度可显著增加。其中，以 45 钢最为典型，它不仅强度、硬度较高，且兼有较好的塑性和韧性，即综合性能优良。45 钢在机械结构中用途最广，常用来制造轴、丝杠、齿轮、连杆、套筒、键、重要螺钉和螺母等。

60、65、70、75 等牌号属于高碳钢。它们经过淬火、回火后不仅强度、硬度提高，而且弹性优良，常用来制造小弹簧、发条、钢丝绳、轧辊等。

3）低合金高强度结构钢

低合金高强度结构钢是在含碳量≤0.20％的碳素结构钢基础上，加入少量的合金元素发展起来的，强度高于碳素结构钢。此类钢中除含有一定量硅或锰基本元素外，还含有其他适合我国资源情况的元素，如钒（V）、铌（Nb）、钛（Ti）、铝（Al）、钼（Mo）、氮（N）、和稀土（RE）等微量元素。

根据国家标准《低合金高强度结构钢》（GB 1591—2008）的规定，共有 8 个牌号，分别是Q345、Q390、Q420、Q460、Q500、Q550、Q620、Q690。低合金高强度结构钢的牌号，由 3 个要素组成：

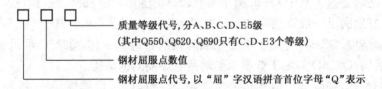

低合金高强度结构钢与碳素结构钢相比，具有较高的强度。综合性能好，所以在相同使用条件下，可比碳素结构钢节省用钢 20％～30％，对减轻结构自重有利。同时，低合金高强度结构钢还具有良好的塑性、韧性、可焊性、耐磨性、耐蚀性、耐低温性等性能，有利于延长钢材的服役性能，延长结构的使用寿命。

低合金高强度结构钢主要用于轧制各种型钢、钢板、钢管及钢筋，广泛用于钢结构和钢筋混凝土结构中，特别适用于各种重型结构、高层结构、大跨度结构及大柱网结构等。

8.5.2　常用建筑钢材

1）钢筋混凝土结构用钢筋

钢筋混凝土结构常用钢筋的品种很多。按钢种分，主要有碳素结构钢和低合金结构钢。按直径分，凡直径在 6～40 mm 的，称为钢筋；直径在 5～2.5 mm 的，称为钢丝；2.5 mm 以下的不能做配筋材料使用。按外形分,钢筋有光圆钢筋和变形带肋钢筋,带肋钢筋又有月牙肋和等高肋两种。按加工过程分,有热轧钢筋、冷拉钢筋、冷拔低碳钢丝、碳素钢丝、刻痕钢丝和钢绞线等。

在一般钢筋混凝土结构中大量应用的是热轧钢筋。根据国家标准《钢筋混凝土用热轧光圆钢筋》(GB 1499.1—2008)、《钢筋混凝土用热轧带肋钢筋》(GB 1499.2—2007)的规定,热轧钢筋的牌号构成见表 8-3。

热轧光圆钢筋的强度较低,塑性与焊接性能较好,伸长率高,便于弯折成形和进行各种冷加工,广泛用于普通钢筋混凝土构件中,作为中小型钢筋混凝土结构的主要受力钢筋和各种钢筋混凝土结构的箍筋等。

热轧带肋钢筋强度较高,塑性和焊接性能较好,因表面带肋,加强了钢筋与混凝土之间的黏结力,广泛用于大、中型钢筋混凝土结构的受力钢筋。

表 8-3　热轧钢筋牌号及其组成

类　别	牌　号	牌号组成	英文字母含义
热轧光圆钢筋	HPB235	由 HPB+屈服强度特征值组成	HPB——热轧光圆钢筋的英文(Ho-trolled Plain Bars)缩写
	HPB300		
普通热轧钢筋	HRB335	由 HRB+屈服强度特征值组成	HRB——热轧带肋钢筋的英文(Hot rolled Rib-bed Bars)缩写
	HRB400		
	HRB500		
细晶粒热轧钢筋	HRB335	由 HRPF+屈服强度特征值组成	HRPF——在热轧带肋钢筋的英文缩写后加"细"的英文(Fine)首位字母
	HRB400		
	HRB500		

2) 钢结构用钢

钢结构工程是以钢材为主要材料建成的结构,是主要的建筑结构类型之一。由于钢材具有高强、良好的塑性等优点,因此钢结构被广泛用于重型工业厂房、大跨度结构、高耸结构、多高层建筑、承受振动荷载及地震作用的结构、板壳结构和混凝土组合成的组合结构中。

在钢结构用钢中一般选用普通碳素结构钢 Q235 钢和低合金高强度结构钢 Q345、Q390及 Q420 轧制成型的各种规格与型号的钢板和型钢,如角钢、槽钢、工字钢等。

土木工程中钢筋混凝土用钢材和钢结构用钢材,主要根据结构的重要性、承受荷载类型(动荷载或静荷载)、承受荷载方式(直接或间接等)、连接方法(焊接或铆接)、温度条件(正温或负温)等,综合考虑钢种或钢牌号、质量等级和脱氧程度等进行选用,以保证结构的安全。

8.6　建筑钢材的锈蚀及防止

钢材的锈蚀是指钢材的表面与周围介质发生化学作用或电化学作用而遭到侵蚀破坏的过程。

锈蚀不仅使钢结构有效断面减少,而且会形成程度不等的锈坑、锈斑,造成应力集中,加速结构破坏,钢筋与混凝土之间的黏结力也大幅度降低。钢材若受到冲击荷载、循环交变荷载作用,将产生锈蚀疲劳现象,使钢材的疲劳强度大为降低,甚至出现脆性断裂。

8.6.1 钢筋锈蚀的工程实例

文献资料表明,钢筋锈蚀引起钢筋混凝土结构的过早破坏已成为世界各国普遍关注的一大灾害。例如,日本新干线使用不到 10 年就出现了大量钢筋腐蚀引起的混凝土开裂、剥蚀;在我国钢筋的腐蚀作用也很明显,接连不断的工程事故,使人们在血的教训面前深刻认识到对于钢筋锈蚀问题研究的重要性。

图 8-11 拉瓦尔立交桥坍塌

1)案例一

加拿大魁北克省拉瓦尔市 2006 年 9 月 30 日发生立交桥坍塌事故并造成 5 人死亡、6 人受伤。这座建于 1970 年的立交桥设计寿命为 70 年。

事故原因分析:有关专家指出,由钢筋老化导致的钢筋与混凝土分离可能是造成拉瓦尔立交桥坍塌的原因。专家解释说,可能是因当地下雪频繁,桥面上撒的盐过多,含大量氯离子的雪水渗透立交桥结构内腐蚀钢筋,使其与混凝土脱离,才引发了事故。

图 8-12 九江大桥坍塌

2)案例二

2006 年 15 日 5:15 左右,广东佛山市南海区九江大桥遭到一艘运砂船撞击,造成大约 200 m 桥面坍塌,约 100 m 桥面坠入江中,正在桥上行驶的 6 辆车下落不明。桥面直插江底,桥面断裂处露出一根根被折断的钢筋。

事故原因分析:近 70%的钢绞线拉索 PE 护层有不同程度的损坏,严重的有剥落现象并有大量钢丝锈渣,个别 PE 护套内甚至有水流出,最严重的钢绞线断丝已达 1/3 数量,且两端锚头锈蚀严重。

8.6.2 钢材锈蚀的原因

根据钢材表面与周围介质的不同作用,钢材的锈蚀可分为下述两类:

1)化学锈蚀

化学腐蚀指钢材表面与周围介质(如氧气、二氧化碳、二氧化硫和水等)直接发生化学反应,生成疏松的氧化物而产生的锈蚀。在干燥环境中化学腐蚀的速度缓慢,但在温度较高或湿度较大时,钢材的化学腐蚀会大大加快。钢材在高温中氧化形成 Fe_3O_4;在常温下,钢材表面将形成一层很薄且钝化能力很弱的氧化保护膜 FeO,当它较牢固的覆盖在钢材表面时,可在一定程度上减缓钢材进一步腐蚀。

2）电化学锈蚀

钢材由不同的晶体组成,并含有杂质,由于这些成分的电极电位不同,当有电解质溶液（如水）存在时,就会在钢材表面形成许多微电池。

电化学腐蚀的特点在于,腐蚀历程可分为两个相对独立并可同时进行的阳极（发生氧化反应）和阴极（发生还原反应）过程。在阳极区,铁被氧化成 Fe^{2+} 离子进入水膜。因为水中溶有来自空气的氧,故在阴极区氧将被还原为 OH^- 离子,两者结合成为不溶于水的 $Fe(OH)_2$,并进一步氧化成为疏松易剥落的红棕色铁锈 $Fe(OH)_3$。

电化学腐蚀的特征为受腐蚀区域是金属表面的阳极,腐蚀产物常产生在阳极与阴极之间,不能覆盖在被腐蚀区域,起不到保护作用,腐蚀反应能持续进行。

电化学腐蚀和化学腐蚀的显著区别是电化学腐蚀过程中有电流产生。对大多数钢材而言,发生电化学腐蚀的情况远大于化学腐蚀的情况。同时,钢材在大气中的腐蚀常常是化学腐蚀和电化学腐蚀共同作用的结果。

混凝土在水化作用时生成氢氧化钙,使混凝土的 pH 值一般可达到 12.5 或更高。钢筋在这样的高碱性环境中表面形成厚度约 $(20\sim60)\times10^{-10}$ m 的钝化膜,这层钝化膜主要由 $\gamma Fe_2O_3 \cdot mH_2O$ 或 $Fe_3O_4 \cdot nH_2O$ 组成,是一种致密、稳定的晶格结构,能使钢筋处于钝化状态而不发生锈蚀。但应注意,锈蚀反应将强烈地被一些卤素离子特别是氯离子所促进,它们能破坏保护膜,使锈蚀迅速发展。

8.6.3 防止钢材腐蚀的方法

1）保护膜法

保护膜法是在钢材表面涂布一层保护层,以隔离空气或其他介质。常用的保护层有搪瓷、涂料、耐腐蚀金属（铅、锡等）、塑料等,或经化学处理使钢材表面形成氧化膜（发蓝处理）或磷酸盐膜。

2）阴极保护法

阴极保护法是根据电化学原理进行保护的一种方法。这种方法可由两种途径来实现。

（1）牺牲阳极保护法。即在需要保护的钢结构上,特别是位于水下的钢结构上,焊接较钢材更为活泼的金属,如锌、镁等。

（2）外加电流保护法。此法是在钢结构的附近安放一些废钢铁或其他难熔金属,如高硅铁、铅银合金等。将外加直流电源的负极接在被保护的钢结构上,正极接在废钢铁或难熔金属上。通电后阳极被腐蚀,钢结构成为阴极而得到保护。也可采用保护膜与外加电源联合保护法,效果更好。

港口建筑物的钢筋混凝土中钢筋的防腐蚀措施,除应增大混凝土保护层厚度外,还可在结构表面用聚氯乙烯或人造橡胶敷设覆盖层,以避免海水的渗入,亦可用环氧漆作保护膜。在混凝土中掺入阻锈剂——亚硝酸钠,亦可延缓钢筋的锈蚀。对于重要的钢筋混凝土结构,可将其钢筋用导线引出结构物,并采用阴极保护法。

8.7 其他金属材料

8.7.1 铝及铝合金

1）铝

铝在地壳中含量较为丰富,在全部化学元素中含量占第三位(仅次于氧和硅),在全部金属元素中占第一位。铝呈银白色,密度 2.702 g/cm³,熔点 660.37℃,沸点 2 467℃。铝的价格虽较一般碳钢高,但易于回收重熔使用,为地球上可充分且有效利用的资源。铝主要具有以下特点:

(1) 轻量性。铝的比重仅为钢铁的 1/3。

(2) 低强度,高塑性。铝的强度较低,约为 80~130 MPa,但是可塑性较好,延伸率可以达到 30％~50％。因此铝具有优异的易加工性,可加工成棒、线、挤型材,其中,挤型材在铝的用量中占有极大比例。此外,铝还可以制成厚度小于 0.01 mm 的铝箔。

(3) 耐蚀性。铝在自然环境中表面形成薄层的氧化膜可阻绝空气中的氧气,避免进一步氧化,具有优良的耐蚀性。铝表面如果再经各种不同的表面处理,其耐蚀性更佳,适合于室外及较恶劣的环境中使用。

(4) 导电性。铝的导电度为铜的 60％,但重量仅是铜的 1/3,相同重量的铝,其导电度为铜的 2 倍,故若以相同的导电度衡量,铝的成本远较铜低,此方面的应用以电导线最多。

(5) 导热性。铝的导热性极佳,故在家庭五金、冷气机散热片、热交换器的应用方面极为广泛。

(6) 无低温脆性。铝在超低温的状态下无一般碳素钢的低温脆性问题,可适用于低温设备、船舶等。

(7) 无磁性。没有磁性反应的金属,几乎不受电磁气的磁场影响,金属本身不带磁气,适用于必须非磁性的各种电器机械。

2）铝合金

在纯铝中加入铜、镁、锰、锌和硅等合金元素就成为铝合金。铝合金由于强度较纯铝明显提高并保持铝轻质的固有特性,因此使用价值也大为提高。

铝合金有防锈铝合金、硬铝合金、超硬铝合金、锻铝合金。铝合金按应用可分为 3 类:一类结构可用于承重构件,如屋架;二类结构用于非承重构件或受力较小的构件,如建筑工程的门窗、卫生间、管系、通风管、挡风板、支架、流线型罩壳和扶手等;三类结构主要用于各种装饰品和绝热材料。

铝合金由于延展性好,硬度低,可锯、可刨,所以可通过热轧、冷轧、冲压、挤压、弯曲和卷边等加工制成不同尺寸、不同形状和截面的板、管、棒及各种型材和铝箔。

常用的铝合金品种有铝合金门窗、铝合金装饰板及铝合金吊顶。

（1）铝合金门窗

在现代建筑中铝合金门窗尽管造价比普通门窗高,但其长期维修费用低、性能好。铝合金门窗与普通门窗相比,具有如下特点:

① 质量轻。铝合金门窗用材省、质量轻,每平方米耗用铝材质量平均只有 8～12 kg,较钢木门窗轻 50％左右。

② 性能好。铝合金门窗密封性能好,气密性、水密性、隔声性、隔热性都较普通门窗有显著提高。

③ 色调美观。铝合金门窗框料型材表面经过氧化处理,既可以保持银白色,也可以根据需要制成各种柔和的颜色或带色的花纹。

④ 耐腐蚀。铝合金门窗不需要涂刷油漆,不褪色、不脱落,表面不需要维修,因而简单方便。

⑤ 便于工业化生产,有利于实行设计标准化、生产工业化、产品商品化。

（2）铝合金装饰板

① 铝合金花纹板是采用防锈铝合金材料,用特制花纹机辊轧而成,花纹美观大方,不易磨损,防滑性能好,防腐蚀性能强,便于冲洗。通过表面处理可以得到不同的美丽颜色,广泛用于现代化建筑物的墙面装饰及楼梯踏板处。

② 铝合金浅质花纹板花纹别致、色泽美观大方,除具有普通花纹板共有的特点外,其刚度提高约 20％,抗污垢、抗划伤性能均有提高,尤其是增加了立体图案和美丽的色彩,更使建筑物生辉。

③ 铝合金波纹板主要用于墙面装饰,也可用做屋面,有银白色等多种颜色。既有一定的装饰效果,也有很强的反射阳光能力,并十分经久耐用,在大气中使用 20 年不需更换,搬迁拆卸下来的花纹板仍可使用,因而得到了广泛的应用。

④ 铝合金压型板具有质量轻、外观美观、耐久、耐腐蚀、易安装和施工进度快等优点。通过表面处理可得到各种色彩的压型板,适用于屋面和墙面。

⑤ 铝合金冲孔板是采用各种铝合金平板经机械冲孔而成,具有良好的防腐蚀性能,粗糙度低,有一定强度,易加工成各种形状、尺寸,有良好的防震、防水、防火性能,具有良好的消声效果。主要用于棉纺厂、各种控制室、计算机房的天棚及墙壁,也用于噪声大的车间厂房,还是电影院、剧场的理想消声材料。

（3）铝合金吊顶

铝合金吊顶的特点是质量轻、不燃烧、耐腐蚀、施工方便和装饰华丽等。

8.7.2　铸铁

碳的质量分数大于 2.06％的铁碳合金称为生铁。生铁除含碳量较高外,还含有较多的硅锰、磷和硫等元素。常用的是灰铸铁,其中碳全部或大部分以石墨形式存在,断口呈灰白色,故称为灰铸铁或简称铸铁。

铸铁具有良好的铸造性能,成本低,是工业用途上十分广泛的一种钢铁材料。铸铁性脆、无塑性,虽然抗压强度较高,但抗拉和抗弯强度不高,不宜用作结构材料。

在建筑中大量采用铸铁水管,用作上下水管及其连接构件。土木工程中也用作排水沟和地沟等的盖板。在工业与民用建筑及建筑设备中广泛采用铸铁制作暖气片及各种零部件。铸铁也是一种常见的装饰材料,用于制作门、窗、栏杆、格栅及某些建筑小品等。

8.7.3 铜

纯铜表面氧化生成氧化铜薄膜后呈现紫铜色,故称铜为紫红色金属。铜具有良好的延展性,但强度较低,易生锈。压延成薄皮(纯铜片)和线状的纯铜是良好的止水材料和电的传导材料。

铜分为黄铜(铜锌合金)和青铜(铜锡合金)。其中,黄铜呈黄色或金黄色,强度较高,耐磨,耐腐蚀,装饰性好,主要用于生产门窗、门窗花格、栏杆、抛光板材、铜管、建筑五金和水暖器材等。用黄铜生产的铜粉(又称金粉),用作涂料可起到装饰和防腐蚀作用;青铜为青灰色或灰黄色,硬度大,强度较高,耐磨及抗腐蚀性好,主要用于生产板材和机械零件等。

8.7.4 铅

铅是一种柔软的低熔点金属,抗拉强度很低,延展加工性能极好,常用于钢铁管道接口的嵌缝密封材料。铅板和铅管是工业上常用的耐腐蚀材料,能经受浓度(体积分数)为80%的热硫酸和浓度(体积分数)为92%的冷硫酸的腐蚀。铅板还常用于医院实验室和工业建筑中的X射线操作室和屏蔽材料。

8.8　小结

(1)钢材是一种铁碳合金,按组成分为碳素钢和合金钢两类,建筑上常用的是普通碳素钢和普通低合金钢。

(2)建筑钢材作为主要的结构材料,具有良好的力学性能。通过拉伸试验可测得钢材的一系列力学性能,包括钢材抵抗弹性变形能力(弹性模量)、结构设计强度取值依据(屈服点)、钢材抵抗破坏的最大能力(抗拉强度)以及反映钢材塑性能力的指标(伸长率及断面收缩率)。

(3)钢材的化学成分是影响其性能的内在因素,其中碳是影响钢材性能的主要元素。硫、磷、氧、氮等为钢中的有害元素。

(4)钢材有冷加工(常温下)和热加工两种处理方式。通过对低碳钢进行冷拉或冷拔能提高其强度,但是塑性和韧性会下降。热处理方式有退火、正火、淬火和回火。

(5)建筑钢材按用途分为钢结构用钢和钢筋混凝土用钢,它们主要是用碳素结构钢和低合金结构钢制成。热轧钢筋是最常用的一种钢筋混凝土结构用钢。

(6)钢筋的腐蚀分为化学锈蚀和电化学锈蚀,其中尤以电化学锈蚀最常见。

思考题

1. 何谓钢材的屈强比？其大小对使用性能有何影响？
2. 钢的伸长率与试件标距长度有何关系？为什么？
3. 钢材的冲击韧性与哪些因素有关？何谓冷脆临界温度和时效敏感性？
4. 钢的脱氧程度对钢的性能有何影响？
5. 钢材的冷加工对力学性能有何影响？
6. 说明 Q235-B 与 Q390D 所属的钢种及各符号的含义。
7. 钢中的哪些元素是有害元素？它们的主要危害是什么？
8. 钢材锈蚀的原因是什么？为何通常钢筋在混凝土中不会锈蚀？
9. 简述铝合金、铸铁、铜和铅各自的特点及其在建筑上的应用。

9 木材

本章提要

本章简要介绍了木材的分类和宏观、微观构造,常见的人造板材的种类。为了合理利用木材,应了解木材的含水率、潮胀干缩性以及各向异性等对木材各种性质的重大影响。此外,还应掌握木材防腐和防火的方法。

中国古代建筑与世界其他建筑形态最基本的区别是木结构,是世界上唯一以木结构为主的建筑体系。中国现已发现最早的木结构建筑遗址在浙江余姚河姆渡,距今已有七千年。时至今日,具有民族风格的木结构建筑仍大放异彩,而作为装饰用材又使木材的应用进入了新境界。

木材具有很多优点,如自重轻,强度高,弹性韧性和吸收振动、冲击的性能好,木纹自然悦目,表面易于着色和油漆,热工性能好,容易加工,结构构造简单。木材也有缺点,主要是材质不均匀,各向异性,吸水性高而且胀缩显著,容易变形,容易腐朽虫蛀及燃烧,有天然疵病等。但是经过一定的加工和处理,这些缺点可以得到减轻。

9.1 木材的分类和构造

9.1.1 树木的分类

木材是由树木加工而成的。树木分为针叶树和阔叶树两大类。

针叶树树叶细长呈针状,多为常绿树。树干高而直,纹理顺直,材质均匀且较软,易于加工,又称"软木材"。表观密度和胀缩变形小,耐腐蚀性好,强度高。建筑中多用于承重构件、门窗、地面和装饰工程,常用的有松树、杉树、柏树等。

阔叶树树叶宽大,叶脉呈网状,多为落叶树。树干通直部分较短,材质较硬,又称"硬(杂)木"。表观密度大,易翘曲开裂。加工后木纹和颜色美观,适用于制作家具、室内装饰和制作胶合板等。常用的树种有榆树、水曲柳、柞木等。

9.1.2 木材的宏观构造

宏观构造是指用肉眼或放大镜就能观察到的木材组织,可从树干的 3 个不同切面进行观察,如图 9-1。

从横切面上可以看出,树木是由树皮、木质部和髓心等部分组成。树皮是树木的外表组织。髓心是树木最早生成的部分,材质松软易腐朽,强度低。树皮和髓心之间的部分是木质部,它是木材主要使用部分,靠近髓心部分颜色较深,称为心材;靠近外围部分颜色较浅,称为边材,边材含水高于心材,容易翘曲。

从横切面上看到深浅相间的同心圆,称为年轮。在同一年轮,内侧浅色部分是春天生长的木质,材质较松软,称为春材(早材);外侧颜色较深部分是夏秋两季生长的,材质较密实,称为夏材(晚材)。树木的年轮越密实越均匀,材质越好。夏材部分愈多,木材强度愈高。

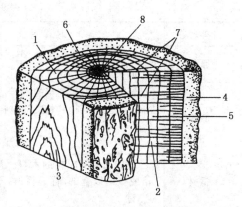

图 9-1　木材的宏观构造
1—横切面;2—径切面;3—弦切面;4—树皮;
5—木质部;6—年轮;7—髓线;8—髓心

从髓心成放射状穿过年轮的组织,称为髓线。髓线与周围组织连接软弱,木材干燥时易沿髓线开裂。年轮和髓线构成木材表面花纹。

9.1.3　木材的微观构造

在显微镜下所看到的木材细胞组织,称为木材的微观构造。用显微镜可以观察到,木材是由无数管状细胞紧密结合而成(如图 9-2),它们大部分纵向排列,而髓线是横向排列。每个细胞都由细胞壁和细胞腔组成,细胞壁由细纤维组成,其纵向连接较横向牢固,所以木材具有各向异性。细胞壁越厚,细胞腔越小,木材越密实,其表观密度和强度越高,胀缩变形也越大。

针叶树和阔叶树的微观构造有较大差别。针叶树材显微构造简单而规则,主要由管胞、髓线和树脂道组成,其髓线较细而不明显。阔叶树材显微构造较复杂,主要由木纤维、导管和髓线组成,它的最大特点是髓线发达,粗大而明显。

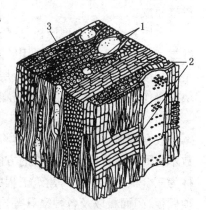

图 9-2　柞木的纤维构造
1—导管;2—髓线;3—木纤维

木材中除纤维外,尚有水、树脂、色素、糖分、淀粉等物质,这些成分决定了木材易被腐朽、虫害、燃烧等性能。

9.1.4　木材的分类与人造板材

1) 木材的分类

木材按照加工程度和用途的不同分为原条、原木、锯材和枕木 4 类,如表 9-1 所示。建筑工程中应用较多的是锯材。

表 9-1 木材的分类

分类名称	说 明	主要用途
原条	除去皮、根、树梢的木料,但尚未按一定尺寸加工成规定直径和长度的材料	建筑工程的脚手架、建筑用材、家具等
原木	已经除去皮、根、树梢的木料,并已按一定尺寸加工成规定直径和长度的材料	(1)直接使用的原木:用于建筑工程(如屋架、檩、椽等)、桩木、电杆、坑木等 (2)加工原木:用于胶合板、造船、车辆、机械模型及一般加工用材等
锯材	已经加工锯解成材的木料。凡宽度为厚度3倍或3倍以上的,称为板材,不足3倍的称为方材	建筑工程、桥梁、家具、造船、车辆、包装箱板等
枕木	按枕木断面和长度加工而成的成材	铁道工程

2)人造板材

由于木材资源的短缺,天然木材已经很难满足现代社会的大量需求,同时,为了克服天然木材各向异性、变形大的缺点,近年来,人们开发了多种木质复合板材。

木质复合板材以木质材料为基本素材制造而成,所采用的木质素材通常是等外材、劣质材、小径材、枝丫材及木材加工的边角余料等,也可采用非木质纤维材料,例如棉秆、亚麻秆、蔗渣等,将这些原材料加工成小块、细屑、锯末、刨花、薄片或纤维等形状,掺入胶黏剂压制或拼接而成。

木质复合板材有型压板、层压板、夹心板3种基本形式。型压板是由一种基本材料,如纤维、刨花、锯末等松散材料用胶黏剂黏合成型的板材,如纤维板、木丝板、刨花板等;层压板是用相同或不同的薄板材料,分层用胶结剂黏结压合而成,主要有胶合板;夹心板是以碎木块拼接作为心材,两面用其他材料做面层,如大心板、各种细木工板等。

(1)胶合板

胶合板属于层压加工方法,将天然木材原木旋切成薄片,再用胶黏剂将3层以上奇数层数木材薄片按纤维互相垂直的方向热压黏合而成。薄片最多可达15层。按所用薄片层数称为三合板、五合板等,建筑工程中常用三合板和五合板,用做建筑物室内隔墙板、护壁板、顶棚板、门面板以及各种家具等。制作胶合板的原木树种主要使用水曲柳、椴木、桦木、马尾松等。胶合板材质均匀,吸湿变形小,幅面大,不翘曲,板面花纹美丽,装饰性强。如果墙体或顶棚有吸音要求,还可根据图样加工成不同孔径、不同孔距、不同图案的穿孔胶合板。

胶合板大大提高了木材的利用率,而且具有材质均匀、强度高、幅面大、使用方便等优点,板面具有美丽的木纹,装饰性好。

(2)纤维板

纤维板是将木材加工后剩下的板皮、刨花、树枝等废料,经破碎浸泡、研磨成木浆,再加入一定量的胶结料,经热压成型,干燥处理而成的人造板材,按容重分为硬质纤维板、半硬质纤维板和软质纤维板3种。硬质纤维板吸声、防水性能良好,坚固耐用,施工方便。有着色硬质板、单板贴面板、打孔板、印花板、模压板等品种。软质纤维板经表面处理,做顶棚天花的罩面板。生产纤维板可使木材的使用率达90%以上。

纤维板的特点是材质均匀,各向强度一致,抗弯强度高,可达55 MPa,耐磨,绝热性好,不易胀缩和翘曲,不腐朽,无木节、虫眼等缺陷。在建筑工程中可代替木板,主要用作建筑装修材料和建筑构件,例如室内隔墙或墙壁的装饰板、天花板、门板、窗框、阳台栏杆、楼梯扶手和建筑模板等;还用于制作家具,各种台面板、桌椅、茶几、课桌及组合家具的箱、柜等;由于抗污染性、耐水性强,更适合于做厨房的炊用家具。模压时利用模板花纹可直接在板面上形成各种花纹,不需要进行再加工,表面喷涂各种涂料,装饰效果更佳,如果在板表面施以仿木纹油漆处理,可达到以假乱真的效果。

(3) 木丝板、木屑板、刨花板

木丝板、木屑板、刨花板属于型压板的一种,将天然木材加工后剩下的木丝、木屑、刨花等,经干燥、加胶黏剂拌和后压制而成,分为低密度板、中密度板、高密度板。具有抗弯、抗冲击强度高、表面细密均匀、防水性能好等优点,可用作室内隔板、天花板等,中密度以上板材可用作橱柜基材,防水性好,不易变形,表面贴防火板具有防火性能。

(4) 大芯板、细木工板

大芯板属于夹心板类型,其芯材采用价格低廉的软杂木,如杨木、杉木、松木等木块,或者是木材加工的剩余料拼接铺成板状,两面用胶合板夹住所形成的。大芯板主要用于家居装修和家具制作,例如作为护壁板、门板、柜橱、顶棚等部位的基层,表面再粘贴木质优良的榉木、曲柳贴面。

细木工板也称复合木板,它由3层木板粘压而成。上、下两个面层为旋切木质单板,芯板是用短小木板条拼接而成。该板表面平整,幅面宽大,可代替实木板,使用非常方便。细木工板主要用于家具制作,其芯材比大芯板密实,材质较好。

(5) 印刷木纹板

印刷木纹板又称装饰人造板,它是在胶合板、纤维板、刨花板等人造板面上用凹版花纹胶辊印上花纹图案而成。其优点是不需要再做任何饰面。

9.2 木材的性质和应用

9.2.1 木材的吸湿性

干燥的木材在空气中吸收水分的性能称为吸湿性,用含水率表示。木材的含水率是指木材中所含水分的质量占木材干燥质量的百分数。

木材中的水分主要有3种,即自由水、吸附水和结合水。自由水是存在于木材细胞腔和细胞间隙中的水分,吸附水是被吸附在细胞壁内细纤维之间的水分。自由水的变化会影响木材的表观密度、抗腐蚀性、干燥性和燃烧性,而吸附水的变化则影响木材强度和胀缩变形。结合水是形成细胞的化合水,常温下对木材性质无影响。

当木材中没有自由水,而细胞壁内充满吸附水,达到饱和状态时,此时的含水率称为纤维饱和点。木材的纤维饱和点随树种而异,一般在 $25\%\sim35\%$,平均值为 30%。它是木材物理力学性质是否随含水率而发生变化的转折点。

木材的含水率与周围空气相对湿度达到平衡时,称为木材的平衡含水率。木材的平衡含水率随所在地区不同以及温度和湿度变化而不同,我国北方地区约为12%,南方地区约为18%,长江流域一般为15%。

9.2.2 木材的湿胀与干缩

木材具有显著的湿胀干缩性,这是由于细胞壁内吸附水含量变化所引起的。当木材的含水率在纤维饱和点以下时,随着含水率的增大,木材细胞壁内的吸附水增多,体积膨胀,随着含水率的减小,木材体积收缩;而当木材含水率在纤维饱和点以上,只是自由水增减变化时,木材的体积不发生变化,如图9-3。

木材的湿胀干缩变形随树种的不同而异,一般情况下表观密度大的、夏材含量多的木材,胀缩变形较大。木材各方向的收缩也不同,顺纤维方向收缩很小,径向较大,弦向最大。

木材的湿胀干缩对其实际应用带来不利影响。干缩会造成木结构拼缝不严、卯榫松弛、翘曲开裂,湿胀又会使木材产生凸起变形,因此必须采取相应的防范措施。最根本的方法是在木材制作前将其进行干燥处理,使含水率与使用环境长年平均平衡含水率相一致。

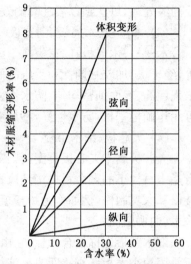

图9-3 木材含水率与胀缩变形的关系

9.2.3 木材的强度

木材的强度按照受力状态分为抗拉、抗压、抗弯和抗剪4种,而抗拉、抗压、抗剪强度又有顺纹和横纹之分。顺纹(作用力方向与纤维方向平行)和横纹(作用力方向与纤维方向垂直)强度有很大差别。木材各种强度之间的关系见表9-2。

表9-2 木材各种强度之间的关系

抗 压		抗 拉		抗 弯	抗 剪	
顺 纹	横 纹	顺 纹	横 纹		顺 纹	横 纹
1	1/10～1/3	2～3	1/20～1/3	3/2～2	1/7～1/3	1/2～1

1) 抗压强度

顺纹抗压强度是木材各种力学性质中的基本指标,在建筑工程中使用最广,如柱、桩、斜撑及桁架等。木材顺纹受压破坏是细胞壁丧失稳定性的结果,而非纤维断裂,因此木材顺纹抗压强度很高,仅次于木材的顺纹抗拉强度及抗弯强度,而且受疵病的影响较小。

2) 抗拉强度

木材的顺纹抗拉强度最高,但在实际应用中木材很少用于受拉构件。这是因为木材天然疵病如木节、斜纹、裂缝等对顺纹抗拉强度影响较大,使实际强度值降低。另外,受拉构件在连接节点处受力较复杂,使其先于受拉构件而遭到破坏。

木材的横纹抗拉强度是各项力学强度中最小的,这主要是由于木材细胞横向连接很弱,所以应避免木材受到横纹拉力作用。

3)抗弯强度

木材具有良好的抗弯性能,在建筑工程中常用作受弯构件,如梁、桁架、脚手架、地板等。木梁受弯时,上部产生顺纹压力,下部产生顺纹拉力。上部首先达到强度极限,出现细小的皱纹,但不马上破坏,继续加力时,下部受拉部分也达到强度极限,这时构件破坏。

4)抗剪强度

木材顺纹受剪时,绝大部分纤维本身并不破坏,只破坏了受剪面中纤维的连接,所以木材的顺纹抗剪强度很小。横纹切断是将木纤维横向切断,因此其强度较高。

木材的强度除与自身的树种构造有关之外,还与含水率、疵病、负荷时间、环境温度等因素有关。含水率在纤维饱和点以下时,木材强度随着含水率的增加而降低;含水率超过纤维饱和点时,自由水存在于细胞腔及间隙中,含水率的变化对强度几乎没有影响。木材的天然疵病,如木节、斜纹、裂纹、腐朽、虫眼等都会明显降低木材强度。木材在长期荷载作用下的强度,称为持久强度,会降低50%~60%。木材使用环境的温度超过50℃或者受冻融作用后强度也会降低。

9.3 木材的干燥、腐蚀和防火

9.3.1 木材的干燥

木材在采伐后,使用前一般应经过干燥处理。干燥处理可防止木材受细菌等腐蚀,减少木材在使用中发生收缩,提高木材的强度和耐久性。

木材的干燥通常采用自然干燥和人工干燥两种方法。

1)自然干燥

自然干燥就是将锯开的板材或方材按照一定的方式堆积在通风良好的场所,避免阳光直射和雨淋,使木材中的水分自然蒸发。这种方法简单易行,不需要特殊设备,干燥后木材的质量较好。但干燥时间长,占用场地大,只能干燥到风干状态。

2)人工干燥

人工干燥是利用人工的方法排除木材中的水分,常用的方法有热水加热窑干法、蒸材法和热炕法等。

9.3.2 木材的腐朽

1)木材腐蚀的原因

木材容易遭受昆虫的蛀蚀,常见的蛀虫有白蚁、天牛等。除此之外,木材也极易受到真菌的侵害。木材由于真菌的侵入,逐渐改变其颜色和结构,使细胞壁受到破坏,物理力学性质随之发生变化,最后变得松软易碎,呈筛孔状或粉末状等形态,即为腐朽。

引起木材腐朽的真菌有 3 种:腐朽菌、变色菌和霉菌。霉菌只寄生于木材表面,通常叫发霉;变色菌是以细胞腔内含物为养料,并不破坏细胞壁,对木材的破坏作用很小;腐朽菌是以细胞壁为养料,供自身繁殖生长,致使木材腐朽破坏。

真菌在木材中生存和繁殖须具备 3 个条件:适当的水分、足够的空气和适宜的温度。当木材的含水率在 35%～50%,温度在 25～30℃,又有一定量的空气时,适宜真菌繁殖,木材最易腐朽。含水率低于 20% 时,真菌难以生长;含水率过大时,空气难以流通,真菌得不到足够的氧或排不出废气,也难以生长。

2) 木材的防腐处理

木材防腐处理就是破坏真菌生存和繁殖的条件,有两种方法。一是将木材含水率干燥至 20% 以下,并使木结构处于通风干燥的状态,必要时采取防潮或表面涂刷油漆等措施;二是把化学防腐剂、防虫剂注入木材内,使木材成为对真菌和昆虫有毒的物质。注入防腐剂、防虫剂的方法有以下几种:

(1) 常压法

① 表面喷涂法

将防腐剂、防虫剂直接涂刷或用喷枪喷射在气干木材的表面。此方法简单易行,但药效透入深度浅,使用时要选药效高的药剂,主要用于防治虫害。

② 常温浸渍法

常温下将木材浸入防腐、防虫剂中一定时间后取出,使药剂渗透浸入木材内部。此法使用于马尾松等易浸注的木材。

③ 热冷槽浸注法

将木材浸入装有热的防腐、防虫剂槽中(90℃以上)数小时,然后迅速移入冷的防腐、防虫剂槽中再浸泡数小时。此方法是常压法中最好的方法。

(2) 压力渗注法

压力渗注法又分为满细胞法和空细胞法两种。

① 满细胞法

将热的防腐、防虫剂加压充满放有风干木材的密闭罐内,经过一定时间后取出木材风干。这时防腐、防虫剂充满整个细胞,防腐、防虫效果好。

② 空细胞法

使防腐剂、防虫剂只充满细胞壁,而细胞腔及细胞间隙不保留或少保留药剂。此法药效次于满细胞法。

9.3.3 木材的防火

木材易燃是众所周知的事实,中国历史上多少豪华的亭台楼阁、宫殿庙宇都是在不经意间付之一炬,令人扼腕。与其他建筑材料相比,易燃是木材最致命的缺陷,也是其渐渐退出建筑舞台的原因之一。所以当我们把木材用作建筑材料的时候,防火处理就成为一项极为重要的工序。

木材是一种可燃性材料,不仅其自身可以燃烧,而且在燃烧过程中产生的热量更助长了火焰的发展。一般来说,当周围温度上升至 $260\sim330℃$ 时,木材开始显著热分解,产生可燃性气体;当温度达到 $330℃$ 以上时,木材就能够自燃。虽然木材在燃烧的初期表面会产生碳化层,这在一定程度上可以减缓火焰进一步向木构件内部燃烧的速度,但是碳化的平均速度是每分钟 $0.60\ mm$,木材会由外向内逐渐碳化,最终将导致木材失去其承载能力,这对建筑结构的防火是很不利的。

因此用于建筑上的木材应根据使用部位的需求进行必要的防火处理。所谓的防火处理,并不是说经过防火处理以后的木材不会燃烧,而是经过防火处理以后的木材不易燃烧,或具有一定的阻燃性能,当木材着火后火焰不至于沿着木材表面很快蔓延,或当火焰移开后木材表面上的火焰能在较快的时间内熄灭。

木材化学防火处理方法,可分为浸渍防火剂和表面涂刷防火涂料两种。

(1) 防火剂浸渍处理

防火剂浸渍处理的作用,主要是在起火时能阻止或延缓木材温度的升高,降低火焰蔓延的速度以及减低火焰穿透木材的速度。防火剂浸渍方法与防腐剂浸渍方法相似,不同之处是防火剂需要很高的注入量,故常用压力浸渍法。对容易浸渍的木材,也可采用热冷槽法浸渍。

(2) 表面涂刷处理

防火剂涂刷在木材表面的主要作用,是将木材与热源隔开,以阻止木材的受热分解和放出可燃气体,此外还可以防止空气直接与木材接触。表面涂刷处理多用于提高已建成的木结构的防火能力。

需要注意的是,防火涂料或防火浸剂中的防火组分随着时间的延长和环境因素的作用会逐渐减少或变质,从而导致其防火性能不断减弱。

9.4 小结

(1) 木材一般分为两大类,即针叶树类和阔叶树类。

(2) 纤维饱和点是木材发生湿胀干缩的转折点。

(3) 理论上,木材的强度中以顺纹抗拉强度最大,其次是抗弯强度和顺纹抗压强度,但实际上是木材的顺纹抗压强度最高。

(4) 木材的腐蚀主要为真菌侵害引起。木材的防腐措施,主要采用破坏真菌生存条件或把木材变成有毒物质两种方法。

思考题

1. 常用的人造板材有哪些? 各自的特点是什么?

2. 木材含水率的变化对木材哪些性质有影响? 有什么样的影响?

3. 木材的几种强度中,顺纹抗拉强度最高,但为何实际用作受拉构件的情况较少,反而是较多地用于抗弯和承受顺纹抗压?

4. 木材为何容易被腐蚀? 如何防止木材腐蚀?

10 沥青及沥青基防水材料

本章提要

　　沥青及沥青基防水材料是常规建筑材料,广泛应用于道路建筑、房屋建筑、水工建筑和化工建筑等。本章通过介绍沥青的化学组分和胶体结构,阐述了沥青的组成、性质、技术要求及检验方法,并进一步介绍了改性沥青、沥青基防水材料和沥青混合料等材料的基本知识。其中石油沥青是本章的重点内容,要求重点掌握石油沥青的胶体结构特征和石油沥青的各项技术性质,理解沥青混合料的结构组成和主要路用性能,对其他类型的沥青和防水材料只作一般了解。

　　沥青材料是当前一种极好的道路建筑材料,采用沥青修筑的沥青混凝土路面具有表面平整、无接缝、行车舒适、耐磨、振动小、噪声低、施工期短、养护维修简便等优点,是我国高等级公路的主要路面形式。

　　在工业与民用建筑上,沥青及其相关防水材料是屋面和地下建筑重要而又廉价的防水、防潮材料,例如沥青油毡、沥青油膏、沥青胶、沥青混凝土地坪等。这些材料可用于屋面、地下洞库、蓄水池、浴池等的防水防潮层,现已成为建筑部门不可缺少的防水材料。

　　沥青根据来源的不同,主要可分为石油沥青、(煤)焦油沥青和天然沥青等。其中石油沥青是使用最多、应用最广的一种,它是石油(原油)分馏后的残渣加工制成的。通常所讲的沥青就是指石油沥青,其他沥青都要在沥青两字之前加上字头以示区别(如焦油沥青、湖沥青等)。本章所述沥青,除注明者外,都指的是石油沥青。

10.1 石油沥青

　　石油沥青(Petroleum Asphalt)是石油(又称原油)加工过程的一种产品,在常温下是黑色或黑褐色的黏稠的液体、半固体或固体,具有明显的树脂特征,一般没有特殊气味,或略带松香气味。石油沥青作为一种基础建筑材料,被广泛应用于交通运输、建筑业、水利工程、工业、农业等领域,其应用范围和使用数量都远远超出煤焦油沥青和天然沥青等其他来源的沥青,通常意义所指沥青均是指石油沥青。

　　石油沥青的品种很多,分类方法也不统一,但主要的分类方法有4种:

　　(1) 按原油的成分分类,原油的组成直接影响着沥青的成分,其中对沥青性能影响最大的是蜡质,以含蜡质的多少,又可将石油沥青分为石蜡基沥青、沥青基沥青和混合基沥青。

　　(2) 按石油加工方法分类,不同的石油加工方法炼制的沥青性质也不一样,按照石油加工方法的不同所得的沥青可分为直馏沥青(残留沥青)、蒸馏沥青、氧化沥青、裂化沥青和酸洗沥青。

（3）按沥青产品在常温下的稠度分类，可将石油沥青分为液体沥青和黏稠沥青，两者的划分标准通常以针入度值（25℃，100 g，5 s）300 为界限。

（4）按沥青的用途分类，可分为道路石油沥青、建筑石油沥青和特种沥青。该方法便于按实际用途去选择沥青材料，是各工业技术部门广为采用的一种分类方法。

石油沥青的成分极其复杂，很难用某种化合物来具体表示。组成沥青的主要化学元素是碳和氢，一般是用碳和氢的含量之比来表示其化学组成。沥青的含碳量大致是 70%～85%，含氢量一般不超过 15%。碳与氢的含量比直接影响着沥青的物理和化学性质，碳与氢的含量比值越大，分子量和比重也就越大，稠度也越高。除了碳和氢外，沥青一般还含有硫（含量不超过 5%）、氧（含量很少超过 2%）、氮（含量不超过 1%）等，这些元素在沥青中含量虽然很少，但对沥青的性质影响却很大。

10.1.1 石油沥青的化学组分

沥青的组分是将沥青分离为几个化学性质相近并与使用性质有一定联系的组。沥青的化学组分与沥青的胶体结构、流变学性质及使用性质都密切相关，因此研究沥青的化学组分十分必要。一般而言，石油沥青主要由沥青质和可溶质两部分组成。其中，可溶质又分为沥青质、油分、胶质及蜡。

1）沥青质

石油沥青中的沥青质是深褐色至黑色的固态无定形物质，也被称为地沥青精，通常呈固态，一般含量 5%～30%。沥青质的分子量一般为 1 000～6 000，甚至更高，属于高分子化合物，是石油沥青中分子量最高的组分。沥青质染色力强，对光的敏感性强，且感光后不能溶解。

沥青质的比重大于 1，不溶于酒精、石油醚和汽油，易溶于二硫化碳、氯仿、苯、四氯化碳等。沥青质在某些溶剂里可无限制地溶解，而不形成饱和溶液，溶液蒸发浓缩可成半固体状，而均匀性不变。

沥青质对沥青中的油分显憎液性，不溶解，对胶质显亲液性，而形成高分散溶液，因此可以认为沥青是胶质包裹沥青质悬浮在油分中形成的胶体系统。

沥青质决定着沥青的塑性状态界限和由固体变为液体的速度；决定着沥青的黏结力、黏滞度和温度稳定性，以及沥青的硬度、软化点等。沥青质含量增加时，沥青的黏度和黏结力增加，硬度和温度稳定性提高。

2）油分

沥青中的油分为无色的液体，具有润滑油的黏度，带有荧光性，分子量大约在 300～500，是沥青中分子量最小的组分。油分的比重介于 0.7～1，含量在 45%～60%，为沥青中最轻的馏分。

油分在高温条件下长时间加热可以挥发，能溶于石油醚、二硫化碳、三氯甲烷、苯、四氯化碳、丙酮等有机溶剂，但不溶于酒精，不被漂白土或硅酸吸附剂所吸附，能用有机溶剂从吸附剂中抽提出来。

油分是沥青具有流动性的主要因素。随着油分含量的增加，沥青的黏滞度下降，稠度减低，使沥青具有柔软性、抗裂性，便于施工操作。一般情况下，油分含量越多，沥青的软化点越低。在某些情况下油分还可以转化成胶质甚至沥青质。石油沥青中的蜡主要也存在于油分中,其化学组成与油分没有显著区别。

3）胶质

胶质是半固体或液体的黄色至褐色的黏稠状物质,比重介于 1.00～1.10 之间,分子量为 600～800,含量在 15％～30％,熔点低于 100℃,呈中性,有强染色力,0.005％的胶质即可将透明的挥发油分染成淡黄色。沥青的颜色在很大程度上取决于胶质。

胶质能溶于石油醚、汽油、苯、醚和氯仿等有机溶剂,对于酒精或丙酮的溶解度很低。由于胶质的存在,沥青具有一定的可塑性、流动性和黏结性。胶质含量直接决定着沥青的延伸度和黏结力,含量越高,延伸度和黏结力越强。

胶质的分子量是随着它的分馏程度而增加的,可以认为是较小的高分子碳氢化合物,为油分转化为沥青质的过渡阶段。

4）蜡

沥青中的蜡主要是分子量高并带有支链的异构烷烃(接近于微晶蜡),而不是结晶性好的正构烷烃。蜡对沥青路面使用性能有极大影响。现有研究认为沥青中蜡的存在,在高温时会使沥青容易发软,导致沥青路面高温稳定性降低,出现车辙。同样,在低温时会使沥青变得脆硬,导致路面低温抗裂性降低,出现裂痕。此外,蜡会使沥青与石料的黏附性降低,在有水的条件下,会使路面石子产生剥落现象,造成路面破坏。更为严重的是,含蜡沥青会使沥青路面的抗滑性降低,影响路面的行车安全。

10.1.2 石油沥青的胶体结构

根据现代胶体理论的研究,由于沥青的苯溶液具有丁铎尔现象,证明沥青溶液也是一种胶体溶液。用超级显微镜对沥青溶液进行观察,认为固态微粒的沥青质是分散相,液态的油分是分散介质,但沥青质与油分不亲和,而且沥青质与油分两种组分混合不能形成稳定的体系,沥青质极易发生絮凝。

胶质对沥青质是亲和的,胶质对油分也是亲和的,胶质包裹沥青质形成胶团,分散在油分中,形成稳定的胶体。可以认为,在胶团结构中,从核心到油分是均匀的、逐步递变的,并无明显的分解层。

根据沥青中各组分的化学组成和相对含量的不同,可以形成不同的胶体结构。沥青的胶体结构可分为下列 3 种类型,如图 10-1 所示。

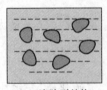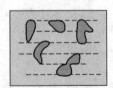

（a）溶胶型结构　　　（b）溶-凝胶型结构　　　（c）凝胶型结构

图 10-1 沥青的胶体结构示意图

1）溶胶型结构

当沥青中沥青质分子量较小,并且含量很少(例如在 10％以下),同时有一定数量的芳香度较高的胶质,这样使胶团能够完全胶溶而分散在芳香分和饱和分的介质中。在此情况下,胶团相距较远,它们之间的吸引力很小(甚至没有吸引力),胶团可以在分散介质黏度许可范围之内自由运动,这种胶体结构的沥青,称为溶胶型沥青(如图 10-1(a)所示)。这类沥青的特点是,当对其施加荷载时几乎没有弹性效应,剪应力(τ)与剪变率(γ')为直线关系(如图 10-2(a)所示),呈牛顿流型流动,所以这类沥青也称为牛顿流沥青。通常,大部分直馏沥青都属于溶胶型沥青。这类沥青在性能上具有较好的自愈性和低温时变形能力,但高温稳定性较差。

2)溶-凝胶型结构

沥青中沥青质含量适当(例如在 15%～25%)并有较多数量芳香度较高的胶质。这样形成的胶团数量增多,胶体中胶团的浓度增加,胶团距离相对靠近(如图 10-1(b)所示),它们之间有一定的吸引力。这是一种介于溶胶与凝胶之间的结构,称为溶-凝胶结构。这种结构的沥青称为溶-凝胶型沥青。这类沥青的特点是,在变形的最初阶段表现出一定程度的弹性效应,但变形增加至一定数值后则又表现出一定程度的黏性流动,是一种具有黏-弹特性的伪塑性体。它的剪应力(τ)和剪变率(γ')关系如图 10-2(b)所示。这类具有黏-弹特性的沥青,称为黏-弹性沥青。这类沥青,有时还有触变性,如图 10-2(d)所示。修筑现代高等级沥青路面用的沥青,都应属于这类胶体结构类型。通常,环烷基稠油的直馏沥青或半氧化沥青,以及按要求组分重(新)组(配)的溶剂沥青等,往往能符合这类胶体结构。这类沥青的性能,在高温时具有较好的稳定性,低温时又具有较好的形变能力。

3)凝胶型结构

沥青中沥青质含量很高(例如＞30%),并有相当数量芳香度高的胶质来形成胶团。这样,沥青中胶团浓度很大程度的增加,它们之间相互的吸引力增加,使胶团靠得很近,形成空间网络结构。此时,液态的芳香分和饱和分在胶团的网络中成为"分散相",连续的胶团成为"分散介质"(如图 10-1(c)所示)。这种胶体结构的沥青,称为凝胶型沥青。这类沥青的特点是,当施加荷载很小或荷载时间很短时,具有明显的弹性变形。当应力超过屈服值(τ_0)之后,则表现为黏-弹性变形(如图 10-2(c)所示),为一种似宾汉姆体,有时还具有明显的触变性,这类沥青称为弹性沥青。通常深度氧化的沥青多属于凝胶型沥青。这类沥青在性能上虽具有较好的高温稳定性,但低温变形能力较差。

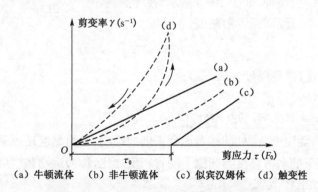

(a) 牛顿流体 (b) 非牛顿流体 (c) 似宾汉姆体 (d) 触变性

图 10-2 沥青的剪应力与剪应变关系图

胶体结构类型的确定,可以根据流变学的方法(如流变曲线测定法)和物理化学的方法(如容积度法、絮凝比-稀释度法)等。为工程使用方便,通常采用针入度指数法。该法是根据沥青的针入度指数(PI)值,按表10-1来划分其胶体结构类型。

表 10-1　沥青的针入度指数和胶体结构类型

沥青的针入度指数(PI)	沥青的胶体结构类型
<−2	溶胶
−2~+2	溶-凝胶
>+2	凝胶

10.1.3　石油沥青的技术性质

评价石油沥青品质的基本技术指标按所反映的沥青性能有所不同,主要有以下 5 类:①黏结性指标,包括针入度(实际为条件黏度)、60℃黏度等;②黏附性指标,主要测定方法有水煮法、水浸法、分光光度计法等;③温度敏感性指标,包括高温稳定性和低温抗裂性两个方面的内容,主要评价指标有软化点、脆点等;④耐久性能指标,评价方法较多,包括薄膜烘箱试验、旋转薄膜烘箱试验、蒸发损失试验、旋转烧瓶试验等,评价指标有试验前后的质量损失、针入度比、软化点升高、黏度比、脆点、延度等;⑤延展性指标,这类指标旨在保证沥青混合料在受力或者温度变化时有一定的变形能力。

1) 石油沥青的黏结性

沥青的黏结性(简称黏性)是反映沥青材料内部阻碍其相对流动的一种特性,是技术性质中与沥青混合料力学行为联系最密切的一种性质。在现代交通条件下,为防止路面出现车辙,沥青黏度的选择是首要考虑的参数。沥青的黏性通常用黏度表示,所以黏度是现代沥青等级(标号)划分的主要依据。

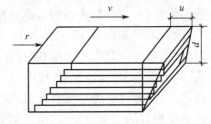

图 10-3　沥青的黏度参数

(1) 牛顿流型沥青的黏度

溶胶型沥青或沥青在高温条件下可视为牛顿液体。设在两金属板中夹一层沥青,如图 10-3 所示,按牛顿内摩擦定律可推导出牛顿流型沥青的黏度:

$$\eta = \tau/\gamma' \tag{10-1}$$

式中:η——动力黏度(简称黏度)(Pa·s);

　　　τ——剪应力(Pa);

　　　γ'——剪应变速率(简称剪变率)(s^{-1})。

在运动状态下,测定沥青黏度时,考虑到密度的影响,动力黏度还可采用另一种量描述,即沥青在某一温度下的动力黏度与同温下沥青密度之比,称为运动黏度(或称动比密黏度)。运动黏度(γ)表示如下:

$$\gamma = \eta/\rho \tag{10-2}$$

式中:γ——运动黏度($10^{-4} m^2/s$);

　　　η——动力黏度(简称黏度)(Pa·s);

ρ——密度(g/cm³)。

（2）非牛顿流型沥青的黏度

沥青是一种复杂的胶体物质,只有当其在高温时(例如加热至施工温度时)才接近于牛顿液体。而当其在正常使用温度时,沥青均表现为黏弹性体,故其在不同剪变率时表现为不同的黏度。因此,沥青的剪应力与剪变率并非线性关系,通常以表观黏度(或称视黏度)表达如下：

$$\eta_a = \tau/\gamma'^C \tag{10-3}$$

式中：η_a——表观黏度(Pa·s);

C——沥青的复合流动度系数。

τ、γ'意义同前。

沥青的复合流动度系数C是评价沥青流变性质的重要指标。$C = 1.0$表示牛顿流型沥青,$C < 1.0$表示非牛顿流型沥青,C值愈小表示非牛顿性愈强。剪应力和剪变率关系曲线如图10-4所示。

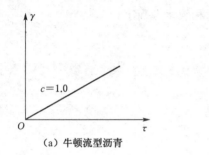
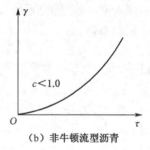

（a）牛顿流型沥青　　　　　　　　（b）非牛顿流型沥青

图 10-4　沥青流变曲线

2）石油沥青的黏附性

沥青的黏附性是指沥青与石料之间相互作用所产生的物理吸附和化学吸附的能力,而黏结力则是指沥青本身内部的黏结能力。这是两个完全不同的概念。然而黏结性好的沥青一般其黏附能力也强。沥青对石料黏附性的优劣对沥青路面的强度、水稳性以及耐久性都有很大影响,所以黏附性是评价沥青技术性能的一个重要指标。

在干燥状态下,沥青与石料黏附是不成问题的。但在潮湿状态下,由于水比沥青更容易浸润石料,石料表面的沥青就可能被水取代,沥青从石料表面剥离下来。当集料失去沥青的黏结作用,路面就出现松散。这就是雨季沥青路面经常出现松散的原因。

沥青与矿料之间黏附性的优劣不仅与矿料的性质有关,而且也与沥青的性质有关。人们很早就使用离子交换分离技术,发现在石油沥青中含有大量的酸性及碱性化合物。沥青中的表面活性组分,按其活性程度从大到小可排列为以下顺序：地沥青酸,地沥青酸酐,沥青质,树脂,油分。在这些组分中,地沥青酸和地沥青酸酐的表面活性最强,并且它们都是酸性的。研究还表明,沥青的酸性越大,与其矿料的黏附性就越好。

评定沥青与石料的黏附性至今尚无公认完善的标准方法,目前采用的方法有水煮法、浸水试验、马歇尔残留稳定度试验、冻融劈裂试验、浸水轮辙试验。

3）石油沥青的感温性

公路沥青路面要经受一年四季的考验,人们都希望夏天沥青要硬一些、不软化,冬天要柔韧一些、不脆裂。而实际上,沥青总是夏天软、冬天脆,只不过程度不同而已。沥青材料的温度感应性(Temperature Susceptibility,或称温度敏感性,简称感温性)是决定沥青使用时的工作性以及应用于路面中的服务性的重要指标。表示和评价沥青感温性的指标很多,但传统指标都采用黏度-温度关系来反映感温性。由于黏度试验比较复杂,于是多采用针入度指标替代沥青的黏度。

针入度指数(PI)法,是根据沥青在 25℃ 的针入度值(0.1 mm)和软化点(℃)来表达沥青感温性的一种方法。费弗(Pfeiffer)和范·杜马尔(Van Doormaat)等研究认为,若以针入度(P)或针入度的对数($\lg P$)为纵坐标,以温度(T)为横坐标,则可得到图 10-5 的关系,亦可用式子表示为

$$\lg P = AT + K \tag{10-4}$$

式中:P——针入度(0.1 mm);

T——温度(℃);

A——针入度-温度感应系数,可由针入度和软化点确定;

K——回归系数。

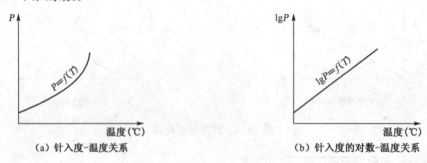

（a）针入度-温度关系   （b）针入度的对数-温度关系

图 10-5　针入度-温度关系图

沥青的针入度指数 PI 值是最常用的描述沥青温敏性的指标,它是由 15℃、25℃、30℃ 3 个温度的针入度经过回归计算求得回归常数 A 值,再通过公式计算而得。

$$PI = (20 \sim 500 \text{A})/(1 + 50 \text{A}) \tag{10-5}$$

针入度 PI 值越大,表示沥青的感温性越低。通常,按 PI 值来评价沥青的感温性时,要求沥青的 PI 值在 $-1 \sim +1$ 之间。此外,除了用 PI 值来表征沥青感温性外,还有针入度黏度指数 PVN、黏温指数 VTS、沥青等级指数 CI 等可以作为评价沥青感温性的指标。

4) 石油沥青的耐久性

采用现代技术修筑的高等级沥青路面都要求沥青材料具有很长的耐用周期,因此对沥青的耐久性亦提出更高的要求。评价沥青耐久性的方法有很多种,主要有以下几种:

(1) 室内加速老化试验方法

该法为模拟沥青受自然因素的影响,将沥青样品熔融注入 70 mm×150 mm 的铝制带框板或平板中,用液压机热压成均匀的薄膜试样。沥青试样按规定的位置悬于老化仪的旋转鼓中。按照规范中规定的喷水、光照等条件,目测老化试验后沥青试样的破坏情况。

(2) 自然老化方法

道路沥青的自然老化试验,是将试验的沥青样品与矿料制成混合料铺筑试验路段,经实

际交通考验后,在规定地点和时间钻芯取得路面试样,由抽提法回收沥青,进行化学组成和物理力学试验,根据试验结果与初始值的对比不仅可以了解沥青老化的实际情况,而且可以估计耐久性的发展趋势。

(3) 沥青薄膜烘箱加热试验

将沥青样品在163℃的烘箱中加热5 h,然后测定其质量损失及其残渣性质的方法,即加热损失试验法。这种方法由于沥青试样与空气接触面积太小以及试样太厚等缺点,所以评价效果差。在此基础上,发展了薄膜烘箱试验(TFOT)法。该法用加热前后的60℃黏度比和25℃延度值作为评价指标。这一方法是模拟沥青在拌和过程中形成薄膜与表面积很大的热矿料接触,因而引起沥青性能的改变。所以沥青在薄膜烘箱加热后的性质,能表征沥青在工厂拌和过程中的性质变化。

5) 石油沥青的延展性

沥青的延展性是当其受到外力拉伸作用时所能承受的塑性变形的总能力,通常是采用"延度"作为条件延性指标来表征的。延度试验方法是:将沥青试样制成"8"字形标准试件,测量试件在规定的拉伸速度和规定温度下拉断时的长度。我国现行《沥青与沥青混合料试验规程》(JTJ 052—2000)规定,延度试验温度为25℃,拉伸速度为(5±0.25)cm/min。

在4℃或15℃时得到的延度试验结果能够间接的反映在路面使用温度时沥青延度和剪切敏感性的关系。研究表明:延度在一定程度上可以反映沥青的感温性,PI值大的沥青高温延度不一定大,但低温延度可能较大。相反,PI值小的沥青,高温延度大,随温度降低延度丧失得很快;不同油源的沥青在7℃和15℃时的延度和剪切敏感性之间有很好的联系;延度用于评价沥青胶体结构体系中的物理化学状态是很有价值的,沥青承受拉伸的能力不仅是影响耐久性的因素,也能反映沥青各组成部分的内在联系。

10.1.4　改性石油沥青

按照我国《公路改性沥青路面施工技术规范》(JTJ 036—98)的定义,所谓改性沥青是指"掺和橡胶、树脂、高分子聚合物、磨细的橡胶粉或其他填料等外掺剂(改性剂),或采取对沥青轻度氧化加工等措施,使沥青或沥青混合料的性能得以改善而制成的沥青结合料"。改性剂是指"在沥青或沥青混合料中加入的天然的或人工的有机或无机材料,可熔融、分散在沥青中,改善或提高沥青路面性能(与沥青发生反应或裹覆在集料表面上)的材料"。

1) 改性石油沥青的分类

关于改性沥青的分类,国际上并没有统一的分类标准。从广义上划分,根据不同目的所采取的改性沥青及改性沥青混合料技术可划分为掺加改性剂、物理改性、调和沥青和改变加工工艺等。

从狭义来说,现在所指道路改性沥青一般是指聚合物改性沥青,简称PMA、PMB或PmB。用于改性的聚合物种类也很多,按照改性剂的不同,一般将其分为3类。

(1) 热塑性橡胶类,即热塑性弹性体。主要是苯乙烯类嵌段共聚物,如苯乙烯-丁二烯-苯乙烯(SBS)、苯乙烯-异戊二烯(SIS)、苯乙烯-聚二烯/丁基-聚乙烯(SE/BS)等嵌段共聚物,由于其兼具橡胶和树脂两类改性沥青的结构与性质,故也称为橡胶树脂类。属于热塑性橡胶类的还有聚酯弹性体、聚脲烷弹性体、聚乙烯丁基橡胶浆聚合物、聚烯烃弹性体等。SBS由于具有良好的弹性(变形的自恢复性及裂缝的自愈性),故已成为目前世界上最为普遍使用的道路沥青改性剂。

(2) 橡胶类。如天然橡胶(NR)、丁苯橡胶(SBR)、氯丁橡胶(CR)、丁二烯橡胶(BR)、异戊二烯(IR)、乙丙橡胶(EPDM)、丙烯腈丁二烯共聚物(ABR)、异丁烯异戊二烯共聚物(IIR)、苯乙烯-异戊二烯橡胶(SIR)等,还有硅橡胶(SR)、氟橡胶(FR)等。其中 SBR 是世界上应用最为广泛的改性剂之一,尤其是胶乳形式的使用越来越广泛。CR 具有极性,常掺入焦油沥青中使用,已成为焦油沥青的主要改性剂。

(3) 树脂类,即热塑性树脂。如乙烯-醋酸乙烯酯共聚物(EVA)、聚乙烯(PE)、无规聚丙烯(APP)、聚氯乙烯(PVC)、聚苯乙烯(PS)、聚酰胺等,还包括乙烯乙基丙烯酸共聚物(EEA)、聚丙烯(PP)、丙烯腈丁二烯苯乙烯共聚物(NBR)等。热固性树脂也可作为改性剂使用,如环氧树脂(EP)等。EVA 由于其乙酸乙烯的含量及熔融指数 MI 的不同,分为许多牌号,不同品种的 EVA 改性沥青的性能有较大的差别。APP 由于价格低廉,用于改性沥青油毡较多,其缺点是与石料的黏结力较小。

2) 改性沥青的评价技术

改性沥青及改性沥青混合料的性能评价指标和方法国际上还没有统一,不过有一点是共同的,那就是不能完全照搬普通沥青性能的评价指标。这是因为改性沥青中的改性剂基本上并没有与沥青发生化学反应,主要是物理的分散、均混、吸附、交联。无论分散得如何均匀,也不可能成为完全的均质体,仍然相当于在沥青均质体中混进了"杂质",是两相或多相的混合体。

现行评价改性沥青性能的方法有三大类。

(1) 采用沥青性能指标的变化程度来衡量,如针入度、软化点、延度、黏度、脆点等的变化程度。变化值越大,改性效果越好。由于对广大工程技术人员来说这些指标的测定方法简单、意义明确、容易接受,所以是目前生产上最常用的方法。

(2) 针对改性沥青的特点开发的试验方法,如弹性恢复试验、测力延度试验、粘韧性试验、冲击板试验、离析试验等。

(3) 美国的 SHRP 沥青胶结料评价方法,该方法在一套全新的试验设备和观念的基础上制定了既适用于普通沥青又适用于改性沥青的指标体系。

必须注意的是,关于改性沥青改性效果的评价,目前我们往往将改性沥青与未改性前的基质沥青进行比较,通过比较其各项常规及非常规试验结果的差值来评价改性效果。此时应考虑改性沥青在制作过程中沥青本身的老化过程,也会使针入度变小、软化点升高。为了避免这种影响,可以按改性沥青的制作工艺将基质沥青也采用相同的方法、相同的时间进行模拟"加工",给予同等的"待遇"。另外,在美国往往是将改性沥青与同一油源炼制的同标号的普通沥青(而不是基质沥青)相比较。例如,AH-90 号基质沥青改性后针入度减小到 50 号,在改性效果评价时,不是将改性沥青与原 AH-90 号沥青相比较,而是与 AH-50 号沥青相比较。

10.2 焦油沥青及其他沥青

焦油沥青(Tar Pitch)简称煤沥青,是煤焦油蒸馏后的残渣,为煤焦油加工过程中的大宗产品。我国是焦油沥青生产和应用的大国,焦油沥青的年产量达到 200 万 t,占煤焦油总量的 50% 以上。目前,焦油沥青主要用于防水及建筑材料,以及制造冶金业中碳素电极的黏结剂等。

10.2.1 焦油沥青的性质

焦油沥青是 5 000 多种三环以上多环芳香族化合物和少量与炭黑相似的高分子物质构成的多相体系和高碳物质。含碳 92%～94%,含氢仅 4%～5%。由于焦油沥青组成复杂、分子量大,常用正己烷、甲苯和喹啉溶剂对焦油沥青进行分级,分级结果如下:

1) 甲苯不溶物(TI)

TI 是沥青中不溶于甲苯的残留物。其平均相对分子质量为 1 200～1 800,碳氢原子比为 1.53 左右,外观为黑棕色粉末,具有稳定的组分,该组分具有热塑性,并参与生产焦炭网格,其结焦值(结焦值有时称残炭率,即定量的焦油沥青试样在规定条件下加热焦化,沥青被焦化后留下残焦,残焦质量对试样质量之比的百分数)可达 90%～95%,对骨料胶结起到重要作用。

2) 喹啉不溶物(α 树脂)(QI)

喹啉不溶物是沥青中不溶于喹啉的残留物,其平均相对分子质量为 1 800～2 600,碳氢原子比大于 1.67。沥青的结焦值随 QI 的增加而增加。QI 有利于提高焦油沥青的黏结强度,但如果 QI 的含量过高,会致使沥青的流动性降低。

3) β 树脂(甲苯可溶但喹啉不溶)

β 树脂是焦油沥青中不溶于甲苯而溶于喹啉的组分,其值等于 TI 与 QI 之差,其平均相对分子质量大致为 1 000～1 800,碳氢原子比为 1.25～2.0。β 树脂是中、高分子量的稠环芳烃,黏结性和结焦性好。

4) γ 树脂

γ 树脂是甲苯可溶物,其相对分子质量大约为 200～1 000,碳氢原子比 0.56～1.25,外观呈带黏性的深黄色半流体。γ 树脂在焦油沥青中的功能是降低沥青的黏度,使沥青易于被矿质骨料吸附,增加沥青混合料的塑性,有利于成型。但过量的 γ 树脂会降低沥青的结焦值。

10.2.2 焦油沥青在道路铺面工程中的应用

焦油沥青的组成和结构与石油沥青不同,它们的路用性能有较大的差别。焦油沥青的路用优点:有较好的润湿和黏附性能,抗油侵蚀性能好,利用煤沥青铺筑的路面摩擦系数大。但其具有致命的弱点:温度稳定性差,在炎热的夏天易软化,在寒冷的冬天易脆裂、老化,延展性差,易污染环境,对操作人员不利。为此必须改善其温度稳定性,提高其黏附弹性温度范围,增加其抗老化性,符合高等级公路对沥青的要求。下面简单介绍国内外煤沥青改质为铺路沥青技术的研究概况。

早在 20 世纪初,德国开发了焦油沥青改质为铺路材料的技术。起初科学家将煤中温沥青回配焦油得筑路焦油沥青。由于当时道路建设的蓬勃发展,筑路焦油沥青的需求量与日俱增,到 1968 年世界筑路焦油沥青的产量达到 400 万 t,其中英国产量最大,德国、前苏联位于其后。后来由于石油工业的迅速发展,优质廉价的石油沥青逐步替代了筑路焦油沥青。但随着公路交通现代化和高等级公路的迅速发展和铺设,单纯型石油沥青的质量难以完全满足高等级公路对其质量日益苛刻的要求。在这种背景下,一些国家重新关注焦油沥青,首先开发了煤-石油混合沥青。英国从 1963 年开始生产这种以石油沥青为主要成分的混合沥青,用于铺设最高荷载的公路,并于 1973 年为这种混合沥青制定了国家标准。20 世纪 70年代以来,德国、法国、瑞士、波兰等许多国家也先后开始生产和使用这种混合沥青材料。

混合沥青的芳香度较高,可以增加焦油沥青和石油沥青混合物胶体的稳定性。表 10-2给出了欧洲配制的混合沥青的性质和技术指标。从表 10-2 可以看出两种混合沥青的针入度和延度能和 100 号石油沥青媲美,而其热敏系数则比焦油沥青高,从已有工程的使用效果也可得出煤-石油基混合沥青的筑路性能(如施工温度低、路面抗变形强、抗磨性高、行车比较安全、使用寿命长)比 2 种源沥青都好。

表 10-2 欧洲煤-石油混合沥青的性质和技术指标

性　　质	混合沥青品种 I	混合沥青品种 II
石油沥青用量(%)	75	78.8
针入度(25℃)(0.1 mm)	78	98
针入度指数(PI)	−1.04	−0.91
软化点(环球法)(℃)	47	44
脆点(℃)	—	−16
甲苯不溶物(%)		2.9
热敏系数(m)	3.78	3.7
163℃蒸发试验后		
针入度(25℃)(0.1 mm)	34	44
软化点(℃)	56	56
延度(cm)	50	22

生产混合沥青比较典型的公司如德国的昌特格公司,从 1983 年开始生产混合沥青材料,商品名为碳沥青,是由 25%经沸点蒽油软化(增塑)的焦油沥青和 75%的道路沥青 B80配制而成,其性质见表 10-2。德国用这种沥青在 20 世纪铺筑了多条试验路,并且是在比常规混合料较低的施工温度下(110~140℃)铺设的。经过长时间使用表明,路面抗变形性能强,抗磨性高,能增加行车的安全,特别是雨天,其优势尤其明显。德国和波兰工业生产的混合沥青可用于铺筑各种地势和行车条件的公路,尤其是高荷载的高等级公路,经过多年的行车运行之后,路面几乎观察不到明显病害。同时,法国高速公路也使用一些混合沥青,路面寿命达到 15 年以上,而野外施工热搅拌温度降低了 40~50℃,节能是一项优点,另一方面也减少了环境污染。

近年来在美国开发了一种新的筑路焦油沥青。这种工艺的核心是在焦油沥青中加一些高分子聚合物。为了克服混合沥青或焦油沥青延展性低、黏附性差、温变性能不好的缺点,研究人员在焦油沥青中加入 1‰～2‰ 的天然橡胶、聚氯乙烯、环氧树脂等高分子混合物以改质焦油沥青。这些高分子化合物与焦油沥青结合得很好,使焦油沥青的延展度变高,从而大大提高焦油沥青的筑路性能。但这些高分子化合物的价格相对较高,只能用于生产高负荷的高等级公路如机场路面等。

在我国,焦油沥青改质为筑路沥青特别是高等级公路路面用沥青的研究起步较晚。大连理工大学研究的含 25% 煤沥青和 75% 石油沥青的混合沥青,其质量达到并超过欧洲混合沥青的质量指标。但截至目前,尚未发现焦油沥青改质为优质铺路材料用于实际路面铺设并取得成功的报道,有些技术问题和放大实验还需认真解决和进行。

10.2.3　焦油沥青改质为铺路材料的理论研究

焦油沥青和石油沥青一样,都是一种极其复杂的胶体分散体系。组成沥青的各种组分的化学性质及它们在沥青中所占的相对含量不同,则表现为不同的胶体结构和流变性质,因此就反映为不同的技术性质。在焦油沥青中,胶粒的核是游离的碳微粒,胶核周围被中等分子的树脂包围,胶粒悬浮在起分散作用的油相中。而石油沥青胶体结构按三组分解释为:固态微粒的沥青质为分散相,液态的油分为分散介质,过渡性的树脂起保护作用,使得分散相很好地分散在分散介质中,沥青质是胶核,若干沥青质聚集在一起,树脂组分均匀分散并吸附在其表面,逐渐向外扩散,使沥青质的胶核胶溶在有油分介质中。由于焦油沥青游离碳含量高,中温焦油沥青游离碳含量更高,因而胶核特别大,而相对来说分散介质及其起分散作用的树脂物质的含量较少,故与石油沥青相比,其胶态体系的温度稳定性、抗拉性能差,沥青的流变性能也很差。因此,必须通过改变焦油沥青胶态体系中整个分散体系各组分的相对含量,改造胶体结构,使其胶体体系向石油沥青的胶体结构靠拢,改质后焦油沥青的筑路性质才能达到道路沥青的质量指标要求。为此有学者提出了煤-石油混合沥青胶体结构假象模型,见图 10-6。

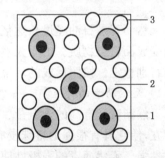

图 10-6　混合沥青胶体结构假象模型
1—焦油沥青胶粒;2—分散介质(煤或石油中的油分);3—石油沥青或添加剂

根据此假象模型,在改质焦油沥青或混合沥青中,石油沥青或其他添加剂与焦油沥青这两种胶粒可以认为是在这种混合沥青体系中相邻存在的等同物,并且焦油沥青比石油沥青的胶粒大,而石油沥青和焦油沥青的油分是相互溶解的均一混合物,它们是混合沥青的共同分散介质,混合沥青的胶体微粒均匀分散于介质中,形成均匀稳定的分散体系。为了使这种分散体系稳定,增加两种油分的共溶性,必须加入一些树脂物质,作为混合沥青胶体体系的稳定剂。

如若在混合沥青中焦油沥青的比例较大,则必须加入与焦油沥青中的油分有较好相溶性的树脂类物质,这样可以使焦油沥青的改性机理与假象模型十分相似。所用的树脂类物质由于与焦油沥青中的油分相溶性好,因而易形成一些像石油沥青中过渡性树脂一类的物质,均匀分散于焦油沥青的胶核周围,对胶体体系起到保护作用,进而增加了焦油沥青的延展性和流变性,增加了焦油沥青体系抵抗外力或温度变化等一些对胶体体系起破坏作用因素的能力。因此焦油沥青在改质添加剂的作用下,胶体结构发生了变化,自然引起其路用性质的变化,特别是作为筑路材料最根本的流变性质的变化。按照沥青胶体结构理论解释,焦油沥青中胶质体含量高,而起稳定作用的树脂类物质含量少,为此加入添加剂,使其胶体结构为溶-凝胶型,即通过调整胶质体来调整煤沥青的胶体结构,实现焦油沥青的改质。

根据上述机理,要得到合格的沥青铺路材料,必须制备出具有稳定胶体结构的沥青材料。由于焦油沥青的胶核大,容易沉淀,选择改质的焦油沥青的甲苯不溶物和喹啉不溶物含量不能太高,同时增加具有强溶解能力的油分的含量,并要求加入的添加剂与油分的相容性一定要好。如若加入的添加剂为石油沥青,要求其芳香烃的含量高,以保证在石油基油分占优势的混合物中焦油烃基的油分能够完全溶解。如若加入的添加剂是高分子化合物,该物质必须与煤焦油油分有较好的相溶性。

我国有较多的焦油沥青资源急需寻求利用途径,而我国的石油沥青也需要改性后才能达到铺路的要求。因此为了满足我国飞速发展的公路建设对沥青材料的需求,解决缺油地区铺路沥青严重缺乏和高标号沥青大量需要进口的问题,并合理地利用焦油沥青资源,制备改质焦油沥青或煤-石油混合沥青,具有显著的社会效益和潜在的经济效益。

10.2.4 天然沥青

天然沥青是石油经过长达亿万年的沉积、变化,在热、压力、氧化、融煤、细菌的综合作用下衍变成沥青类物质。由于天然沥青常年与环境共存,与各种环境影响因素密切接触,所以性质特别稳定。按照形成的环境可分为湖沥青、岩沥青和海底沥青等。

1) 天然沥青的特点

天然沥青具有高的含氮量(一般石油沥青中很少含氮),氮主要以氮茂、氮苯酰胺等官能团存在,使它具有很强的特殊浸润性和较高的抵御自由基氧化的能力,所以沥青黏度大,抗氧化性强。天然沥青的强极性使它具有很好的黏附性及抗剥落性。天然沥青平均分子量高达 9 000(一般石油沥青为 3 000),因此使沥青的高温黏度明显增大。天然沥青的化学结构与石油沥青相近,故与石油沥青的相容性非常好。天然沥青不含蜡,将其加入高含蜡沥青中能够在一定程度上削弱蜡对沥青的消极影响,这一点对含蜡量普遍偏高的国产沥青尤为重要。由于天然沥青具有以上很多优点,因此在世界各国得到广泛应用。

2) 湖沥青

湖沥青是一种最常见、应用也最为广泛的天然沥青,它的形成是石油不断从地壳中冒出,累积在天然湖中,经长年沉降、变化、硬化而形成的天然沥青,代表性产品有位于南美洲特立尼达岛的特立尼达湖沥青,即 Trinidad Lake Asphalt(TLA)。TLA 用于沥青改性在国外应用已有悠久历史。早在 1880 年,美国华盛顿特区在几个城市街道的路面工程中已应用了 TLA。后来 TLA 作为改性剂掺加入普通石油沥青中,用以提高沥青混合料的高温稳定性,被应用在重要交通路段、桥面铺装、高速公路等地方,如日本关西国际机场连络桥、欧洲的博斯普鲁斯海峡大桥都采用了这类沥青混合料。从国外的经验来看,TLA 的使用减少了沥青路面的永久变形,延长了路面使用周期。鉴于 TLA 良好的使用效果,近年来,我国也在一些道路交通工程中采用了 TLA。江阴长江大桥的桥面铺装工程就使用了一种掺加了

TLA 的特种沥青混合料(浇筑式沥青混合料)。四川省 1999 年在成渝高速公路上也铺筑了一段使用 TLA 改性沥青的试验段。2003 年,北京市三环主路改造工程,路面材料也使用了 TLA 与普通石油沥青掺配制成的改性沥青混合料,获得良好的路用性能。

　　3) 岩沥青

　　岩沥青的形成是石油不断地从地壳中冒出,存在于山体、岩石裂隙中,经长期蒸发凝固而形成的天然沥青,其代表性产品是位于南太平洋印度尼西亚距雅加达以东 700 km 的布敦岩沥青(BMA)和美国犹他州的北美岩沥青。岩沥青也是一种著名的、应用广泛的天然沥青,它具有抗剥离、耐久、高温抗车辙、抗老化四大特点,用于道路工程已有几十年的历史。与湖沥青一样,岩沥青一般也是作为改性剂掺入石油沥青中,以改善沥青混合料的使用性能。在我国,岩沥青的使用始于 20 世纪 90 年代,一些公路科研院所对岩沥青改性沥青混合料的性能进行了研究。

10.3　沥青基防水材料

　　调查研究发现,大量的建筑物(构筑物)在达到设计年限之前就过早地出现了剥蚀、钢筋锈蚀等破坏现象,尤其是海港、桥梁、水工建筑、道路和机场及某些化工、冶金工业建筑等混凝土构筑物,不得不花费大量的人力、财力进行修复甚至拆除重建。造成这些破坏现象的原因,探究源头都是因为在实际使用环境中,各种建筑物都不可避免地与不同类型的水接触,如大气水、地表水、地下水等,这些水会以不同的方式在不同程度上对建筑物产生有害的作用。

　　在建筑防水领域,可以将建筑防水大致分为混凝土结构自防水和柔性外包防水两大类。混凝土结构防水是指依靠混凝土本体防水来实现建筑防水;而柔性外包防水,是指采用防水卷材或防水涂料对结构进行外包防水,从而实现建筑防水。本章重点介绍几种沥青基柔性外包材料,根据材料性质的不同,这类材料可以分为两部分:防水涂料和防水卷材。

10.3.1　防水涂料

　　由于防水涂料对建筑结构的防水与对结构外表进行表面防水处理方式相近,因此也可以称为表面处理防水,这类防水材料的基本原理是对建筑物表面进行适当的处理,从而保护建筑物结构不受外界水的侵蚀。按其处理方式,此类防水材料大致分为聚合物成膜、聚合物水泥类防水涂料和无机防水涂料等几大类。下面分别对聚合物成膜和聚合物水泥类防水涂料进行介绍。

　　1) 聚合物成膜类防水涂料

　　聚合物成膜类合成高分子材料用于防水施工的时间并不长。用热沥青涂敷于建筑结构表面,通过沥青冷固后形成的覆盖层提高结构的抗渗防水能力(即沥青防水技术)一直占据防水市场的主导地位。由于该技术存在着沥青耐老化性较差,涂层寿命短,且需要热施工等缺点,因此科研人员很快又研究了聚合物改性沥青作为防水涂料,相对延长了涂层的寿命。

聚合物成膜防水涂料多为两组分产品,一个组分是聚合物本身,如丙烯酸;另一组分则是固化剂。在施工时按规定的比例将二者混合后,涂刷或喷涂到建筑物基体表面。聚合物在固化剂的作用下进行聚合、交联,常温下即可固化为透明或半透明的薄膜,黏结在混凝土表面。在固化过程中,聚合物还可以沿表面的裂缝或孔隙渗透至表面以下 5 mm 左右的深度,能有效地弥合结构的薄膜缺陷,提高抗渗性能。并且,有机物本身所特有的憎水性也可以有效地阻碍水分通过水膜层。

虽然这类防水涂料施工简单易行,有良好的黏结基体表面性能及较好的防水效果,但是仍有一些缺点:一是不耐高温,即使有耐高温性能较好的防水涂料,其价格也很昂贵;二是强度很低,须加砂浆层予以保护;三是在其组成中含有的有机成分多为有毒物质,污染环境。这些缺点使其应用受到限制。

2)聚合物水泥类防水涂料

在传统的防水技术中,水泥用于刚性防水,高分子材料用于柔性防水,往往泾渭分明。水泥基防水材料耐久性好,与基面完全相容,但是变形能力较差;柔性防水材料品种多,变形性好,但与基面相容差,还存在老化的问题。能否将有机和无机的优点结合起来,这是研究人员致力研究的方向。二战以后就出现了聚合物水泥类材料,它基本采用的是刚性思路,主要品种是聚合物砂浆,虽有一定的韧性,能克服水泥水化产生的裂缝,但并不足以抵抗变形。随着聚合物生产技术的成熟和成本的降低,聚合物的比例逐渐增大,于是就产生了聚合物水泥防水涂料。

聚合物水泥类涂料由两部分组成:一部分为聚合物,一般用聚合物乳液;另一部分为水泥及各种填料、助剂。根据聚合物乳液和水泥的不同比例分为Ⅰ型(高伸长率、高聚灰比)和Ⅱ型(低伸长率、低聚灰比)两类产品,分别适用于较干燥、基层位移量较大的部位和长期接触水或潮气、基层位移量较小的部位。两类产品目前国内外都有生产。在应用上,从国际看,除日本外,Ⅱ型产品应用较广泛。从国内对防水涂料的习惯认识,Ⅰ型产品的使用比较受欢迎。

聚合物水泥防水涂料的防水机理是利用聚合物乳液中柔性高分子链与水泥水化后产生的刚性链交错互补,克服了水泥水化过程中的收缩开裂和水性聚合物耐水性差的缺陷,可以在水泥、混凝土基面上形成致密且有弹性的复合防水层,该防水层同时具备高分子材料延伸率大、低温柔性好和水泥基材料黏结力强、耐久性好的特点。

目前国内普遍生产和使用的聚合物水泥防水涂料Ⅰ型产品耐碱性能差,不宜用于地下室等对防水材料有长期耐水性要求的地方,并且聚合物乳液价格昂贵,多为有毒物质,对人体的健康构成一定的危害。因此,国内外建筑业的许多专家学者致力于研究以无机为主的性能优良的防水涂料。

10.3.2　沥青基防水卷材

作为一种常见的传统防水卷材,沥青基防水卷材的胎基是以原纸、纤维毡、纤维布、塑料膜或纺织物等材料中的一种或数种复合而成,石油沥青或者聚合物改性沥青作为浸润材料,最后用浸润材料来浸润胎基而制成的长条片状防水卷材。在我国的防水材料中,沥青基防水卷材成本低,加工工艺成熟,占有很大一部分市场份额,但现在已逐渐被其他高性能的防水卷材替代。根据使用沥青的不同,沥青基防水卷材可以分为沥青防水卷材和聚合物改性沥青防水卷材两种。

1) 沥青防水卷材

沥青防水卷材又叫沥青油毡,是以滑石粉、板岩粉、钙粉等无机填料填充到沥青中,与胎基进行浸涂或辊压制成的柔性片状防水卷材。沥青材料可以是页岩沥青、焦油沥青、石油沥青等,胎基包括纤维毡、原纸、纤维织物、石棉布、麻布、塑料膜、金属箔等材料,表面防粘措施可以撒布粉状、片状、粒状矿物质材料或贴覆合成高分子薄膜、金属膜等材料。最初研制的沥青防水卷材是沥青油纸和沥青纸胎防水卷材,其耐低温性、耐高温性和耐老化性都不好,即使技术人员对沥青的性能进行改性,并研制开发出不同胎体的沥青防水卷材,性能依然无法满足特殊场合的使用。所以成本低的沥青防水卷材,因为使用年限不长,需要经常更换,现在除了一些要求不高的场合,一般不再使用。

现在经常应用聚合物改性沥青来制备沥青防水卷材,耐高温和耐低温性能都得到很好的改善。

2) 聚合物改性沥青防水卷材

高聚物改性沥青防水卷材是一类片状类可卷曲的柔性防水材料。它的胎基主要是玻纤毡、聚酯毡、黄麻布、聚乙烯膜、聚酯无纺布等,浸润材料是以高分子聚合物改性过的沥青,防粘粉一般用粉状、片状、粒状等矿物质材料,或者用合成高分子薄膜等作为覆面材料。

由于普通石油沥青在高温时易流淌,低温时又会发脆,实际应用效果不好。为了改善沥青耐高低温性差的特点,研究人员加入高分子聚合物来改性沥青。经过高聚物改性的沥青防水卷材不仅耐高低温性变好,拉伸强度变高,伸长率变大,而且憎水性、耐腐蚀性和黏结性也变好,相应提高了沥青防水卷材的防水性。聚合物改性沥青防水卷材的改性材料有很多种,不同的改性材料得到的防水卷材的性能和应用场合也就不同。我们按照改性用的聚合物材料的种类不同,可以把高聚物改性沥青防水卷材分为橡胶改性沥青防水卷材、塑料改性沥青防水卷材、橡塑共混改性沥青防水卷材三大类。作为沥青改性剂,聚合物应具备以下几个条件:改性用的聚合物与沥青的相容性要好,这样改性材料能在共混物胶料中更好地分散,提高应用和性能的稳定性;聚合物改性剂需要能够改善沥青低温变脆硬、高温易流淌的劣性,显著地提高耐高低温性能和耐气候性;作为沥青的性能改性剂,高聚物不能使沥青的黏度有很显著的增加,避免增加加工难度,也就是不能选择分子量过高、不易加工的高聚物;目前,被选择作为改性沥青防水卷材的改性剂主要有SBS、丁苯橡胶(SBR)、APP塑料、再生胶、废胶粉等,其他的还有自粘聚合物、铝塑橡胶等。下面对市场上主要的沥青改性剂做个简要介绍。

为了提高高聚物改性沥青防水卷材的可加工性、机械性能和降低成本,防水卷材中需要加入助熔剂材料,主要有芳烃油、润滑油、三线油等,无机填充材料可以提高防水卷材的耐磨性和耐候性,并且对加工成型有利,还可以调节黏度和硬度,是不可或缺的添加材料,最主要的是可以大大降低成本。填充料主要有滑石粉、滑石菱镁矿、砚台粉、泥板岩粉、白云石粉、粉煤灰等。人们最常应用石粉作为填充料。填充料应满足以下要求:密度与沥青越接近越好;粒径合适;亲水系数越小越好。避免防水卷材生产、运输和储存过程中黏结的覆面材料一般应用 PE 膜、矿物粒料或铝箔等。

高聚物改性沥青防水卷材比普通沥青防水卷材在性能等方面提高了很多,如耐低温性能、耐高温性能、拉伸强度、施工工艺和环境污染问题等。目前高聚物改性沥青防水卷材的性能优良,价格适中,市场反映良好,应用量越来越多。

3) 高聚物防水卷材

高聚物防水卷材(High Polymer Waterproof Sheet)是以橡胶、塑料或橡塑共混物为基体,加入一定量的各种化学添加助剂和填充料等,在一定的温度下,经过塑炼、压延或挤出工艺制成的单层或与合成纤维复合形成两层或两层以上的柔性片状防水材料。

按高聚物材料的种类可分为橡胶、塑料和橡塑共混类,如聚氯乙烯防水卷材、三元乙丙橡胶防水卷材、氯化聚乙烯防水卷材、聚乙烯丙纶和 CPE/PVC/BR 防水卷材等。具体分类见表 10-3。

表 10-3　高聚物防水卷材的具体分类

按基料分类	橡胶类	三元乙丙橡胶防水卷材
		丁基橡胶防水卷材
		氯化聚乙烯橡胶防水卷材
		氯磺化聚乙烯橡胶防水卷材
		氯丁橡胶防水卷材
		再生橡胶防水卷材
		三元丁橡胶防水卷材
	树脂类	聚氯乙烯防水卷材
		聚乙烯防水卷材
		乙烯共聚物防水卷材
按加工工艺分类	橡塑共混类	氯化聚乙烯防水卷材
		聚丙烯-乙丙橡胶共混(TPO)防水卷材
	橡胶类	硫化型防水卷材
		非硫化型防水卷材
按是否增强和复合分类		均质片材
		复合片材
按有无胎基材料分类		有胎防水卷材
		无胎防水卷材

相比较而言,高聚物防水卷材的性能指标较高,如优异的弹性和较高的拉伸强度;断裂伸长率大,都在 100% 以上,其至达 500% 左右;撕裂强度好,达到 25 kN/m;耐热性好,在 100℃ 以上时不会熔融流淌和产生气泡;低温柔性好,一般在 -20℃ 以下不会产生裂纹或脆裂;卷材柔软,对铺垫的基层规整性要求不高,适应性强;优异的耐气候性能和耐老化性能,使用年限长;施工工序简单易行,适宜于单层冷粘法铺贴等。

10.4 沥青混合料

10.4.1 沥青混合料的结构组成

沥青混合料是由沥青胶结料和石质骨料(也称集料)和矿粉按比例在一定温度下经拌和、压实而形成的一种混合料,有些情况还需要添加一定的外掺剂。与其他均质材料和水硬性胶结材料相比,沥青混合料的结构比较松散,并且具有明显的颗粒性特征。

普遍认为,沥青混合料是一种具有空间网络结构的多相分散体系,而从宏观上讲,可以认为它是由沥青、骨料和空气所组成的一种三相体系。

1) 沥青混合料的组成结构理论

随着对沥青混合料组成结构研究的深入,目前对沥青混合料的组成结构有下列两种理论。

(1) 表面理论

按传统的理解,沥青混合料是由粗集料、细集料和填料经人工组配成密实的级配矿质骨架,在其表面分布着沥青结合料,将它们胶结成为一个具有强度的整体。

(2) 胶浆理论

近代某些研究认为沥青混合料是一种多级空间网状结构的分散系。它是以粗集料为分散相,分散在沥青砂浆介质中的一种粗分散系。同样,沥青砂浆是以细集料为分散相,分散在沥青胶浆介质中的一种细分散系。沥青胶浆是以填料为分散相,分散在沥青介质中的一种微分散系。

以上 3 级分散系以沥青胶浆最为重要,它的组成结构决定着沥青混合料的高温稳定性和低温变形能力。目前这一理论比较集中于研究填料(矿粉)的矿物成分、填料的级配(以 0.080 mm 为最大粒径)以及沥青与填料的交互作用等因素对于混合料性能的影响等。同时,这一理论的研究比较强调采用高稠度的沥青和大的沥青用量,以及采用间断级配的矿料。

2) 沥青混合料的结构类型和强度特性

沥青混合料是用具有一定黏度和适当用量的沥青材料与一定级配的矿质集料,经过充分拌和而形成的混合物。将这种混合物加以摊铺、碾压成型,成为各种类型的沥青路面。

根据沥青路面的材料组成和施工工艺的不同,常见的沥青混合料的类型主要有沥青混凝土、沥青碎石、沥青贯入式和沥青表面处治 4 种。随着一些新材料、新技术的不断出现,一些新颖的沥青混合料类型也不断涌现,如出于环境保护考虑而出现的多空隙沥青路面。可见,沥青混合料的种类是多种多样的。

压实成型的沥青混合料是由石质骨料、沥青胶结料和残余空隙所组成的一种具有空间网络结构的多相分散体系,其材料属性为颗粒性材料。颗粒性材料的强度构成起源于内摩阻力和嵌挤力、沥青胶结料的黏结性以及沥青与骨料之间的黏附性等方面。不同级配组成的沥青混合料具有不同的空间结构类型,也就具有不同的内摩阻力和黏结力。因而,沥青混合料的结构组成对其强度构成又起着举足轻重的作用。

按沥青混合料强度构成原则的不同,其结构可分为按嵌挤原理构成的结构和按密实级配原理构成的结构两大类。按嵌挤原理构成的沥青混合料,要求采用较粗的、颗粒尺寸较均匀的骨料,沥青在混合料中起填隙的作用,并把骨料黏结成为一个整体。这种材料的结构强度主要依赖于骨料颗粒之间互相嵌挤所产生的内摩阻力,而对沥青的胶结作用依赖性不大,沥青贯入式路面、沥青表面处治以及沥青碎石路面均属此类结构。这些路面的性能受温度的影响相对较小。

按密实级配原理构成的沥青混合料,是指骨料和沥青按最大密实原则进行配合比以后而形成的一种材料,其结构强度是以沥青与骨料之间的黏结力为主,以骨料颗粒间的嵌挤力和内摩阻力为辅而构成的。沥青混凝土路面和沥青碎石属于此类,这种路面的性能受温度的影响相对较大。按这种混合料网络结构中"嵌挤成分"和"密实成分"所占的比例不同,沥青混合料的组成形态有密实悬浮结构、骨架空隙结构、密实骨架结构 3 种典型类型,如图 10-7 所示。

 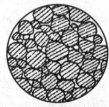 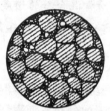

(a) 密实悬浮结构　　　　　(b) 骨架空隙结构　　　　　(c) 密实骨架结构

图 10-7　沥青混合料的典型组成结构

(1) 密实悬浮结构

连续密级配的沥青混合料,由于细集料的数量较多,粗集料被细集料挤开,以悬浮状态位于细集料之间,不能直接形成骨架。这种结构的沥青混合料密实度较高,内摩擦角较小,黏聚力较高,高温稳定性较差。

(2) 骨架空隙结构

连续开级配的沥青混合料,由于细集料的数量较少,粗集料之间不仅紧密相连,而且有较多的空隙。这种结构沥青混合料的内摩擦角较大,黏聚力较低,温度稳定性较好。当沥青路面采用这种形式的沥青混合料时,沥青面层下需要做下封层。

(3) 密实骨架结构

间断密级配的沥青混合料,是上面两种结构形式的有机组合。它既有一定数量的粗集料形成骨架结构,又有足够的细集料填充到粗集料之间的空隙中去。因此,这种结构的沥青混合料的密实度、内摩擦角和黏聚力均较高,温度稳定性较好。

3) 沥青混合料的强度理论与强度参数

沥青混合料的强度特性直接影响着其使用性能,而沥青混合料的强度特性又与其原材料的自然属性有关。根据沥青混合料的颗粒性特征,可认为沥青混合料的强度构成起源于两个方面:①由于沥青的存在而产生的黏结力;②由于骨料的存在而产生的内摩阻力。

目前,研究沥青混合料强度构成特征时,主要采用摩尔-库仑理论作为分析沥青混合料的强度理论,并引进两个强度参数,即黏结力 c 和内摩阻角 φ,作为其强度理论的分析指标。

对于组成沥青混合料的两种原始材料——沥青和骨料,通过试验研究和强度理论分析,可以认为:纯沥青材料的 $c \neq 0$ 而 $\varphi = 0$;干燥骨料的 $c = 0$ 而 $\varphi \neq 0$。但由此形成的沥青混合料,其 $c \neq 0$ 且 $\varphi \neq 0$,沥青混合料在参数 c、φ 的确定上需要把理论准则与试验结果结合起来。理论采用摩尔-库仑理论,而试验结果则可通过三轴试验、简单拉压试验或直剪试验获得。

10.4.2 沥青混合料的路用性能

1) 沥青混合料的高温稳定性

沥青混合料是一种黏弹性材料,其物理性能与使用温度密切相关。沥青路面在使用期间,经受从低温到高温不同环境条件下的考验。通常所说的"高温稳定性能"的"高温"条件是指在使用过程中受交通荷载的反复作用,容易产生车辙、推移拥包等永久变形(也包括泛油)的温度范围。道路使用的实践表明,在正常的汽车荷载下,永久变形主要发生在夏季气温高于 25~30℃时,即沥青路面的路表温度达到 40~50℃以上时,这时路表温度已经达到或超过道路沥青的软化点,且随着温度的继续升高和荷载的反复作用,导致沥青路面永久变形的出现。相反,低于这个温度,一般就不会产生严重的变形。也就是说,所谓的"高温"条件通常是指高于 25~30℃的气温条件。大量的现场调查数据说明,绝大多数路面发生永久变形破坏都是在这个气温条件下。在我国,大部分地区一年之中会有数十天乃至一百余天的气温超过这个温度,有些地方尽管一年之中也许仅仅只有几天达到这样的气温条件,但也难逃高温变形破坏的厄运,所有沥青混合料的高温稳定性问题是我国沥青路面设计时所要面对的主要问题。

根据沥青材料的温度时间换算法则,长时间承受荷载与高温条件是等效的,而且时间是累计的。车辆在高速公路上以 100 km/h 的速度行驶,对沥青路面的作用时间不超过 0.02 s。而在城市交叉口、停车站等处,车辆停车 1 min,相当于正常行车状况下 300 辆车通行。所以一般所说的高温稳定性能也包括长时间荷载作用的情况。

沥青路面在高温条件下或长时间承受荷载作用,沥青混合料会产生显著的变形,其中不能恢复的部分成为永久变形。永久变形降低路面的使用性能,危及行车安全,缩短沥青路面的使用寿命,是沥青路面最有危害的破坏形式之一。在沥青路面永久变形的各种表现形式中,车辙是最常见也是最重要的一种,它除了影响行车舒适性外,还对交通安全有直接影响。例如,车辆在变换车道时操作困难,车辙内积水产生高速行车"水漂"(抗滑性显著降低)或结冰等。

2) 沥青混合料的低温抗裂性能

沥青路面在冬季气温急剧下降时会因收缩而产生横向裂缝,虽然不影响车辆行驶,但雨水渗入裂缝将逐渐引起路面破坏。如果沥青混合料在低温下仍能保持足够的柔韧性,在比较短的时间内将所产生的收缩应力松弛消失,从而避免裂缝的产生,这种能力称为沥青混合料的低温抗裂性。

沥青材料在较高温度条件下具有良好的应力松弛性能,温度升降产生的变形不至于产生过高的温度应力。但在冬季气温骤降时,沥青混合料的应力松弛赶不上温度应力的增长,同时劲度急剧增大,超过沥青混合料的极限强度或极限拉伸应变,便会产生开裂。这是一次性降温造成的温度收缩裂缝。另一种情况是,温度反复升降导致温度应力疲劳,导致沥青混合料的极限拉伸应变变小,又加上沥青的老化使沥青混合料的劲度增高,应力松弛性能降低,故可能在一次幅度不大的降温后出现路面开裂,同时裂缝也随着路龄的增加而不断增加,这一类温度裂缝实际上包含了温度应力疲劳的因素在内,因而也叫做温度疲劳裂缝,这些温缩裂缝是横向裂缝的主要形式。

低温条件下的劲度或稠度和温度敏感性是影响沥青混合料低温抗裂性能的重要因素。低黏度的沥青胶结料会随温度降低而产生劲度的缓慢增加,从而减少低温开裂的可能性。因此,为防止或减少沥青路面低温开裂,可选用黏度相对较低的沥青,或采用橡胶类的改性沥青,同时适当增加沥青用量,以降低沥青混合料的低温劲度模量,增强柔韧性。

沥青路面裂缝形成的机理主要是寒冷季节温度变化时产生的温度应力,这个力所做的功导致一定的能量累计,如果该能量达到沥青混合料本身容许的极限程度时,沥青路面就会破坏,从而形成裂缝。以往对沥青混合料低温抗裂性能常用低温下的抗拉强度或破坏极限应变来评价,而实际上低温开裂不仅与材料强度有关,而且与材料的变形有关,如果材料有很强的伸长能力,即使其强度不高,也不容易发生开裂。在评价沥青混合料低温抗裂性能时,应以能量为基准。每一种形式的沥青混合料均具有一定的能量储存容量,即在破坏前具有储存一定能量的能力。这个储存能量的大小,可直接用试验方法加以确定。沥青混合料试验破坏时消耗的能量越大,这种沥青混合料的抗裂性能就越好。

3) 沥青混合料的水稳定性

所谓沥青路面的水损害破坏,即我们常说的沥青路面的水稳性,是指水通过沥青路面空隙、裂缝进入沥青路面内部后,在车轮轮胎动态荷载作用下产生的动水压力,或在真空抽吸冲刷的反复作用下,水分逐渐渗入沥青与矿料的界面或沥青内部,使沥青与矿料之间的黏附性降低,并逐渐丧失黏结能力,从而使沥青膜逐渐从矿料表面剥离,沥青混合料掉粒、松散,使沥青路面结构的整体性发生了破坏。

沥青路面水损害的主要表现形式有坑洞、网裂、唧浆及严重的辙槽。沥青路面水损坏的机理和特征,可以从破坏的发展历程看出。在开始阶段,水分浸入沥青与集料的界面,以水膜或水汽的形式存在,影响沥青与集料的黏附性;然后,在反复荷载的作用下,沥青与集料开始剥离;紧接着,随着水的进一步入侵,集料开始松散,掉粒;最终,沥青路面水损害处发生坑槽。

沥青路面水稳性破坏的机理,主要是依据黏附理论。沥青路面的水损坏与两种过程有关,首先,水能浸入沥青中使沥青黏附性减小,从而导致混合料的强度和劲度减小。其次,水能进入沥青薄膜和集料之间,阻断沥青与集料的相互黏结。由于集料表面对水比对沥青有更强的吸附力,从而使沥青与集料表面的接触角减小,结果沥青从集料表面剥落。剥落包括两种状态:自身的剥落破坏、在交通荷载作用下的破坏。而沥青与集料的黏附性与沥青和集料的物理化学性质有关,一般认为亲水性集料比憎水性集料更易引起剥落。

对于沥青路面水稳性破坏的评价方法通常可分为两类:一是用沥青裹覆标准集料,使混合料在松散未击实状态下浸入水中(自由温度或煮沸),接着观察沥青从集料上剥离的情况;二是使用击实试件(试验室击实或从现有路面钻芯取样)进行测试。主要测试方法包括煮沸、80℃浸水试验、浸水马歇尔试验、浸水间接拉伸试验、浸水车辙试验、冻融台座试验、Lottman 条件下的间接拉伸试验等,其中浸水马歇尔试验是我国常用的评价沥青路面水稳定性的方法,该方法试验简单,易于操作,且能区分开不同沥青等级、不同性质集料水稳定性好坏,是一种衡量沥青路面水稳性的有效方法。而冻融劈裂法是对 Lottman 法的一种改进,能较全面地再现我国北方寒冷地区沥青路面的实际工作状况。

4) 沥青混合料的抗疲劳性能

沥青混合料的抗疲劳性能即沥青路面在反复荷载作用下抵抗破坏的能力。它是由于沥青路面在使用期间经受车轮荷载的反复作用,长期处于应力应变交叠变化状态,致使路面结构强度逐渐下降。当荷载重复作用超过一定次数以后,在荷载作用下路面内产生的应力就会超过强度下降后的结构抗力,使路面出现裂缝,产生疲劳断裂破坏。

沥青混合料疲劳性能的研究方法基本上可以分为 3 类:①现象学法,即传统的疲劳理论方法,它采用疲劳曲线表征材料的疲劳寿命;②力学近似法,即应用断裂力学方法分析疲劳裂缝扩展规律以确定材料疲劳寿命的一种方法;③能量法,通过试验建立沥青混合料的能耗疲劳方程来研究其疲劳特性,该方法是近年来国际上研究较多的一类新型沥青混合料疲劳性能分析方法。

现象学法与力学近似法都是传统的研究材料的裂缝以及裂缝扩展的方法,其主要区别在于前者的材料疲劳寿命包括裂缝的形成和扩展阶段,研究裂缝形成的机理以及应力、应变与疲劳寿命之间的关系和各种因素对疲劳寿命及疲劳强度的影响;后者只考虑裂缝扩展阶段的寿命,认为材料一开始就有初始裂缝存在,因此不考虑裂缝的形成阶段,它主要是研究材料的断裂机理及裂缝扩展规律。能量法的主要特点是疲劳试验中的总能耗和循环荷载的重复作用次数之间存在着某一特定关系,并通过这种关系反映材料的疲劳性能。

在实际应用过程中,沥青混合料疲劳性能分析最常采用的还是现象学法,该方法认为沥青混合料的疲劳是材料在荷载重复作用下产生不可恢复的强度衰减积累所引起的一种现象。通常把材料出现疲劳破坏的重复应力值称为疲劳强度,相应的应力重复作用次数称为疲劳寿命。应用现象学法进行疲劳试验的方法很多,归纳起来可分为 4 类:实际路面在真实汽车荷载作用下的疲劳破坏试验;足尺路面结构在模拟汽车荷载作用下的疲劳试验研究;试板试验法;试验室小型试件的疲劳试验研究。由于前 3 类试验研究方法耗资大、周期长,开展得并不普遍,因此大量采用的还是周期短、费用少的室内小型疲劳试验。

5) 沥青混合料的耐老化性能

沥青混合料的耐老化性能,是指沥青路面在使用期间承受交通、气候等环境因素的综合作用,沥青混合料使用性能保持稳定或发生较小质量变化的能力,通常也称为抗老化性能。这里所指的气候主要是空气(氧)、阳光(紫外线)、温度的影响。水和湿度也属于环境,但它直接影响的是水稳定性。

沥青混合料耐老化性能的检测一般采用试验室模拟老化试验方法,该方法包括短期烘箱加热法(Short-term Oven Aging)和长期烘箱加热法(Long-term Oven Aging),前者主要用于拌和结束后的松散混合料,一般置于 135℃的强制通风烘箱内老化 4 h;后者主要用于经过短期老化后成型的沥青混合料试件,一般置于 85℃的强制通风烘箱内老化 5 天,或者置于 100℃的强制通风烘箱内老化 2 天。老化结束后检测沥青混合料的弯拉强度等性能指标,对比未老化的沥青混合料的相应性能,分析沥青混合料的耐老化性能。

6) 沥青混合料的表面抗滑性能

沥青混合料的抗滑水平主要由其微观结构和宏观结构决定,在优化沥青路面抗滑性能时,首先考虑材料性能(即微观结构),要求有较好的耐磨光性能;其次是考虑路面结构,研究集料的大小及级配组成,满足路面宏观构造的要求;最后是通过对施工技术和方法的改进来获取较好的路面抗滑性能。

研究认为,在较低的车速时,路面的抗滑能力主要由路面结构的微观构造来提供,因为有集料表面的尖峰可以刺破水膜,同时尖峰之间的凹槽可以将路面水及时排除,从而保证了车轮与集料之间的良好接触,并使面层抗滑水平提高;在车速较高的公路上,路面抗滑水平主要取决于宏观构造的特征,这是由于路面积水来不及排除而在车轮与路面之间形成了一层水膜,此时必须借助于构造深度所提供的较大通道才可以保证轮胎与路面的良好接触,进而形成较高的抗滑能力。

10.5 小结

(1) 石油沥青主要由沥青质和可溶质两部分组成,其中,可溶质又分为胶质、油分及蜡。根据沥青中各组分的化学组成和相对含量的不同,可以形成 3 种不同的胶体结构:溶胶型结构、凝胶型结构和溶-凝胶型结构。

(2) 石油沥青品质的基本技术性质主要包括五大类:黏结性、黏附性、温度敏感性、耐久性、延展性。

(3) 柔性外包防水通常是指用防水涂料或防水卷材对结构进行外包处理从而实现防水,主要包括防水涂料和防水卷材两大类。防水涂料又包括聚合物成膜类防水涂料和聚合物水泥类防水涂料等;沥青基防水卷材包括沥青防水卷材、聚合物改性沥青防水卷材和高聚物防水卷材。

(4) 沥青混合料是由沥青胶结料、石质骨料(也称集料)和矿粉按比例在一定温度下经拌和、压实而形成的一种混合料,具有明显的颗粒性特征。依据沥青混合料的结构特征,可分为 3 种类型:密实悬浮结构、骨架空隙结构、密实骨架结构。

(5) 沥青混合料的路用性能包括:①高温稳定性;②低温抗裂性;③水稳定性;④抗疲劳性;⑤耐老化性能;⑥表面抗滑性。

思考题

1. 石油沥青的化学组分可分为哪几个部分? 各组分的主要性质是什么?
2. 简述石油沥青的主要技术性质。
3. 沥青基防水涂料可以分为哪几类? 各有何特征?
4. 沥青混合料的典型组成结构有哪几种? 各有何特征?

11 合成高分子材料

本章提要

高分子化合物是以共价键连接起来的长链分子。高分子材料的发展始于20世纪30年代,随着石化工业的发展,高分子材料的发展突飞猛进。高分子材料包括塑料、橡胶、纤维、薄膜、胶黏剂和涂料等许多种类,其中塑料、合成橡胶和合成纤维被称为现代三大高分子材料。本章主要介绍塑料、合成橡胶及合成纤维3种建筑工程中常用的高分子材料。

11.1 合成高分子材料基本知识

合成高分子材料是一类品种繁多、应用广泛的人工合成物质,塑料、合成橡胶、合成纤维等均属于合成高分子材料。合成高分子材料的分子量一般为 $10^4 \sim 10^6$,其分子由许多相同的、简单的结构单元通过共价键(有些以离子键)有规律地重复连接而成。

高分子化合物又称为高分子聚合物,是由许多低分子化合物聚合而形成的。高聚物按分子几何结构形态来分,可分为线型、支链型和体型3种,如图11-1所示。

  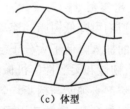

(a) 线型   (b) 支链型   (c) 体型

图 11-1 聚合物高分子链的形状

合成高分子材料具有许多优良的性能,如密度小、比强度大、弹性高、电绝缘性能好、耐腐蚀、装饰性能好等。作为建筑材料,由于它能减轻构筑物自重,改善性能,提高工效,减少施工安装费用,获得良好的装饰及艺术效果,因而在建筑工程中得到了越来越广泛的应用。合成高分子材料包括塑料、合成橡胶、涂料、胶黏剂、高分子防水材料等,其中塑料、合成橡胶和合成纤维被称为现代三大高分子材料。本章主要介绍建筑工程中常用的塑料、合成橡胶和合成纤维等高分子材料。

11.2 塑料

塑料是以天然或合成高分子化合物为基体材料,根据合成高分子化合物与制品的不同性质,加入不同的添加剂,如稳定剂、增塑剂、增强剂、填料、着色剂等在高温、高压下塑化成型,且在常温、常压下保持制品形状不变的材料。塑料可加工成各种形状和颜色的制品,加工方法简便,自动化程度高,生产能耗低。因此,塑料制品已广泛应用于工业、农业、建筑业和生活日用品中。

11.2.1 塑料的基本组成

塑料的基本组成包括合成树脂、填充料、增塑剂、固化剂等。

1) 合成树脂

广义地讲,凡作为塑料基材的高分子化合物(高聚物)都称为树脂。合成树脂是塑料的基本组成材料,在塑料中起黏结作用。塑料的性质主要取决于合成树脂的种类、性质和数量。合成树脂在塑料中的含量约为 40%～100%,仅有少数塑料完全由合成树脂所组成,如有机玻璃。

用于塑料的热塑性树脂主要有聚乙烯、聚氯乙烯、聚甲基丙烯酸甲酯、聚苯乙烯、聚四氟乙烯等加聚高聚物;用于塑料的热固性树脂主要有酚醛树脂、脲醛树脂、不饱和树脂、不饱和聚酯树脂、环氧树脂、有机硅树脂等缩聚高聚物。

2) 填充料

在合成树脂中加入填充料可以降低分子链间的流淌性,可提高塑料的强度、硬度及耐热性,减少塑料制品的收缩,并能有效地降低塑料的成本。

填料可分为有机填料和无机填料两类,前者如木粉、碎布、纸张和各种织物纤维等,后者如玻璃纤维、硅藻土、石棉、炭黑等。填充料在塑料中的含量一般控制在 40%以下。

3) 增塑剂

增塑剂可降低树脂的流动温度,使树脂具有较大的可塑性以利于塑料加工成型。由于增塑剂的加入降低了大分子链间的作用力,因此能降低塑料的硬度和脆性,使塑料具有较好的塑性、韧性和柔顺性等机械性质。

增塑剂必须能与树脂均匀地混合在一起,并且具有良好的稳定性。常用的增塑剂有邻苯二甲酸二辛酯、磷酸三甲酚酯、樟脑、二苯甲酮等。

4) 固化剂

固化剂也称为硬化剂或熟化剂,它的主要作用是使树脂具有热固性,形成稳定而坚硬的塑料制品。

5) 着色剂

着色剂的加入使塑料具有鲜艳的色彩和光泽,改善塑料制品的装饰性。常用的着色剂是一些有机染料和无机颜料,有时也采用能产生荧光或磷光的颜料。

6) 稳定剂

为防止塑料在热、光及其他条件下过早老化而加入的少量物质称为稳定剂。常用的稳定剂有抗氧化剂和紫外线吸收剂。

除上述组成材料以外,在塑料生产中还常常加入一定量的其他添加剂,使塑料制品的性能更好、用途更广泛。如加入发泡剂可以制得泡沫塑料,加入阻燃剂可以制得阻燃塑料。

11.2.2 塑料的分类

常用塑料的分类有按受热时的变化特点以及按用途和功能划分两种。

1) 按塑料受热时的变化特点,塑料分为热塑性塑料和热固性塑料

热塑性塑料的特点是受热时软化或熔融,冷却后硬化,再加热时又可软化,冷却后又硬化,这一过程可反复多次进行,而树脂的化学结构基本不变,始终呈线型或支链型。常用的热塑性塑料有聚乙烯、聚氯乙烯、聚丙烯、聚苯乙烯、聚甲醛、聚碳酸酯、聚酰胺、ABS 塑料等。

热固性塑料的特点是受热时软化或熔融,可塑造成型,随着进一步加热,硬化成不熔的塑料制品。该过程不能反复进行。大分子在成型过程中,从线型或支链型结构最终转变为体型结构。常用的热固性塑料有酚醛、环氧、不饱和聚酯、有机硅塑料等。

2) 按塑料的功能和用途,塑料分为通用塑料、工程塑料和特种塑料

通用塑料是指产量大、价格低、应用范围广的塑料。这类塑料主要包括六大品种,即聚乙烯、聚氯乙烯、聚丙烯、聚苯乙烯、酚醛和氨基塑料。其产量占全部塑料产量的 3/4 以上。

工程塑料是指机械强度高,刚性较大,可以代替钢铁和有色金属制造机械零件和工程结构的塑料。这类塑料除具有较高的强度外,还具有很好的耐腐蚀性、耐磨性、自润滑性及尺寸稳定性等特点。主要包括聚酰胺、ABS、聚碳酸酯塑料等。

特种塑料是指耐热或具有特殊性能和特殊用途的塑料。其产量少、价格高。主要包括有机硅、环氧、不饱和聚酯、有机玻璃、聚酰亚胺、有机氟塑料等。

随着高分子材料的发展,塑料可以采用各种措施来改性和增强,而制成各种新品种塑料。这样,通用塑料、工程塑料和特种塑料之间的界线也就很难划分了。

11.2.3 塑料的性质

塑料具有质量轻、比强度高、保温绝热性能和加工性能好以及富有装饰性等优点,但也存在易老化、易燃、耐热性差及刚性差等缺点。

1) 物理力学性质

(1) 密度

塑料的密度一般为 $0.9 \sim 2.2 \, \mathrm{g/cm^3}$,较混凝土和钢材小。

(2) 孔隙率

塑料的孔隙率在生产时可在很大范围内加以控制。例如,塑料薄膜和有机玻璃的孔隙率几乎为零,而泡沫塑料的孔隙率可高达 $95\% \sim 98\%$。

(3) 吸水率

大部分塑料是耐水材料,吸水率很小,一般不超过 1%。

(4) 耐热性

大多数塑料的耐热性都不高,使用温度一般为 $100 \sim 200 \, ℃$,仅个别塑料(氟塑料、有机硅聚合物等)的使用温度可达 $300 \sim 500 \, ℃$。

（5）导热性

塑料的导热性较低，密实塑料的导热系数为 0.23～0.70 W/(m·k)，泡沫塑料的导热系数则接近于空气。

（6）强度

塑料的强度较高。如玻璃纤维增强塑料（玻璃钢）的抗拉强度高达 200～300 MPa，许多塑料的抗拉强度与抗弯强度相近。

（7）弹性模量

塑料的弹性模量较小，约为混凝土的 1/10，同时具有徐变特性，所以塑料在受力时有较大的变形。

2）化学性质

（1）耐腐蚀性

大多数塑料对酸、碱、盐等腐蚀性物质的作用都具有较高的化学稳定性，但有些塑料在有机溶剂中会溶解或溶胀，使用时应注意。

（2）老化

在使用条件下，塑料受光、热、大气等作用，内部高聚物的组成与结构发生变化，致使塑料失去弹性，出现变硬、变脆、出现龟裂（分子交联作用引起）或变软、发黏、出现蠕变（分子裂解引起）等现象，这种性质劣化的现象称为老化。

（3）可燃性

塑料属于可燃性材料，在使用时应注意，建筑工程用塑料应为阻燃塑料。

（4）毒性

一般来说，液体状态的树脂几乎都有毒性，但完全固化后的树脂则基本上无毒。

11.2.4　常用建筑塑料及其制品

1）工程塑料的常用品种

（1）聚乙烯塑料（PE）

聚乙烯塑料由乙烯单体聚合而成。按密度不同，聚乙烯可分为高密度聚乙烯（HDPE）、中密度聚乙烯、低密度聚乙烯（LDPE）。低密度聚乙烯比较柔软，熔点和抗拉强度较低，伸长率和抗冲击性较高，适于制造防潮防水工程中用的薄膜。高密度聚乙烯较硬，耐热性、抗裂性、耐腐蚀性较好，可制成给排水管、绝缘材料、卫生洁具、燃气管、中空制品、衬套、钙塑泡沫装饰板、油罐或作为耐腐蚀涂层等。

（2）聚氯乙烯塑料（PVC）

聚氯乙烯塑料由氯乙烯单体聚合而成，是工程中常用的一种塑料。聚氯乙烯的化学稳定性高，抗老化性好，但耐热性差，在 100℃以上时会引起分解、变质而破坏，通常使用温度应在 60～80℃以下。根据增塑剂掺量的不同，可制得硬质或软质聚氯乙烯塑料。软质聚氯乙烯可挤压或注射成板材、型材、薄膜、管道、地板砖、壁纸等，还可制成低黏度的增塑溶胶，或制成密封带。硬质聚氯乙烯适用于制作排水管道、外墙覆面板、天窗和建筑配件等。

（3）聚苯乙烯塑料（PS）

聚苯乙烯塑料由苯乙烯单体聚合而成。聚苯乙烯塑料的透光性好，易于着色，化学稳定性高,耐水、耐光,成型加工方便,价格较低。但聚苯乙烯性脆,抗冲击韧性差,耐热性差,易燃,使其应用受到一定限制。

（4）聚丙烯塑料（PP）

聚丙烯塑料由丙烯聚合而成。聚丙烯塑料的特点是质轻(密度 0.90 g/cm³),耐热性较高(100～120℃),刚性、延性和抗水性均好。它的不足之处是低温脆性显著,抗大气性差,故适用于室内。近年来,聚丙烯的生产发展较迅速,聚丙烯已与聚乙烯、聚氯乙烯等共同成为工程塑料的主要品种。聚丙烯塑料主要用作管道、容器、建筑零件、耐腐蚀板、薄膜、纤维等。

（5）聚甲基丙烯酸甲酯（PMMA）

由甲基丙烯酸甲酯加聚而成的热塑性树脂,俗称有机玻璃。它的透光性好,低温强度高,吸水性低,耐热性和抗老化性好,成型加工方便。缺点是耐磨性差,价格较贵。可制作采光天窗、护墙板和广告牌。将聚甲基丙烯酸甲酯的乳液涂刷在木材、水泥制品等多孔材料上,可以形成耐水的保护膜。

（6）聚酯树脂（PR）

聚酯树脂由二元或多元醇和二元或多元酸缩聚而成。聚酯树脂具有优良的胶结性能,弹性和着色性好,柔韧、耐热、耐水。在建筑工程中,聚酯主要用来制作玻璃纤维增强塑料、装饰板、涂料、管道等。

（7）ABS 塑料

ABS 是丙烯腈/丁二烯/苯乙烯的共聚物。它是不透明的塑料,呈浅象牙色,密度为1.05。ABS 综合了丙烯腈的耐化学腐蚀性、耐油性、刚度和硬度,丁二烯的韧性、抗冲击性和耐寒性,苯乙烯的电性能。ABS 树脂拉伸强度和模量一般,但是具有优异的耐冲击强度,特别是低温下有优异的冲击强度,而且热变形温度高。除此之外,电性能、耐化学品性、耐油性好,还有加工适应性广,可以注射成型、挤出成型、真空成型、吹塑成型、压光加工等。尺寸稳定性好,耐蠕变,耐应力开裂,制品表面光泽性也好。可用作结构材料,是通用工程塑料中应用最广泛的一种。在建材工业可用作管道、管件、百叶窗、门窗框架、高级卫生洁具等。

2）常用塑料制品

（1）塑料门窗

塑料门窗主要采用改性硬质聚氯乙烯(PVC-U)经挤出机形成各种型材。型材经过加工,组装成建筑物的门窗。

塑料门窗可分为全塑门窗、复合门窗和聚氨酯门窗,但以全塑门窗为主。它由 PVC-U 中空型材拼装而成,有白色、深棕色、双色、仿木纹等品种。

塑料门窗与其他门窗相比,具有耐水、耐腐蚀、气密性、水密性、绝热性、隔声性、耐燃性、尺寸稳定性、装饰好等特点,而且不需粉刷油漆,维护保养方便,同时还能显著节能,在国外已广泛应用。鉴于国外经验和我国实际,以塑料门窗逐步取代木门窗、金属门窗是节约木材、钢材、铝材和节约能源的重要途径。

（2）塑料管材

塑料管材与金属管材相比,具有质轻、不生锈、不生苔、不易积垢、管壁光滑、对流体阻力小、安装加工方便、节能等特点。近年来,塑料管材的生产与应用已得到了较大的发展,在工程塑料制品中所占的比例较大。

塑料管材分为硬管与软管。按主要原料可分为聚氯乙烯管、聚乙烯管、聚丙烯管、ABS

管、聚丁烯管、玻璃钢管等。在众多的塑料管材中,主要是由聚氯乙烯树脂为主要原料的PVC-U塑料管或简称塑料管。塑料管材的品种有给水管、排水管、雨水管、波纹管、电线穿线管、燃气管等。

（3）塑料壁纸

壁纸是当前使用较广泛的墙面装饰材料,尤其是塑料壁纸,其图案变化多样,色彩丰富多彩。通过印花、发泡等工艺,可仿制木纹、石纹、锦缎、织物,也有仿制瓷砖、普通砖等,如果处理得当,甚至能达到以假乱真的程度,为室内装饰提供了极大的便利。

塑料壁纸可分为三大类:普通壁纸、发泡壁纸和特种壁纸。

① 普通壁纸

普通壁纸也称为塑料面纸底壁纸,即在纸面上涂刷塑料而成。为了增加质感和装饰效果,常在纸面上印有图案或压出花纹,再涂上塑料层。这种壁纸耐水,可擦洗,比较耐用,价格也较便宜。

② 发泡壁纸

发泡壁纸是在纸面上涂上发泡的塑料面。其立体感强,能吸声,有较好的音响效果。为了增加黏结力,提高其强度,可用棉布、麻布、化纤布等作底来代替纸底,这类壁纸叫塑料壁布,将它粘贴在墙上,不易脱落,受到冲击、碰撞等也不会破裂,因加工方便,价格不高,所以较受欢迎。

③ 特种壁纸

由于功能上的需要而生产的壁纸为特种壁纸,也称为功能壁纸。如耐水壁纸、防火壁纸、防霉壁纸、塑料颗粒壁纸、金属基壁纸等。

（4）塑料地板

塑料地板与传统的地面材料相比,具有质轻、美观、耐磨、耐腐蚀、防潮、防火、吸声、绝热、有弹性、施工简便、易于清洗与保养等特点,使用较为广泛。

塑料地板种类繁多,按所用树脂,可分为聚氯乙烯塑料地板、氯乙烯-醋酸乙烯塑料地板、聚乙烯塑料地板、聚丙烯塑料地板,目前绝大部分的塑料地板为聚氯乙烯塑料地板。按形状可分为块状与卷状,其中块状占的比例大。块状塑料地板可以拼成不同色彩和图案,装饰效果好,也便于局部修补;卷状塑料地板铺设速度快,施工效率高。按质地可分为半硬质与软质。由于半硬质塑料地板具有成本低,尺寸稳定,耐热性、耐磨性、装饰性好,容易粘贴等特点,目前应用最广泛;软质塑料地板的弹性好,行走舒适,有一定的绝热、吸声、隔潮等优点。按产品结构可分为单层与多层复合。单层塑料地板多属于低发泡地板,厚度一般为3～4 mm,表面可压成凹凸花纹,耐磨、耐冲击、防滑,但此地板弹性、绝热性、吸声性较差;多层复合塑料地板一般分上、中、下3层,上层为耐磨、耐久的面层,中层为弹性发泡层,下层为填料较多的基层,上、中、下3层一般用热压黏结而成,此地板的主要特点是具有弹性,脚感舒适,绝热,吸声。

此外,还有无缝塑料地面(也叫塑料涂布地面),它的特点是无缝、易于清洗、耐腐蚀、防漏、抗渗性优良、施工简便等,适用于现浇地面、旧地面翻修及实验室、医院等有侵蚀作用的地面。

石棉塑料地板,由于原料中掺入适量石棉,使地板具有耐磨、耐腐蚀、难燃、自熄、弹性好等特点,适用于宾馆、饭店、民用或公共建筑的地面。

塑料地板在施工时,要求基层干燥平整,铺设地板时,必须清除地面上的残留物。塑料地板要求平整,尺寸准确,若有卷曲、翘角等情况,应先处理压平,对缺角要另作处理。

塑料地板的黏结剂,我国使用的有溶剂型与乳型两类。一般地板与黏结剂配套供应,必须按使用说明严格施工,以免影响质量。

(5) 其他塑料制品

① 塑料饰面板

塑料饰面板适用于作内墙或吊顶的装饰材料,具有质轻、绝热、吸声、耐水、装饰好等特点。可分为硬质、半硬质与软质三大类,表面可印各种图案,可以粘贴装饰纸、塑料薄膜、玻璃纤维布和铝箔,也可制成花点、凹凸图案和不同的立体造型。

② 玻璃纤维增强塑料(俗称玻璃钢)

玻璃纤维增强塑料(俗称玻璃钢)具有质轻、耐水、强度高、耐化学腐蚀、装饰好等特点,适于作采光或装饰性板材。

③ 塑料薄膜

塑料薄膜耐水,耐腐蚀,伸长率大,可以印花,并能与胶合板、纤维板、石膏板、纸张、玻璃纤维布等黏结、复合。塑料薄膜除用作室内装饰材料外,尚可用作防水材料、混凝土施工养护等。

11.3　合成橡胶

橡胶是一种高分子弹性体,在外力作用下能发生较大的形变,当外力解除后又能迅速恢复其原来形状。橡胶分为天然橡胶和合成橡胶,本节主要介绍合成橡胶。

合成橡胶指任何人工制成的,用于弹性体的高分子材料。合成橡胶是人工合成的高弹性聚合物,也称为合成弹性体,是三大合成材料之一,其产量仅低于合成树脂、合成纤维。它主要以煤、石油、天然气为主要原料。合成橡胶品种很多,并可按需求之不同合成各种具有特殊性能的橡胶,因此目前世界上的合成橡胶总产量已远远超过天然橡胶。

11.3.1　合成橡胶的分类

(1) 按合成橡胶的性能和用途,可分为通用合成橡胶和特种合成橡胶。通用合成橡胶,其性能与天然橡胶相近,且物理机械性能与加工性能良好,能广泛用于轮胎和其他一般橡胶制品如丁苯橡胶、顺丁橡胶和氯丁橡胶等。特种合成橡胶,具有特殊用途,专门用来加工耐热、耐寒、耐溶剂、耐辐射等特种橡胶制品,如丁腈橡胶、硅橡胶、氟橡胶等。

(2) 按合成橡胶的成品状态,可分为液体橡胶(如端羟基聚丁二烯)、固体橡胶、乳液和粉末橡胶等。

(3) 按橡胶制品形成过程,可分为热塑性橡胶(如可反复加工成型的三嵌段热塑性丁苯橡胶)和硫化型橡胶(需经硫化才能制得成品,大多数合成橡胶属此类)。

11.3.2　合成橡胶的生产工艺

合成橡胶的生产工艺大致可分为单体的生产和精制、聚合以及橡胶后处理三部分。

1）单体的生产和精制

合成橡胶的基本原材料是单体，即共轭二烯类，主要来源于石油工业，成分较复杂。精制常用的方法有精馏、洗涤、干燥等。

2）聚合过程

聚合过程是单体在引发剂和催化剂作用下进行聚合反应生成聚合物的过程。有时用一个聚合设备，有时多个串联使用。合成橡胶的聚合工艺主要应用乳液聚合法和溶液聚合法两种。目前，采用乳液聚合的有丁苯橡胶、异戊橡胶、丁丙橡胶、丁基橡胶等。

3）后处理

后处理是使聚合反应后的物料（乳胶或乳液），经脱除未反应单体、凝聚、脱水、干燥和包装等步骤，最后制得成品橡胶的过程。乳液聚合的凝聚工艺主要采用加电解质或高分子凝聚剂，破坏乳液使胶粒析出。溶液聚合的凝聚工艺以热水凝析为主。凝析后析出的胶粒含有大量的水，需脱水、干燥。

11.3.3　合成橡胶与土木建筑

本节简要介绍几种合成橡胶在土木建筑中的应用。

1）橡胶集料混凝土

橡胶集料混凝土是一种把橡胶微粒作为水泥混凝土的组成材料，配制而成的一种新型混凝土。橡胶集料作为固体废弃物应用于混凝土中，具有重量轻、韧性好、耐酸碱腐蚀等特点，掺入橡胶集料的混凝土具有重量轻、抗裂性能好、隔音、隔热、抗震性能优越等特点。由于具有这么多优越性，所以橡胶集料混凝土在建筑上的应用将会越来越广。其中的一个方向就是用于多层建筑的楼板和墙板上，可以解决或减轻高层建筑室内隔音效果差的问题。另一方面，橡胶集料混凝土剪力墙具有一定的柔性，从设计角度出发，可以解决刚性较大的问题。同时，由于橡胶密度较混凝土小，按照基准混凝土容重为 2 450 是 kg/m^3、橡胶集料混凝土为 2 050 kg/m^3 来计算，利用橡胶集料混凝土可使整个建筑楼体的静态重量降低5%～10%。

2）橡胶沥青

橡胶沥青发源于 20 世纪 50 年代，是一种用于多种类型柔性路面施工中的黏结剂。橡胶沥青是由基质沥青、用废旧橡胶轮胎制成的橡胶粉（橡胶粉的质量占混合物总质量的比例不低于 15%）和特种添加剂在专用设备中进行反应，橡胶颗粒在沥青中充分反应并发生溶胀而得到的混合物。

橡胶沥青在反应过程中，橡胶粉与基质沥青首先充分混合，在这个过程中橡胶粉与基质沥青在高温条件下会发生明显的物质交换和反应。橡胶粉颗粒在高温作用下部分裂解，橡胶粉的某些成分通过界面交换进入基质沥青，这些物质的进入可以改善沥青的温度敏感性，提高抗老化性能。另一方面，基质沥青中的轻质组分被橡胶粉吸收，使沥青的黏度大大增加。沥青和橡胶粉的界面逐渐模糊，形成一种高弹性的凝胶状物质。

橡胶沥青的使用方法有干法和湿法。干法处理，即在沥青加入之前，将橡胶粉作为填料直接加入到烘干的集料中，用粗颗粒的橡胶粉作为集料的一部分加入到断级配的矿料中，以改善路面行驶性能。湿法处理，即指沥青与集料在拌和站中进行混合之前先将橡胶粉与基质沥青混合的方法。湿法有两种:沥青库混合法和麦克唐纳法。沥青库混合法是将橡胶粉与沥青在沥青库混合后运到拌和站,也可以在现场加工。这种方法的特点是不进行搅拌,橡胶粉直径小(一般小于 50 目),橡胶粉用量少(小于 15%)。由于橡胶粉直径小和用量少,所以不需要搅拌橡胶粉就能够均匀地分散在沥青中。沥青库混合法加工得到的改性沥青叫做橡胶化的沥青,黏度比较低。麦克唐纳法区别于以前方法的特点是使用的橡胶粉粒径比以前大,生产加工的温度也要高许多。具体方法是:将基质沥青加热到 190～218℃后,将橡胶粉投入沥青中,使橡胶粉在高温沥青下得到充分溶胀,形成一种凝胶状物质。利用麦克唐纳法生产出的橡胶沥青,不仅黏度大,而且各项指标都有很大的提高。现在施工中用到的湿法主要是指麦克唐纳法。

橡胶沥青路面具有优异的高温稳定性、低温柔型和抗裂性能、抗老化性能、抗疲劳性能、抗水损坏性能,能降低路面噪音,同时又解决了废轮胎固体污染问题,保护环境,废物利用。

3) 其他

在建筑物上使用的玻璃密封橡胶条,隔音地板、橡胶地毯、防雨材料等,在建筑施工中使用的机械、运输设备、防护用品等,都有橡胶制品的配件。

11.4　合成纤维

合成纤维是将人工合成的、具有适宜分子量并具有可溶(或可熔)性的线型聚合物,经纺丝成形和后处理而制得的化学纤维。通常将这类具有成纤性能的聚合物称为成纤聚合物。与天然纤维和人造纤维相比,合成纤维的原料是由人工合成方法制得的,生产不受自然条件的限制。合成纤维除了具有化学纤维的一般优越性能,如强度高、质轻、易洗快干、弹性好、不怕霉蛀等外,不同品种的合成纤维各自具有某些独特性能。

合成纤维分为纤维长丝和短纤维两种型式,纤维长丝必须具有比其直径大 100 倍的长度,并不能小于 5 mm;短纤维是长度小于 150 mm 的纤维。

11.4.1　合成纤维的分类

(1) 按主链结构可分为碳链合成纤维(如聚丙烯纤维、聚丙烯腈纤维、聚乙烯醇缩甲醛纤维等)和杂链合成纤维(如聚酰胺纤维、聚对苯二甲酸乙二酯等)。

(2) 按性能功用可分为耐高温纤维(如聚苯咪唑纤维)、耐高温腐蚀纤维(如聚四氟乙烯)、高强度纤维(如聚对苯二甲酰对苯二胺)、耐辐射纤维(如聚酰亚胺纤维)、阻燃纤维、高分子光导纤维等。

11.4.2　合成纤维的共性

1) 相对密度

合成纤维与再生纤维和天然纤维相比,合成纤维,尤其是聚丙烯纤维(丙纶)、聚酰胺纤维(锦纶)和聚丙烯腈纤维(腈纶)的相对密度较低。

2)机械性能

合成纤维强度通常较高,处于纤维材料中上等水平,是具有强韧性的纤维材料;合成纤维有较高的耐磨性。

3)光学性能

纤维材料的耐光性作为其重要的光学性能指标,日益受到人们的关注。在合成纤维中,聚丙烯腈纤维的耐光性最好,聚酯纤维的耐光性次之,而聚酰胺、聚丙烯纤维和聚氯乙烯纤维的耐光性较差。

4)电学性能

合成纤维的比电阻高于天然纤维和再生纤维(与吸湿性有关),聚酯和聚丙烯纤维比电阻最高,合成纤维生产和使用易引起静电。

5)耐热性和热收性

温度升高,合成纤维断裂强度逐渐下降,断裂延伸度增加;吸湿性好的合成纤维,湿热收缩率大于干热收缩率,吸湿性差的合成纤维,干热收缩率大于湿热收缩率;长丝拉伸倍数高,热收缩率大,短纤维拉伸倍数低,热收缩率小。合成纤维吸湿性低于天然纤维,但易洗快干,起毛起球严重,易静电吸尘。

6)其他

合成纤维一般具有亲油性,吸附油脂,不易洗去;热稳定性好,防霉蛀,耐磨,耐化学药品腐蚀。

11.4.3 合成纤维的生产工序

合成纤维的生产有三大工序,即合成聚合物制备、纺丝成型、后处理。合成纤维的生产首先是将单体经聚合反应制成成纤高聚物,再经过纺丝及后加工,才能成为合格的纺织纤维。

高聚物的纺丝主要有熔体纺丝和溶液纺丝两种。熔体纺丝是将高聚物加热熔融成熔体,然后由喷丝头喷出熔体细流,再冷凝而成纤维的方法。熔体纺丝速度快,高速纺丝时每分钟可达几千米(一般纺丝速度 800~1 000 m/min,高速纺丝 6 000~9 000 m/min,实验室可达 15 000 m/min)。这种方法适用于那些能熔化、易流动而不易分解的高聚物,如涤纶、丙纶、尼龙等。溶液纺丝又分为湿法纺丝和干法纺丝两种。湿法纺丝是将高聚物在溶剂中配成纺丝溶液,经喷丝头喷出细流,在液态凝固介质中凝固形成纤维。干法纺丝中,凝固介质为气相介质,经喷丝形成的细流因溶剂受热蒸发而使高聚物凝结成纤维。溶液纺丝速度低(一般纺丝速度 200~500 m/min)。溶液纺丝适用于不耐热、不易熔化但能溶于专门配制的溶剂中的高聚物,如腈纶、维纶等。熔体纺丝和溶液纺丝得到的初生纤维强度低,硬脆,结构性能不稳定,不能使用,只有通过一系列的后加工处理,才能使纤维符合纺织加工的要求。不同的合成纤维,其后加工方法不尽相同。

初生纤维的后处理主要有拉伸、热定型、卷曲和假捻。拉伸可改变初生纤维的内部结构,提高断裂强度和耐磨性,减少产品的伸长率。热定型可调节纺丝过程带来的高聚物内部分子间作用力,提高纤维的稳定性和其他物理-机械性能、染色性能。卷曲是改善合成纤维的加工性(羊毛和棉花纤维都是卷曲的),克服合成纤维表面光滑平直的不足。假捻是改进纺织品的风格,使其膨松并增加弹性。

11.4.4 合成纤维与土木建筑

1) 合成纤维混凝土

聚丙烯纤维是合成纤维中应用最好和重要的品种之一,具有相对密度小、熔点低、玻璃化温度和吸湿率低、结晶度高、耐化学性好、力学性能优异等优点,但耐热性和耐旋光性较差。聚丙烯纤维主要包括聚丙烯短纤维和聚丙烯长纤维。

聚丙烯短纤维主要用于减少混凝土、砂浆的早龄期塑性收缩裂缝,限制基体中原有微裂缝扩展并延缓新裂缝的出现,提高基体的变形能力,但对于混凝土的韧性并没有明显的改善。聚丙烯短纤维可以限制混凝土早期塑性收缩裂缝的产生和发展。混凝土的塑性开裂主要发生在混凝土硬化前,特别是在混凝土浇筑后 4~5 h 内,此阶段由于水分的蒸发和转移,混凝土内部的抗拉能力低于塑性收缩产生的拉应变,从而引起混凝土内部的塑性裂缝。掺入聚丙烯纤维后,减缓了由于粗粒料的快速失水所产生的裂缝,延缓了第一条塑性收缩裂缝的出现。同时,在混凝土开裂后,纤维的抗拉作用阻止了裂缝的进一步发展。在混凝土中掺入适量聚丙烯短纤维后,均匀分布在混凝土基体中彼此相粘连的大量纤维起了"承托"骨料的作用,降低了混凝土表面的泌水与集料的沉降,从而使混凝土中的孔隙含量大大降低,有效地提高了混凝土抗渗能力。此外,由于纤维的存在,减少了混凝土的收缩裂缝尤其是连通裂缝的产生,减少了渗水通道,进而提高了混凝土的抗渗性能。

聚丙烯长纤维主要是指长度大于 30 mm、直径大于 0.1 mm 的长纤维,是一种相互缠绕的纤维束,这种纤维束在混凝土基体中能够分散成单丝长纤维。聚丙烯长纤维是一种新型的增强增韧材料,可以在一些环境恶劣的工程中代替钢纤维,抵抗温度应力,提高混凝土的抗裂性和韧性,常用于喷射混凝土、混凝土路面、桥面及工业地坪、机场跑道、装卸码头,特别是在钢纤维易受腐蚀的环境中使用聚丙烯长纤维更有意义。正是由于合成纤维混凝土有这些优点,所以合成纤维混凝土推广应用很快,应用领域几乎遍及土木建筑的各个领域。主要有:建筑内外墙抹面;桥面的铺装层和防水层;室内外停车场路面;赛车场、运动场混凝土地面,地下室底板、边墙及防水混凝土;楼板、防裂要求严格的框架、剪力墙结构;高地震烈度区的钢筋混凝土结构;隧道衬砌、加固工程、薄壁结构采用的喷射混凝土以及涂料、喷涂浆料的添加剂等。

2) 碳纤维加固工程

碳纤维是含碳量高于 90% 的无机高分子纤维。其中含碳量高于 99% 的称为石墨纤维。它不仅具有碳材料固有的本质特性,又兼有防止纤维的柔软可加工性,是新一代增强合成纤维。碳纤维是由有机纤维经碳化及石墨化处理而得到的微晶石墨材料,是一种力学性能优异的新型材料。

利用碳纤维布加固钢筋混凝土构件可以提高承载力及延长寿命,是目前比较流行的方法,在建筑业中有着广泛的发展前景。碳纤维布加固修补结构技术是一种新型的结构加固技术,它是利用树脂类黏结材料将碳纤维布粘贴于混凝土表面,以达到对结构及构件加固补强的目的。

3) 其他

合成纤维还用于土木织物、纤维增强水泥、纤维增强塑料和膜结构用膜材料等。

11.5　建筑工程中其他常用的高分子材料

11.5.1　建筑涂料

建筑涂料是指涂覆于基体表面,能与基体材料牢固黏结并形成连续完整而坚韧的保护膜,具有防护、装饰及其他特殊功能的物质。

1) 建筑涂料的分类和功能

建筑涂料可按化学成分、使用部位等原则分类。按化学成分分为有机涂料、无机涂料和有机无机复合涂料;按建筑涂料的使用部位可分为外墙涂料、内墙涂料、顶棚涂料、地面涂料和屋面防水涂料等;按使用分散介质和主要成膜物质的溶解状况分为溶剂型涂料、水溶型涂料和乳液型涂料等。

建筑涂料具有装饰、保护基层材料等功能,建筑涂料的涂层具有不同的色彩和光泽,它可以带有各种填料,可通过不同的涂饰方法,形成各种纹理、图案和不同程度的质感,以满足各种类型建筑物的不同装饰艺术要求,达到美化环境及装饰建筑物的作用。建筑涂料涂覆于建筑物表面形成涂膜后,使结构材料与环境中的介质隔开,可减缓破坏作用,延长建筑物的使用寿命。同时,涂膜有一定的硬度、强度、耐磨、耐候等性质,可以提高建筑物的耐久性。建筑涂料同时具有如防水、防火、吸声隔音、隔热保温、防辐射等功能。

2) 建筑涂料的组成

建筑涂料由主要成膜物质、次要成膜物质、溶剂和助剂等组成。其中,溶剂在涂料生成过程中是溶解、分散、乳化成膜物质的原料,在涂饰施工中,可使涂料具有一定的稠度、黏性和流动性,还可以增强成膜物质向基层渗透的能力,改善黏结性能。在涂膜的形成过程中,溶剂中少部分被基层吸收,大部分将逸入大气串中,不保留在涂膜内。助剂是为改善涂料的性能、提高涂膜的质量而加入的辅助材料,助剂的加入量很少,种类很多,对改善涂料的性能作用显著。

3) 常用的建筑涂料

建筑涂料常用的有以下 3 种类型:

(1) 溶剂型涂料

溶剂型涂料是以高分子合成树脂为主要成膜物质,有机溶剂为稀释剂,再加入适量的颜料、填料及助剂,经研磨而成的涂料。

溶剂型涂料形成的涂膜细腻光洁而坚韧,有较好的硬度、光泽和耐水性、耐候性,气密性好,耐酸碱,对建筑物有较强的保护性,使用温度可以低到 0℃。

(2) 水溶性涂料

水溶性涂料是以水溶性合成树脂为主要成膜物质,以水为稀释剂,再加入适量颜料、填料及助剂经研磨而成的涂料。

(3) 乳液型涂料

乳液型涂料(乳胶漆)是由合成树脂借助乳化剂的作用,以 $0.1 \sim 0.5 \ \mu m$ 的极细微粒分散于水中构成的乳液,并以乳液为主要成膜物质,再加入适量的颜料、填料助剂经研磨而成的涂料。

11.5.2　建筑胶黏剂

能直接将两种材料牢固地黏结在一起的物质通称为胶黏剂。随着合成化学工业的发展,胶黏剂的品种和性能获得了很大发展,越来越广泛地应用于建筑构件、材料等的连接。使用胶黏剂连接具有工艺简单、省工省料、接缝处应力分布均匀、密封和耐腐蚀等优点。

1) 胶黏剂的基本要求

为将材料牢固地黏结在一起,胶黏剂必须具有足够的流动性,且能保证被黏结表面能充分浸润;其次要易于调节黏结性和硬化速度,同时还要满足不易老化、膨胀或收缩变形小、具有足够的黏结强度等基本要求。

2) 胶黏剂的组成材料

(1) 黏料

黏料是胶黏剂的基本成分,又称基料,对胶黏剂的胶接性能起决定作用。合成胶黏剂的黏料,既可用合成树脂、合成橡胶,也可采用二者的共聚体和机械混合物。用于胶接结构受力部位的胶黏剂以热固性树脂为主;用于非受力部位和变形较大部位的胶黏剂以热塑性树脂和橡胶为主。

(2) 固化剂

固化剂能使基本黏合物质形成网状结构,增加胶层的内聚强度。常用的固化剂有胺类、酸酐类、高分子类和硫磺类等。

(3) 填料

加入填料可改善胶黏剂的性能(如提高强度、降低收缩性、提高耐热性等),常用的填料有金属及其氧化物粉末、水泥及木棉、玻璃等。

(4) 稀释剂

为了改善工艺性(降低黏度)和延长使用期,常加入稀释剂。稀释剂分为活性和非活性,前者含有反应性基团,参加固化反应;后者不参加固化反应,只起稀释作用。常用的稀释剂有环氧丙烷、丙酮等。

此外,还有偶联剂、防老剂、催化剂、增塑剂和增韧剂等。

3) 胶黏剂的分类

胶黏剂的种类繁多,组分各异,有多种分类方式。按物理形态分类可分为水溶液型、溶液型、乳液(胶乳)型、无溶剂型、固态型、膏状或糊状。按化学成分分类分为无机胶黏剂和有机胶黏剂,无机胶黏剂有磷酸盐类、硼酸盐类、硅酸盐类等。按来源分类可分为天然胶黏剂和合成胶黏剂。天然胶黏剂常用于胶黏纸张、木材、皮革等,但来源少,性能不完善,逐渐趋向淘汰。合成胶黏剂发展快,品种多,性能优良。

4) 常用胶黏剂

(1) 热固性树脂胶黏剂

① 环氧树脂胶黏剂(EP)。环氧树脂胶黏剂的组成材料为合成树脂、固化剂、填料、稀释剂、增韧剂等。随着配方的改进,可以得到不同品种和用途的胶黏剂。环氧树脂未固化前

是线型热塑性树脂,由于分子结构中含有极活泼的环氧基(—CH—CH$_2$)和多种极性基(特别是 OH),因此它可与多种类型的固化剂反应生成网状体型结构高聚物,对金属、木材、玻璃、硬塑料和混凝土都有很高的黏附力,故有"万能胶"之称。

② 不饱和聚酯树脂(UP)胶黏剂。不饱和聚酯树脂是由不饱和二元酸、饱和二元酸组成的混合酸与二元醇起反应制成线型聚酯,再用不饱和单体交联固化后即成体型结构的热固性树脂,主要用于制造玻璃钢,也可黏结陶瓷、玻璃钢、金属、木材、人造大理石和混凝土。不饱和聚酯树脂胶黏剂的接缝耐久性和环境适应性较好,并有一定的强度。

(2) 热塑性合成树脂胶黏剂

① 聚醋酸乙烯胶黏剂(PVAC)。聚醋酸乙烯乳液(常称白胶)由醋酸乙烯单体、水、分散剂、引发剂以及其他辅助材料经乳液聚合而得,是一种使用方便、价格便宜、应用普遍的非结构胶黏剂。它对于各种极性材料有较好的黏附力,以黏结各种非金属材料为主,如玻璃、陶瓷、混凝土、纤维织物和木材。它的耐热性在 40℃以下,对溶剂作用的稳定性及耐水性均较差,且有较大的徐变,多作为室温下工作的非结构胶,如粘贴塑料墙纸、聚苯乙烯或软质聚氯乙烯塑料板以及塑料地板等。

② 聚乙烯醇胶黏剂(PVA)。聚乙烯醇由醋酸乙烯酯水解而得,是一种水溶液聚合物。这种胶黏剂适合于胶接木材、纸张、织物等。其耐热性、耐水性和耐老化性很差,所以一般与热固性胶结剂一同使用。

③ 聚乙烯缩醛(PVFO)胶黏剂。聚乙烯醇在催化剂使用下同醛类反应,生成聚乙烯醇缩醛,低聚醛度的聚乙烯醇缩甲醛即是目前工程上广泛应用的 107 胶的主要成分。107 胶在水中的溶解度很高,成本低,现已成为建筑装修工程上常用的胶黏剂。如用来粘贴塑料壁纸、墙布、瓷砖等,在水泥砂浆中掺入少量 107 胶能提高砂浆的黏结性、抗冻性、抗渗性、耐磨性和减少砂浆的收缩。也可以配制成地面涂料。

(3) 合成橡胶胶黏剂

① 氯丁橡胶胶黏剂(CR)。氯丁橡胶胶黏剂是目前橡胶胶黏剂中广泛应用的溶液型胶,它是由氯丁橡胶、氧化镁、防老剂、抗氧剂及填料等混炼后溶于溶剂而成。这种胶黏剂对水、油、弱酸、弱碱、脂肪烃和醇类都有良好的抵抗性,可在−50～+80℃下工作,具有较高的初黏力和内聚强度。但有徐变性,易老化。多用于结构黏结或不同材料的黏结。为改善性能可掺入油溶性酚醛树脂,配成氯丁酚醛胶。它可在室温下固化,适于黏结钢、铝、铜、陶瓷、水泥制品、塑料和硬质纤维板等多种金属和非金属材料。工程上常用在水泥砂浆墙面或地面上粘贴塑料或橡胶制品。

② 丁腈橡胶(NBR)。丁腈橡胶是丁二烯和丙烯腈的共聚产物。丁腈橡胶胶黏剂主要用于橡胶制品,以及橡胶与金属、织物、木材的黏结。它的最大特点是耐油性能好,抗剥离强度高,接头对脂肪烃和非氧化性酸有良好的抵抗性,加上橡胶的高弹性,所以更适于柔软的或热膨胀系数相差悬殊的材料之间的黏结,如黏合聚氯乙烯板材、聚氯乙烯泡沫塑料等。为了获得更大的强度和弹性,可将丁腈橡胶与其他树脂混合。

5) 胶黏剂的选用原则

胶黏剂的品种很多,性能差异很大,每一种胶黏剂都有其局限性。因此,胶黏剂应根据胶结对象、使用及工艺条件等正确选择,同时还应考虑价格与供应情况。选用时一般要考虑以下因素:

(1) 被胶接材料的种类、性质、大小和硬度。

(2) 胶接材料的形状、结构和工艺条件。

(3) 胶接部位承受的负荷和形式(拉力、剪切力、剥离力等)。

(4) 材料的特殊要求,如导电、导热、耐高温和耐低温。

(5) 其他胶黏剂的选择还应考虑如成本、工作环境等其他因素。

11.6　小结

合成高分子材料具有许多优良的性能,合理使用合成高分子建筑材料势必为人类创造更好的生活居住环境。本章重点介绍了塑料、合成橡胶和合成纤维等建筑工程中常用的高分子材料,其中重点介绍了塑料的组成、性质及常用工程塑料及其制品,合成橡胶的分类、生产工艺及其在土木建筑中的应用,合成纤维的性质和分类及生产工序,简单介绍了合成纤维在土木建筑中的应用,同时对建筑涂料和建筑胶黏剂等其他合成高分子材料作了介绍。目的在于使学生了解和掌握建筑中常用的合成高分子材料及在工程中的应用。

思考题

1. 当前建筑中应用的三大合成高分子材料是什么?

2. 简述塑料的主要组成成分、优点。有哪些常用塑料制品?

3. 合成纤维有哪些性质? 列举合成纤维在建筑工程中应用的例子。

4. 简述胶黏剂的基本要求。常用的建筑胶黏剂有哪些?

5. 试列举几种建筑工程中常见的高分子材料及其制品。

12 功能材料及绿色建筑材料

本章提要

本章主要介绍了常见的建筑功能材料,包括绝热保温材料、吸声隔声材料、建筑装饰材料和绿色建筑材料,分别阐述相应的概念,分析形成机理及所具有的特性,总结相应的应用要求与范围,探讨与展望绿色建筑材料的发展。

12.1 绝热保温材料

绝热材料是指用于建筑围护材料或者材料复合体,既包括保温材料,也包括保冷材料。绝热材料一方面满足了建筑空间的热环境,另一方面也节约了能源。因此,有些国家将绝热材料看作是继煤炭、石油、天然气、核能之后的"第五大能源"。

12.1.1 导热系数

导热系数是指在稳定传热条件下,1 m 厚的材料,两侧表面的温差为 1 度(K,℃),在 1 s 内,通过 1 m² 面积传递的热量,用 λ 表示,单位为"瓦/米・度","W/m・K"(W/(m・K)),此处的 K 可用℃代替)。

$$\lambda = \frac{Qd}{(t_1 - t_2)AZ} \tag{12-1}$$

式中:λ——材料的导热系数(W/(m・K));

Q——传导的热量(J);

d——材料的厚度(m);

$t_1 - t_2$——材料两侧的温度差(K);

A——材料的传热面积(m²);

Z——热传导时间(h)。

材料的厚度 d 越小,材料的传热时间 Z 越长,传热的面积 A 越大,材料两侧的温差 $(t_1 - t_2)$ 越大,通过材料传导的热量 Q 越多,也就是说材料的保温性能越差。对于在一定环境中且有固定设计的建筑结构,上式中的 A、Z、$(t_1 - t_2)$ 都是固定的,是不能改变的。如果想使建筑物的保温性提高,只有两个途径:一是增加墙体的厚度;二是使用导热系数较小的材料。

12.1.2 导热系数的影响因素

1) 材料类型

隔热材料类型不同,导热系数不同。隔热材料的物质构成不同,其物理热性能也就不同;隔热机理存有区别,其导热性能或导热系数也就各有差异。即使对于同一物质构成的隔热材料,内部结构不同,或生产的控制工艺不同,导热系数的差别有时也很大。对于孔隙率较低的固体隔热材料,结晶结构的导热系数最大,微晶体结构的次之,玻璃体结构的最小。但对于孔隙率高的隔热材料,由于气体(空气)对导热系数的影响起主要作用,固体部分无论是晶态结构还是玻璃态结构,对导热系数的影响都不大。

2) 材料工作温度

温度对各类绝热材料导热系数均有直接影响,温度提高,材料导热系数上升。因为温度升高时,材料固体分子的热运动增强,同时材料孔隙中空气的导热和孔壁间的辐射作用也有所增加。但这种影响,在温度为 0~50℃范围内并不显著,只有对处于高温或负温下的材料才要考虑温度的影响。

3) 材料工作湿度

绝大多数的保温绝热材料都具有多孔结构,容易吸湿。材料吸湿受潮后,其导热系数增大。当含湿率大于 5%~10%时,导热系数的增大在多孔材料中表现得最为明显。这是由于当材料的孔隙中有了水分(包括水蒸气)后,孔隙中蒸汽的扩散和水分子的运动将起主要的传热作用,而水的导热系数比空气的导热系数大 20 倍左右,故引起其有效导热系数明显升高。如果孔隙中的水结成了冰,冰的导热系数更大,其结果使材料的导热系数更加增大。所以,非憎水型隔热材料在应用时必须注意防水防潮。

4) 孔隙特征

在孔隙率相同的条件下,孔隙尺寸越大,导热系数越大;互相连通型的孔隙比封闭型孔隙的导热系数高,封闭孔隙率越高,则导热系数越低。

5) 容重大小

容重(或比重、密度)是材料气孔率的直接反映。由于气相的导热系数通常均小于固相导热系数,所以保温隔热材料往往都具有很高的气孔率,也即具有较小的容重。一般情况下,增大气孔率或减少容重都将导致导热系数的下降。但对于表观密度很小的材料,特别是纤维状材料,当其表观密度低于某一极限值时,导热系数反而会增大。这是由于孔隙率增大时互相连通的孔隙大大增多,从而使对流作用得以加强。因此这类材料存在一个最佳表观密度,即在这个表观密度时导热系数最小。

6) 材料粒度

常温时,松散颗粒型材料的导热系数随着材料粒度的减小而降低。粒度大时,颗粒之间的空隙尺寸增大,其间空气的导热系数必然增大。此外,粒度越小,其导热系数受温度变化的影响越小。

7) 热流方向

导热系数与热流方向的关系,仅仅存在于各向异性的材料中,即在各个方向上构造不同的材料中。纤维质材料从排列状态看,分为方向与热流向垂直和纤维方向与热流向平行两种情况。传热方向和纤维方向垂直时的绝热性能比传热方向和纤维方向平行时要好一些。一般情况下纤维保温材料的纤维排列是后者或接近后者,同样密度条件下,其导热系数要比其他形态的多孔质保温材料的导热系数小得多。对于各向异性的材料(如木材等),当热流平行于纤维方向时,受到的阻力较小;而垂直于纤维方向时,受到的阻力较大。以松木为例,当热流垂直于木纹时,导热系数为 0.17 W/(m·K);当热流平行于木纹时,导热系数为 0.35 W/(m·K)。气孔质材料分为气泡类固体材料和粒子相互轻微接触类固体材料两种。具有大量或无数多开口气孔的隔热材料,由于气孔连通方向更接近于与传热方向平行,因而比具有大量封闭气孔材料的绝热性能要差一些。

8)填充气体

隔热材料中,大部分热量是从孔隙中的气体传导的。因此,隔热材料的热导率在很大程度上取决于填充气体的种类。低温工程中如果填充氦气或氢气,认为隔热材料的热导率与这些气体的热导率相当,因为氦气和氢气的热导率都比较大。

9)比热容

热导率=热扩散系数×比热×密度。在热扩散系数和密度条件相同的情况下,比热越大,导热系数越高。隔热材料的比热对于计算绝热结构在冷却与加热时所需要的冷量(或热量)有关。在低温下,所有固体的比热变化都很大。在常温常压下,空气的质量不超过隔热材料的 5%。但随着温度的下降,气体所占的比重越来越大。因此,在计算常压下工作的隔热材料时,应当考虑这一因素。对于常用隔热材料而言,上述各项因素中以表观密度和湿度的影响最大。因而在测定材料的导热系数时,必须同时测定材料的表观密度。至于湿度,对于多数隔热材料可取空气相对湿度为 80%~85%时材料的平衡湿度作为参考状态,应尽可能在这种湿度条件下测定材料的导热系数。

10)真空

热传导的方式有对流、传导和辐射 3 种。其中对流方式导热最为重要。通过真空阻绝了对流,大大降低了导热系数。

12.1.3 建筑绝热及保温材料的作用和基本要求

建筑绝热及保温材料阻止热交换和热传递的进行,具有隔热、防火、减轻建筑物的自重以及建筑节能等作用。因此选用绝热材料时,应满足的基本要求是:导热系数不宜大于 0.23 W/(m·K),表观密度不宜大于 600 kg/m³,抗压强度则应大于 0.3 MPa。由于绝热材料的强度一般都很低,因此,除了能单独承重的少数材料外,在围护结构中,经常把绝热材料层与承重结构材料层复合使用。如建筑外墙的保温层通常做在内侧,以免受大气的侵蚀,但应选用不易破碎的材料,如软木板、木丝板等。如果外墙为砖砌空斗墙或混凝土空心制品,则保温材料可填充在墙体的空隙内,此时可采用散粒材料,如矿渣、膨胀珍珠岩等。屋顶保温层则以放在屋面板上为宜,这样可以防止钢筋混凝土屋面板由于冬夏温差引起裂缝,但保温层上必须加做效果良好的防水层。总之,在选用绝热材料时,应结合建筑物的用途、围护结构的构造、施工难易、材料来源和经济核算等情况综合考虑。对于一些特殊建筑物,还必须考虑绝热材料的使用温度条件、不燃性、化学稳定性及耐久性等。

12.1.4 常用绝热材料

绝热材料按材料的构造可分为纤维状、松散粒状和多孔状 3 种;按化学成分可分为有机和无机两大类。通常可制成板、片、卷材或管壳等多种形式的制品。一般来说,无机绝热材料的表观密度较大,但不易腐朽,不会燃烧,有的能耐高温;有机绝热材料则质轻,绝热性能好,但耐热性较差。现将建筑工程中常用的绝热材料简介如下。

1) 纤维状保温隔热材料

这类材料主要是以矿棉、石棉、玻璃棉及植物纤维等为主要原料,制成板、筒、毡等形状的制品,广泛用于住宅建筑和热工设备、管道等的保温隔热。这类绝热材料通常也是良好的吸声材料。

(1) 石棉及其制品

石棉是一种天然矿物纤维,主要化学成分是含水硅酸镁,具有耐火、耐热、耐酸碱、绝热、防腐、隔音及绝缘等特性,常制成石棉粉、石棉纸板和石棉毡等制品。由于石棉中的粉尘对人体有害,因此民用建筑中已很少使用,目前主要用于工业建筑的隔热、保温及防火覆盖等。

(2) 矿棉及其制品

矿棉一般包括矿渣棉和岩石棉。矿渣棉所用原料有高炉硬矿渣、铜矿渣等,并加一些调节原料(钙质和硅质原料);岩石棉的主要原料为天然岩石(白云石、花岗石或玄武岩等)。上述原料经熔融后,用喷吹法或离心法制成细纤维。矿棉具有轻质、不燃、绝热和绝缘等性能,且原料来源广,成本较低,可制成矿棉板、矿棉毡及管壳等,可用作建筑物的墙壁、屋顶、天花板等处的保温隔热和吸声材料,以及热力管道的保温材料。

(3) 玻璃棉及其制品

玻璃棉是用玻璃原料或碎玻璃经熔融后制成的纤维材料,包括短棉和超细棉两种。短棉的表观密度为 40~150 kg/m³,导热系数为 0.035~0.058 W/(m·K),价格与矿棉相近。可制成沥青玻璃棉毡、板及酚醛玻璃棉毡、板等制品,广泛用于温度较低的热力设备和房屋建筑中的保温隔热,同时它还是良好的吸声材料。超细棉直径在 4 μm 左右,表观密度可小至 18 kg/m³,导热系数为 0.028~0.037 W/(m·K),绝热性能更为优良。

(4) 植物纤维复合板

植物纤维复合板是以植物纤维为主要材料加入胶结料和填加料而制成。其表观密度为 200~1 200 kg/m³,导热系数为 0.058 W/(m·K),可用于墙体、地板、顶棚等,也可用于冷藏库、包装箱等。木质纤维板是以木材下脚料经机械制成木丝,加入硅酸钠溶液及普通硅酸盐水泥,经搅拌、成型、冷压、养护和干燥而制成。甘蔗板是以甘蔗渣为原料,经过蒸制、加压、干燥等工序制成的一种轻质、吸声、保温和绝热的材料。

(5) 陶瓷纤维绝热制品

陶瓷纤维是以氧化硅、氧化铝为主要原料,经高温熔融、蒸汽(或压缩空气)喷吹或离心喷吹(或溶液纺丝再经烧结)而制成,表观密度为 140~150 kg/m³,导热系数为 0.116~0.186 W/(m·K),最高使用温度为 1 100~1 350℃,耐火度≥1 770℃,可加工成纸、绳、带、毯、毡等制品,供高温绝热或吸声之用。

2）散粒状保温隔热材料

（1）膨胀蛭石及其制品

蛭石是一种天然矿物，经 850～1 000℃煅烧，体积急剧膨胀，单颗粒体积能膨胀约20倍。

膨胀蛭石的主要特性是表观密度为 80～900 kg/m³，导热系数为 0.046～0.070W/(m•K)，可在 1 000～1 100℃温度下使用，不蛀、不腐，但吸水性较大。膨胀蛭石可以呈松散状铺设于墙壁、楼板、屋面等夹层中，作为绝热、隔声之用。使用时应注意防潮，以免吸水后影响绝热效果。膨胀蛭石也可与水泥、水玻璃等胶凝材料配合，浇制成板，用于墙、楼板和屋面板等构件的绝热。其制品通常用 10％～15％体积的水泥，85％～90％体积的膨胀蛭石，适量的水经拌和、成型、养护而成。其制品的表观密度为 300～550 kg/m³，相应的导热系数为 0.08～0.10 W/(m•K)，抗压强度为 0.2～1.0 MPa，耐热温度为 600℃。水玻璃膨胀蛭石制品是以膨胀蛭石、水玻璃和适量氟硅酸钠(Na_2SiF_6)配制而成。其表观密度为 300～550 kg/m³，相应的导热系数为 0.079～0.084 W/(m•K)，抗压强度为 0.35～0.65 MPa，最高耐热温度为 900℃。

（2）膨胀珍珠岩及其制品

膨胀珍珠岩是由天然珍珠岩煅烧而成的，呈蜂窝泡沫状的白色或灰白色颗粒，是一种高效能的绝热材料。其堆积密度为 40～500 kg/m³，导热系数为 0.047～0.070 W/(m•K)，最高使用温度可达 800℃，最低使用温度为－200℃。具有吸湿小、无毒、不燃、抗菌、耐腐、施工方便等特点。建筑上广泛用作围护结构、低温及超低温保冷设备、热工设备等的绝热保温材料，也可用于制作吸声制品。膨胀珍珠岩制品是以膨胀珍珠岩为主，配合适量胶结材料（水泥、水玻璃、磷酸盐、沥青等），经拌和、成型和养护（或干燥，或焙烧）后制成板、块和管壳等制品。

3）多孔性板块绝热材料

（1）微孔硅酸钙制品

微孔硅酸钙制品是用粉状二氧化硅材料（硅藻土）、石灰、纤维增强材料及水等经搅拌、成型、蒸压处理和干燥等工序而制成。以托贝莫来石为主要水化产物的微孔硅酸钙表观密度约为 200 kg/m³，导热系数为 0.047 W/(m•K)，最高使用温度约为 650℃。以硬硅钙石为主要水化产物的微孔硅酸钙，其表观密度约为 230 kg/m³，导热系数为 0.056 W/(m•K)，最高使用温度可达 1 000℃。用于围护结构及管道保温，效果较水泥膨胀珍珠岩和水泥膨胀蛭石为好。

（2）泡沫玻璃

泡沫玻璃是由玻璃粉和发泡剂等经配料、烧制而成。气孔率为 80％～95％，气孔直径为 0.1～5.0 mm，且大量为封闭而孤立的小气泡。其表观密度为 150～600 kg/m³，导热系数为 0.058～0.128 W/(m•K)，抗压强度为 0.8～15.0 MPa。采用普通玻璃粉制成的泡沫玻璃最高使用温度为 300～400℃，若用无碱玻璃粉生产时，则最高使用温度可达 800～1 000℃，耐久性好，易加工，可用于多种绝热需要。

（3）泡沫混凝土

泡沫混凝土是由水泥、水、松香泡沫剂混合后，经搅拌、成型、养护而制成的一种多孔、轻质、保温、绝热、吸声的材料。也可用粉煤灰、石灰、石膏和泡沫剂制成粉煤灰泡沫混凝土。

泡沫混凝土的表观密度为 300～500 kg/m³,导热系数为 0.082～0.186 W/(m·K)。

(4) 加气混凝土

加气混凝土是由水泥、石灰、粉煤灰和发泡剂(铝粉)配制而成,是一种保温绝热性能良好的轻质材料。由于加气混凝土的表观密度小(500～700 kg/m³),导热系数(0.093～0.164 W/(m·K))是烧结普通砖的 1/4～1/5,因而 24 cm 厚的加气混凝土墙体,其保温绝热效果优于 37 cm 厚的砖墙。此外,加气混凝土的耐火性能良好。

(5) 硅藻土

硅藻土是由水生硅藻类生物的残骸堆积而成。其孔隙率为 50%～80%,导热系数为 0.060 W/(m·K),具有很好的绝热性能。最高使用温度可达 900℃。可用作填充料或制成制品。

(6) 泡沫塑料

泡沫塑料是以各种树脂为基料,加入一定剂量的发泡剂、催化剂、稳定剂等辅助材料,经加热发泡而制成的一种具有轻质、保温、绝热、吸声、抗震性能的材料。目前我国生产的有:聚苯乙烯泡沫塑料,其表观密度为 20～75 kg/m³,导热系数为 0.038～0.047 W/(m·K),最高使用温度为 70℃;聚氯乙烯泡沫塑料,其表观密度为 12～75 kg/m³,导热系数为 0.031～0.045 W/(m·K),最高使用温度为 70℃,遇火能自行熄灭;聚氨酯泡沫塑料,其表观密度为 30～65 kg/m³,导热系数为 0.035～0.042 W/(m·K),最高使用温度可达 120℃,最低使用温度为 -60℃。此外,还有脲醛树脂泡沫塑料及其制品等。该类绝热材料可用于复合墙板及屋面板的夹芯层、冷藏及包装等绝热需要。由于这类材料造价高,且具有可燃性,因此应用上受到一定限制。今后随着这类材料性能的改善,将向着高效、多功能方向发展。

4) 其他绝热材料

(1) 软木板

软木也叫栓木。软木板是用栓皮、栎树皮或黄菠萝树皮为原料,经破碎后与皮胶溶液拌和,再加压成型,在温度为 80℃的干燥室中干燥一昼夜而制成。软木板具有表观密度小、导热性低、抗渗和防腐性能好等特点。常用热沥青错缝粘贴,用于冷藏库隔热。

(2) 蜂窝板

蜂窝板是由两块较薄的面板,牢固地黏结在一层较厚的蜂窝状芯材两面而制成的板材,亦称蜂窝夹层结构。蜂窝状芯材是用浸渍过合成树脂(酚醛、聚酯等)的牛皮纸、玻璃布和铝片等,经过加工黏合成六角形空腹(蜂窝状)的整块芯材。芯材的厚度在 15～45 mm 范围内;空腔的尺寸在 10 mm 以上。常用的面板为浸渍过树脂的牛皮纸、玻璃布或不经树脂浸渍的胶合板、纤维板、石膏板等。面板必须采用合适的胶黏剂与芯材牢固地黏合在一起,才能显示出蜂窝板的优异特性,即具有比强度高、导热性低和抗震性好等多种功能。

(3) 窗用绝热薄膜

这种薄膜是以聚酯薄膜经紫外线吸收剂处理后,在真空中进行蒸镀金属粒子沉积层,然后与一层有色透明的塑料薄膜压黏而成。厚度约为 12～50 mm,用于建筑物窗玻璃的绝热,效果与热反射玻璃相同。其作用原理是将透过玻璃的大部分阳光反射出去,反射率最高可达 80%,从而起到了遮蔽阳光、防止室内陈设物褪色、减少冬季热量损失、节约能源、增加美感等作用,同时还有避免玻璃片伤人的功效。

12.2 吸声隔声材料

为了改善声波在室内传播的质量,保持良好的音响效果和减少噪声的危害,在音乐厅、影剧院、大会堂、播音室及噪声大的工厂车间等室内的墙面、地面、顶棚等部位,应选用适当的吸声材料。吸声机理是声波进入材料内部互相贯通的孔隙,受到空气分子及孔壁的摩擦和黏滞阻力,以及使细小纤维做机械振动,从而使声能转化为热能。吸声材料大多为疏松多孔的材料,如矿渣棉、毯子等。多孔性吸声材料的吸声系数一般从低频到高频逐渐增大,故对高频和中频的吸声效果较好。

12.2.1 吸声系数

当声波遇到材料表面时,一部分声反射,另一部分声则穿透材料,其余部分传递到材料被吸收。这些被吸收的能量(E)与入射声能(E_0)之比,称为吸声系数(α),是评定材料吸声性能好坏的主要指标,用公式表示如下:

$$\alpha = \frac{E}{E_0} \tag{12-2}$$

式中:α——材料的吸声系数;

E——被材料吸收的(包括透过的)声能;

E_0——传递给材料的全部入射声能。

假如入射的声能 65% 被吸收,其余的 35% 被反射,则该材料的吸声系数就等于 0.65。当入射的声能 100% 被吸收,无反射时,吸声系数等于 1。一般材料的吸声系数在 0～1 之间,吸声系数越大,则吸声效果越好。只有悬挂的空间吸声体,由于有效吸声面积大于计算面积,可获得吸声系数大于 1 的情况。

为了全面反映材料的吸声性能,规定取 125 Hz、250 Hz、500 Hz、1 000 Hz、2 000 Hz、4 000 Hz 6 个频率的吸声系数来表示材料的特定吸声频率,凡 6 个频率的平均吸声系数大于 0.2 的材料,可称为吸声材料。

12.2.2 吸声系数的影响因素

1) 材料的表观密度

对同一种多孔材料(如超细玻璃纤维),当其表观密度增大时(即空隙率减小时),对低频声波的吸声效果有所提高,而高频吸声效果则有所降低。

2) 材料的厚度

增加多孔材料的厚度,可提高对低频声波的吸声效果,而对高频声波则没有多大影响。材料的厚度增加到一定程度后,吸声效果的变化就不明显。所以为提高材料吸声效果而无限制地增加厚度是不适宜的。

3) 材料的孔隙特征

孔隙越多、越细小,吸声效果越好。如果孔隙太大,则效果较差。如果材料总的孔隙大部分为单独的封闭气泡(如聚氯乙烯泡沫塑料),则因声波不能进入,从吸声机理上来讲,就不属多孔性吸声材料。当多孔材料表面涂刷油漆或材料吸湿时,则因材料表面的孔隙被水分或涂料所堵塞,使其吸声效果大大降低。

4) 背后空气层的影响

大部分吸声材料都是固定在龙骨上,材料背后空气层的作用相当于增加了材料的厚度,吸声效果一般随着空气层厚度的增加而提高。当材料背后空气层厚度等于 1/4 波长的奇数倍时,可获得最大的吸声系数。根据这个原理,调整材料背后空气层厚度,可以提高其吸声效果。

12.2.3 吸声材料的类型及其结构形式

1) 多孔吸声结构

多孔性吸声材料是比较常用的一种吸声材料,它具有良好的中高频吸声性能。多孔性吸声材料具有大量的内外连通微孔,通气性良好。当声波入射到材料表面时,声波很快的顺着微孔进入材料内部,引起孔隙内的空气振动。由于摩擦,空气黏滞阻力和材料内部的热传导作用,使相当一部分声能转化为热能而被吸收。

2) 薄板振动吸声结构

薄板振动吸声结构的特点是具有低频吸声特性,同时还有助于声波的扩散。建筑中常用胶合板、薄木板、硬质纤维板、石膏板、石棉水泥板或金属板等,把它们固定在墙或顶棚的龙骨上,并在背后留有空气层,即成薄板振动吸声结构。

薄板振动结构是在声波作用下发生振动,薄板振动时由于板内部和龙骨之间出现摩擦损耗,使声能转变为机械振动,而起吸声作用。由于低频声波比高频声波容易激起薄板振动,所以薄板振动吸声结构具有低频声波吸声特性。土木工程中常用的薄板振动吸声结构的共振频率约在 $80 \sim 300$ Hz,在此共振频率附近的吸声系数最大,约为 $0.2 \sim 0.5$,而在其他共振频率附近的吸声系数就较低。

3) 共振吸声结构

共振吸声结构具有密闭的空腔和较小的开口孔隙,很像个瓶子。当瓶腔内空气受到外力激荡,会按一定的频率振动,这就是共振吸声器。每个独立的共振吸声器都有一个共振频率,在其共振频率附近,由于颈部空气分子在声波的作用下像活塞一样进行往复运动,因摩擦而消耗声能。若在腔口蒙一层细布或疏松的棉絮,可以加宽共振频率范围和提高吸声量。为了获得较宽频率带的吸声性能,常采用组合共振吸声结构或穿孔板组合共振吸声结构。

4) 穿孔板组合共振吸声结构

穿孔板组合共振吸声结构具有适合中频的吸声特性。这种吸声结构与单独的共振吸声器相似,可看作是多个单独共振吸声器并联而成。穿孔板的厚度、穿孔率、孔径、孔距、背后空气层厚度以及是否填充多孔吸声材料等,都直接影响吸声结构的吸声性能。这种吸声结构由穿孔的胶合板、硬质纤维板、石膏板、石棉水泥板、铝合板、薄钢板等固定在龙骨上,并在背后设置空气层而构成,这种吸声材料在建筑中使用得比较普遍。

5)柔性吸声结构

具有密闭气孔和一定弹性的材料,如聚氯乙烯泡沫塑料,表面仍为多孔材料,但因其有密闭气孔,声波引起的空气振动不是直接传递至材料内部,只能相应的产生振动,在振动过程中由于克服材料内部的摩擦而消耗声能,引起声波衰减。这种材料的吸声特性是在一定的频率范围内出现一个或多个吸收频率。

6)悬挂空间吸声结构

悬挂于空间的吸声体,由于声波与吸声材料的2个或2个以上的表面接触,增加了有效的吸声面积,产生边缘效应,加上声波的衍射作用,大大提高了吸声效果。实际应用时,可根据不同的使用部位和要求,设计成各种形式的悬挂空间吸声结构。空间吸声体有平板形、球形、椭圆形和棱锥形等多种形式。

7)帘幕吸声结构

帘幕吸声结构是用具有通气性能的纺织品,安装在离开墙面或窗洞一段距离处,背后设置空气层。这种吸声体对中、高频都有一定的吸声效果。帘幕的吸声效果还与所用材料种类有关。帘幕吸声体安装拆卸方便,兼具装饰作用,应用价值高。

12.2.4　吸声材料的选用及安装注意事项

在室内采用吸声材料可以抑止噪声,保持良好的音质(声音清晰且不失真),故在教室、礼堂和剧院等室内应当采用吸声材料。吸声材料的选用和安装必须注意以下几点:

(1)要使吸声材料充分发挥作用,应将其安装在最容易接触声波和反射次数最多的表面上,而不应把它集中在天花板或某一面的墙壁上,并应比较均匀地分布在室内各表面上。

(2)吸声材料强度一般较低,应设置在护壁线以上,以免碰撞破损。

(3)多孔吸声材料往往易于吸湿,安装时应考虑到湿胀干缩的影响。

(4)选用的吸声材料应不易虫蛀、腐朽,且不易燃烧。

(5)应尽可能选用吸声系数较高的材料,以便节约材料用量,降低成本。

(6)安装吸声材料时应注意勿使材料的表面细孔被油漆的漆膜堵塞而降低其吸声效果。

虽然有些吸声材料的名称与绝热材料相同,都属多孔性材料,但在材料的孔隙特征上有着完全不同的要求。绝热材料要求具有封闭的互不连通的气孔,这种气孔愈多其绝热性能愈好;而吸声材料则要求具有开放的互相连通的气孔,这种气孔愈多其吸声性能愈好。至于如何使名称相同的材料具有不同的孔隙特征,这主要取决于原料组分中的某些差别和生产工艺中的热工制度、加压大小等。例如泡沫玻璃采用焦炭、磷化硅、石墨为发泡剂时,就能制得封闭的互不连通的气孔。又如泡沫塑料在生产过程中采取不同的加热、加压制度,可获得孔隙特征不同的制品。

除了采用多孔吸声材料吸声外,还可将材料制作成不同的吸声结构,达到更好的吸声效果。常用的吸声结构形式有薄板共振吸声结构和穿孔板吸声结构。薄板共振吸声结构系采用薄板钉牢在靠墙的木龙骨上,薄板与板后的空气层构成了薄板共振吸声结构。在声波的交变压力作用下,迫使薄板振动。当声频正好为振动系统的共振频率时,其振动最强烈,吸声效果最显著。此种结构主要是吸收低频率的声音。

12.2.5 关于隔声材料的概念

能减弱或隔断声波传递的材料称为隔声材料。必须指出,吸声性能好的材料,不能简单的把它们作为隔声材料来使用。

人们要隔绝的声音,按传播途径有空气声(通过空气传播的声音)和固体声(通过固体的撞击或振动传播的声音)两种,两者隔声的原理不同。对空气声的隔绝,主要是依据声学中的"质量定律",即材料的表观密度越大越不易受声波作用而产生振动,其声波通过材料传递的速度迅速减弱,其隔声效果越好。所以,应选用表观密度大的材料(如钢筋混凝土、实心砖等)作为隔绝空气声的材料。对固体声隔绝的最有效措施是隔断其声波的连续传递。即在产生和传递固体声的结构(如梁、框架、楼板与隔墙以及它们的交接处等)层中加入具有一定弹性的衬垫材料,如软木、橡胶、毛毡、地毯或设置空气隔离层等,以阻止或减弱固体声的继续传播。由以上所述可知,材料的隔声原理与材料的吸声原理是不同的,因此,吸声效果好的多孔材料其隔声效果不一定好。

12.3 建筑装饰材料

建筑装饰材料指起装饰作用的建筑材料。它是指主体建筑完成之后,对建筑物的室内空间和室外环境进行功能和美化处理而形成不同装饰效果所需用的材料。它是建筑材料的一个组成部分,是建筑物不可或缺的部分。

12.3.1 建筑装饰材料的作用

建筑装饰材料的主要功能是:铺设在建筑表面,以美化建筑与环境,调节人们的心灵,并起到保护建筑物的作用。现代建筑要求建筑装饰要遵循美学的原则,创造出具有提高生命意义的优良空间环境,使人的身心得到平衡,情绪得到调节,智慧得到更好的发挥。在为实现以上目的的过程中,建筑装饰材料起着重要的作用。

12.3.2 建筑装饰材料的分类

按材质分类:塑料、金属、陶瓷、玻璃、木材、无机矿物、涂料、纺织品、石材等。
按功能分类:吸声、隔热、防水、防潮、防火、防霉、耐酸碱、耐污染等。
按装饰部位分类:外墙装饰材料、内墙装饰材料、地面装饰材料、顶棚装饰材料。

12.3.3 常见建筑装饰材料

1) 建筑陶瓷

凡以黏土、长石、石英为基本原料,经配料、制坯、干燥、焙烧而制成的成品,称为陶瓷制品。陶瓷可分为陶器、炻器和瓷器三大类。

常用建筑陶瓷制品有:

(1) 釉面砖

釉面砖又称瓷砖,是建筑装饰工程中最常用、最重要的饰面材料之一,是由优质陶土等烧制而成,属精陶制品。它具有坚固耐用、色彩鲜艳、易于清洁、防火、防水、耐磨、耐腐蚀等优点。

(2) 墙地砖

墙地砖包括建筑物外墙装饰贴面用砖和室内、外地面装饰铺贴用砖。主要有彩色釉面陶瓷墙地砖、无釉陶瓷地砖以及劈离砖、彩胎砖、麻面砖、花砖、玻化砖等新型墙地砖。

(3) 琉璃制品

琉璃制品是以难熔黏土为原料,经配料、成型、干燥、素烧,表面涂以琉璃釉后,再经烧制而成的制品。一般是施铅釉烧成并用于建筑及艺术装饰的带色陶瓷。

(4) 陶瓷锦砖

陶瓷锦砖俗称马赛克,是由各种颜色、多种几何形状的小块瓷片(长边一般不大于50 mm)铺贴在牛皮纸上形成色彩丰富、图案繁多的装饰砖,故又称纸皮砖。

2) 建筑石材

石材按照材质的形成方式分为两大类:一类为天然石材,为自然力所形成;一类为人造石材,为人工所造就。

(1) 天然石材的基础知识

天然石材是指从天然岩石中采得的毛石,或经加工制成的石块、石板及其定型制品等。天然石材具有抗压强度高、耐久性好、生产成本低等优点,是古今土木建筑工程的主要建筑材料。

(2) 常用天然石材

① 花岗石

花岗石的主要矿物成分是石英、长石和黑云母,颜色较浅,以灰白色和肉红色最为常见,具有等粒状结构和块状构造。建筑用天然花岗石是由天然花岗石加工成板材、块材用于建筑装饰工程中。

② 大理石

天然大理石是石灰岩或白云岩在地壳内经过高温高压作用而形成的变质岩。化学成分为碳酸盐(如碳酸钙或碳酸镁),矿物成分为方解石或白云石。纯大理石为白色,当含有部分其他深色矿物时便产生多种色彩与优美花纹。大理石抗压强度较高,但硬度并不太高,易于加工雕刻与抛光。由于这些优点,使其在工程装饰中得以广泛应用。

(3) 人造石材简介

人造饰面石材是人造大理石和人造花岗岩的总称,属水泥混凝土或聚酯混凝土的范畴,它的花纹图案可人为控制,胜过天然石材,且质量轻、强度高、耐腐蚀、耐污染、施工方便,是现代建筑的理想装饰材料。人造石材质量轻,强度大,厚度薄,其色泽鲜艳夺目,花色繁多,装饰性好,耐腐蚀,耐污染,同时便于施工,价格便宜。

3) 金属材料

(1) 铝及铝合金的基础知识

铝属于有色金属中的轻金属,外观呈银白色。铝的密度为 2.78 g/cm³,熔点为 660℃,铝的导电性和导热性均很好。铝的化学性质很活泼,它和氧的亲和力很强,在空气中易生成一层氧化铝薄膜,从而起到了保护作用,具有一定的耐蚀性。但氧化铝薄膜的厚度仅 0.1 μm 左右,因而与卤素元素(氯、溴、碘)、碱、强酸接触时会发生化学反应而受到腐蚀。另外,铝的电极电位较低,如与电极电位高的金属接触并且有电解质存在时(如水汽等)会形成微电池,产生电化学腐蚀,所以使用铝制品时要避免与电极电位高的金属接触。

通过在铝中添加镁、锰、铜、硅、锌等合金元素形成铝基合金以改变铝的某些性质,如同在碳素钢中添加一定量合金元素形成合金钢而改变碳素钢某些性质一样,往铝中加入适量合金元素则称为铝合金。

铝合金既保持了铝质量轻的特性,同时机械性能明显提高(屈服强度可达 210～500 MPa,抗拉强度可达 380～550 MPa),因而大大提高了使用价值,不仅可用于建筑装修,还可用于结构方面。

铝合金的主要缺点是弹性模量小(约为钢的 1/3),热膨胀系数大,耐热性低,焊接需采用惰性气体保护等焊接新技术。

常用的建筑铝合金制品有铝合金门窗、铝合金板、塑铝板、铝蜂窝复合材料、铝箔、铝合金百叶窗帘、窗帘架(窗帘轨)、铝合金龙骨、铝合金花格网等。

(2) 建筑装饰用钢材制品

在普通钢材基体中添加多种元素或在基体表面上进行艺术处理,可使普通钢材成为一种金属感强、美观大方的装饰材料,在现代建筑装饰中,愈来愈受到关注。

不锈钢膨胀系数大,约为碳钢的 1.3～1.5 倍,但导热系数只有碳钢的 1/3,不锈钢韧性及延展性均较好,常温下亦可加工。

不锈钢的耐蚀性强是诸多性质中最显著的特性之一。但由于所加元素的不同,耐蚀性也表现不同。例如,只加入单一的合金元素铬的不锈钢在氧化性介质(水蒸气、大气、海水、氧化性酸)中有较好的耐蚀性,而在非氧化性介质(盐酸、硫酸、碱溶液)中耐蚀性很低。镍铬不锈钢由于加入了镍元素,而镍对非氧化性介质有很强的抗蚀力,因此镍铬不锈钢的耐蚀性更佳。

不锈钢另一个显著特性是表面光泽性。不锈钢经表面精饰加工后,可以获得镜面般光亮平滑的效果,光反射比达 90% 以上,具有良好的装饰性,为极富现代气息的装饰材料。

常用的装饰钢材有不锈钢及其制品、彩色涂层钢板、彩色镀锌钢板、建筑压型钢板、轻钢龙骨等。

(3) 铜及铜合金材料

铜属于有色重金属,密度为 8.92 g/cm³。纯铜由于表面氧化生成的氧化铜薄膜呈紫红色,故常称为紫铜。

纯铜具有较高的导电性、导热性、耐蚀性及良好的延展性、塑性,可碾压成极薄的板(紫铜片),拉成很细的丝(铜线材),它既是一种古老的建筑材料,又是一种良好的导电材料。

纯铜由于强度不高,不宜于制作结构材料,且纯铜的价格贵,工程中更广泛使用的是铜合金,即在铜中掺入锌、锡等元素形成的铜合金。

铜合金既保持了铜的良好塑性和高抗蚀性,又改善了纯铜的强度、硬度等机械性能。

4) 建筑塑料

(1) 塑料基础知识简介

塑料是以天然或合成高分子化合物为基体材料,加入适量的填料和添加剂,在高温、高压下塑化成型,且在常温、常压下保持制品形状不变的材料。常用的合成高分子化合物是各种合成树脂。

塑料作为土木工程材料有着广阔的前途。如建筑工程常用塑料制品有塑料壁纸、壁布、饰面板、塑料地板、塑料门窗、管线护套等;绝热材料有泡沫塑料与蜂窝塑料等;防水和密封材料有塑料薄膜、密封膏、管道、卫生设施等;土工材料有塑料排水板、土工织物等;市政工程材料有塑料给水管、排水管、煤气管等。

(2) 常用建筑塑料制品

① 塑料管材

塑料管材与金属管材相比,具有质轻、不生锈、不生苔、不易积垢、管壁光滑、对流体阻力小、安装加工方便、节能等特点。近年来,塑料管材的生产与应用已得到了较大的发展,它在工程塑料制品中所占的比例较大。

② 塑料门窗

塑料门窗主要采用改性硬质聚氯乙烯(PVC-U)经挤出机形成各种型材。型材经过加工,组装成建筑物的门窗。塑料门窗可分为全塑门窗、复合门窗和聚氨酯门窗,但以全塑门窗为主。它由 PVC-U 中空型材拼装而成,有白色、深棕色、双色、仿木纹等品种。塑料门窗与其他门窗相比,具有耐水、耐腐蚀、气密性、水密性、绝热性、隔声性、耐燃性、尺寸稳定性、装饰好等特点,而且不需粉刷油漆,维护保养方便,同时还能显著节能,在国外已广泛应用。

③ 塑料壁纸

壁纸是当前使用较广泛的墙面装饰材料,尤其是塑料壁纸,其图案变化多样,色彩丰富多彩。通过印花、发泡等工艺,可仿制木纹、石纹、锦缎、织物,也有仿制瓷砖、普通砖等,如果处理得当,甚至能达到以假乱真的程度,为室内装饰提供了极大的便利。塑料壁纸可分为三大类:普通壁纸、发泡壁纸和特种壁纸。

④ 塑料地板

塑料地板与传统的地面材料相比,具有质轻、美观、耐磨、耐腐蚀、防潮、防火、吸声、绝热、有弹性、施工简便、易于清洗与保养等特点,使用较为广泛。

塑料地板种类繁多,目前绝大部分的塑料地板为聚氯乙烯塑料地板。按形状可分为块状与卷状,其中块状占的比例大。块状塑料地板可以拼成不同色彩和图案,装饰效果好,也便于局部修补;卷状塑料地板铺设速度快,施工效率高。

⑤ 塑料装饰板材

塑料装饰板材是指以树脂为浸渍材料或以树脂为基材,采用一定的生产工艺制成的具有装饰功能的板材。塑料装饰板材按原材料的不同可分为塑料金属复合板、硬质 PVC 板、三聚氰胺层压板、玻璃钢板、聚碳酸酯采光板、有机玻璃装饰板、复合夹层板等类型。按结构和断面形式可分为平板、波形板、实体异型断面板、中空异型断面板、格子板、夹心板等类型。

5）建筑涂料

（1）涂料的基础知

涂料是指能均匀涂敷于物理表面，能与物体表面黏结在一起，并能形成连续性涂膜，从而对物体起到保护或使物体具有某种特殊功能的材料。

（2）建筑涂料的分类

① 按构成涂膜主要成膜物质的化学成分，可将涂料分为有机涂料、无机涂料及有机、无机复合涂料。有机涂料又分为溶剂型涂料、水溶性涂料、乳胶涂料。

② 按照主要成膜物质分类，可将涂料分为聚乙烯醇系列建筑涂料、丙烯酸系列建筑涂料、氯化橡胶建筑涂料、聚氨酯建筑涂料和水玻璃及硅溶胶建筑涂料等。

③ 按建筑物的使用部位分类，可将涂料分为外墙涂料、内墙涂料、顶棚涂料、地面涂料和屋面防水涂料等。

④ 按建筑涂料的功能分类，可将其分为装饰性涂料、防火涂料、保温涂料、防腐涂料、防水涂料、防霉涂料、防结露涂料等。

（3）常用涂料简介

涂料是指涂敷于物体表面，能与物体表面黏结在一起，并能形成连续性涂膜，从而对物体起到装饰、保护或使物体具有某种特殊功能的材料。

建筑涂料是指用于建筑物表面的涂料，主要起装饰作用，并起到一定的保护作用或建筑物具有某些特殊功能的涂料。

① 内墙涂料

内墙涂料主要功能是装饰及保护室内墙面，使其美观整洁，让人们处于优越的居住环境之中。为了获得良好的装饰效果，内墙涂料的颜色一般应浅淡、明亮。内墙涂层与人们的距离比外墙涂层近，因而要求内墙装饰涂层质地平滑、细洁，色彩调和。由于墙面基层常带有碱性，因而涂料的耐碱性应良好。室内湿度一般比室外高，同时为清洁内墙，涂层常要与水接触，因此要求涂料具有一定的耐水性及耐刷洗性。脱粉型的内墙涂料是不可取的，它会给居住者带来极大的不适感。

室内常有水汽，透气性不好的墙面材料易结露、挂水，使人们居住有不舒服感，因而透气性良好的材料配制内墙涂料是可取的。人们为了保持优雅的居住环境，内墙面翻修的次数较多，因此要求内墙涂料涂刷施工方便，维修重涂容易。

② 外墙涂料

外墙涂料的主要功能是装饰和保护建筑物的外墙面，使建筑物外貌整洁美观，从而达到美化城市环境的目的，同时能够起到保护建筑物外墙的作用，延长其使用的时间。为了获得良好的装饰与保护效果，要求外墙涂料色彩丰富多样，保护性良好，能较长时间保持良好的装饰性能。外墙面暴露在大气中，要经常受到雨水的冲刷，因而作为外墙涂层应有很好的耐水性能。某些防水型外墙涂料，其抗水性能更佳，当基层墙面发生小裂缝时，涂层仍有防水的功能。大气中的灰尘及其他物质多，外墙装饰涂层不易被这些物质沾污或沾污后容易清除掉。暴露在大气中的涂层，要经受日光、雨水、风沙、冷热变化等作用，因此作为外墙装饰的涂层要求在规定的年限内不能发生上述破坏现象，即应有良好的耐候性能。建筑物外墙面积很大，要求外墙涂料施工操作简便，重涂施工容易。

12.4 绿色建筑材料

现阶段,建筑业作为重要的支柱产业,对国民经济发展的带动作用仍不断加强。建筑材料作为建筑行业的基础,有着举足轻重的地位。据统计,建筑成本中的 2/3 属于材料费,而每年的建筑材料消耗量占全国材料消耗量更是高达一个惊人比例。除此之外,建材工业又是众多行业之中对我国资源、能源消耗最高,对自然环境污染最为严重的。同时,对于能源和耕地资源人均占有量只有世界平均水平 1/4 的中国来说,毫无疑问是个自然资源短缺的国家。如何提高资源、能源利用率,减少污染,获得可持续发展,成为最重要和迫切的问题。在此前提下,发展及推广应用绿色建筑材料显得尤为重要。

12.4.1 绿色材料概念的提出

绿色材料的概念于 1988 年在第一届国际材料科学研究会上首次提出。1992 年,国际学术界给绿色材料定义为:在原料采集、产品制造、应用过程和使用以后的再生循环利用等环节中对地球环境负荷最小和对人类身体健康无害的材料。

人们对绿色建筑比较达成共识的原则是绿色建筑应包括 5 个方面:占用人的健康、能源效率、资源效率、环境责任、可承受性。其中对污染物的释放、材料的内耗、建筑物的设计热损失、材料的再生利用、对水质和空气的影响等都是绿色建筑材料应解决的课题。

我国在 1999 年召开的首届全国绿色建材发展与应用研讨会上明确提出了绿色建材的定义:采用清洁生产技术,不用或少用天然资源和能源,大量使用工农业或城市固态废弃物生产的无毒害、无污染、无放射性,达到使用周期后可回收利用,有利于环境保护和人体健康的建筑材料。

12.4.2 传统建筑材料

1) 传统建筑材料的定义和种类

传统建筑材料主要包括水泥、石材、混凝土、玻璃、修饰材料等。按其来源可分为人工建筑材料与自然建筑材料两种。

2) 传统建筑材料对环境的污染

在建筑材料生产和使用过程中,污染物一般来自 6 个方面:空气、水、固体废弃物、放射性、噪声和热等的污染。

(1) 废气、粉尘对大气的污染。建筑材料生产过程中大多经过烧制而且在生产过程中伴有大量废气与粉尘的产生,造成对大气的污染。

(2) 废液造成的水体污染。在建筑材料的选矿、冶炼、轧钢过程中会产生很多污水。在冶金涂料等行业会产生有毒污染物如汞、镉、铅、砷等废液;在金属加工、制造业中可产生酸、碱等污染物。

（3）固体废弃物。工业窑炉产生的炉渣，采矿和冶炼过程中产生的冶金渣、尾矿与碎石，建筑过程中产生的砂、碎石，金属、塑料、木材等行业加工产生的金属屑、木屑、碎塑料、碎玻璃等，卸老旧建筑物的碎砖、碎瓦等，大大增加了固态废弃物的排放量。

（4）原材料的开采占用大量的土地。

（5）噪声污染。在建筑施工中，不同的机械会发出强烈的噪声，它是城市噪声的主要来源之一。

（6）其他污染。家庭装修中所使用的各种装饰材料会释放如甲醛、苯系物、酮等有机物，可直接刺激人的眼睛、皮肤，或引发气管炎等；所使用的尾矿、天然石板材（如花岗岩石、大理岩石）、瓷砖及沥青中，有时会含有过量的放射性元素如氡等。氡是一种气体元素，如果被人吸收，有可能会引起肺癌等，这是建材对人体的直接危害作用。保温材料中大量使用的石棉，是一种纤维状的矿物，在开采和使用过程中被人体吸入后可导致矽肺病。

12.4.3　绿色建材的特点

绿色建筑材料又称生态建材、环保建材和健康建材，它是指采用清洁生产技术，少用天然资源和能源，大量使用工业或城市固态废弃物生产出的无毒、无污染、无放射性、有利于环境保护和人体健康的建筑材料。作为绿色建材，它们具有以下主要特点：

（1）具有优异的使用性能。

（2）生产时少用或不用天然资源，大量使用废弃物。

（3）采用清洁的生产技术，废气、废渣和废水的排放量相对较少。

（4）使用过程中有益于人体健康，有利于生态环境的改善及与环境相和谐。

（5）废弃后使之作为再生资源或作为能源、资源可加以利用，或能做净化处理。

12.4.4　常见的绿色建材

1）生态水泥

生态水泥主要是指在生产和使用过程中尽量减少对环境影响的水泥。生态水泥以各种固体废弃物包括工业废料、废渣、城市垃圾焚烧灰、污泥及石灰石等为主要原料制成，其主要特征在于它的生态性，即与环境的相容性和对环境的低负荷性。如利用生活垃圾的焚烧灰和下水道污泥的脱水干粉作为原料生产水泥是一种典型的生态水泥。

常见的生态水泥有粉煤灰硅酸盐水泥和矿渣硅酸盐水泥。粉煤灰是火力发电厂燃煤粉锅炉排出的废渣；而矿渣硅酸盐水泥则是由硅酸盐水泥熟料和粒化高炉矿渣、适量石膏磨细制成。

我国在近年来开发出的以高炉矿渣、石膏矿渣、钢铁矿渣以及火山灰、粉煤灰等低环境负荷添加料生产的生态水泥，烧成温度降至 1 200～1 250℃，相比传统水泥可节能 25% 以上，CO_2 总排放量可降低 30%～40%。

2）生态混凝土

生态混凝土可分为环境负荷降低型生态混凝土和生物对应型生态混凝土。

环境负荷型生态混凝土具有以下优点：①降低制造时的环境负荷。这种技术主要通过固体废弃物的再生利用来实现。②降低使用时的环境负荷。如通过提高混凝土的耐性来提高建筑物的寿命；或者通过加强设计、搞好管理来提高建筑物的寿命，混凝土延长了寿命相当于节省了资源、能量等。③利用混凝土本身特性降低环境负荷。如多孔混凝土减少了原料用量。

生物对应型生态混凝土是指能与动植物和谐共生的混凝土。如植生型生态混凝土是利用多孔混凝土的空隙透水、透气并能渗透植物所需营养，生长植物根系这一特点来种植小草、低的灌木等植物，用于河川护堤的绿化、美化环境；海洋生物、淡水生物对应型混凝土是将多孔混凝土设置在河川、湖沼和海滨等水域，让陆生和水生小动物附着栖息在其凹凸不平的表面或空隙中，通过相互作用或共生作用，形成食物链，为海洋生物和淡水生物生长提供良好的条件，保护生态环境。

3）生态玻璃

玻璃工业也是一个高能耗、污染大、环境负荷高的产业。平板玻璃生产时对环境的污染主要是粉尘、烟尘和 SO_2 等。随着建筑业、交通业的发展，平板玻璃已不仅仅是用作采光和结构材料，而是向着控制光线、调节温度、节约能源、安全可靠、减少噪声等多功能方向发展。常见的生态玻璃有以下几种：

（1）热反射玻璃。热反射玻璃是用喷雾法、溅射法在玻璃表面涂上金屑膜、金属氮化物膜或金属氧化物膜而制成的。这种玻璃能反射太阳光，可创造一个舒适的室内环境，同时在夏季能起到降低空调能耗的作用。

（2）高性能隔热玻璃。高性能隔热玻璃是在夹层内的一面涂上一层特殊的金属膜，由于该膜的作用，太阳光能照射进入室内，而室外的冷空气被阻止在外，室内的热量不会流失。

（3）调光玻璃。自动调光玻璃有两种：一种是电致调光玻璃；另一种是液晶调光玻璃。电致调光玻璃有两片相对透明的电玻璃，一片涂有还原状态变色的 WO 层，另一片为涂有氧化状态下变色的普鲁士蓝层，两层同时着色、消色，通过改变电流方向可自由调节光的透过率，调节范围达 $15\%\sim75\%$。液晶调光玻璃属于透视性可变型。其结构为，在两片相对透明的玻璃之间夹有一层分散有液晶的聚合物，通常聚合物中的液晶分子处于无序状态，入射光被折射，玻璃为不透明，加上电场后，液晶分子按电场方向排布，结果得到透明的视野。

（4）隔音玻璃。隔音玻璃是将隔热玻璃夹层中的空气换成氪、氩或六氮化硫等气体并用不同厚度的玻璃制成，可在很宽的频率范围内有优异的隔音性能。

（5）电磁屏蔽玻璃。电磁屏蔽玻璃是采用目前成熟的镀膜玻璃技术（如磁控浇筑、溶胶-凝胶法等）在玻璃表面涂盖一层二氧化钛薄膜，能阻挡电磁波透过玻璃、防止电磁辐射，保护信息不外泄以及抗电磁干扰。

4）绿色涂料

所谓绿色涂料，是指节能、低污染的水性涂料、粉末涂料、高固体含量涂料（或称无溶剂涂料）和辐射固化涂料等。

（1）高固体含量溶剂型涂料

其主要特点是，在可利用原有的生产方法、涂料工艺的前提下，降低有机溶剂用量，从而提高固体组分。

（2）水基涂料

事实上，现在水基涂料使用量已占所有涂料的一半左右。水基涂料主要有水溶性、水分散性和乳胶性 3 种类型。水分散型涂料实际应用面相对大一些，是通过将高分子树脂溶解在有机溶剂——水混合溶剂中而形成的。乳胶型涂料在使用过程中，高分子通过离子间的凝结成膜。

（3）粉末涂料

粉末涂料是以微细粉末状态存在的，是一种新型的、不含溶剂，100％固体粉末状涂料，具有不用溶剂、无污染、节省能源和资源等特点。

（4）液体无溶剂涂料

① 能量束固化型涂料。这类涂料中多数含有不饱和基团或其他反应性基团，在紫外线、电子束的辐射下，可在很短的时间内固化成膜。

② 双液型涂料。双液型涂料储存时低黏度树脂和固化剂分开包装，使用前混合，涂装时固化。

（5）弹性涂料

所谓弹性涂料，即形成的涂膜不仅具有普通涂膜的耐水、耐候性，而且能在较大的温度范围内保持一定的弹性、韧性及优良的伸长率，从而可以适应建筑物表面产生的裂纹而使涂膜保持完好

涂料的研究和发展方向越来越明确，就是寻求 VOC（挥发性有机化合物）不断降低、直至为零的涂料，而且其使用范围要尽可能宽、使用性能优越、设备投资适当等，因而水基涂料、粉末涂料、无溶剂涂料等可能成为将来涂料发展的主要方向。

12.4.5　绿色建材的发展现状

我国新型建材工业是伴随着改革开放的不断深入而发展起来的，从 1979 年到 1998 年是我国新型建材发展的重要历史时期。经过 20 年的发展，我国新型建材工业基本上完成了从无到有、从小到大的发展过程，在全国范围内形成了一个新兴的行业，成为建材工业中重要的产品门类和新的经济增长点。近年来，绿色建材在国内得到了大力开发，从国内一些室内装饰产品展览会所展示的一批新型产品看，绿色概念在一些厂家已经有了深化和发展，国内产品悄然投入绿色行列，并有了长足的进步。但从总体上看发展还不平衡，在推广应用上还没有得到广大消费者足够的重视，因此出现了发达地区与发展中地区在开发、应用上的差距。我国的环境标志是于 1993 年 10 月公布的。1994 年 5 月 17 日，中国环境标志产品认证委员会在北京宣告成立。1994 年，在 6 类 18 种产品中首先实行环境标志，水性涂料是建材第一批实行环境标志的产品。1998 年 5 月，国家科技部、自然基金委员会和 863 计划新材料专家组联合召开了"生态环境材料讨论会"，确定"生态环境材料"应是同时具有满意的使用性能和优良的环境协调性，并能够改善环境的材料。1999 年 5 月，在"首届全国绿色建材应用研讨会"上提出了绿色建材的定义和内涵。随着我国加入 WTO、北京申奥成功，我国抓紧了绿色建材研究开发的步伐，绿色建材的产品种类、产品质量开始与国际接轨，用高新技术改造传统建材产业，大力发展节能降耗、无毒、无害、无污染、无潜在隐患（如不含气体

缓释物、阻燃、低燃烟指数)、废弃物可循环再生使用的绿色建材。

目前在建筑工程领域的绿色建材产品和技术主要有：

1）绿色高性能混凝土技术

在城市建设中，钢筋混凝土结构占我国建筑结构形式的大多数，因国情所限，在今后相当长的一段时间内，钢筋混凝土结构仍将占主导地位。绿色高性能混凝土是指所采用的原材料符合绿色环保要求，能消耗大量的工业废料，对大量拆除废弃的混凝土进行再生利用，采用集中搅拌，使混凝土具有优良的施工性能，硬化后的混凝土具有较好的物理性能和耐久性等。发展绿色高性能混凝土将大大减少因生产混凝土而造成的自然资源消耗和环境负荷。在我国的预拌混凝土中，矿物掺合料的掺量普遍达到了 25％～50％。2003 年，我国预拌混凝土产量达到了 2.1 亿 m^3，混凝土强度等级最高达到了 C110。通过提高混凝土强度，减小结构截面积或结构体积，减少混凝土用量，从而节约水泥、砂、石的用量，通过大幅度提高混凝土耐久性，延长结构物的使用寿命，进一步节约了维修和重建费用。

2）墙体材料的绿色化

我国建筑物围护结构的保温性能较差，单位建筑面积采暖能耗高出发达国家 2～3 倍。既有住宅能耗高也是造成我国能源紧张的一个重要因数。我国既有城乡住宅建筑总量约 330 亿 m^2，而节能型住宅还不足 2％。

我国传统的墙体材料仍以小块实心黏土砖为主。为改变这种现状，政府在大中型城市开始禁止生产和使用实心黏土砖（简称"禁实"），并取得了很好的成效。截止到 2003 年 6 月 30 日，全国累计实现"禁实"的城市（区）已达 229 个，"禁实"工作推动了新型墙体材料的迅速发展，促进了住宅建设现代化水平的提高，取得了显著的经济效益和社会效益。据不完全统计，2002 年 170 个城市实心黏土砖产量为 860 亿块标准砖，比 1999 年的 1 228 亿块下降了 30％；新型墙材产量达 950 亿块标准砖，比 1999 年的 815 亿块标准砖增长了 16％。全国新型墙材产量占墙材总量的比例由 1999 年的 26％上升到 35％。"禁实"和推广新型墙材改变了传统施工工艺，提高了施工效率，改善了建筑功能，增加了使用面积，加速了住宅产业现代化步伐。北京、上海等地开展研究"禁实"后的新型墙体材料施工现场装配工艺，提高了施工现代化水平和建筑质量，节约了土地和能源资源。据不完全统计，3 年来全国共关停小砖瓦企业 6 000 多家，淘汰落后生产能力 410 多亿块标准砖，节约土地 90 多万亩，节约能源 1 600 多万吨标准煤，利用工业废渣 2.3 亿 t。

我国大力发展新型墙体材料，如在砖制品方面，首先发展煤矸石砖、页岩砖以及粉煤灰砖、灰砂砖。在砌块方面，加强天然轻集料混凝土砌块的生产，同时发展粉煤灰、混凝土小型砌块、加气混凝土砌块、石膏砌块的生产，适当进行陶粒混凝土砌块的生产，着重进行工业及生活垃圾的处理研究。在行业标准《民用建筑节能设计标准》（采暖居住建筑部分）（JGJ 26—95）、《夏热冬冷地区居住建筑节能设计标准》（JGJ 134—2001）、《夏热冬暖地区居住建筑节能设计标准》（JGJ 75—2003）、《既有采暖居住建筑节能改造技术规程》（JGJ 129—2000）等标准颁布实施后，建筑节能得到了普遍重视，政府制定具体的节能目标，以强制措施推行建筑节能，各种具有保温隔热功能的墙体和复合墙体得到了较大的发展，以聚苯板和聚苯颗粒为主的外墙外保温体系得到了广泛的应用。

20 世纪 90 年代以来,装修材料的绿色化越来越得到人们的重视,一些污染大的材料被淘汰,如纸胎油毡、PVC 塑料油膏、107 胶、106 涂料、油性内墙涂料、焦油型聚氨酯防水涂料、甲醛含量高的各种胶黏剂和木制板材等。同时,国家相关部门出台了一系列有利于环境保护、发展绿色建材的政策和法规。为了限制装修材料中有害物质含量,国家质检总局和国家标准委负责组织制定和修订了 10 项强制性国家标准:《室内装修材料人造板及其制品中甲醛释放限量》(GB 18680—2001)、《室内装修材料溶剂型木器涂料中有害物质限量》(GB 18681—2001)、《室内装修材料内墙涂料中有害物质限量》(GB 18682—2001)、《室内装修材料胶黏剂中有害物质限量》(GB 18683—2001)、《室内装修材料木家具中有害物质限量》(GB 18684—2001)、《室内装修材料壁纸中有害物质限量》(GB 18685—2001)、《室内装修材料聚氯乙烯卷材地板中有害物质限量》(GB 18686—2001)、《室内装修材料地毯、地毯衬垫及地毯用胶黏剂中有害物质限量》(GB 18687—2001)、《混凝土外加剂中释放氨限量》(GB 18688—2001)、《建筑材料放射性核素限量》(GB 6566—2001)以及《民用建筑工程室内环境污染控制规范》(GB 50325—2001)。上述标准的制定和修订,使装修材料的产品逐步符合环保要求,绿色化程度越来越高。作为单个产品,绝大部分装修材料往往符合有关标准的规定。但是,在装修时由于使用量大、材料品种多、大部分为现场作业,使装修后的房间有时仍会出现环保指标不合格的现象。

12.4.6　发展绿色建材的意义

发展绿色建材具有以下现实意义:

(1) 改善人类生存的大环境。现代社会,人们越来越关注人类生存的大环境,寻求良好的生态环境,保护好大自然,期望自己和后代能够很好地生活在共同的地球上。绿色建材的发展,将有助于大环境的改善,防止大环境的破坏。

(2) 保障居住小环境。我国传统的居住建筑是用木料、泥土、石块、石灰、黄沙、稻草、高粱秆等自然材料和黏土加工物砖、瓦组成的,它们与大自然能较好地协调,而且对人体健康是无害的。现代建筑采用大量的现代建筑材料,其中有许多是对人体健康有害的。因此有必要发展对人体健康无害或符合卫生标准的绿色建材。

(3) 改善公共场所、公共设施对公众的健康安全影响。车站、码头、机场、学校、幼儿园、商店、办公楼、会议厅、饭店、娱乐场所等是大量人群聚集、流动的场所,这些建筑物中如果有损害公众健康安全的建筑材料,将会对人体造成损害。

(4) 限制国外有害健康安全的建筑材料和技术设备流入我国。国外有 100 多个国家和地区生产出上万种建筑材料,尤其以化学建材居多。好的建筑和装饰材料可丰富我国的建材市场,但也要防止有害健康安全的建材和技术设备流入。如果没有绿色建材标准和管理措施,有害的建材就会不断流入我国市场,将会加重损害我国的环境。

(5) 扶助我国高附加值绿色建材进入西方工业国家。新型建材往往有高附加值,绿色建材也可以有高附加值。如果能扶助和促进我国的高附加值的绿色建材进入西方国家,将会显著提高经济效益。

12.4.7 绿色建筑材料的展望

随着科技的发展和社会的进步,我国的建筑行业也在不断向前发展,不断突破,不断更新,原有的建筑材料已经无法满足我国建筑行业的需求,理所当然,新型的绿色建筑材料将成为建筑舞台上的主角。

大力开发并利用高效高质的绿色建材,既对节能减耗、保护生态环境起重要作用,同时也对实现我国 21 世纪经济和社会的可持续发展有着现实和深远的意义。因此,发展新型绿色建筑材料具有很可观的前景。

12.5 小结

本章主要介绍了绝热保温材料、吸声隔声材料、建筑装饰材料和绿色建筑材料发展等内容。要求:

(1) 掌握功能材料的分类。

(2) 掌握绝热保温材料、吸声隔声材料、建筑装饰材料的概念、特性及应用要求。

(3) 熟悉常见的绝热保温材料、吸声隔声材料、建筑装饰材料。

(4) 掌握绿色建筑材料的概念和特性。

(5) 思考绿色建筑材料的发展。

思考题

1. 何为绝热材料? 影响绝热材料性能的因素有哪些?
2. 绝热材料的基本特征如何? 常用绝热材料品种有哪些?
3. 何为吸声材料? 吸声材料和隔声材料的区别是什么?
4. 吸声材料的基本特征如何?
5. 哪些措施可以解决轻质材料绝热性能、吸声性能好而隔声性能差的缺点?
6. 建筑中常用的装饰材料有哪些? 各有何特点?

常用建筑材料试验

本章提要

实验教学是建筑材料课程重要的教学环节,通过实验教学,验证基本理论,学习试验方法,培养学生实践动手能力、科学研究能力和严谨的科学态度。本章试验内容主要按照课程大纲并根据现行国家(或部颁)标准或其他规范、资料编写,主要包括水泥、骨料、混凝土、砂浆、钢筋等主要建筑材料的试验。

试验一 水泥试验

本试验主要内容有水泥细度、标准稠度用水量、凝结时间、安定性、胶砂流动度、强度试验。

主要试验依据为:《水泥取样方法》(GB 12573—2008)、《通用硅酸盐水泥》(GB 175—2007)、《水泥细度检验方法筛析法》(GB/T 1345—2005)、《水泥比表面积测定方法勃氏法》(GB/T 8074—2008)、《水泥标准稠度用水量、凝结时间、安定性检验方法》(GB/T 1346—2001)、《水泥胶砂流动度测定方法》(GB/T 2419—2005)、《水泥胶砂强度检验方法(ISO法)》(GB/T 17671—1999)。

一、水泥试验的一般规定

(一)编号和取样

以同一水泥厂、同品种、同强度等级编号和取样。编号根据水泥厂年生产能力规定(具体根据相关水泥标准),每一编号作为一取样单位。取样可以在水泥输送管道中、袋装水泥堆场和散装水泥卸料处或输送水泥运输机具上进行。取样应有代表性,可连续取,也可从20个以上不同部位抽取等量水泥样品,总数不少于 12 kg。

(二)养护与试验条件

养护室(箱)温度应为(20±1)℃,相对湿度应大于 90%;试验室温度应为(20±2)℃,相对湿度应大于 50%。

(三)对试验材料的要求

1. 试样要充分拌匀,通过 0.9 mm 方孔筛并记录筛余物的百分数。

2. 试验室用水必须是洁净的饮用水。

3. 水泥试样、标准砂、拌和水及试模等温度均与试验室温度相同。

二、水泥细度测定

（一）试验目的

细度是指水泥颗粒的粒细程度,可以用筛余百分数、比表面积表示。水泥越细,比表面积越大,标准稠度用水量越大,水化反应速度越快,水化放热速率变大,凝结时间变短,早期强度显著提高,同时硬化后干缩率增加。

水泥细度测定通常采用筛析法(筛余率)或勃氏法(比表面积)。通过水泥细度的测定,保证水泥的水化活性,从而控制水泥质量。

（二）试验依据

试验参照《水泥标准筛和筛析仪》(JC/T 728—2005)、《金属丝编织网试验筛》(GB/T 6003.1—1997)、《水泥取样方法》(GB 12573—1990)、《水泥细度检验方法筛析法》(GB/T 1345—2005)。

（三）负压筛析法

1. 主要仪器设备

负压筛:方孔,80 μm 或 45 μm,见图1。

负压筛析仪:功率大于 300 W,筛座转速(30±2)r/min,负压可调范围 4 000～6 000 Pa,喷嘴上口与筛网距离 2～8 mm。

筛座,见图2。

天平:精度为 0.01 g。

铝罐、料勺等。

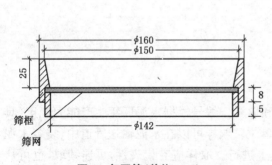

图1 负压筛(单位:mm)

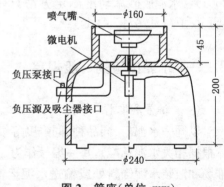

图2 筛座(单位:mm)

2. 试验方法与步骤

（1）筛析试验前,应把负压筛装在筛座上,盖上筛盖,接通电源,检查控制系统,调节负压至 4 000～6 000 Pa 范围内。

（2）称取试样 25 g,置于洁净的负压筛中,盖上筛盖,放在筛座上,开动筛析仪连续筛析 2 min。在此期间如有试样附着在筛盖上,可轻轻敲击,使试样落下。筛毕,用天平称量筛余物。

（3）水泥试样筛余百分数按下式计算(结果计算至 0.1%):

$$F = \frac{R_s}{W} \times 100\%$$
(1)

式中：F——水泥试样的筛余物百分数；

R_s——水泥筛余物的质量(g)；

W——水泥试样的质量(g)。

（4）结果评定以两次检验所得结果的平均值，作为鉴定结果。若两次筛余结果绝对误差大于 0.5% 时(筛余值大于 5.0% 时，可放至 1.0%)应再做一次试验，取两次相近结果的算术平均值作为最终结果。

（四）水筛法

1. 试验依据

试验参照《水泥标准筛和筛析仪》(JC/T 728—2005)、《金属丝编织网试验筛》(GB/T 6003.1—1997)、《水泥取样方法》(GB 12573—1990)、《水泥细度检验方法筛析法》(GB/T 1345—2005)。

2. 主要仪器设备

水筛：方孔，孔径为 80 μm 或 45 μm，见图 3。

天平：精确至 0.01 g。

烘箱：温度能控制在(105±5)℃。

筛座、喷头等。

3. 试验方法与步骤

（1）筛析试验前应检查水中无泥、砂，调整好水压及水筛架位置，使其能正常运转，喷头底面和筛网之间距离为 35～75 mm。

（2）称取水泥试样 50 g(W)，置于洁净的水筛中，立即用洁净水冲洗至大部分细粉通过，再将筛子置于筛座上，用水压为(0.05±0.02)MPa 的喷头连续冲洗 3 min。

（3）筛毕取下，将筛余物冲至一边，用少量水把筛余物全部移至蒸发皿(或烘样盘)中，等水泥颗粒全部沉淀后将水倾出，置于(105±5)℃的烘箱中烘干，称其筛余物质量(RS)，精确至 0.01 g。

（五）手工干筛法

1. 试验依据

试验参照《水泥标准筛和筛析仪》(JC/T 728—2005)、《金属丝编织网试验筛》(GB/T 6003.1—1997)、《水泥取样方法》(GB 12573—1990)、《水泥细度检验方法筛析法》(GB/T 1345—2005)。

2. 主要仪器设备

手工筛：方孔，孔径为 80 μm 或 45 μm，见图 4。

天平：精确至 0.01 g。

烘箱：温度能控制在(105±5)℃。

铝罐、料勺等。

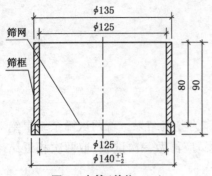

图 3　水筛(单位:mm)

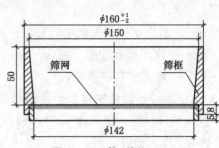

图 4　手工筛(单位:mm)

3. 试验方法与步骤

称取烘干试样 50 g(W)倒入筛内,一手执筛往复摇动,另一手轻轻拍打,拍打速度约为 120 次/min,其间每 40 次向同一方向转动 $60°$,使试样均匀分布在筛网上,直至每分钟通过量不超过 0.05 g 时为止,称取筛余物质量 R_s,精确至 0.01 g。

4. 试验结果计算与评定

(1) 按下式计算水泥筛余 F,精确至 0.1%。

$$F = \frac{R_s}{W} \times 100\% \times C \tag{2}$$

$$C = \frac{F_s}{F_t} \tag{3}$$

式中:C——试验筛修正系数,精确至 0.01,应在 0.80~1.20 范围;

　　　F_s——标准样品的筛余标准值,精确至 0.1%;

　　　F_t——标准样品的筛余实测值,精确至 0.1%。

(2) 筛析结果取两个平行试样筛余的算术平均值。两次结果之差超过 0.5% 时(筛余大于 5.0% 时可放至 1.0%)再做试验,取两次相近结果的算术平均值。

(3) 负压筛法与水筛法或手工筛法测定的结果发生争议时,以负压筛法为准。

(4) 水泥细度筛余要求见表 1。

表 1　水泥细度筛余要求

项　目		矿渣硅酸盐水泥	火山灰质水泥	粉煤灰硅酸盐水泥	复合硅酸盐水泥
筛余 (%)≤	孔径 80 μm	10	10	10	10
	孔径 45 μm	30	30	30	30

(六) 勃氏法

1. 试验依据

试验参照《水泥比表面积测定方法勃氏法》(GB/T 8074—2008)、《水泥密度测定方法》(GB 208—1994)。

2. 主要仪器设备

勃氏比表面积透气仪:见图 5。

天平:精确至 0.001 g。

烘箱:温度能控制在 $(105±5)℃$。

秒表、铝罐、料勺等。

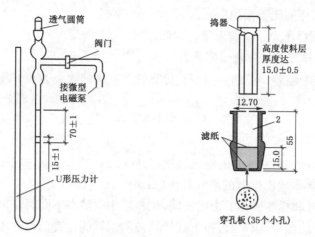

图5 勃氏比表面积透气仪示意图(单位:mm)

3. 试验前准备

水泥试样过 0.9 mm 方孔筛,在(110±5)℃烘箱中烘 1 h 后,置于干燥器中冷却至室温待用。

4. 试验方法与步骤

(1) 按照密度试验方法测试水泥的密度。

(2) 检查仪器是否漏气。

(3) P I 、P II 型水泥的空隙率采用 0.500±0.005,其他水泥或粉料的空隙率采用 0.530±0.005。

(4) 按下式计算需要的试样质量 m。

$$m = \rho_{水泥}V(1-\varepsilon) \tag{4}$$

式中:V——试料层的体积(m^3),按标定方法测定;

ε——试料层的空隙率。

(5) 将穿孔板放入透气筒内,用捣棒把一片滤纸送到穿孔板上,边缘放平并压紧。称取试样质量 m,精确至 0.001 g,倒入圆筒。轻敲筒边使水泥层表面平坦。再放入一片滤纸,用捣器均匀地捣实试料,至捣器的支持环紧紧接触筒顶边并旋转 1~2 圈,取出捣器。

(6) 把装有试料层的透气圆筒连接到压力计上,保证连接紧密不漏气,并不得振动试料层。

(7) 打开微型电磁泵从压力计中抽气,至压力计内液面上升到扩大部下端,关闭阀门。当压力计内液体的凹面下降到第一个刻线时开始计时,液体的凹面下降到第二条刻线时停止计时,记录所需时间 t,精确到至少 0.5 s,并记录温度。

5. 试验结果计算与评定

(1) 当被测试样密度、试料层中空隙率与标准试样相同时:

① 试验和校准的温差≤3℃时,按下式计算被测试样的比表面积 S,精确至 1 cm^2/g。

$$S = \frac{S_s\sqrt{T}}{\sqrt{T_s}} \tag{5}$$

式中：S_s——标准试样的比表面积(cm^2/g)；

  T_s——标准试样压力计中液面降落时间(s)；

  T——被测试样压力计中液面降落时间(s)。

②试验和校准的温差>3℃时，按下式计算被测试样的比表面积 S，精确至 $1\ cm^2/g$。

$$S = \frac{S_s\ \sqrt{\eta_s}}{\sqrt{\eta}}\ \frac{\sqrt{T}}{\sqrt{T_s}} \tag{6}$$

式中：η_s——标准试样试验温度时的空气黏度($\mu Pa \cdot s$)；

  η——被测试样试验温度时的空气黏度($\mu Pa \cdot s$)。

（2）当被测试样和标准试样的密度相同，试料层中空隙率不同时：

① 试验和校准的温差≤3℃时，按下式计算被测试样的比表面积 S，精确至 $1\ cm^2/g$。

$$S = \frac{S_s\ \sqrt{T}(1-\varepsilon_s)\ \sqrt{\varepsilon^3}}{\sqrt{T_s}(1-\varepsilon)\ \sqrt{\varepsilon_s^3}} \tag{7}$$

式中：ε_s——标准试样试料层的空隙率；

  ε——被测试样试料层的空隙率。

②试验和校准的温差>3℃时，按下式计算被测试样的比表面积 S，精确至 $1\ cm^2/g$。

$$S = \frac{S_s\ \sqrt{\eta_s}\ \sqrt{T}(1-\varepsilon_s)\ \sqrt{\varepsilon^3}}{\sqrt{\eta}\ \sqrt{T_s}(1-\varepsilon)\ \sqrt{\varepsilon_s^3}} \tag{8}$$

（3）当被测试样和标准试样的密度和试料层中空隙率均不同时：

① 试验和校准的温差≤3℃时，按下式计算被测试样的比表面积 S，精确至 $1\ cm^2/g$。

$$S = \frac{S_s\rho_s\ \sqrt{T}(1-\varepsilon_s)\ \sqrt{\varepsilon^3}}{\rho\ \sqrt{T_s}(1-\varepsilon)\ \sqrt{\varepsilon_s^3}} \tag{9}$$

式中：ρ_s——标准试样的密度(kg/m^3)；

  ρ——被测试样的密度(kg/m^3)。

② 试验和校准的温差>3℃时，按下式计算被测试样的比表面积 S，精确至 $1\ cm^2/g$。

$$S = \frac{S_s\rho_s\ \sqrt{\eta_s}\ \sqrt{T}(1-\varepsilon_s)\ \sqrt{\varepsilon^3}}{\rho\sqrt{\eta}\ \sqrt{T_s}(1-\varepsilon)\ \sqrt{\varepsilon_s^3}} \tag{10}$$

（4）水泥比表面积取两个平行试样试验结果的算术平均值，精确至 $10\ cm^2/g$。如两次试验结果相差 2%以上时应重新试验。

（5）水泥细度比表面积要求见表2。

表2　水泥细度比表面积要求

项　目	硅酸盐水泥	普通硅酸盐水泥
比表面积(m^2/kg)≥	300	300

三、水泥标准稠度用水量测定

（一）试验目的

标准稠度用水量是指水泥净浆以标准方法测定，在达到规定的浆体可塑性时所需加的用水量，水泥的凝结时间和安定性都和用水量有关，此测定可消除试验条件的差异，有利于不同水泥间的比较，同时为进行凝结时间和安定性试验做好准备。

（二）标准法

1. 试验依据

试验依据《水泥标准稠度用水量、凝结时间、安定性检验方法》(GB/T 1346—2011)。

2. 主要仪器设备

标准稠度仪：滑动部分的总重量为(300±1)g，见图 6。

标准稠度试杆和装净浆用试模：见图 7(a)。

天平：称量为 1 000 g，精度为 1 g。

量水器或天平：精度为±0.5 mL；或称量为 500 g，精度为 0.1 g。

水泥净浆搅拌机、小刀、料勺等。

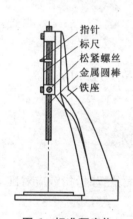

图 6 标准稠度仪

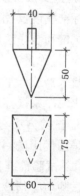

（a）标准稠度试杆和装净浆用试模(标准法) （b）试锥和装净浆用锥模(代用法)

图 7 标准稠度试杆和装净浆用试模(单位:mm)

3. 试验方法与步骤

（1）试验前准备

试验前需检查稠度仪的金属棒能否自由滑动，调整指针至试杆接触玻璃板时，指针应对准标尺的零点，搅拌机运转正常。

（2）试验方法及步骤

① 用湿布擦抹水泥净浆搅拌机的筒壁及叶片。

② 称取 500 g(m_e)水泥试样。

③ 量取拌和水(m_w)（根据经验确定），水量精确至 0.1 mL 或 0.1 g，倒入搅拌锅。

④ 5～10 s 内将水泥加入水中。

⑤ 将搅拌锅放到搅拌机锅座上，升至搅拌位置，开动机器慢速搅拌 120 s，停拌 15 s，再快速搅拌 120 s 后停机。

⑥ 拌和完毕后将净浆装入玻璃板上的试模中,用小刀插捣并轻轻振动数次,刮去多余净浆,抹平后迅速将其放到稠度仪上,将试杆恰好降至净浆表面,拧紧螺丝 1~2 s 后突然放松,让试杆自由地沉入净浆中,试杆停止下沉或释放试杆 30 s 时,记录试杆距玻璃板距离。整个操作过程应在搅拌后 1.5 min 内完成。

⑦ 调整用水量大小,至试杆沉入净浆距玻璃板(6±1)mm,此时的水泥净浆为标准稠度净浆,拌和用水量为水泥的标准稠度用水量(按水泥质量的百分比计)。

4. 试验结果的计算与确定

按下式计算水泥标准稠度用水量 P,精确至 0.1%。

$$P = \frac{m_w}{m_e} \times 100\% \tag{11}$$

式中:m_w——拌合用水量;

m_e——水泥用量。

(三) 代用法

1. 试验依据

试验依据《水泥标准稠度用水量、凝结时间、安定性检验方法》(GB/T 1346—2011)。

2. 主要仪器设备

标准稠度仪:滑动部分的总重量为 300±1 g,见图 6。

试锥和装净浆用锥模:见图 7(b)。

天平:称量为 1 000 g,精度为 1 g。

量水器或天平:最小刻度为 0.1 mL,精度为 1%;或称量为 500 g,精度为 0.1 g。

水泥净浆搅拌机、小刀、料勺等。

3. 试验方法与步骤

采用代用法测定水泥标准稠度用水量可用调整用水量法和固定用水量法。

(1) 试验前准备

试验前必须检查测定仪的金属棒能否自由滑动,试锥降至锥模顶面位置时,指针应对准标尺的零点,搅拌机运转正常。

(2) 试验方法及步骤

① 水泥净浆的拌制同标准法。

② 拌和用水量 m_w 的确定。

A. 调整用水量方法:按经验根据试锥沉入深度确定。

B. 固定用水量方法:用水量为 142.5 mL 或 142.5 g,水量精确至 0.1 mL 或 0.1 g。

③ 拌和结束后,立即将拌制好的水泥净浆装入锥模中,用宽约 25 mm 的直边刀在浆体表面轻轻插捣 5 次,再轻振 5 次,刮去多余的净浆。抹平后迅速将其放到试锥下固定位置,将试锥锥尖恰好降至净浆表面,拧紧螺丝 1~2 s 后突然放松,让试锥自由地沉入净浆中,试锥停止下沉或释放试锥 30 s 时,记录试锥下沉深度 S。整个操作过程应在搅拌后 1.5 min 内完成。

4. 试验结果的计算与确定

(1) 调整用水量方法

① 调整用水量大小,使试锥下沉深度为(30±1)mm 时的水泥净浆为标准稠度净浆,拌

和用水量即为水泥的标准稠度用水量(按水泥质量的百分比计)。

② 按下式计算水泥标准稠度用水量 P，精确至 0.1%。

$$P = \frac{m_{\mathrm{w}}}{m_{\mathrm{e}}} \times 100\% \tag{12}$$

(2) 固定用水量方法

根据测得的试锥下沉深度 S(mm)，按下面的经验公式计算水泥标准稠度用水量 P，精确至 0.1%。

$$P = 33.4 - 0.185S \tag{13}$$

注：若试锥下沉深度小于 13 mm，应采用调整用水量方法测定。

四、水泥净浆凝结时间测定

(一) 试验目的

水泥凝结时间是指水泥从加水开始，到水泥浆失去塑性所需的时间。水泥凝结时间可分为初凝时间和终凝时间，初凝时间是指从水泥加水到水泥浆开始失去塑性的时间；终凝时间是指从水泥加水到水泥浆完全失去塑性的时间。

水泥的凝结时间对混凝土和砂浆的施工有重要的意义。初凝时间不宜过短，以便施工时有足够的时间来完成混凝土和砂浆拌合物的运输、浇捣或砌筑等操作；终凝时间不宜过长，是使混凝土和砂浆在浇捣或砌筑完毕后能尽快凝结硬化，以利于下一道工序的及早进行。

水泥凝结时间的测定，是以标准稠度水泥净浆在规定温度和湿度条件下进行。通过凝结时间的试验，可评定水泥的凝结硬化性能，判定是否达到标准要求。

(二) 试验依据

试验依据《水泥标准稠度用水量、凝结时间、安定性检验方法》(GB/T 1346—2011)。

(三) 主要仪器设备

凝结时间测定仪：即标准稠度仪主体部分，见图 8。

试针和试模：见图 8。

天平、净浆搅拌机等。

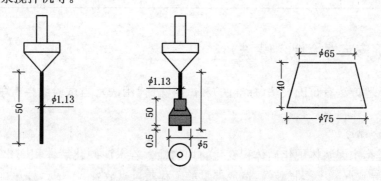

图 8　初凝试针和终凝试针(单位:mm)

（四）试验前准备

将圆模放在玻璃板上，在模内侧稍涂一层机油，调整指针，使初凝试针接触玻璃板时指针对准标尺的零点。

（五）试验方法及步骤

1. 将标准稠度水泥净浆装入圆模，振动数次后刮平，放入标准养护箱内，记录水泥全部加入水中的时间作为凝结时间的起始时间。

2. 凝结时间测定

（1）初凝时间

在加水后 30 min 时进行第一次测定。测定时，从养护箱中取出试模，放到初凝试针下，使针与净浆面接触，拧紧螺丝 1～2 s 后再突然放松，试针自由垂直地沉入净浆，记录试针停止下沉或释放试针 30 s 时指针的读数。当试针下沉至距离底板（4±1）mm 时水泥达到初凝状态。

（2）终凝时间

测定时，试针更换成终凝试针。完成初凝时间测定后，立即将试模和浆体翻转 180°，直径小端向下放在玻璃板上，再放入养护箱中继续养护。当试针沉入浆体 0.5 mm，且在浆体上不留环形附件的痕迹时，水泥达到终凝时间。

（六）试验结果的计算与评定

1. 初凝时间

自水泥全部加入水中时起，至初凝试针沉入净浆中距离底板（4±1）mm 时所需的时间。

2. 终凝时间

自水泥全部加入水中时起，至终凝试针沉入净浆中 0.5 mm，且不留环形痕迹时所需的时间。

3. 水泥凝结时间

要求见表 3，若凝结时间不合格则该水泥为不合格品。

表3　水泥凝结时间要求

项　目		硅酸盐水泥	普通硅酸盐水泥	矿渣硅酸盐水泥	火山灰质水泥	粉煤灰硅酸盐水泥	复合硅酸盐水泥
凝结时间（min）	初凝≥	45	45	45	45	45	45
	终凝≤	390	600	600	600	600	600

五、水泥安定性检验（沸煮法）

安定性试验方法有雷氏夹法（标准法）和试饼法（代用法），当试验结果有争议时以雷氏夹法为准。

（一）试验目的

安定性是指水泥浆体硬化后体积变化的均匀性。若水泥硬化后体积变化不稳定，即安定性不良，会导致混凝土膨胀破坏，造成严重的工程质量事故。

安定性不良的原因有熟料煅烧不完全而存在游离 CaO 与 MgO、生产水泥时加入过多的石膏。沸煮法可检验游离 CaO 导致的水泥安定性不良,压蒸法可检验游离 MgO 导致的水泥安定性不良,而石膏造成的水泥安定性不良需经长期浸在常温水中才能发现,不便于检验,所以国家标准对水泥中的 SO_3 含量作了限制。

通过安定性试验,可检验水泥硬化后体积变化的均匀性,以控制因安定性不良而引起的工程质量事故。

（二）试验依据

试验依据《水泥标准稠度用水量、凝结时间、安定性检验方法》(GB/T 1346—2011)。

（三）主要仪器设备

沸煮箱:能在(30±5)min 将箱内水由室温升至沸腾状态并保持 3 h 以上。

雷氏夹:见图 9。

雷氏夹膨胀值测量仪、水泥净浆搅拌机、玻璃板等。

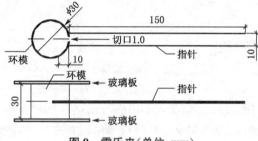

图 9   雷氏夹（单位:mm）

（四）雷氏夹法

1. 试验方法及步骤

(1) 用标准稠度用水量拌制成水泥净浆,然后制作试件。

(2) 把内表涂油的雷氏夹放在稍涂油的玻璃板上,将标准稠度净浆装满雷氏夹,一只手轻扶雷氏夹,另一只手用宽约 25 mm 的直边刀插捣 3 次,然后抹平,盖上另一稍涂油的玻璃板,移至标准养护箱内养护(24±2)h。

(3) 调整好沸煮箱的水位,使之能在整个沸煮过程中都没过试件。

(4) 脱去玻璃板,取下试件,测量试件指针头端间的距离 A,精确到 0.5 mm。再将试件放入水中试件架上,指针朝上,在(30±5)min 内加热至沸,并恒沸(180±5)min。

(5) 煮毕,将水放出,待箱内温度冷却至室温时取出检查。

(6) 测量煮后试件指针头端间的距离 C,精确至 0.5 mm。

2. 试验结果的计算与评定

(1) 雷氏夹法试验结果以沸煮前后试件指针头端间的距离之差($C—A$)表示。

(2) 雷氏夹法试验结果取两个平行试样试验结果的算术平均值。如两次试验结果相差大于 4 mm 时,应重新试验。

(3) 距离之差($C—A$)小于等于 5.0 mm 时,即安定性合格,反之不合格。

(4) 安定性不合格的水泥为不合格品。

（五）试饼法

1. 试验方法及步骤

（1）用标准稠度用水量拌制成水泥净浆，然后制作试件。

（2）取标准稠度水泥净浆约 150 g，分成两等份，制成球形，放在涂过油的玻璃板上，轻振玻璃板，并用湿布擦过的小刀，由边缘向饼的中央抹动，制成直径为 70～80 mm、中心厚约 10 mm、边缘渐薄、表面光滑的试饼，放入标准养护箱内养护(24±2)h。

（3）调整好沸煮箱的水位，使之能在整个沸煮过程中都没过试件。

（4）脱去玻璃板，取下试件，检查试饼是否完整，在试饼无缺陷的情况下，将试饼置于沸煮箱内水中的篦板上，在(30±5)min 内加热至沸，并恒沸(180±5)min。

（5）煮毕，将水放出，待箱内温度冷却至室温时取出检查。

2. 试验结果的评定

目测试饼，若未发现裂缝，再用钢直尺检查也没有弯曲时，则水泥安定性合格，反之为不合格。当两个试饼判别结果有矛盾时，为安定性不合格。

安定性不合格的水泥为不合格品。

六、水泥胶砂强度检验

（一）试验目的

根据国家标准要求，用 40 mm×40 mm×160 mm 棱柱体试体测试水泥胶砂在一定龄期时的抗压强度和抗折强度，从而确定水泥的强度等级或判定是否达到某一强度等级。

（二）试验依据

试验参照《水泥胶砂强度检验方法(ISO 法)》(GB/T 17671—1999)。

（三）主要仪器设备

试模：由 3 个 40 mm×40 mm×160 mm 模槽组成，见图 10。

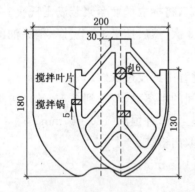
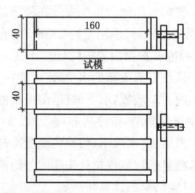

图 10　水泥胶砂搅拌机与试模（单位：mm）

抗折强度试验机：三点抗折，加载速度可控制在(50±10)N/s。

抗压强度试验机：最大荷载为 200～300 kN，精度为 1%。

自动滴管或天平：225 mL，精度为 1 mL；或称量为 500 g，精度为 1 g。

水泥胶砂搅拌机：见图 10。

抗折和抗压夹具：见图 11。

胶砂振实台、模套、刮平直尺等。

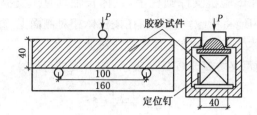

图 11　抗折和抗压夹具示意图（单位：mm）

（四）试验方法及步骤

1. 试验前准备

（1）将试模擦净，紧密装配，内壁均匀地刷一层薄机油。

（2）每成型 3 条试件需称量水泥（450±2）g，标准砂（1 350±5）g。

（3）矿渣硅酸盐水泥、火山灰质水泥、粉煤灰硅酸盐水泥、复合硅酸盐水泥和掺火山灰质混合材的普通硅酸盐水泥：用水量按 0.5 水灰比和胶砂流动度不小于 180 mm 来确定，当流动度小于 180 mm 时，以增加 0.01 倍数的水灰比调整胶砂流动度至不小于 180 mm。胶砂流动度试验见本章"水泥胶砂流动度试验"。

硅酸盐水泥和掺其他混合料的普通硅酸盐水泥：水灰比为 0.5，拌和用水量为（225±1）mL 或（225±1）g。

2. 试件成型

（1）把水加入锅内，再加入水泥，把锅固定后立即开动机器。低速搅拌 30 s 后，在第二个 30 s 开始的同时均匀地将砂加入，再高速搅拌 30 s。停拌 90 s，在停拌的第一个 15 s 内将叶片和锅壁上的胶砂刮入锅中间。再高速搅拌 60 s。

（2）把试模和模套固定在振实台上，将搅拌锅中的胶砂分两层装入试模。装第一层时，每个槽内约放 300 g 胶砂，用大播料器垂直架在模套顶部沿每个模槽来回一次将料层播平，接着振实 60 次。再装入第二层胶砂，用小播平器播平，再振实 60 次。

（3）从振实台上取下试模，用一金属直尺以近 90°的角度从试模一端沿长度方向以横向锯割动作慢慢地将超过试模部分的胶砂刮去，并用直尺以近乎水平的角度将试体表面抹平。

（4）在试模上做标记或加字条表明试件编号和试件相对于振实台的位置。

3. 养护

（1）将试模水平地放入养护室或养护箱，养护 20～24 h 后取出脱模。

（2）脱模后立即放入水槽中养护，养护水温为（20±1）℃，养护至规定龄期。

4. 强度试验

（1）龄期

各龄期的试件必须在下列时间内进行强度试验：24 h±15 min；48 h±30 min；72 h±45 min；7 d±2 h；>28 d±8 h。试件从水中取出后，在强度试验前应用湿布覆盖。

各龄期的试件必须在 3 d±45 min、28 d±2 h 内进行强度测定。

（2）抗折强度测定

　　将试件一个侧面放在试验机支撑圆柱上,试体长轴垂直于支撑圆柱,通过加荷圆柱以(50±10)N/s的速率均匀地将荷载垂直地加在棱柱体相对侧面上,直至折断。

　　保持两个半截棱柱体处于潮湿状态直至抗压试验。

　　抗折强度 R_f 以牛顿每平方毫米(MPa)表示,按下式进行计算:

$$R_f = \frac{1.5 F_f L}{b^3} \tag{14}$$

式中:F_f——折断时施加于棱柱体中部的荷载(N);

　　　L——支撑圆柱之间的距离(mm);

　　　b——棱柱体正方形截面的边长(mm)。

　　① 每龄期取出 3 个试件,先做抗折强度测定,测定前须擦去试件表面的水分和砂粒,清除夹具上圆柱表面黏着的杂物,以试件侧面与圆柱接触方向放入抗折夹具内。

　　② 开动抗折机以(50±10)N/s速度加荷,直至试件折断,记录破坏荷载 F_f(N)。

　　③ 按下式计算抗折强度 R_f,精确至 0.1 MPa。

$$R_f = \frac{3}{2} \frac{F_f L}{bh^2} = 0.00234 F_f \tag{15}$$

式中:L——支撑圆柱中心距离为 100 mm。

　　　b、h——试件断面宽及高均为 40 mm。

　　④ 抗折强度结果取 3 个试件抗折强度的算术平均值,精确至 0.1 MPa。当 3 个强度值中有 1 个超过平均值的±10%时,应予剔除,取其余 2 个的平均值;如有 2 个强度值超过平均值的±10%时,应重做试验。

　　(3) 抗压强度测定

　　① 取抗折试验后的 6 个断块进行抗压试验,抗压强度测定采用抗压夹具,试体受压面为 40 mm×40 mm,试验前应清除试体受压面与加压板之间的砂粒或杂物。试验时,以试体的侧面作为受压面。

　　② 开动试验机,以(2 400±200)N/s的速度均匀地加荷至破坏。记录破坏荷载 F_c(N)。

　　③ 按下式计算抗压强度 R_c(精确至 0.1 MPa):

$$R_c = \frac{F_c}{A} \tag{16}$$

式中:A——受压面积,即 40 mm × 40 mm = 1 600 mm^2。

　　④ 抗压强度结果取 6 个试件抗压强度的算术平均值,精确至 0.1 MPa。如 6 个测定值中有 1 个超出 6 个平均值的±10%,就应剔除这个结果,而以剩下 5 个的平均值作为结果。如果 5 个测定值中再有超过它们平均数±10%的,则此组结果作废。

　　(4) 试验计算结果的评定

　　各品种水泥强度要求见表 4,不同龄期的抗压强度和抗折强度需同时满足,否则不合格。

表4 水泥强度要求

水泥品种	强度等级	抗压强度(MPa) ≥		抗折强度(MPa) ≥	
		3天	28天	3天	28天
硅酸盐水泥	42.5	17.0	42.5	3.5	6.5
	42.5R	22.0		4.0	
	52.5	23.0	52.5	4.0	7.0
	52.5R	27.0		5.0	
	62.5	28.0	62.5	5.0	8.0
	62.5R	32.0		5.5	
普通硅酸盐水泥	42.5	17.0	42.5	3.5	6.5
	42.5R	22.0		4.0	
	52.5	23.0	52.5	4.0	7.0
	52.5R	27.0		5.0	
矿渣硅酸盐水泥、火山灰硅酸盐水泥、粉煤灰硅酸盐水泥、复合硅酸盐水泥	32.5	10.0	32.5	2.5	5.5
	32.5R	15.0		3.5	
	42.5	15.0	42.5	3.5	6.5
	42.5R	19.0		4.0	
	52.5	21.0	52.5	4.0	7.0
	52.5R	23.0		4.5	

试验二 普通混凝土用骨料试验

一、骨料的取样和缩分方法

(一)砂的取样和缩分方法

1. 取样

在料堆上取样时,取样部位应均匀分布,取样前先将取样部位表层铲除。取砂样时,由各部位抽取大致相等的砂共8份,组成一级样品。

每批验收至少应进行颗粒级配、泥块含量检验。若检验不合格时,应重新取样。对不合格项进行加倍复检,若仍有一个试样不能满足标准要求,应按不合格品处理。

砂石各单项试验的取样数量见表5。须做几项试验时,如确能保证样品经一项试验后不致影响另一项试验的结果,可用同组样品进行几项不同的试验。

表 5　各单项砂试验的最少取样量

试验项目	筛分析	表观密度	堆积密度	含水率	含泥量	泥块含量
最少取样量(g)	4 400	2 600	5 000	1 000	4 400	10 000

2. 缩分

砂样缩分可采用分料器或人工四分法进行。四分法缩分的步骤为:将样品放在平整洁净的平板上,在潮湿状态下拌和均匀,摊成厚度约为 20 mm 的圆饼,在饼上划 2 条正交直径,将其分成大致相等的 4 份,取其对角的 2 份按上述方法继续缩分,直至缩分后的样品数量略多于进行试验所需量为止。

(二) 石子的取样与缩分方法

1. 取样

石子应按同产地同规格分批取样和检验。用大型工具(如火车、货船、汽车)运输的,以 400 m³ 或 600 t 为一验收批。用小型工具(如马车等)运输的,以 200 m³ 或 300 t 为一验收批。不足上述数量者为一批论。

在料堆上取样时,取样部位应均匀分布,取样前先将取样部位表层铲除。取石子样时,由各部位抽取大致相等的石子 15 份(在料堆的顶部、中部和底部各由均匀分布的 15 个不同部位取得)组成一组样品。

每验收批至少应进行颗粒级配,泥块含量,针、片状颗粒含量检验。若检验不合格时,应重新取样。对不合格项,进行加倍复检,若仍有一个试样不能满足标准要求,应按不合格品处理。

石子试验的取样数量见表 6。须做几项试验时,如确能保证样品经一项试验后不致影响另一项试验的结果,可用同组样品进行几项不同的试验。

表 6　各单项石子试验的最少取样量(kg)

试验项目	最大粒径(mm)							
	9.5	16.0	19.0	26.5	31.5	37.5	63.0	75.0
颗粒级配	9.5	16.0	19.0	25.0	31.5	37.5	63.0	80.0
表观密度	8.0	8.0	8.0	8.0	12.0	16.0	24.0	24.0
含水率	2	2	2	2	3	3	4	6
堆积密度与空隙率	40.0	40.0	40.0	40.0	80.0	80.0	120.0	120.0
含泥量	8.0	8.0	24.0	24.0	40.0	40.0	80.0	80.0
泥块含量	8.0	8.0	24.0	24.0	40.0	40.0	80.0	80.0
针片状	3.2	4.0	8.0	12.0	20.0	40.0	40.0	40.0
碱集料反应	20.0	20.0	20.0	20.0	20.0	20.0	20.0	20.0

2. 缩分

石子缩分采用四分法进行。将样品倒在平整洁净的平板上,在自然状态下拌和均匀,堆成锥体,然后用上述四分法将样品缩分至略多于试验所需量。

二、砂的筛分析试验

(一) 试验目的

砂的粗细程度指不同粒径的砂粒混合在一起后的平均粗细程度。配制混凝土时,在砂用量相同的条件下,砂越细,其总表面积越大,在混凝土中需要包裹砂粒的水泥浆量就越多,需水量越大;砂越粗,则相反。因此,当混凝土拌合物和易性要求一定时,用较粗的砂比用较细的砂所需的用水量少。但砂子过粗,也易使混凝土拌合物产生离析、泌水等现象。

砂的颗粒级配是指不同粒径的砂粒搭配比例。当砂中含有较多的粗颗粒、适量的中颗粒及少量的细颗粒,即具有良好的颗粒级配,则可使砂的空隙率和总表面积均较小,填充砂子空隙的水泥浆量就多。若砂的粒径相同即级配不佳,则相反。混凝土中使用级配良好的砂,不仅可降低水泥用量,提高经济性,还可提高混凝土的和易性、密实度和强度。因此,在配置混凝土时宜优先选用属于Ⅱ级配区的中砂。若选用其他类型的砂,宜采用调整砂率、水泥用量、不同类型砂掺配使用等措施以保证混凝土的质量。

通过筛分试验,获得砂的级配曲线即颗粒大小分布状况,判定砂的颗粒级配情况;根据累计筛余率计算出砂的细度模数,评定出砂规格,即粗砂或中砂或细砂。

(二) 试验依据

试验参照《金属丝编织网试验筛》(GB/T 6003.1—1997)、《建筑用砂》(GB/T 14684—2011)、《普通混凝土用砂、石质量及检验方法标准》(JGJ 52—2006)、《公路工程集料试验规程》(JTG E42—2005)。

(三) 主要仪器设备

标准筛:方孔,孔径为 9.5 mm、4.75 mm、2.36 mm、1.18 mm、600 μm、300 μm、150 μm,并附有筛底和筛盖。

天平:称量为 1 000 g,精度为 1 g。

烘箱:温度能控制在(105±5)℃。

摇筛机、浅盘、毛刷和容器等。

(四) 试样制备

将四分法缩取的约 1 100 g 试样,置于(105±5)℃的烘箱中烘至恒重,冷却至室温后先筛除大于 9.50 mm 的颗粒(并记录其含量),再分为大致相等的 2 份备用。

(五) 试验方法及步骤

1. 准确称取试样 500 g,精确至 1 g。

2. 将标准筛由上到下按孔径从大到小顺序叠放,加底盘后,将试样倒入最上层 4.75 mm 筛内,加筛盖后置于摇筛机上摇 10 min。

3. 将筛取下后按孔径大小逐个用手筛分,筛至每分钟通过量不超过试样总重的 0.1% 为止。通过的颗粒并入下一号筛内一起过筛,直至各号筛全部筛完为止。

各筛的筛余量不得超过按下式计算出的量,超过时应按方法(1)或(2)处理。

$$m = \frac{A \times d^{1/2}}{200} \tag{17}$$

式中:m——在一个筛上的筛余量(g);

A——筛面的面积(mm^2);

d——筛孔尺寸(mm)。

(1) 将筛余量分成少于上式计算出的量分别筛分,以各筛余量之和为该筛的筛余量。

(2) 将该筛孔及小于该筛孔的筛余混合均匀后,以四分法分为大致相等的 2 份,取 1 份称其质量并进行筛分。计算重新筛分的各级分计筛余量需根据缩分比例进行修正。

(3) 称量各号筛的筛余量 m_i,精确至 1 g。分计筛余量和底盘中剩余重量的总和与筛分前的试样重量之比,其差值不得超过 1%。

(六) 试验结果计算与评定

1. 分计筛余百分率 a_i——各筛的筛余量除以试样总量的百分率,精确至 0.1%。

2. 累计筛余百分率 A_i——该筛上的分计筛余百分率与大于该筛的分计筛余百分率之和,精确到 1%。

3. 粗细程度确定

(1) 按下式计算细度模数 M_x,精确至 0.01。

$$M_x = \frac{(A_2 + A_3 + A_4 + A_5 + A_6) - 5A_1}{100 - A_1} \tag{18}$$

式中:A_1、A_2、A_3、A_4、A_5、A_6——4.75 mm、2.36 mm、1.18 mm、600 μm、300 μm、150 μm 孔径筛的累计筛余百分率。

(2) 测定结果取两个平行试样试验结果的算术平均值,精确至 0.1,两次所得的细度模数之差不应大于 0.2,否则重做。

(3) 根据细度模数的大小确定砂的粗细程度。

4. 级配的评定——累计筛余率取两次试验结果的平均值,绘制筛孔尺寸-累计筛余率曲线,或对照规定的级配区范围,判定是否符合级配区要求。

5. 分计筛余率和累计筛余率的计算关系和砂的粗细判定见表 7;砂的颗粒级配区范围和砂级配区曲线图见表 8 和图 12。

表 7 分计筛余率和累计筛余率的计算关系

筛孔尺寸(mm)	筛余量(g)	分计筛余(%)	累计筛余(%)
4.75	m_1	$a_1 = m_1/m$	$A_1 = a_1$
2.36	m_2	$a_2 = m_2/m$	$A_2 = A_1 + a_2$
1.18	m_3	$a_3 = m_3/m$	$A_3 = A_2 + a_3$
0.600	m_4	$a_4 = m_4/m$	$A_4 = A_3 + a_4$
0.300	m_5	$a_5 = m_5/m$	$A_5 = A_4 + a_5$
0.150	m_6	$a_6 = m_6/m$	$A_6 = A_5 + a_6$
底盘	$m_底$	$m = m_1 + m_2 + m_3 + m_4 + m_5 + m_6 + m_底$	

M_x:3.7~3.1 时为粗砂;3.0~2.3 时为中砂;2.2~1.6 时为细砂;1.5~0.7 时为特细砂

表 8　砂的颗粒级配区范围

筛孔尺寸(mm)	累计筛余率(%)		
	Ⅰ区	Ⅱ区	Ⅲ区
10.0	0	0	0
4.75	10～0	10～0	10～0
2.36	35～5	25～0	15～0
1.18	65～35	50～10	25～0
0.600	85～71	70～41	40～16
0.300	95～80	92～70	85～55
0.150	100～90	100～90	100～90

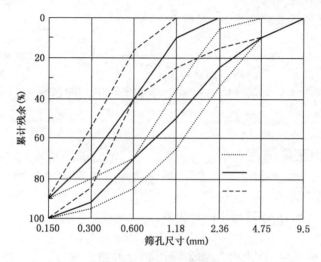

图 12　砂级配区曲线图

三、砂的表观密度测定

（一）试验目的

测定砂的表观密度用于混凝土配合比设计。

（二）试验依据

国家标准：《建筑用砂》(GB/T 14684—2011)、《普通混凝土用砂、石质量及检验方法标准》(JGJ 52—2006)。

（三）主要仪器设备

容量瓶：500 mL。

天平：称量为 1 000 g，精度为 1 g。

烘箱：温度能控制在(105±5)℃。

干燥器、搪瓷盘、滴管、毛刷、料勺、温度计等。

（四）试样制备

将试样用四分法(见砂、石实验)缩分至 660 g 左右，置于(105±5)℃的烘箱中烘干至恒重，并在干燥器内冷却至室温，分为大致相等的 2 份待用。

（五）试验方法及步骤

1. 称取烘干的试样 300 g（m_0），精确至 1 g。将试样装入容量瓶，注入冷开水至接近 500 mL 的刻度处，倾斜摇转容量瓶，使试样在水中充分搅动，排除气泡，再塞紧瓶塞，静置 24 h。

2. 静置后用滴管添水，使水面与瓶颈 500 mL 刻度线平齐，塞紧瓶塞，擦干瓶外水分，称取其质量（m_1），精确至 1 g。

3. 倒出瓶中的水和试样，洗净瓶的内外表面。再向瓶内注入与前面水温相差不超过 2℃，并在 15～25℃ 范围内的冷开水，至瓶颈 500 mL 刻度线。塞紧瓶塞，擦干瓶外水分，称取其质量（m_2），精确至 1 g。

（六）试验结果计算与评定

1. 按下式计算砂的表观密度 ρ_{0s}，精确至 10 kg/m³。

$$\rho_{0s} = \left(\frac{m_0}{m_0 + m_2 - m_1}\right)\rho_水 \qquad 取 1\,000\ kg/m^3 \qquad (19)$$

2. 最后结果取两个平行试样试验结果的算术平均值。两次测定结果的差值不应大于 20 kg/m³，否则重做。

四、砂的堆积密度测定

（一）试验目的

测定砂的堆积密度，用于混凝土配合比设计。

（二）试验依据

国家标准：《建筑用砂》（GB/T 14684—2011）、《普通混凝土用砂、石质量及检验方法标准》（JGJ 52—2006）。

（三）主要仪器设备

容量筒：金属圆柱形，容积为 1 L。

标准漏斗：具体尺寸见图 13。

天平：称量为 10 kg，精度为 1 g。

烘箱：温度能控制在（105±5）℃。

方孔筛、直尺、垫棒等。

（四）试样制备

用四分法缩取（见砂、石实验）砂样约 3 L，在温度为（105±5）℃的烘箱中烘至恒重，取出冷却至室温，筛除大于 4.75 mm 的颗粒，分为大致相等的 2 份待用。

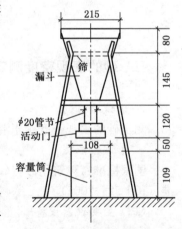

图 13　标准漏斗（单位：mm）

（五）试验方法及步骤

1. 松散堆积密度

（1）称取容量筒的质量 m_1 及测定容量筒的体积 V_0'；将容量筒置于漏斗下面，使漏斗对准中心。

（2）取 1 份试样，用料勺将试样装入漏斗，打开活动门，使试样徐徐落入容量筒，直至容量筒溢满,上部呈锥体后关闭活门。

(3) 用直尺将多余的试样沿筒口中心线向两个相反方向刮平,称出总质量 m_2,精确至 1 g。

注:加料及刮平过程中不得触动容量筒。

2. 紧密堆积密度

(1) 称取容量筒的质量 m_1 及测定容量筒的体积 V'_0。

(2) 取 1 份试样,分 2 次装入容量筒。

(3) 装第一层,筒底放 10 mm 直径垫棒,按住筒左右交替击地面 25 次。

(4) 装第二层,同上一步操作(垫棒方向转 90°)。

(5) 加试样超过筒口,用直尺将多余的试样沿筒口中心线向两个相反方向刮平,称出总质量 m_2,精确至 1 g。

(六) 试验结果计算与评定

1. 按下式计算试样的堆积密度 ρ'_0,精确至 10 kg/m³。

$$\rho'_0 = \frac{m_2 - m_1}{V'_0} \tag{20}$$

2. 最后结果取两个平行试样试验结果的算术平均值。

五、砂的含水率试验

(一) 试验目的

进行混凝土配合比计算时,砂石材料以干燥状态为基准,即砂的含水率小于 0.5%,石的含水率小于 0.2%。在混凝土搅拌现场中,砂通常会含有部分水,为精确控制混凝土配合比中各项材料用量,需要预先测试砂、石的含水率。

(二) 试验依据

《建筑用砂》(GB/T 14684—2011)、《普通混凝土用砂、石质量及检验方法标准》(JGJ 52—2006)、《公路工程集料试验规程》(JTG E42—2005)。

(三) 主要仪器设备

天平:称量为 1 000 g,精度为 0.1 g。

烘箱:温度能控制在(105±5)℃。

浅盘、容器等。

(四) 试样制备

将自然潮湿状态下的砂用四分法缩取约 1 100 g 试样,拌匀后分为大致相等的 2 份备用。

(五) 试验方法及步骤

1. 准确称取试样的质量 m_1,精确至 0.1 g。

2. 将试样放入浅盘或容器中,置于(105±5)℃的烘箱中烘至恒重。

3. 取出冷却至室温后,称出其质量 m_0,精确至 0.1 g。

(六) 试验结果计算与评定

按下式计算砂含水率 Z,精确至 0.1%。

$$Z = \frac{m_1 - m_0}{m_0} \times 100\% \tag{21}$$

式中:Z——含水率(%);

m_1——烘干前的试样质量(g);

m_0——烘干后的试样质量(g)。

测试结果取两个平行试样试验结果的算术平均值,精确至 0.1%。两次所得的结果之差不应大于 0.2%,否则重做。

六、碎石或卵石的筛分析试验

(一)试验目的

石子根据粒径及分布可分为连续粒级和单位级两种。连续粒级指 5 mm 以上至最大粒径 D_{max},各粒级均占一定比例,且在一定范围内。单粒级指从 1/2 最大粒径开始至 D_{max},粒径较为集中。单粒级宜用于组成满足要求的连续粒级,也可与连续粒级混合使用,以改善级配或配成较大粒度的连续粒级。单粒级一般不宜单独用来配制混凝土。

通过石子的筛分试验,可测定石子的颗粒级配及粒级规格,为其在混凝土中使用和混凝土配合比设计提供依据。

(二)试验依据

试验参照《金属丝编织网试验筛》(GB/T 6003.1—1997)、《建筑用卵石、碎石》(GB/T 14685—2011)、《普通混凝土用砂、石质量及检验方法标准》(JGJ 52—2006)、《公路工程集料试验规程》(JTG E42—2005)。

(三)主要仪器设备

标准筛:方孔,孔径为 2.36 mm、4.75 mm、9.50 mm、16.0 mm、19.0 mm、26.5 mm、31.5 mm、37.5 mm、53.0 mm、63.0 mm、75.0 mm 和 90.0 mm,并附有筛底和筛盖。

台秤:称量为 10 kg,精度为 1 g。

烘箱:温度能控制在(105±5)℃。

摇筛机、搪瓷盆等。

(四)试样制备

所取样用四分法缩取略大于表 6 规定的试样数量,经烘干或风干后备用。

(五)试验方法与步骤

1. 按表 9 规定称取烘干或风干试样质量 m_0,精确至 1 g。

2. 将筛从上到下按孔径由大到小顺序叠置,把称取的试样倒入上层筛中,摇筛 10 min。

表 9 石子筛分析所需试样的最小重量

最大粒径(mm)	9.5	16.0	19.0	26.5	31.5	37.5	63.0	75.0
试样质量不少于(kg)	1.9	3.2	3.8	5.0	6.3	7.5	12.6	16.0

3. 将筛取下后按孔径大到小进行手筛,直至每分钟通过量不超过试样总量的 0.1%,通过的颗粒并入下一号筛中一起过筛。试样粒径大于 19.0 mm,允许用手拨动试样颗粒。

4. 称取各筛上的筛余量,精确至 1 g。在筛上的所有分计筛余量和筛底剩余的总和与筛分前测定的试样总量相比,其相差不得超过 1%。

（六）试验结果的计算与判定

1. 分计筛余百分率——各筛上筛余量除以试样总质量的百分数,精确至 0.1%。

2. 累计筛余百分率——该筛上分计筛余百分率与大于该筛的各筛上的分计筛余百分率之总和,精确至 1%。

3. 级配的判定——粗骨料各筛上的累计筛余百分率是否满足规定的粗骨料颗粒级配范围要求。

4. 分计筛余率和累计筛余率的计算关系同砂筛分试验;石的颗粒级配区范围见表 10。

表 10　石的颗粒级配区范围

粒级情况	公称粒级(mm)	累计筛余率(%)											
		筛孔尺寸(方孔筛)(mm)											
		2.36	4.75	9.50	16.0	19.0	26.5	31.5	37.5	53.0	63.0	75.0	90
连续粒级	5~16	95~100	85~100	30~60	0~10	0	—	—	—	—	—	—	—
	5~20	95~100	90~100	40~80	—	0~10	0	—	—	—	—	—	—
	5~25	95~100	90~100	—	30~70	—	0~5	0	—	—	—	—	—
	5~31.5	95~100	90~100	70~90	—	15~45	—	0~5	0	—	—	—	—
	5~40	—	95~100	70~90	—	30~65	—	—	0~5	0	—	—	—
单粒级	5~10	95~100	80~100	0~15	0	—	—	—	—	—	—	—	—
	10~16	—	95~100	80~100	0~15	—	—	—	—	—	—	—	—
	10~20	—	95~100	85~100	—	0~15	0	—	—	—	—	—	—
	16~25	—	—	95~100	55~70	25~40	0~10	—	—	—	—	—	—
	16~31.5	—	95~100	—	85~100	—	—	0~10	0	—	—	—	—
	20~40	—	—	95~100	—	80~100	—	—	0~10	0	—	—	—
	40~80	—	—	—	—	—	—	—	95~100	—	70~100	30~60	0~10	0

七、碎石或卵石的表观密度测定（简易法）

（一）试验目的

本方法适宜于最大粒径不超过 37.5 mm 的碎石或卵石。测定石子的表观密度,用于混凝土配合比设计。

（二）试验依据

国家标准:《建筑用卵石、碎石》(GB/T 14685—2011)、《普通混凝土用砂、石质量及检验方法标准》(JGJ 52—2006)。

（三）主要仪器设备

广口瓶:1 000 mL,磨口。

天平:称量为 2 000 g,精度为 1 g。

烘箱:温度能控制在(105±5)℃。

筛子:方孔,孔径为 4.75 mm。

浅盘、温度计、玻璃片等。

(四) 试样制备

将试样筛去 4.75 mm 以下的颗粒后洗刷干净,用四分法(见砂、石实验)缩分至表 11 规定的数量,分成大致相等的 2 份备用。

表 11　表观密度试验所需试样数量

最大粒径(mm)	<26.5	31.5	37.5	63.0	75.0
最少试样质量(kg)	2.0	3.0	4.0	6.0	6.0

(五) 试验方法与步骤

1. 将试样浸水饱和后装入广口瓶中,然后注满饮用水,用玻璃片覆盖瓶口,以上下左右摇晃的方法排除气泡。

2. 气泡排尽后,向瓶内添加饮用水至水面凸出到瓶口边缘,然后用玻璃片沿瓶口迅速滑行,使其紧贴瓶口水面。擦干瓶外水分后,称取总质量 m_1,精确至 1 g。

3. 将瓶中的试样倒入浅盘,置于(105±5)℃的烘箱中干至恒重,冷却至室温后称出试样的质量 m_0,精确至 1 g。

4. 将瓶洗净,重新注入与前面水温不超过 2℃ 的饮用水,用玻璃片紧贴瓶口水面,擦干瓶外水分后称出质量 m_2,精确至 1 g。

(六) 试验结果计算与评定

1. 按下式计算石子的表观密度 ρ_0,精确至 10 kg/m³。

$$\rho_0 = \left(\frac{m_0}{m_0 + m_2 - m_1} - \alpha_t \right) \times \rho_水 \qquad (\rho_水 \text{ 取 } 1\,000 \text{ kg/m}^3) \qquad (22)$$

式中:α_t——水温对表观密度影响的修正系数(见表 12)。

表 12　不同水温对石的表观密度影响的修正系数

水温/℃	15	16	17	18	19	20	21	22	23	24	25
α_t	0.002	0.003	0.003	0.004	0.004	0.005	0.005	0.006	0.006	0.007	0.008

2. 最后结果取 2 个平行试样试验结果的算术平均值。2 次测定结果的差值不应大于 20 kg/m³,否则重做。

3. 对于材质不均匀的试样,如 2 次试验结果之差超过 20 kg/m³,最后结果可取 4 次试验结果的算术平均值。

八、碎石或卵石的堆积密度测定

(一) 试验目的

测定石子的堆积密度,用于混凝土配合比设计。

（二）试验依据

《建筑用卵石、碎石》（GB/T 14685—2011）、《普通混凝土用砂、石质量及检验方法标准》（JGJ 52—2006）。

（三）主要仪器设备

容量筒：见表 13。

台秤：称量为 10 kg，精度为 10 g。

磅秤：称量为 50 kg、100 kg，精度为 50 g。

小铲、烘箱等。

表 13　容量筒规格

石子最大粒径（mm）	容量筒（L）	容量筒尺寸（mm）		
		内径	净高	壁厚
9.5,16.0,19.0,26.5	10	208	294	2
31.5,37.5	20	294	294	3
53.0,63.0,75.0	30	360	294	4

（四）试样制备

用四分法（见砂、石实验）缩取所需石子烘干或风干后，拌匀并将试样分为大致相等的 2 份备用。

（五）试验方法及步骤

1. 称取容量筒的质量（m_1）及测定容量筒的体积（V_0'）。

2. 取 1 份试样，用小铲将试样从容量筒上方 50 mm 处徐徐加入，试样自由落体下落，直至容器上部试样呈锥体且四周溢满时停止加料。

3. 除去凸出容器表面的颗粒，并以合适的颗粒填入凹陷部分，使表面凸起部分体积和凹陷部分体积大致相等。称取总质量（m_2），精确至 10 g。

（六）试验结果计算与评定

1. 按下式计算试样的堆积密度，精确至 10 kg/m³。

$$\rho'_0 = \frac{m_2 - m_1}{V'_0} \tag{23}$$

2. 最后结果取两个平行试样试验结果的算术平均值。

九、碎石和卵石的含水率测定

（一）试验目的

测定石子的含水率，用于修正混凝土配合比中水和石子的用量。

（二）试验依据

《建筑用卵石、碎石》（GB/T 14685—2011）、《普通混凝土用砂、石质量及检验方法标准》（JGJ 52—2006）、《公路工程集料试验规程》（JTG E42—2005）。

（三）主要仪器设备

1. 天平：称量 5 kg，感量 5 g。

2. 烘箱、浅盘等。

（四）试验步骤

1. 按表 6 规定的数量称取试样，分成 2 份备用。

2. 将 1 份试样装入干净的容器中，称取试样和容器的总质量(m_1)并在(105 ± 5)℃的烘箱中烘干至恒重。

3. 取出试样，冷却后称取试样与容器的总质量(m_2)。

（五）结果计算

试样的含水率 ω_{wc} 按下式计算（精确至 0.1%）：

$$\omega_{wc} = \frac{m_1 - m_2}{m_2 - m_3} \times 100\% \tag{24}$$

式中：m_1——烘干前试样与容器总质量(g)；

m_2——烘干后试样与容器总质量(g)；

m_3——容器质量(g)。

以 2 次检验结果的算术平均值作为测定值。

试验三　普通混凝土试验

混凝土搅拌完成后呈流态，在凝结硬化前常称为混凝土拌合物或新拌混凝土，此状态便于搅拌、运输和施工作业，因此对于新拌混凝土在试验中主要检验其和易性。而硬化后混凝土中具有较高的抗压强度，在实验中主要研究其力学、变形等性能。混凝土试验是设计、研究和验证相结合的综合性实验，其中的配合比设计是混凝土试验的前提，已在课堂学习中完成，在本试验内容中不作展开。

试验内容有混凝土的拌和方法，新拌混凝土的坍落度、表观密度、试件的成型和养护，硬化混凝土的抗压强度试验。

试验参照《普通混凝土配合比设计规程》(JGJ 55—2011)、《普通混凝土拌合物性能试验方法》(GB/T 50080—2002)、《普通混凝土力学性能试验方法标准》(GB/T 50081—2002)进行。

一、混凝土拌合物实验室拌和方法

（一）试验目的

混凝土应依据砂、石、水泥等原材料，按目标要求进行配合比设计，获得理论配合比后，再根据砂石的含水率获得实验室配合比，并且在实验室内进行试配，根据拌合物性能进行适当的调整，获得适合工程应用的施工配合比。

通过混凝土的拌和，加强对混凝土配合比设计的实践性认识，掌握普通混凝土拌合物的拌制方法,为测定混凝土拌合物以及硬化后混凝土性能做准备。

（二）试验依据

试验参照《普通混凝土配合比设计规程》(JGJ 55—2011)、《普通混凝土拌合物性能试验方法》(GB/T 50080—2002)。

（三）一般规定

1. 拌制混凝土环境条件:室内的温度应保持在(20±5)℃,所用材料的温度应与实验室温度保持一致。当需要模拟施工条件下所用的混凝土时,所用原材料的温度应与施工现场保持一致,且搅拌方式宜与施工条件相同。

2. 砂石材料:若采用干燥状态的砂石,则砂的含水率应小于0.5%,石的含水率应小于0.2%。若采用饱和面干状态的砂石,则应进行相应修正。

3. 搅拌机最小搅拌量:当骨料最大粒径小于31.5 mm时搅拌量为15 L,最大粒径为40 mm时搅拌量为25 L。采用机械搅拌时,搅拌量不应小于搅拌机额定搅拌容量的1/4。

4. 原材料的称量精度:骨料为±1%,水、水泥、外加剂为±0.5%。

5. 从试样制备完毕到开始做拌合物各项性能试验不宜超过5 min。

（四）主要仪器设备

磅秤:精度为骨料质量的±1%。

台称、天平:精度为水、水泥、掺合料、外加剂质量的±0.5%。

搅拌机、拌和钢板、钢抹子、拌铲等。

（五）拌和方法

1. 人工拌和法

(1) 按实验室配合比备料,称取各材料用量。

(2) 将拌板和拌铲用湿布润湿后,将砂倒在拌板上,加入水泥,用拌铲翻拌,反复翻拌混合至颜色均匀,再放入称好的粗骨料与之拌和,继续翻拌,直至混合均匀。

(3) 将干混合物堆成长条锥形,在中间做一凹槽,倒入称量好的一半水,然后翻拌并徐徐加入剩余的水。边翻拌边用铲在混合料上铲切,直至混合物均匀,没有色差。

(4) 拌和过程力求动作敏捷,拌和时间可按此控制:拌合物体积为30 L以下时4~5 min;拌合物体积为30~50 L时5~9 min;拌合物体积为51~75 L时9~12 min。

2. 机械搅拌法

(1) 按实验室配合比备料,称取各材料用量。

(2) 拌前宜先用配合比要求的水泥、砂和水及少量石子,在搅拌机中涮膛,倒去多余砂浆。防止正式拌和时水泥浆挂失影响混凝土性能的测试。

(3) 将称好的石子、水泥、砂按顺序倒入搅拌机内,开启搅拌机,进行干拌。时间可控制在1 min左右。

(4) 边拌和边将水徐徐倒入,加水时间在20 s左右。

(5) 加水完成后继续拌和2 min。

(6) 将拌合物从搅拌机中卸出,倾倒在拌板上,再人工拌和2~3次。

3. 特殊要求搅拌方法

当对混凝土搅拌有特殊要求时,应遵循相关的规定。如由于材料的特殊性,可能要求搅拌时间延长或缩短,掺外加剂混凝土性能试验时要求使用自落式搅拌机等。

二、稠度试验(坍落度法)

(一)试验目的

测定混凝土的坍落度,评定塑性混凝土的和易性。

(二)试验依据

试验参照《普通混凝土拌合物性能试验方法》(GB/T 50080—2002)、《混凝土坍落度仪》(JG 3021—1994)。

(三)主要仪器设备

坍落度筒、捣棒:见图 14。

小铲、钢尺、喂料斗等。

(四)试验方法及步骤

1. 测定前,用湿布把拌板及坍落度筒内润湿,并在筒顶部加漏斗,放在拌板上,用双脚踩紧脚踏板,固定位置。

2. 取拌好的混凝土分 3 层装入筒内,每层高度在插捣后约为筒高的 1/3,每层用捣棒插捣 25 次,插捣呈螺旋形由外向中心进行,各插捣点均应在截面上均匀分布。插捣底层时捣棒应贯穿整个深度,插捣第二层和顶层时捣棒应插透本层至下一层表面。在插捣顶层时,应随时添加混凝土使其不低于筒口。插捣完毕,移去漏斗,刮去多余混凝土,并用抹刀抹平。

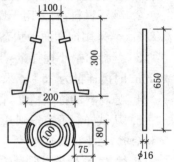

图 14 混凝土坍落度筒与捣棒

3. 清除筒边底板上的混凝土后,5～10 s 内垂直平稳地提起坍落度筒。

4. 用两钢直尺或专用工具测量筒高与坍落后混凝土试体最高点之间的高度差,此值即为坍落度值,精确至 1 mm。

(五)试验结果评定

坍落度筒提起后,如拌合物发生崩塌或一边剪切破坏,则应重新取样测定。如仍出现上述现象,则该混凝土拌合物和易性不好,并应记录。

坍落度大于 220 mm 时,扩展度值取拌合物扩展后最终的最大值和最小值的平均值,两者差值应小于 50 mm,否则重做。

三、混凝土拌合物表观密度试验

(一)试验目的

混凝土拌合物表观密度是指混凝土拌合物捣实后单位体积的质量,与原材料种类及配合比相关。

通过表观密度试验,可以确定出单方混凝土各项材料的实际用量,避免在工程应用中出现亏方或盈方,也为混凝土配合比调整提供依据。《普通混凝土配合比设计规程》中明确规定,当表观密度实测值和计算值之差超过 2% 时,应对配合比中各项材料的用量进行修正。

(二)试验依据

试验参照《普通混凝土拌合物性能试验方法》(GB/T 50080—2002)、《混凝土试验室用振动台》(JG 3020—1994)。

（三）主要仪器设备

容量筒：骨料最大粒径不大于 40 mm 时为 5 L，高度和直径均为 186±2 mm，骨料最大粒径大于 40 mm 时，高度和直径应大于最大粒径的 4 倍。

台称：称量为 50 kg，精度为 50 g。

小铲、捣棒、振动台等。

（四）试验方法及步骤

1. 标定容量筒容积

（1）称量出玻璃板和容量筒的质量 m_0，玻璃板能覆盖容量筒的顶面。

（2）向容量筒注入清水，至略高出筒口。

（3）用玻璃板从一侧徐徐平推，盖住筒口，玻璃板下应不带气泡。

（4）擦净外侧水分，称量出玻璃板、筒及水的质量 m_1。

2. 用湿布把容量筒内外擦干，称量出容量筒的质量 m_2。

3. 坍落度小于 70 mm、容量筒体积为 5 L 时：拌合物分 2 层装入，每层由边缘向中心均匀插捣 25 次，并贯穿该层，每层插捣完后用橡皮锤在筒外壁敲打 5～10 次。

振动台振实时：拌合物一次加至略高出筒口，振动过程中混凝土低于筒口时应随时添加。

4. 完毕后刮去多余混凝土，并用抹刀抹平。

5. 称出拌合物和筒的质量 m_3。

（五）试验结果的计算

按下式计算混凝土拌合物的表观密度，精确至 10 kg/m³：

$$\gamma_h = \frac{m_3 - m_2}{m_1 - m_0} \times 1\,000 \tag{25}$$

四、普通混凝土立方体抗压强度试验

（一）试验目的

测定混凝土立方体抗压强度，作为评定混凝土强度等级的依据。

（二）试验依据

试验参照《普通混凝土力学性能试验方法标准》（GB/T 50081—2002）、《液压式万能试验机》（GB/T 3159—2008）、《试验机通用技术要求》（GB/T 2611—2007）。

（三）主要仪器设备

压力试验机：试验机的精度（示值的相对误差）至少应为±2%，其量程应能使试件的预期破坏荷载不小于全量程的 20%，也不大于全量程的 80%。混凝土强度等级≥C60 时，试件周围应设防崩裂网罩。

振动台：振动频率为（50±3）Hz，空载振幅约为 0.5 mm。

试模：度模由铸铁或钢制成，应具有足够的刚度，拆装方便。试模内表面应机械加工，其不平度应为每 100 mm 不超过 0.05 mm，组成后各相邻面不垂直度应不超过±0.5°。

捣棒、小铁铲、金属直尺、镘刀等。

（四）试件的制作

1. 立方体抗压强度试验以同时制作同样养护同一龄期的 3 块试件为一组。每一组试件所用的混凝土拌合物应由同一次拌和成的拌合物中取出，取样后应立即制作试件。

2. 试件尺寸按骨料最大颗粒粒径选用。制作前,应将试模擦干净并在其内壁涂上一层矿物油脂或其他脱模剂。

3. 坍落度不大于 70 mm 的混凝土宜用振动振实。将拌合物一次性装入试模,装料时应用抹刀沿试模内壁略加插捣并使混凝土拌合物高出试模上口。振动时应防止试模在振动台上自由跳动。开动振动台至拌合物表面出现水泥浆时为止,记录振动时间。振动结束后先刮去多余的混凝土,并用镘刀抹平。

坍落度大于 70 mm 的混凝土宜用捣棒人工捣实。将混凝土拌合物分两层装入试模,每层厚度大致相等。插捣应按螺旋方向从边缘向中心均匀进行。插捣底层时,捣棒应达到试模底面;插捣上层时,捣棒应穿入下层深度 20~30 mm。插捣时捣棒应保持垂直,不得倾斜,同时还应用抹刀沿试模内壁插入数次。每层插捣次数应根据试件的截面而定,一般 100 cm² 截面积不应小于 12 次。插捣完毕,刮去多余的混凝土,并用抹刀抹平。不同最大粒径骨料所选用的试件尺寸、插捣次数及抗压强度换算系数见表 14。

表 14　不同最大粒径的骨料选用的试件尺寸、插捣次数及抗压强度换算系数

试件尺寸(mm)	骨料最大粒径(mm)	每层插捣次数(次)	抗压强度换算系数
100×100×100	30	12	0.95
150×150×150	40	25	1
200×200×200	60	50	1.05

（五）试件的养护

1. 采用标准养护的试件成型后应用湿巾覆盖表面,以防止水分蒸发,并应在温度为 (20±5)℃的情况下静置一昼夜至两昼夜,然后编号拆模。拆模后的试件应立即放在温度为 (20±2)℃、湿度为 90% 以上的标准养护室中养护。在标准养护室内试件应放在架上,彼此间隔为 10~20 mm,并应避免用水直接冲淋试件。

2. 无标准养护室时,混凝土试件可在温度为(20±2)℃的不流动水中养护。水的 pH 值不应小于 4。

3. 同条件养护的试件成型后应覆盖表面。试件的拆模时间可与实际构件的拆模时间相同,拆模后,试件仍需保持同条件养护。

（六）抗压强度试验

1. 试件自养护地点取出后应尽快进行试验,以免试件内部的温度发生显著变化。先将试件擦净测量尺寸(精确到 1 mm),据此计算试件的承压面积,并检查其外观。如实测尺寸与公称尺寸之差不超过 1 mm,可按公称尺寸计算承压面积。

2. 将试件安放在下承压板上,试件的承压面与成型时的顶面垂直。试件的中心应与试验机下压板中心对准。开动试验机,当上压板与试件接近时调整球座,使接触均衡。

3. 加压时,应连续而均匀地加荷。加荷速度应为:混凝土强度等级低于 C30 时,取 0.3~0.5 MPa/s;当混凝土强度等级≥C30 时,取 0.5~0.8 MPa/s。当试件接近破坏而开始加速变形时,停止调整试验机油门,直至试件破坏。然后记录破坏荷载。

（七）结果计算

1. 混凝土立方体试件抗压强度 f_{cu} 应按下式计算(精确至 0.1 MPa):

$$f_{cu} = \frac{P}{A} \qquad (26)$$

式中:P——破坏荷载(N);

  A——受压面积(mm^2);

  f_{cu}——混凝土立方体试件抗压强度(MPa)。

2. 以 3 个试件算术平均值作为该组试件的抗压强度值(精确至 0.1 MPa)。3 个测定值的最大值或最小值中如有 1 个与中间值的差超过中间值的 15%时,则把最大值及最小值一并舍除,取中间值作为该组试件的抗压强度值。如有 2 个测定值与中间值的差超过中间值的 15%,则该组试件的试验结果无效。

3. 混凝土抗压强度是以 150 mm×150 mm×150 mm 立方体试件的抗压强度为标准,其他尺寸试件的测定结果均应换算成边长为 150 mm 立方体试件的标准抗压强度,换算时分别乘以表中的换算系数。

试验四　砂浆试验

砂浆是由胶凝材料、细集料、掺和料和水配制而成的建筑工程材料,在建筑工程中起黏结、衬垫和传递应力作用。砂浆在拌制后呈流态,在实验中主要考察流动性和保水性,硬化后主要考察其力学、变形等性能。普通砂浆可根据胶凝材料分为水泥砂浆和水泥混合砂浆。

试验内容有砂浆的拌和方法,新拌砂浆的稠度和分层度,硬化砂浆的抗压强度试验。

试验参照《砌筑砂浆配合比设计规程》(JGJ/T 98—2010)、《建筑砂浆基本性能试验方法标准》(JGJ/T 70—2009)进行。

一、砂浆的拌和方法

（一）试验目的

通过砂浆的拌制,加强对砂浆配合比设计的实践性认识,掌握砂浆的拌制方法,为测定新拌砂浆以及硬化后砂浆性能做准备。

（二）试验依据

试验参照《砌筑砂浆配合比设计规程》(JGJ/T 98—2010)、《建筑砂浆基本性能试验方法标准》(JGJ/T 70—2009)。

（三）一般规定

1. 制备砂浆环境条件:室内温度应保持在(20±5)℃,所用材料的温度应与实验室温度保持一致。当需要模拟施工条件下所用的砂浆时,所用原材料的温度应与施工现场保持一致,且搅拌方式宜与施工条件相同。

2. 原材料

(1)水泥:水泥砂浆强度等级不宜大于 32.5 级,水泥混合砂浆强度等级不宜大于 42.5 级。

(2)砂:砌筑砂浆宜选用中砂,毛石砌体宜选用粗砂,且含泥量不应超过 5%。

(3)石灰膏:生石灰熟化时间不得少于 7 天,生石灰粉熟化时间不得少于 2 天。稠度应为(120±5)mm。严禁使用脱水硬化的石灰膏。

3. 搅拌量与搅拌时间:搅拌量不应小于搅拌机额定搅拌容量的 1/4,搅拌时间不宜少于 2 min。

4. 原材料的称量精度:砂、石灰膏为±1%,水、水泥、外加剂为±0.5%。

（四）主要仪器设备

磅秤:精度为砂、石灰膏质量的±1%。

台称、天平:精度为水、水泥、外加剂质量的±0.5%。

砂浆搅拌机、铁板、铁铲、抹刀等。

（五）试验方法与步骤

1. 人工拌和方法

（1）将称好的砂子放在铁板上,加上所需的水泥,用铁铲拌至颜色均匀为止。

（2）将拌匀的混合料集中成圆锥形,在锥上做一凹坑,再倒入适量的水将石灰膏或黏土膏稀释,然后与水泥和砂共同拌和,逐次加水,仔细拌和均匀。水泥砂浆每翻拌一次,用铁铲压切一次。

（3）拌和时间一般需 5 min,使其色泽一致。

2. 机械搅拌方法

（1）机械搅拌时,应先拌适量砂浆,使搅拌机内壁黏附一薄层砂浆。

（2）将称好的砂、水泥装入砂浆搅拌机内。

（3）开动砂浆搅拌机,将水徐徐加入(混合砂浆需将石灰膏或黏土膏稀释至浆状),搅拌时间约为 3 min,使物料拌和均匀。

（4）将砂浆拌合物倒在铁板上,再用铁铲翻拌 2 次,使之均匀。

二、砂浆稠度试验

（一）试验目的

通过稠度试验,可以测定达到设计稠度时的加水量,或在施工期间控制稠度以保证施工质量。

（二）试验依据

试验参照《建筑砂浆基本性能试验方法标准》(JGJ/T 70—2009)、《砌筑砂浆配合比设计规程》(JGJ/T 98—2010)。

（三）主要仪器设备

砂浆稠度仪:试锥高度 145 mm,锥底直径 75 mm,试锥及滑竿质量 300 g,见图 15。

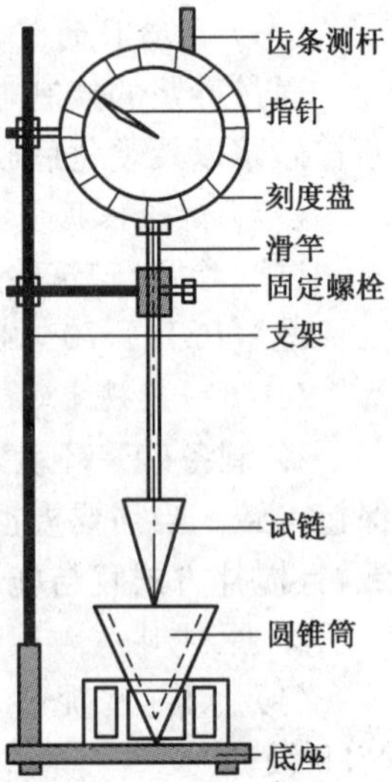

捣棒:直径 10 mm,长 350 mm。

小铲、秒表等。

（四）试验方法及步骤

1. 将拌好的砂浆一次性装入圆锥筒内,装至距离筒口约 10 mm,用捣棒捣 25 次,然后将筒在桌上轻轻振动或敲击 5～6 下,使之表面平整,随后移置砂浆稠度仪台座上。

2. 调整试锥的位置,使其尖端和砂浆表面接触,并对准中心,拧紧固定螺丝,将指针调

图 15　砂浆稠度仪

齿条测杆
指针
刻度盘
滑竿
固定螺栓
支架
试锥
圆锥筒
底座

至刻度盘零点,然后突然放开固定螺丝,使圆锥体自由沉入砂浆中,10 s 后读出下沉的距离,即为砂浆的稠度值 K_1,精确至 1 mm。

3. 圆锥筒内砂浆只允许测定一次稠度,重复测定时应重新取样。

（五）试验结果的计算与评定

1. 砂浆稠度取 2 次测定结果的算术平均值,如 2 次测定值之差大于 10 mm,应重新配料测定。

2. 砌筑砂浆的稠度要求见表 15。

表 15 砌筑砂浆的稠度要求

砌体种类	施工稠度
烧结普通砖砌体、粉煤灰砖砌体	70～90
混凝土砖砌体、普通混凝土小型空心砌块、灰砂砖砌体	50～70
烧结多孔砖砌体、烧结空心砖砌体、轻集料混凝土小型空心砌块砌体、蒸压加气混凝土砌块砌体	60～80
石砌体	30～50

三、砂浆的分层度试验

（一）试验目的

砂浆保水性的好坏,将直接影响砂浆的使用及砌体的质量。通过分层度试验,可测定砂浆在运输及停放时的保水能力。

（二）试验依据

试验参照《建筑砂浆基本性能试验方法标准》(JGJ/T 70—2009)。

（三）主要仪器设备

砂浆分层度测定仪:见图 16。

小铲、木锤等。

（四）试验方法与步骤

1. 测试出拌和好的砂浆稠度 K_1,精确至 1 mm。

2. 把砂浆一次性注入分层度测定仪中,装满后用木锤在四周 4 个不同位置敲击容器 1～2 下,刮去多余砂浆并抹平。

3. 静置 30 min 后去除上层 200 mm 砂浆,然后取出底层 100 mm 砂浆重新拌和均匀,再测定砂浆稠度值 K_2,精确至 1 mm。

两次砂浆稠度值的差值(K_1～K_2)即为砂浆的分层度。

（五）试验结果的计算与评定

砂浆分层度结果取两次试验结果的算术平均值。两次测定值之差大于 10 mm,应重新配料测定。砂浆的分层度宜

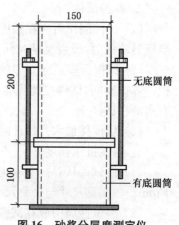

图 16 砂浆分层度测定仪

在 10～30 mm,如果大于 30 mm,易产生分层、离析、泌水等现象;如果小于 10 mm 则砂浆过黏,不易铺设,且容易产生干缩裂缝。

四、砂浆的立方体抗压强度试验

（一）试验目的

砌筑砂浆的强度等级可分为 M2.5、M5、M7.5、M10、M15、M20。通过砂浆抗压强度试验,可检验砂浆的实际强度是否满足设计要求。

（二）试验依据

试验参照《建筑砂浆基本性能试验方法标准》(JGJ/T 70—2009)。

（三）主要仪器设备

压力试验机:精度为 1%。

试模:70.7 mm×70.7 mm×70.7 mm,带底试模。

振动台、捣棒、垫板、抹刀、油灰刀等。

（四）试验方法与步骤

1. 制作试件

(1) 采用立方体试件,每组试件 3 个。

(2) 应用黄油等密封材料涂抹试模的外接缝,试模内涂刷薄层机油或脱模剂,将拌制好的砂浆一次性装满砂浆试模,成型方法根据稠度而定。当稠度≥50 mm 时采用人工振捣成型,当稠度<50 mm 时采用振动台振实成型。

人工振捣:用捣棒均匀地由边缘向中心按螺旋方式插捣 25 次,插捣过程中如砂浆沉落低于试模口,应随时添加砂浆,可用油灰刀插捣数次,并用手将试模一边抬高 5～10 mm 各振动 5 次,使砂浆高出试模顶面 6～8 mm。

机械振动:将砂浆一次性装满试模,放置到振动台上,振动时试模不得跳动,振动 5～10 s 或持续到表面出浆为止。不得过振。

(3) 待表面水分稍干后,将高出试模部分的砂浆沿试模顶面刮去并抹平。

2. 养护试件

(1) 试件制作后应在温度为(20±5)℃的环境中静置(24±2)h,对试件进行编号、拆模。当气温较低时,或者凝结时间大于 24 h 的砂浆,可适当延长时间,但不应超过 2 天。

(2) 试件拆模后应立即放入温度为(20±2)℃、相对湿度为 90% 以上的标准养护室中养护。养护期间,试件彼此间隔不得小于 10 mm,混合砂浆、湿拌砂浆试件上面应覆盖,防止有水滴在试件上。

(3) 从搅拌加水开始计时,标准养护龄期应为 28 天。

3. 测试抗压强度

(1) 将试件从养护室取出并迅速擦拭干净,测量尺寸,检查外观。试件尺寸测量精确至 1 mm。如实测尺寸与公称尺寸之差不超过 1 mm,可按公称尺寸进行计算。

(2) 将试件居中放在试验机的下压板上,试件的承压面应垂直于成型时的顶面。

(3) 开动试验机,以 0.25～1.5 kN/s 加荷速度加载。砂浆强度为 2.5 MPa 及以下时取下限为宜,砂浆强度为 2.5 MPa 以上时取上限为宜。

（4）当试件接近破坏而开始迅速变形时，停止调整试验机油门，直至试件破坏。记录破坏荷载 $P(N)$。

（五）试验结果的计算与评定

1. 按下式计算试件的抗压强度：

$$f_{m,cu} = K \frac{N_u}{A} \tag{27}$$

式中：$f_{m,cu}$——砂浆立方体抗压强度（MPa），精确至 0.1 MPa；

N_u——试件破坏荷载（N）；

A——试件承压面积（mm^2）；

K——换算系数，取 1.35。

2. 立方体抗压强度试验的试验结果按以下要求确定：

应以 3 个试件测值的算术平均值作为该组试件的砂浆立方体抗压强度平均值（f_2），精确至 0.1 MPa；当 3 个测值的最大值或最小值中有一个与中间值的差值超过中间值的 15% 时，应把最大值及最小值一并舍去，取中间值作为该组试件的抗压强度值；当 2 个测值与中间值的差值均超过中间值的 15% 时，该组实验结果应为无效。

砂浆抗压强度取 6 个试件抗压强度的算术平均值，精确至 0.1 MPa。当 6 个试件的最大值或最小值与平均值之差超过 20% 时，以中间 4 个试件的平均值作为该组试件的抗压强度值。

试验五　钢筋试验

一、钢筋的取样方法、复验与判定

（一）试验目的

在工程检验中主要检测钢筋的屈服强度、抗拉强度、断后伸长率、最大力总伸长率和弯曲性能，通过试验可判定钢筋的各项指标是否符合标准要求。

钢材在常温下进行弯曲试验，即以试件环绕弯心弯曲至规定角度，观察其是否有裂纹、起层或断裂等情况。可了解钢材对工艺加工适合的程度，如钢材含碳、含磷量较高，或曾经不正常的热处理，则冷弯试验往往不能合格。钢筋电焊接头的可靠性亦常用此试验检查。

钢材的硬度是钢材抵抗其他材料构成的压陷器压入其表面的能力。硬度试验因为操作简便，同时硬度与其他力学性能之间存在着一定关系，根据硬度值可以判定钢材的其他力学性能，所以它是广泛被采用间接来检验钢材力学的一种试验方法。

（二）取样

钢筋应按批进行检验和验收，每批重量不大于 60 t。每批应由同一牌号、同一炉罐号、同一规格、同一交货状态的钢筋组成。

公称容量不大于 30 t 的冶炼炉炼的钢坯和连续坯轧制的钢筋，允许由同一牌号、同一冶炼方法、同一浇筑方法的不同炉罐号组成混合批，但每批不多于 6 个炉罐号。各炉罐号含碳量之差不得大于 0.02%，含锰量之差不得大于 0.15%。

自每批同一截面尺寸的钢筋中任取 4 根,2 根做拉伸试验,2 根做冷弯试验。在钢筋上距端部 50 cm 处截取一定长度,其中拉伸试验的截取长度为 $10d+200$ mm,冷弯试验的截取长度为 $5d+100$ mm(d 为钢筋直径)。拉伸、冷弯试验用钢筋试样不允许进行车削加工。

(三)复验与判断

在拉伸试验的两根试件中,如果其中一根试件的屈服点、抗拉强度和伸长率 3 个指标中有 1 个指标达不到钢筋标准中的规定数值,应再抽取双倍(4 根)钢筋,制取双倍(4 根)试件做试验。如仍有 1 根试件达不到标准规定数,则拉伸试验项目判为不合格。

在冷弯试验中,如仍有一试件不符合标准要求,冷弯试验项目判为不合格。

二、钢筋拉伸试验

(一)试验目的

拉伸试验是测定钢材在拉伸过程中应力和应变之间关系曲线以及屈服、抗拉强度和伸长率 3 个重要指标,来评定钢材的质量。

(二)试验依据

试验参照《金属材料室温拉伸试验方法》(GB/T 228—2002)、《钢筋混凝土用钢第 1 部分:热轧光圆钢筋》(GB 1499.1—2008)、《钢筋混凝土用钢第 2 部分:热轧带肋钢筋》(GB 1499.2—2007)。

(三)主要仪器设备

万能材料试验机:精度为 1‰。

钢板尺:精度为 1 mm。

天平:精度为 1 g。

游标卡尺、千分尺、钢筋标点机等。

(四)试件的制作与准备

1. 测量试样的实际直径 d_0 和实际横截面面积 S_0。

(1)光圆钢筋

可在标点的两端和中间 3 处,用游标卡尺或千分尺分别测量 2 个互相垂直方向的直径,精确至 0.1 mm,计算 3 处截面的平均直径,精确至 0.1 mm,再按下式分别计算钢筋的实际横截面面积,取 4 位有效数字。实际直径 d_0 和实际横截面面积 S_0 分别取 3 个值的最小值。

$$S_0 = \frac{1}{4}\pi d_0^2 \tag{28}$$

(2)带肋钢筋

① 用钢尺测量试样的长度 L,精确至 1 mm。

② 称量试样的质量 m,精确至 1 g。

③ 按下式计算实际横截面面积,取 4 位有效数字:

$$S_0 = \frac{m}{\rho L} = \frac{m}{7.85L} \times 1\,000 \tag{29}$$

2. 确定原始标距 L_0。

$$L_0 = 5.65\sqrt{S_0} = 5.65\sqrt{\frac{1}{4}\pi d_0^2} \tag{30}$$

修约至最接近 5 mm 的倍数。

3. 根据原始标距 L_0、公称直径 d 和试验机夹具长度 h 确定截取钢筋试样的长度 L。L 应大于 $L_0 + 1.5d + 2h$，若需测试最大力总伸长率则应增大试样长度。

4. 在试样中部用标点机标点，相邻两点之间的距离可为 10 mm 或 5 mm。

（五）试验方法与步骤

1. 按试验机操作使用要求选用试验机。

2. 将试样固定在试验机夹头内，开机均匀拉伸。拉伸速度要求：屈服前，6～60 MPa/s；屈服期间，试验机活动夹头的移动速度为 $0.015(L-2h)/\text{min} \sim 0.15(L-2h)/\text{min}$；屈服后，试验机活动夹头的移动速度为不大于 $0.48(L-2h)/\text{min}$，直至试件拉断。

3. 拉伸过程中，可根据荷载-变形曲线或指针的运动，直接读出或通过软件获取屈服荷载 $F_s(\text{N})$ 和极限荷载 $F_b(\text{N})$。

4. 将已拉断试件的两段在断裂处对齐，使其轴线位于一条直线上。测试断后标距 L_u 或 L'。

（1）断后伸长率

① 以断口处为中点，分别向两侧数出标距对应的格数，用卡尺直接量出断后标距 L_u，精确至 0.25 mm。见图 17。

② 若短段断口与最外标记点距离小于原始标距的 1/3，则可采用移位方法进行测量。短段上最外点为 X，在长段上取短段格数相同点 Y。原始标距 L_0 所需格数减去 XY 段所含格数得到剩余格数：为偶数时取剩余格数的一半，得 Z_1 点；为奇数时取所余格数减1的一半的格数得 Z_1 点，加1的一半的格数得 Z_2 点，见图 17。

例：设标点间距为 10 mm。若原始标距 $L_0 = 60$ mm，则量取断后标距 $L_u = XY$；若 $L_0 = 70$ mm，断后标距 $L_u = XY + YY + YZ_1 = XY + YZ_1$；若 $L_0 = 80$ mm，断后标距 $L_u = XY + 2YZ_1$；若 $L_0 = 90$ mm，断后标距 $L_u = XY + YZ_1 + YZ_2$。

③ 在工程检验中，若断后伸长率满足规定值要求，则不论断口位置位于何处，测量均为有效。

（2）最大力总伸长率

① 采用引伸计或自动采集时，根据荷载-变形曲线或应力-应变曲线可得到最大力时的伸长量经计算得到最大力总伸长率，或直接得到最大力总伸长率。

② 在长段选择标记 Y 和 V，测量 YV 的长度 L'，精确至 0.1 mm，YV 在拉伸试验前长度 L_0' 应不小于 100 mm，其他要求见图 18。

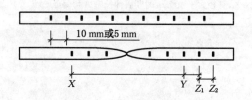

图 17 断后伸长率测试

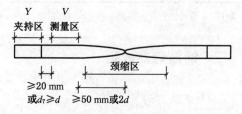

图 18 最大力总伸长率测试

（六）试验结果的计算与评定

1. 按下式计算屈服强度 R_{eL}，修约至 5 MPa。

$$R_{eL} = \frac{F_s}{S_0} \quad 或 \quad R_{eL} = \frac{F_s}{S} \tag{31}$$

式中：S——公称面积（mm^2），取 4 位有效数字，工程检验时采用。

2. 按下式计算抗拉强度 R_m，修约至 5 MPa。

$$R_m = \frac{F_b}{S_0} \quad 或 \quad R_{eL} = \frac{F_b}{S}\pi \tag{32}$$

式中：S——公称面积（mm^2），取 4 位有效数字，工程检验时采用。

3. 按下式计算断后伸长率 A，修约至 0.5%。

$$A = \frac{L_u - L_0}{L_0} \times 100\% \tag{33}$$

4. 按下式计算最大力总伸长率 A_{gt}，修约至 0.5%。

$$A_{gt} = \frac{L' - L'_0}{L_0} \times 100\% \tag{34}$$

5. 根据规定要求，判定试验结果。屈服强度、抗拉强度、断后伸长率、最大力总伸长率、弯曲性能要求见表 16。

表 16　屈服强度、抗拉强度、断后伸长率、最大力总伸长率、弯曲性能要求

产品名称	牌号	屈服强度 R_{eL}（MPa）	抗拉强度 R_m（MPa）	断后伸长率 A（%）	最大力总伸长率 A_{gt}（%）	弯曲性能角度：180°弯芯直径 d'
		不小于				
热轧光圆钢筋	HPB 235	235	370	25.0	10.0	d
	HPB 300	300	420	25.0	10.0	d
普通热轧带肋钢筋	HRB 335	335	455	17.0	7.5	$3d$
	HRB 400	400	540	16.0	7.5	$4d$
	HRB 500	500	630	15.0	7.5	$6d$
细晶粒热轧带肋钢筋	HRB 335	335	455	17.0	7.5	$3d$
	HRB 400	400	540	16.0	7.5	$4d$
	HRB 500	500	630	15.0	7.5	$6d$

注：表中热轧带肋钢筋直径为 28～40 mm 时断后伸长率 A 可降低 1%，直径大于 40 mm 时断后伸长率 A 可降低 2%。

三、钢筋弯曲试验

（一）试验目的

检查钢筋承受规定弯曲角度的弯曲变形性能。

（二）试验依据

试验参照《金属材料弯曲试验方法》（GB/T 232—2010）。

（三）主要仪器设备

万能试验机或弯曲试验机、冷弯压头等。

（四）试验方法及步骤

1. 试件长度根据试验设备确定，一般可取 $5d+150\,mm$，d 为公称直径。

2. 按表 16 确定弯心直径 d' 和弯曲角度。

3. 调整两支辊间距离等于 $d'+2.5d$，见图 19（a）。

4. 装置试件后，平稳地施加荷载，弯曲到要求的弯曲角度，见图 19（a）、（b）。

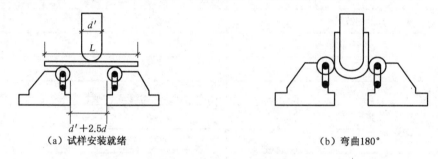

（a）试样安装就绪 （b）弯曲180°

图 19　钢筋冷弯试验装置

（五）结果评定

检查试件弯曲处的外缘及侧面，如无裂缝、断裂或起层，即判定弯曲性能合格。

试验六　石油沥青试验

　　沥青是一种有机胶凝材料，能将砂、石等矿物质材料胶结成为一个整体，形成具有一定强度的沥青混凝土，广泛应用于防水、路面、防渗墙等工程中。针入度、延度和软化点这三大指标是表征沥青的黏滞性、延性和温度敏感性的经验指标。

　　试验内容有沥青针入度、延度和软化点试验。

　　试验参照《建筑石油沥青》（GB/T 494—2010）、《沥青软化点测定法》（GB/T 4507—1999）、《沥青延度测定法》（GB/T 4508—2010）、《沥青针入度测定法》（GB/T 4509—2010）、《公路工程沥青及沥青混合料试验规程》（JTJ 052—2000）进行。

一、沥青的取样方法

（一）取样方法

从桶、袋、箱中取样应在样品表面以下及容器侧面以内至少 5 cm 处采取。若沥青是能够打碎的，则用干净的适当工具打碎后取样；若沥青是软的，则用干净的适当工具切割取样。

（二）取样数量

1. 同批产品的取样数量

当能确认是同一批生产的产品时,应随机取出一件,按上述取样方式取 4 kg 供检验用。

2. 非同批产品的取样数量

当不能确认是同一批生产的产品或按同批产品取样取出的样品经检验不符合规格要求时,则须按随机取样的原则选出若干件后,再按上述取样方式取样,其件数等于总件数的立方根。表 17 给出了不同装载件数所要取出的样品件数。每个样品的质量应不少于 0.1 kg,这样取出的样品,经充分混合后取出 4 kg 供检验用。

表 17   石油沥青取样件数

装载件数	选取件数
2~8	2
9~27	3
28~64	4
65~125	5
126~216	6
217~343	7
344~512	8
513~729	9
730~1 000	10
1 001~1 331	11

二、针入度试验

(一)试验目的

通过针入度的测定可以确定石油沥青的稠度,针入度越大说明稠度越小,同时它也是划分沥青牌号的主要指标。

(二)试验依据

试验参考《沥青针入度测定法》(GB/T 4509—2010)、《建筑石油沥青》(GB/T 494—2010)、《公路工程沥青及沥青混合料试验规程》(JTJ 052—2000)。

(三)主要仪器设备

沥青针入度仪:见图 20。

试样皿:金属圆筒形平底容器。针入度小于 40 时,试样皿内径 33 mm,内部深度 16 mm;针入度小于 200 时,试样皿内径 55 mm,内部深度 35 mm;针入度在 200~500 时,试样皿内径 55 mm,内部深度 70 mm。

标准钢针、恒温水浴、平底玻璃皿、秒表、温度计等。

(四)试样准备

1. 小心地加热样品,不断地搅拌以防局部过热,加热到使

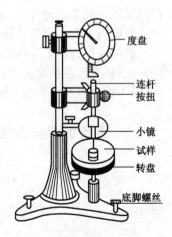

图 20   沥青针入度仪

度盘
连杆
按扭
小镜
试样
转盘
底脚螺丝

样品能够易于流动。加热时焦油沥青的加热温度不超过软化点的 60℃,石油沥青不超过软化点的 90℃。加热时间在保证样品充分流动的基础上尽量少。加热、搅拌过程中避免试样中进入气泡。

2. 将试样倒入预先选好的试样皿中,试样深度应至少是预计锥入深度的 120%。如果试样皿的直径小于 65 mm,而预期针入度高于 200,每个试验条件都要倒 3 个样品。如果样品足够,浇筑的样品要达到试样皿边缘。

3. 将试样皿松松地盖住以防灰尘落入。在 15～30℃的室温下,小的试样皿中的样品冷却 45 min～1.5 h,中等试样皿中的样品冷却 1～1.5 h,较大的试样皿中的样品冷却 1.5～2.0 h。冷却结束后将试样皿和平底玻璃皿一起放入测试温度下的水浴中,水面应没过试样表面 10 mm 以上。在规定的试验温度下恒温,小试样皿恒温 45 min～1.5 h,中等试样皿恒温 1～1.5 h,大试样皿恒温 1.5～2.0 h。

（五）试验方法与步骤

1. 调整底脚螺丝使三角底座水平。

2. 用溶剂将针擦干净,再用干布擦干,然后将针插入连杆中固定。

3. 取出恒温的试样皿,置于水温为 25℃的平底保温皿中,试样以上的水层高度大于 10 mm,再将保温皿置于转盘上。

4. 调节针尖与试样表面恰好接触,移动齿杆与连杆顶端接触时,将度盘指标调至"0"。

5. 用手紧压按钮,同时开动秒表,使针自由针入试样,经 5 s,放开按钮使针停止下沉。

6. 拉下齿杆与连杆顶端接触,读出指针读数,即为试样的针入度,用 1/10 mm 表示。

7. 在试样的不同点重复试验 3 次,测点间及与金属皿边缘的距离不小于 10 mm。每次试验用溶剂将针尖端的沥青擦净。

（六）试验结果的计算与评定

针入度取 3 次试验结果的算术平均值,取至整数。3 次试验所测针入度的最大值与最小值之差不应超过表 18 的规定,否则重测。

表 18　石油沥青针入度测定值的最大允许差值

针入度(1/10 mm)	0～49	50～149	150～249	250～349	350～500
允许最大差值	2	4	6	8	20

三、延度测定试验

（一）试验目的

延度是沥青塑性的指标,是沥青成为柔性防水材料的最重要性能之一。

（二）试验依据

试验参考《沥青延度测定法》(GB/T 4508—2010)、《建筑石油沥青》(GB/T 494—2010)、《公路工程沥青及沥青混合料试验规程》(JTJ 052—2000)。

（三）主要仪器设备

沥青延度仪及模具:见图 21。

瓷皿、温度计、砂浴、隔离剂等。

图 21　沥青延度仪及模具

（四）试样制备

1. 将隔离剂涂于金属板上及侧模的内侧面,然后将试模在金属垫板上卡紧。

2. 均匀地加热沥青至流动,将其从模一端至另一端往返注入,沥青略高出模具。

3. 试件在空气中冷却 30～40 min 后,再将试件及模具置于温度（25±0.5）℃水浴 30 min,取出后用热刀将多余沥青刮去,至与模平。再将试件及模具放入水浴恒温 85～95 min。

（五）试验方法及步骤

1. 去除底板和侧模,将试件装在延度仪上。试件距水面和水底的距离不小于 2.5 cm。

2. 调整延度仪水温至（25±0.5）℃,开机以（5±0.25）cm/min 速度拉伸,观察沥青的延伸情况。如沥青细丝浮于水面或沉入槽底时则加入酒精或食盐水,调整水的密度与试样的密度相近后再测定。

3. 试件拉断时,试样从拉伸到断裂所经过的距离即为试样的延度,以 cm 表示。

（六）试验结果的计算与评定

延度值取 3 个平行试样测试结果的算术平均值。如 3 个试样的测试结果不在其平均值的 5% 范围,但两较高值在平均值的 5% 范围,则取两较高值的平均值,否则需重做。

四、软化点测定试验（环球法）

（一）试验目的

软化点是反映沥青在温度作用下其黏度和塑性改变程度的指标,它是在不同环境下选用沥青的最重要指标之一。

（二）试验依据

试验参照《沥青软化点测定法》（GB/T 4507—1999）、《建筑石油沥青》（GB/T 494—2010）、《公路工程沥青及沥青混合料试验规程》（JTJ 052—2000）。

（三）主要仪器设备

1. 沥青软化点测定仪器:（1）环:两只黄铜肩或锥环,其内环尺寸为 19.8 mm,外环尺寸为 23.0 mm;（2）支撑板:扁平光滑的黄铜板,其尺寸约为 50 mm×75 mm;（3）钢球,2 只直径为 9.5 mm 的钢球,每只质量为（3.50±0.05）g;（4）温度计（30～180℃）;（5）浴槽:能加热的烧杯,其内径不小于 85 mm,离加热底部的深度不小于 120 mm;（6）环支撑架和支架:1 只铜支撑架用于支持 2 个水平位置的环,支撑架上肩环的底部距离下支撑板的上表面为 25 mm,下支撑板的下表面距离浴槽底部为（16±3）mm;（7）钢球定位仪:2 只钢球定位器用于使钢球定位于试样中央,其一般形状见图 22。

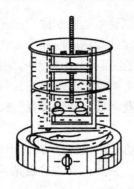

图 22 沥青软化点仪

2. 电炉或其他加热器、刀(切沥青用)、筛(筛孔 0.3～0.5 mm²)、甘油滑石粉隔离剂、新煮沸的蒸馏水、甘油。

(四)试验准备

1. 将沥青均匀加热至流动,注入铜环内至略高出环面。

2. 在空气中冷却不少于 30 min 后,用热刀刮去多余的沥青至与环面齐平。

3. 将铜环安在环架中层板的圆孔内,与钢球一起放在水温为(5±1)℃的烧杯中,恒温15 min。

4. 烧杯内重新注入新煮沸约5℃的蒸馏水,使水面略低于连接杆上的深度标记。软化点高于 80℃的用甘油浴,同时起始温度也提高到(30±1)℃。

(五)试验方法及步骤

1. 放上钢球并套上定位器。调整水面至标记,插入温度计,使水银球与铜环下齐平。

2. 在装置底部以(5±0.5)℃/min 的速度加热。

3. 试样软化下坠,当与支撑板接触时,分别记录温度,为试样的软化点,精确至 0.5℃。

(六)试验结果的计算与评定

1. 试验结果取两个平行试样测定结果的平均值。两个数值的差数不得大于 1℃。

2. 建筑石油沥青针入度、延度软化点要求见表 19。

表 19 建筑石油沥青针入度、延度、软化点要求

项目	质量指标		
	10 号	20 号	30 号
针入度(1/10 mm)	10～25	26～35	36～50
延度(mm)≥	1.5	2.5	3.5
软化点(℃)≥	95	75	60

小结

(1) 水泥试验内容主要包括细度、标准稠度用水量、凝结时间、安定性、胶砂流动度、强

度试验等。水泥相关试验是检验水泥产品是否合格的主要手段,合格的水泥是配制相应合格混凝土的前提。水泥的凝结时间和安定性都与用水量有关,为了消除试验条件的差异而有利于比较,水泥净浆必须有一个标准的稠度。

(2)普通混凝土用骨料主要包括细骨料砂和粗骨料石子,砂石的粗细程度、表观密度、堆积密度及相关物理化学性在很大程度上决定了混凝土的相关性质,因此掌握砂石相关试验方法非常重要。

(3)混凝土试验是设计、研究和验证相结合的综合性实验,其中配合比设计是混凝土试验的前提和关键所在。主要试验内容包括新拌混凝土的坍落度、表观密度、试件的成型和养护、硬化混凝土的强度试验。

(4)砂浆是由胶凝材料、细骨料、掺和料和水配制而成的建筑材料,在建筑工程中起黏结、衬垫和传递应力的作用。试验内容主要包括新拌砂浆的稠度、分层度和硬化砂浆的抗压强度试验。

(5)钢材的主要技术指标包括屈服强度、抗拉强度、伸长率和弯曲性能,通过拉伸试验、冷弯试验可评判钢筋的相应指标是否符合相关国家及行业标准要求。

(6)沥青广泛应用于防水、路面、防渗墙等工程中。针入度、延度和软化点这三大指标是表征沥青的黏滞性、延性和温度敏感性的经验指标,试验内容有沥青针入度、延度和软化点试验。

思考题

1. 砂、石取样时进行缩分有什么意义?

2. 进行砂筛分时,试样准确称量 500 g,但各筛的分计筛余量之和大于或小于 500 g,试分析其可能的原因(称量错误不计)。

3. 为什么在水泥性能试验中要求测其标准稠度用水量?

4. 水泥强度测试过程中有何注意事项?

5. 混凝土拌合物坍落度不符合要求时应如何调整?为什么?调整时要注意些什么?

6. 混凝土试件成型时如何才能保证其密实度?

7. 如何根据已知的工程和原材料条件设计符合要求的普通混凝土配合比?

8. 在进行混凝土强度试验时,要求试块的侧面(与试模壁相接触的四面)受压,为什么?

9. 钢材拉伸试验的目的是什么?拉伸试验主要检验钢材的哪几项技术指标?

10. 沥青针入度试验的目的是什么?试验中要注意什么?

参考文献

［1］天然板石(GB/T 18600—2009)

［2］天然花岗岩建筑板材(GB/T 18601—2009)

［3］天然大理石建筑板材(GB/T 19766—2005)

［4］西安建筑科技大学等合编. 建筑材料. 北京：中国建筑工业出版社，2003

［5］墙体材料术语(GB/T 18968—2003)

［6］建筑材料术语标准(JGJ/T 191—2009)

［7］烧结多孔砖和多孔砌块(GB 13544—2011)

［8］烧结普通砖(GB 5101—2003)

［9］烧结多孔砖(GB 13544—2000)

［10］烧结空心砖和空心砌块(GB 13545—2003)

［11］蒸压灰砂砖(GB 11945—1999)

［12］蒸压灰砂空心砖(JC/T 637—1996)

［13］粉煤灰砖(JC 239—2001)

［14］混凝土多孔砖(JC 943—2004)

［15］蒸压灰砂多孔砖(JC/T 637—2009)

［16］轻集料混凝土小型空心砌块(GB/T 15229—2002)

［17］蒸压加气混凝土砌块(GB 11968—2006)

［18］粉煤灰混凝土小型空心砌块(JC/T 862—2008)

［19］蒸压粉煤灰多孔砖(GB 26541—2011)

［20］泡沫混凝土砌块(JC/T 1062—2007)

［21］普通混凝土小型空心砌块(GB/T 15229—2002)

［22］装饰混凝土砌块(JC/T 641—2008)

［23］石膏砌块(JC/T 698—2010)

［24］石膏空心条板(JC/T 829—2010)

［25］蒸压加气混凝土板(GB 15762—2008)

［26］金属面硬质聚氨酯夹芯板(JC/T 868—2000)

［27］金属面岩棉、矿渣棉夹芯板(JC/T 869—2000)

［28］玻璃纤维增强水泥(GRC)外墙内保温板(JC/T 893—2001)

［29］玻璃纤维增强水泥轻质多孔隔墙条板(GB/T 19631—2005)

［30］建筑隔墙用轻质条板(JC/T 169—2005)

［31］建筑用轻质隔墙条板(GB/T 23451—2009)

［32］建筑隔墙用保温条板(GB/T 23450—2009)

［33］蒸压加气混凝土板(GB 15762—2008)

［34］混凝土瓦(JCT 746—2007)

[35] 石棉水泥波瓦及其脊瓦(GB/T 9772—2009)

[36] 李书进. 建筑材料. 重庆:重庆大学出版社,2010

[37] 湖南大学,天津大学,同济大学,东南大学. 土木工程材料. 北京:中国建筑工业出版社,2006

[38] 陈志源,李启令. 土木工程材料. 武汉:武汉理工大学出版社,2007

[39] 赵旭涛,刘大华. 合成橡胶工业手册(第二版). 北京:化学工业出版社,2006

[40] 麦金太尔. 合成纤维. 付中玉译. 北京:中国纺织出版社,2006

[41] 黄承逵. 纤维混凝土结构. 北京:机械工业出版社,2004

[42] 沈荣熹,崔琪,李青海. 新型纤维增强水泥基复合材料. 北京:中国建材工业出版社,2004

[43] 王作龄. 橡胶百科(五十二). 世界橡胶百科,2012,39(7):55-56

[44] 郭朝阳. 废胎胶粉橡胶沥青应用技术研究. 重庆:重庆交通大学,2008

[45] 吕恒林. 土木工程材料. 徐州:中国矿业大学出版社,2011

[46] 陈志源. 土木工程材料. 武汉:武汉理工大学出版社,2008

[47] 符芳. 建筑材料. 南京:东南大学出版社,2002

[48] 彭小芹. 土木工程材料. 重庆:重庆大学出版社,2002

[49] 苏达根. 土木工程材料. 北京:高等教育出版社,2003

[50] 水泥取样方法(GB 12573—2008)

[51] 通用硅酸盐水泥(GB 175—2007)

[52] 水泥细度检验方法筛析法(GB/T 1345—2005)

[53] 水泥比表面积测定方法勃氏法(GB/T 8074—2008)

[54] 水泥标准稠度用水量、凝结时间、安定性检验方法(GB/T 1346—2001)

[55] 水泥胶砂流动度测定方法(GB/T 2419—2005)

[56] 水泥胶砂强度检验方法(ISO法)(GB/T 17671—1999)

[57] 建筑用砂(GB/T 14684—2001)

[58] 建筑用卵石、碎石(GB/T 14685—2001)

[59] 普通混凝土用砂、石质量及检验方法标准(JGJ 52—2006)

[60] 公路工程集料试验规程(JTG E42—2005)

[61] 普通混凝土配合比设计规程(JGJ 55—2011)

[62] 普通混凝土拌合物性能试验方法(GB/T 50080—2002)

[63] 普通混凝土力学性能试验方法标准(GB/T 50081—2002)

[64] 砌筑砂浆配合比设计规程(JGJ/T 98—2010)

[65] 建筑砂浆基本性能试验方法标准(JGJ/T 70—2009)

[66] 金属材料室温拉伸试验方法(GB/T 228—2002)

[67] 金属材料弯曲试验方法(GB/T 232—2010)

[68] 钢筋混凝土用钢第1部分:热轧光圆钢筋(GB 1499.1—2008)

[69] 钢筋混凝土用钢第2部分:热轧带肋钢筋(GB 1499.2—2007)

[70] 金属材料洛氏硬度试验第1部分:试验方法(A、B、C、D、E、F、G、H、K、N、T标尺)(GB/T 230.1—2009)

［71］型钢验收、包装、标志及质量证明书的一般规定(GB/T 2101—2008)

［72］钢及钢产品交货一般技术要求(GB/T 17505—1998)

［73］建筑石油沥青(GB/T 494—2010)

［74］沥青软化点测定法(GB/T 4507—1999)

［75］沥青延度测定法(GB/T 4508—2010)

［76］沥青针入度测定法(GB/T 4509—2010)

［77］公路工程沥青及沥青混合料试验规程(JTJ 052—2000)